高等学校职业卫生工程专业教材

ZHIYEBING WEIHAI YINSU JIANCE JISHU

职业病危害因素检测技术

李珏　徐桂芹　主编

中国劳动社会保障出版社

图书在版编目（CIP）数据

职业病危害因素检测技术 / 李珏，徐桂芹主编．-- 北京：中国劳动社会保障出版社，2024

高等学校职业卫生工程专业教材

ISBN 978-7-5167-6202-8

Ⅰ．①职…　Ⅱ．①李…②徐…　Ⅲ．①职业病－安全危害因素－检测－高等学校－教材　Ⅳ．①R134

中国国家版本馆 CIP 数据核字（2023）第 229198 号

中国劳动社会保障出版社出版发行

（北京市惠新东街 1 号　邮政编码：100029）

*

北京市白帆印务有限公司印刷装订　　新华书店经销

787 毫米 ×1092 毫米　16 开本　23 印张　369 千字

2024 年 2 月第 1 版　　2024 年 2 月第 1 次印刷

定价：66.00 元

营销中心电话：400-606-6496

出版社网址：http://www.class.com.cn

“高等学校职业卫生工程专业教材”编委会

序

人民健康是民族昌盛和国家富强的重要标志。职业健康关系亿万劳动者身心健康和家庭幸福，关系社会稳定发展大局。党中央、国务院历来高度重视职业健康工作。党的十八大以来，以习近平同志为核心的党中央坚持以人民为中心的发展思想，把保障人民健康放在优先发展的战略地位，提出从以治病为中心转变为以人民健康为中心，实施健康中国战略，将健康融入所有政策，为人民群众提供全方位全周期健康服务。

我国正处于工业化、城镇化快速发展阶段，尘肺病、职业中毒、噪声聋等传统职业病危害仍未得到有效遏制，据国家卫生健康委员会 2022 年统计数据，仅报告的因尘肺病死亡人数就达 9 613 例。每年因职业病死亡的人数已远远超过生产事故死亡人数，职业病防治形势仍然严峻。并且，随着新技术、新材料、新工艺的应用和新业态的产生，新的职业病危害因素不断出现，肌肉骨骼系统疾患和工作压力导致的生理、心理问题正成为亟待应对的职业健康新挑战。做好职业病防治工作，保障劳动者健康，需要大力加强专业技术人才培养，加强职业卫生技术服务能力建设，以适应新时代职业健康工作的需要。

2019 年，教育部批准中国劳动关系学院设立“职业卫生工程”本科专业，为职业健康事业发展提供人才保障。职业卫生工程是一门新兴的多学科交叉的综合性学科，不仅涉及职业病预防和控制工程技术，还涉及作业场所职业卫生监督和管理相关法规与政策。为了促进职业卫生工程专业人才培养，中国劳动关系学院组织本领域的众多专家和学者，编写了职业卫生工程专业教材。这套教材系统阐述了国内外职业卫生工程技术进展、理论方法和实践经验，内容丰富，具有较强的针对性和实用性，既可用于大专院校职业卫生工程相关专业师生学习，也可供职业健康监管人员、用人单位职业健康管理人员和职业卫生技术服务人员学习参考。

中国职业安全健康协会

吴宗之

2023年12月

前　言

我国职业病危害因素分布广，接触人数多，新型职业病危害日益凸显。党和政府历来高度重视人民健康，十八大以来，党中央和国务院对职业健康、职业病防治颁布了一系列重要政策。在2016年全国卫生与健康大会上，习近平总书记明确提出要把健康融入所有政策，推进职业病危害源头治理。2016年，党中央和国务院发布《"健康中国2030"规划纲要》，2017年，十九大报告明确提出要实施健康中国战略，《中共中央关于制定国民经济和社会发展第十四个五年规划和二〇三五年远景目标的建议》里也明确提出要实施健康中国战略，二十大报告中将健康中国作为到2035年总体目标之一，并指出推进健康中国建设，职业健康是其很重要的组成部分。

《职业病危害因素检测技术》为"高等学校职业卫生工程专业教材"之一，其编写人员中既有高校教师，也有经验丰富的科研院所专家学者，对接职业卫生工程专业的实际需求编写此书。

本书由北京市化工职业病防治院李珏、中国劳动关系学院徐桂芹担任主编。中国劳动关系学院、北京市化工职业病防治院、国家卫生健康委职业安全卫生研究中心、北京市科学技术研究院城市安全与环境科学研究所、北京科技大学等单位参加了编写工作。其中，徐桂芹组织编写并对全书进行了统稿和校正，编写前言、第一章第一、二节；潘兴富、牛东升编写第一章第三节；贾琰、张洪达、潘兴富编写第三章第一、二、三节；郭启芬、牛东升编写第四章第一节；郭启芬、潘兴富编写第四章第七、八节；刘晓东、牛东升编写第四章第九节；张志胜、贾琰、牛东升编写第五章第四节；解未易、张贵英编写第五章第五节；靳俊梅、李龙宇、潘兴富编写第七章第一节；潘兴富也参与了全书的统稿和校正。石晶编写第二章第一节；唱斗编写第五章第一节；王永柱编写第五章第二、三节；窦培谦编写第四章第二、四节；贡慧编写第四章第三、五、六节；丁翠编写第三章第四、五、六节；王雪涛、徐洋编写第二章第二、三节；丁春光、施晓栋编写第六章第一、二、三节；王海椒、邹晓雪编写第一章第四、五节；纪晓慧编写第二章第四节、第三章第七节；舒木水编写第四章第十、十一节、第五章第六节；丁玎编写第七章第二节；北京科技大学安全科学研究院职业健康安全研究所刘建国参与编写本书。

本书的特点是内容翔实，注重实例，方便教学，易于学生理解。

受编者的知识和能力所限，书中难免存在不妥之处，恳请专家学者和广大读者批评指正。

编委会

2023 年 12 月

目　录

第一章　职业病危害因素检测概述

学习目标

1. 掌握职业病危害因素的概念、来源、分类和识别方法。
2. 了解国内外职业接触限值的发展。
3. 掌握职业接触限值的概念和分类以及职业接触的评价。
4. 了解职业病危害因素检测与评价的工作流程。
5. 了解我国职业病危害因素检测相关法律法规与标准。
6. 掌握职业病危害因素采样、检测分析及结果的质量控制方法。

第一节　职业病危害因素检测对象及分类概述

一、职业病危害因素的概念及作用条件

1. 职业病危害因素的概念

许多法律、法规及标准都对职业病危害因素的概念进行了界定。如《职业病防治法》、《职业卫生名词术语》（GBZ/T 224—2010）、《职业病危害评价通则》（AQ/T 8008—2013）、《职业安全卫生术语》（GB/T 15236—2008）等。在《职业卫生名词术语》（GBZ/T 224—2010）中的定义是：职业性有害因素又称职业病危害因素，是指在职业活动中产生和（或）存在的、可能对职业人群健康、安全和作业能力造成不良影响的因素或条件，包括化学、

物理、生物等因素。《职业病防治法》对职业病危害因素的定义是：职业活动中存在的各种有害的化学、物理、生物因素以及在作业过程中产生的其他职业有害因素。

根据《职业病危害因素分类目录》(国卫疾控发〔2015〕92号)，职业病危害因素共计六大类459种。其中，粉尘类52种、化学因素375种、物理因素15种、放射性因素8种、生物因素6种、其他因素3种。

2. 职业病危害因素的作用条件

接触职业病危害因素是导致职业性损害的一个必要条件，但并不是所有接触职业病危害因素的劳动者都一定会受到职业性损害，这与劳动者的个体差异和其接触的职业病危害因素的浓度强度作业条件均有关。

(1)职业病危害因素本身毒性、浓度或强度。

(2)劳动者的接触频率、接触时间、接触方式。

(3)劳动者的个体差异

1)遗传因素。患有某些遗传疾病或有遗传缺陷的人，在受到某些职业病危害因素作用时更容易引起病变。

2)年龄和性别因素。未成年人、老年人及女性更易受职业病危害因素的作用。

3)营养因素。营养缺乏可以导致人体抵抗力降低，从而更容易受到职业病危害因素的影响。

4)其他疾病和精神因素。经皮吸收的职业病危害因素对于患有皮肤病的劳动者影响更大，患有肝病的劳动者对毒物的解毒能力会降低。有些人比较敏感或者大脑过度紧张，从而更容易受到职业病危害因素的影响。

5)文化水平和卫生习惯因素。具有一定文化水平的人职业卫生素养相对较高，自我保护能力更强。

具有以上个体危险因素者，对职业病危害因素的反应常比一般人更早出现、更加严重，称为易感者或高危人员。此类人应提前鉴别，避免其接触有害因素或对其加强职业健康监护工作。

二、职业病危害因素的来源和分类

按照不同的标准，职业病危害因素有不同的分类方法。

按来源分类，职业病危害因素可以分为工作场所、劳动过程、生产环境3类。在实际生产过程中，这3类因素往往同时存在，对劳动者的健康产生联合作用。

1. 工作场所中的职业病危害因素

（1）粉尘类。生产性粉尘，包括矽尘（游离 SiO_2 质量分数≥10%）、有机粉尘、煤尘、石棉尘、金属尘、其他粉尘（游离 SiO_2 质量分数低于10%）等。

（2）化学因素。生产性毒物，包括铅及其化合物（不包括四乙基铅）、苯、甲苯、二甲苯、氯气、一氧化碳、硫化氢、乙酸乙酯、二氯乙烷、有机磷农药等。

（3）物理因素。主要为异常气象条件，异常温度，如高温、低温、高湿等；异常气压，如高气压、低气压等；非电离辐射，如紫外线、红外线、射频辐射、激光等；噪声、振动。

（4）放射性因素。电离辐射，包括放射性同位素（铀、铯等）、放射线（如X射线、α 射线、β 射线、γ 射线等）。

（5）生物因素。如艾滋病病毒（限于医护卫生人员及人民警察）、布鲁氏菌（常见于与病畜频繁接触的职业）、伯氏疏螺旋体（传播媒介是蜱虫）、森林脑炎病毒（多发生在森林作业人员）、炭疽杆菌（炭疽杆菌的自然宿主是草食性野生动物，人类接触污染的动物尸体和皮毛可能感染）等。

（6）其他因素。主要有金属烟、井下不良作业条件（限于井下工人）、刮研作业（限于手工刮研作业人员）3种因素。

2. 劳动过程中的职业病危害因素

（1）劳动组织和制度不合理，劳动作息制度不合理等。

（2）精神（心理）性职业紧张，如任务模糊、任务超重、任务不足、任务冲突、个体价值等角色特征引起的职业紧张；缺乏培训、福利待遇差、失业等人力资源管理问题引起的职业紧张。

（3）劳动强度过大或生产定额不当，如安排的作业与劳动者生理状况不相适应等。

（4）人体器官或系统过度紧张，如视屏作业者的视觉紧张和腰背肌肉紧张等。

（5）长时间不良体位或使用不合理的工具。

3. 生产环境中的职业病危害因素

（1）自然环境的因素，如炎热季节高温辐射，深井高温高湿等。

（2）厂房建筑或布局不合理，如通风不良、产生严重职业病危害因素的设施与一般职业病危害因素的设施距离较近、将产生有害气体和散热不良的生产工序布置在建筑物的下层且没有采取有效保护措施。

（3）由不合理生产过程所导致的环境污染，如有害气体逸散到作业场所及周边空气中。

生产工艺过程中物质的物理化学变化、能量的转换及物料的泄漏等是产生职业病危害因素的直接原因，作业场所的异常气象条件、通风不良、劳动组织和管理失误等则是产生职业病危害因素的间接原因。

三、职业病危害因素的识别

职业病危害因素识别是指在职业卫生工作中，根据感官判断、经验或者通过检查表、类比、检测检验、职业流行病学调查、理论推算、综合分析等方法，把工作场所中存在的职业病危害因素识别出来的过程。职业病危害因素识别的方法很多，且有各自的优缺点，不同的项目有各自的特点，应根据实际情况综合运用、扬长避短，从而取得较好的效果。

职业病危害因素的识别是职业卫生监管第一步需要开展的工作，是职业健康监管的基础。识别建设项目生产工艺、生产环境、劳动过程及建筑施工过程可能产生的职业病危害因素，并确定其来源、性质、种类、分布及其影响人员的方式、途径、程度情况，从而为下一步检测、评价及管理控制提供科学依据。

1. 职业病危害因素识别的内容

职业病危害因素识别应包括以下内容：

（1）项目概况、选址、布局、生产设备、工艺流程，可能产生的职业病危害因素的种类、部位，设备机械化、自动化、密闭化程度。

（2）生产过程中使用的原料、辅料、中间品、产品、副产品的化学名称、用量或产量，生产、运输、储存中和不同条件下发生化学反应产生的有害因素。

（3）建筑卫生学、工程技术、职业卫生管理等方面要求，如车间采暖、通风、采光、照明、墙体、墙面、地面、辅助用室设置等，以及防尘、防毒、防噪、防振、防暑、防湿、防寒、防电离辐射、防非电离辐射、防生物危害措施等。

针对职业病危害因素检测工作，目前，关注更多的是作业场所和生产环境中产生的危害因素。

2. 职业病危害因素识别的原则

（1）全面识别的原则。应充分查阅有关技术资料，通过现场调查等手段，从项目的工程内容、工艺流程、物料流程、维修检修等方面入手，避免遗漏。

生产工艺过程中产生的职业病危害因素往往作为检测的重点，但就识别来说，劳动过程和生产环境中的危害因素也不容忽视，因为这是后续评价工作的重要环节。

特殊情况下，如密闭空间、异常运行维修等易发生中毒事故的职业病危害因素，识别时还需考虑特殊生产环境下协同作用的影响。

（2）主次分明的原则。要去粗取精、主次分明、抓住重点。筛选出主要的职业病危害因素，避免识别过多、过细导致识别多、评价少。

（3）定性与定量相结合的原则。在对职业病危害因素全面定性识别的基础上，还需要对职业病危害因素进行定量识别，通过现场采样分析，进一步判断其是否超过国家卫生标准规定的职业接触限值。

3. 职业病危害因素识别的方法

在职业病危害因素的识别过程中，需借鉴科技文献、相同项目数据、典型事故案例等资料，找出职业病危害因素的产生来源及其因果关系，从而科学推断、识别职业病危害因素对劳动者的影响。主要识别方法如下：

（1）感官判断法。通过视觉、触觉、听觉和嗅觉等感知作业环境中物质的存在。如视觉识别粉尘、有色气体；听觉识别噪声；嗅觉识别有刺激性气体等；触觉识别高温、低温、振动等。感官判断的卫生情况和实际的职业卫生情况之间并不是对等的关系。

感官判断的卫生情况和实际的职业卫生情况之间并不是对等的关系。

（2）经验法。根据对相关行业、生产工艺充分的资料调研和实践经验，识别生产项目职业病危害因素。该方法适用于传统行业采用传统工艺的情况，优点是简便、易行，缺点是受知识、经验和资料的限制而容易出现偏差。

（3）检查表法。是指针对不同的行业，利用专为各种职业病危害因素识别设计编制的表格进行识别的方法。表格中能直观地反映出不同工艺流程中存在和产生的职业病危害因素，有害物质的种类及危害因素的类型、操作方式及作业人员所处的岗位、可能导致的职业病。检查表的特点是简明易懂，方法简单适用，易于掌握，能弥补有关人员的知识经验不足，可比较全面地进行辨识，应用范围广。缺点是通用性较差、易受经验等因素的影响，项目实施起来花费时间长。

（4）类比法。类比分为定量类比和定性类比，是根据两个或两个以上的对象之间存在的某些相同或相似的属性，从一个已知对象具有某种属性来类推另一个对象具有同类属性的过程。利用已经建成投产的相同或类似工程的职业卫生检测、监护和统计分析资料进行类比，分析评价项目的职业病危害因素及其防护措施的有效性。

1）工程一般特征的相似性，包括工艺路线、生产方法、原辅材料、产品结构等。

2）职业病危害防护设施的相似性，包括有害因素产生途径、浓度（强度）与防护设施等。

3）环境特征的相似性，主要包括气象条件、地理条件等。

类比法是建设项目职业病危害预评价工作中最常用的识别方法。类比法可以通过对类比企业的现场调查和实际检测，定性或定量识别出职业病危害因素。需要注意的是由于二者在生产规模、生产工艺设备方面的差别，结果可能存在差异。

而且，实际工程中很难在本地找到完全相同的类比对象，更多为新技术、新材料的应用，因此在采用类比法进行定量识别时，需要根据具体的差异情况进行修正。

（5）检测检验法。是采用仪器对工作场所可能存在的职业病危害因素进行现场采样分析的方法。

在进行建设项目职业病危害控制效果评价、工作场所职业病危害因素的定期检测与评价时，通常是定量识别，即对已知职业病危害因素进行采样分析检测。还有一种检测方法是对工作场所可能存在的职业病危害因素进行定性分析，如用气相色谱质谱分析仪对工程分析法、经验法等难以发现的有害因素进行识别。如对使用未提供MSDS的产品进行危害因素识别。实测法的结果客观真实，但投入的人力、物力大，测定项目不全或结果有偏差时，识别的结论会出错。

（6）流行病学调查法。使用流行病学的原理和方法，对工作场所的劳动者及其工作环境进行调查，以识别可能对劳动者健康状况产生影响的危害因素。

（7）理论推算法。是一种职业病危害因素定量识别的方法。利用有害物质扩散的物理化学原理或噪声、电磁场等物理因素传播与叠加原理定量推算有害物存在的浓度强度。如利用毒物扩散数学模型预测一定距离外的某工作地点的毒物浓度，利用噪声叠加原理预测厂房内增加或减小噪声源后噪声的强度。

（8）综合分析法。在不能使用一种方法完成职业病危害因素的识别时，可以采用上述多种方法进行职业病危害因素识别。

4. 识别结果与检测项目的关系

识别出的职业病危害因素是否全部纳入检测范畴，需要根据具体情况具体分析。

职业病危害因素检测主要针对生产过程和生产环境中产生的物理、化学、生物等因素，不必检测现场全部的职业病危害因素，总的原则是全面识别、重点检测，具体检测项目与职业危害风险评估的结果相关。例如，绝大多数化学物质存在一个剂量效应关系，对于某种职业病危害因素虽然本身有害，也有途径进入人体，但是由于接触的时间极短，且不是高毒物质，经过风险评估是安全的，那么这种危害因素就不必检测，但是需要注意做好个体防护。

四、常见职业病危害因素对应的行业分布

1. 生产性粉尘类

生产性粉尘是指在生产过程中产生的并能长时间飘浮在空气中的固体颗粒。人员长期在粉尘环境中工作，吸入肺内的粉尘可导致多种职业性肺部疾病，其中危害最大的是尘肺病。

《职业病危害因素分类目录》（国卫疾控发〔2015〕92 号）共列出了 51 种粉尘和 1 种“可导致职业病的其他粉尘”。按照《职业病分类和目录》（国卫疾控发〔2013〕48 号）中列出的 13 种导致尘肺病的病因，生产性粉尘可分为矽尘、煤尘、石墨粉尘、炭黑粉尘、石棉粉尘、滑石粉尘、水泥粉尘、云母粉尘、陶土粉尘、铝尘、电焊烟尘、铸造粉尘、其他粉尘。

（1）矽尘。粉尘对人体的危害性主要取决于粉尘中游离二氧化硅的含量。通常把游离二氧化硅质量分数大于或等于 10%的无机性粉尘称为矽尘。矽尘引起的职业病叫矽肺。

容易导致矽肺病的行业与工种为煤炭开采业的岩巷掘进，金属矿山开采与选矿，耐火材料、建筑材料及其他非金属矿开采破碎与研磨，工艺美术品制造业的石质工艺品雕刻，化学肥料制造业的电炉制磷，砖瓦和轻质建材制造业的砂石筛选与板材切割，玻璃

及玻璃制品业的玻璃备料与喷砂，陶瓷行业的原材料粉碎，耐火材料生产的材料破碎与筛分，机械工业的铸造型砂与石英砂打磨，交通水利基本建设的隧道掘进与碎石装运等。

（2）煤尘。以煤炭为主的粉尘称为煤尘。长期吸入煤尘所引起的职业病叫煤工尘肺。其行业与工种主要集中在煤矿和用煤单位，如煤炭生产的采煤、装载、运输、筛煤，热电厂的上煤、磨煤、司炉，炼焦、煤气及原煤输送、备煤、洗煤、选煤、配煤、煤块破碎，水泥制造业的煤粉制备与输送，石墨及碳素制品业的碳素粉碎、筛分、配料，炼铁业的煤粉操作等。

（3）石墨粉尘。石墨是一种由碳元素为主组成的矿物质。工业上使用的有天然石墨和人工合成石墨两大类，天然石墨中游离二氧化硅含量较高，对劳动者的健康危害较大。以石墨为主的粉尘称为石墨粉尘。长期吸入石墨粉尘所引起的职业病叫石墨尘肺。其行业与工种主要集中在石墨的开采和材料制造业，如石墨矿采选、催化剂及各种化学助剂制造业的石墨催化剂干燥、石墨及碳素制品业的碳素制品制造等。

（4）炭黑粉尘。以炭黑为主的粉尘称为炭黑粉尘。长期吸入炭黑粉尘所引起的职业病叫炭黑尘肺。其行业与工种主要集中在炭黑的制造和应用行业，如化学原料生产中的炭黑制备、造粒，碳素生产中的碳素粉碎、配料，橡胶生产中的橡胶配料、混炼，稀有金属生产中的碳化钨制备等。

（5）石棉粉尘。石棉是一种天然硅酸盐类矿物质，在建筑、汽车与保温隔热材料生产等方面有广泛用途。以石棉纤维为主的粉尘叫石棉粉尘，长期吸入石棉纤维粉尘可导致石棉肺。

石棉分为蛇纹石和角闪石。前者主要包括温石棉，后者包括青石棉、透闪石和铁石棉等。20世纪，全球温石棉、角闪石的使用量分别占石棉总量的90.0%和10.0%。角闪石的晶体结构为棱柱状硅酸盐且具有解离性质，较温石棉脆，容易形成呼吸性粉尘。尽管近年来全球石棉开采量和使用量已经显著减少，但由于石棉接触所致疾病的潜伏期长，且早期建筑材料中所使用的石棉持续存在，进行含石棉材料的维护、拆卸和去除作业的作业工人仍会面临职业性接触石棉的风险。温石棉对人体危害相对较小，角闪石石棉已被确认为有致癌作用，较常见的是导致肺癌和胸膜间皮瘤。其行业与工种主要集中在石棉的开采和应用行业，如石棉矿开采业的采运，石棉制品业的石棉梳棉、拼线、编织，建筑材料制造业的配料、成型、打磨、电力、蒸汽、热水生产和供应业的管道保温、锅炉检修，以及汽车刹车片制造、铁路车辆制动元件制造等。

（6）滑石粉尘。滑石是造纸、医药、橡胶等行业常用的原料。以滑石为主的粉尘叫滑石粉尘，长期吸入滑石粉尘可导致滑石尘肺。其行业与工种主要集中在滑石的开采和应用行业，如建筑材料及其他非金属矿采选业的滑石采矿、装载、运输、破碎、筛选、研磨、重选，滑石粉加工等。

（7）水泥粉尘。以水泥为主的粉尘叫水泥粉尘，长期吸入水泥粉尘可导致水泥尘肺。其行业与工种主要集中在水泥的烧制和应用行业，如水泥制造业的熟料冷却、熟料粉磨、水泥包装、水泥均化、水泥输送，矿石开采业的喷浆砌碹、巷道加固，水泥制品和石棉水泥制品业的称量配料、混合搅拌、紧实成型、制浆均和，建筑业的水泥运输、投料、拌和、浇捣等。

（8）云母粉尘。云母在电气设备制造方面有广泛的用途。以云母为主的粉尘叫云母粉尘，长期吸入云母粉尘可能导致云母尘肺，其行业与工种主要集中在云母的开采和应用行业，如云母采矿、装载、运输、破碎、筛选、研磨、重选，云母制品业的云母制粉、煅烧等。

（9）陶土粉尘。以陶瓷尘为主的粉尘叫陶土粉尘。长期吸入陶土粉尘可能导致陶工尘肺。其行业与工种主要集中在陶瓷制造业，如陶土开采、粉碎、研磨、筛分、包装和运输，陶瓷生产中的原料粉碎、筛分、配料、搅拌、炼泥、成型、干燥、上釉、烧成、装出窑等。

（10）铝尘。以铝、铝合金、氧化铝为主的粉尘叫铝尘。长期吸入铝尘可能导致铝尘肺。其行业与工种主要集中在电解铝、氧化铝开采、耐火材料制造、铝制品生产。如氧化铝烧结、电解铝、铝合金熔铸、铝合金氧化，铝制品业的粉末冶金压制、铸造、打磨等。

（11）电焊烟尘。电焊是工业生产中常见的工序。以电焊产生的粉尘为主的叫电焊烟尘。长期吸入电焊烟尘可能导致电焊工尘肺。其行业与工种主要集中在焊接加工业，如手工电弧焊、气体保护焊、氩弧焊、碳弧气刨、气焊等。

（12）铸造粉尘。以铸造型砂为主的粉尘叫铸造粉尘。长期吸入铸造粉尘可能导致铸工尘肺。其行业与工种主要集中在铸造加工业，如机械工业的铸造浇铸、型砂制备、造型、铸件清理等。

（13）其他粉尘。上述12类粉尘以外的粉尘可归纳为“其他粉尘”，如棉麻等有机尘、锑等金属无机尘等。长期吸入其他粉尘可能导致的尘肺病叫其他尘肺病。

2. 放射性同位素与放射线类

（1）放射性同位素。所谓同位素就是指原子核内具有相同数目的质子（原子序数相同）但中子数不同的一类原子，它们的化学性质相同，在元素周期表中占有同一位置，故称同位素。同位素又可分为稳定同位素与不稳定同位素。稳定同位素原子核内质子数、中子数以及核结构都是不变的，自然界中多数原子核属于稳定同位素。原子核不稳定，能自发地放出射线而变成另一种核素的同位素或者发生能量状态改变的不稳定同位素称为放射性同位素。凡放射性同位素都能不受外界环境温度、湿度、气压及物理化学状态影响，自发地释放出 α 射线、β 射线、γ 射线而变成其他核素。当然，释放出来的射线可能是其中一种或几种。一般而言，质量较小的同位素只放出 β 射线、γ 射线，质量较大的放射性同位素大多还能放出 α 射线。

（2）放射线。广义来说，辐射包括两大类：一类为非电离辐射，另一类为电离辐射（放射线）。所谓非电离辐射即不能使物质发生电离的辐射（如无线电波、微波、红外线、可见光、紫外线、超声波等），而电离辐射是能够引起物质电离的带电粒子（如 α 粒子，正、负电子，质子或其他重粒子）或不带电粒子（如 X 射线、γ 射线、中子）构成的辐射。非电离辐射与 X 射线、γ 射线辐射同属于电磁波，电离辐射的能量一般要远高于非电离辐射。

放射线的来源分两种：天然辐射和人工辐射。天然辐射是由宇宙射线和地表辐射组成的。能量低于几个 GeV（109 eV）量级的宇宙射线主要来自太阳或被太阳调制，绝大部分宇宙射线来自太阳系之外、银河系之内。地表辐射来自地球形成时就存在的镭、钍、铀系放射性核素。

放射线都有一定的穿透性。α 射线的粒子质量最大，每个粒子带两个单位正电荷，所以穿透能力差，在空气中一般仅能辐射几厘米的距离，甚至一张纸便可将其挡住。正因为 α 粒子质量大，穿透能力弱，故能在短距离内引起物质较多电离，即能量容易传递给物质，α 粒子在穿入组织（即使是不能深入）也能引起组织的损伤。α 粒子通常被人体外层坏死肌肤完全吸收，α 粒子释放出的放射性同位素在人体外部不构成危险。然而，它们一旦被吸入或注入，则十分危险。

β 射线实际上就是高速运动的电子流。每个 β 粒子带一个单位负电荷，静止时其质量与普通电子相同。β 粒子的运动速度通常比 α 粒子大，最大可接近光速。由于它的质量小，所带电荷量少，故 β 射线穿透能力比 α 射线要强，而电离本领却远不如 α 射线，用不太厚的塑料、铝片或有机玻璃等材料便可将其挡住。

γ 射线是能量很高的电磁波，其性质与医院用的“X 射线”类似，通常称它们为“光子”。但两者来源完全不同：γ 射线来自原子核内，而 X 射线产生于原子核外的物理过程。X 射线、γ 射线穿透能力比 α 射线、β 射线要强得多，但电离能力却比 α 射线、β 射线要弱得多。由于 X 射线、γ 射线具有穿墙破壁的本领，故一般采用密度大的材料如铁、铅、混凝土等来进行屏蔽。

此外，还有中子射线，它同 X 射线、γ 射线一样，也不带电，其穿透本领也很强。中子主要来源于反应堆、加速器和放射性同位素中子源。通常用含氢多的物质如水与石蜡等来屏蔽中子。

3. 有毒物质类

有毒物质通常可根据其化学性质分为金属与类金属、刺激性气体、窒息性气体、有机化合物、农药等几类，其主要行业、工种分布和可能导致的职业病如下：

（1）金属与类金属。炼铅、铅盐制取、蓄电池制造、油漆配料、树脂制备、铅铬黄制取、铅铬绿制取、搪瓷色素备料、搪瓷色素煅烧、玻璃色素熔制等可能接触到铅尘、铅烟和铅化合物，有可能发生急慢性铅中毒。

1）炼汞、汞洗涤、汞电解、汞蒸馏、氯化汞合成、压汞试验、盐水汞电解、汞制剂制取、温度计制造、血压计制造与修理等可能接触到汞，有可能发生急慢性汞中毒。

2）硒焙烧、硒氧化、铋制取等可能接触到无机砷及其化合物，有可能发生急慢性砷中毒。

3）锰铁烧结、锰铁高炉冶炼、焊条烘焙、锰矿筛分、高锰酸钾制取、硫酸锰制取、锰电解、电弧焊、气体保护焊等工种可能接触到锰烟、锰尘、锰化合物，有可能发生急慢性锰中毒。

4）锌镉熔炼、镉烟冷凝、镉造渣、镉铸型、镉化物制取、荧光粉制取、镉红煅烧、镉红制取、玻璃上色、镍镉电池装配、镀镉等工种可能接触到镉及其化合物，有可能发生急慢性镉及其化合物中毒。

5）金属铍冶炼、氧化铍冶炼、铍真空熔铸、氧化铍烧结、铍粉制取等工种可能接触到铍及其化合物，有可能发生职业性铍病。

6）铊冶炼、玻璃纸制取等接触铊的工种有可能发生铊及其化合物中毒。

7）锌钡白制取、涂料配制、射线检查的造影剂配制、镀件钝化、钢材淬火等接触钡及其化合物的工种可能发生钡及其化合物中毒。

8）钒及其化合物制取、钒铁冶炼与催化剂制备等接触钒及其化合物的工种可能发生钒及其化合物中毒。

9）有机砷杀菌剂合成、稀有金属冶炼等接触砷及其化合物的工种有可能发生砷及其化合物中毒、皮肤癌和肺癌等。

10）电镀、钢铁冶炼、制革、染料、油漆、照相材料、火柴制造等接触铬酸盐及其化合物的工种有可能发生急性铬酸盐中毒、接触性皮炎、过敏性皮炎、肺癌等。

11）锌钡白制取、有色金属冶炼、氯化物制取、锌盐制取等接触砷化氢气体的工种有可能发生急性砷化氢中毒。

12）铀矿开采、铀水冶、铀浓缩和转化、核电厂、核武器生产等接触铀的工种有可能发生铀中毒。

（2）刺激性气体。刺激性气体是指对人体呼吸道、皮肤、黏膜产生强烈刺激作用的有毒气体，常见的有氯气、氨气、光气、氮氧化物、二氧化硫等。

1）卤水净化、自来水消毒、纸浆漂白、盐水电解、液氯灌装等接触氯气的工种有可能发生氯气中毒。

2）酸性气燃烧、脱硫、脱硫醇、硫化物焙烧、二氧化硫净化、二氧化硫转化、橡胶硫化等接触二氧化硫的工种有可能发生急性二氧化硫中毒。

3）氨基类杀虫剂合成、多菌灵合成、聚碳酸酯合成、甲基异氰酸酯合成、一氧化碳氯化、光气纯化、合成药酰化等接触光气的工种有可能发生急性光气中毒。

4）合成氨、制冷、氨基酸制取、炼焦等接触氨的工种有可能发生急性氨气中毒。

5）浓硝酸合成、氮氧化、氧化氮氧化、硝酸吸收、岩巷爆破、金银提纯等工种可能接触氮氧化合物，有可能发生急性氮氧化合物中毒。

（3）窒息性气体。吸入体内能导致机体窒息的气体叫窒息性气体，常见的有一氧化碳、硫化氢、氰化物等。

1）岩巷爆破、井下通风、炼焦、煤气制造、石灰砖瓦炉窑、高炉吹炼、气体保护焊等接触高浓度一氧化碳气体的工种有可能发生急性一氧化碳中毒。

2）皮革鞣制、化学制浆、黑液蒸发、硫化氢燃烧、硫氢化钠制取、石油炼制、焦化工业、二硫化碳电炉制取、腌槽坑清理等接触硫化氢气体的工种有可能发生急性硫化氢中毒。

3）氰化钠制取、氰化亚铜制取、炼焦、煤气制造、氢氰酸盐制取、氰化镀锌、氧化镀镉、氰化镀银、氰化镀铜等接触氰化氢气体的工种有可能发生急性氰化氢中毒。

（4）有机化合物。随着人类石油化工工业和高分子化合工业的兴起，有机化合物带来的职业危害问题也越来越多。

1）芳烃抽提、苯（甲苯）分离、苯烃化、环已烷合成、刷胶、油漆等接触苯的工种有可能发生急慢性苯中毒，严重者可导致再生障碍性贫血、白血病。

2）偶氮染料、显色剂制造、化学分析检验等接触联苯胺的工种有可能发生急性联苯胺中毒，严重者可导致膀胱癌。

3）使用氯甲基化原料的化工行业可能接触氯甲甲醚，有可能发生急性氯甲甲醚中毒，严重者可导致肺癌。

4）二硫化碳电炉制取，二硫化碳甲烷制取，二硫化碳液化、精馏，有色矿浮选，选矿药剂制取，粘纤磺化等接触二硫化碳的工种有可能发生急慢性二硫化碳中毒。

5）丙烯腈精制、己二胺制备、分散染料合成、脂肪胺合成、丙烯酰胺合成、丁腈橡胶聚合、丁腈橡胶回收等接触丙烯腈的工种有可能发生丙烯腈中毒。

6）四乙基铅合成、燃料油调和、航空汽油使用等接触四乙基铅的工种有可能发生四乙基铅中毒。

7）热稳定剂合成、塑料备料、塑料筛分研磨、塑料捏合、塑化等接触有机锡的工种有可能发生有机锡中毒。

8）二甲苯精制、油漆调配、油漆稀料、油漆熬炼、树脂溶解、油漆包装、树脂制备、油墨调配、农药制造、甲苯硝化、刷胶等接触甲苯或二甲苯的工种有可能发生甲苯或二甲苯中毒。

9）胶黏剂制造、使用与食品粗油浸出等接触正己烷的工种有可能发生正己烷中毒。

10）石油加工业的汽油精制、分离、汽提，机械行业的金属表面处理、热处理、溶剂除油、外部清洗、机车零件清洗等工种可能接触到汽油，有可能发生汽油中毒。

11）乐果胺化、久效磷合成、叶蝉散合成、橡胶硫化促进剂合成等接触一甲胺的工种有可能发生一甲胺中毒。

12）氯乙烯精制、氯乙烯合成、氯乙烯聚合、氯乙烯汽提、聚氯乙烯发泡、壁纸发泡、合成革发泡、电缆电线挤塑等接触氯乙烯的工种有可能发生氯乙烯中毒，严重者可能发生肝血管肉瘤。

13）环氧氯丙烷合成、丙烯氯化、卤代烃合成、杀虫剂合成等接触氯丙烯的工种有可能发生氯丙烯中毒。

14）有机氯杀菌剂合成、硝基苯氢化、苯胺精制、染料制造、有机染料合成、胺类中间体合成、硝基中间体合成、酚类中间体合成、酮类中间体合成等工种可能接触到苯胺、甲苯胺、二甲苯胺、二苯胺、硝基苯、硝基甲苯、对硝基苯胺、二硝基苯、二硝基甲苯等苯的氨基和硝基化合物，可能导致的职业病为苯的氨基及硝基化合物中毒。

15）硝铵炸药备料、TNT 制取、硝铵炸药装药、炮弹装配等接触三硝基甲苯的工种有可能发生三硝基甲苯中毒。

16）固体酒精制取、玻璃纸制取、脂肪烃合成、甲醇加氢氯化、一氯甲烷氯化、溴甲烷合成、卤代烃合成、甲醇气相氨化、脂肪胺合成、甲醇合成、甲醇分离、酯类合成、丙烯酸甲酯制取、甲醇羰基化、甲醇醚化、醚类合成、甲醇氧化、醛类合成等接触甲醇的工种有可能发生甲醇中毒。

（5）农药。农药是指用于消灭、控制危害农作物的害虫、病菌、鼠类、杂草及其他有害动物、植物和调节植物生长的各种药物，常见的农药有有机磷农药、氨基甲酸酯类农药、拟除虫菊酯类杀虫剂等。

1）有机磷农药合成、包装、喷洒等接触有机磷农药的工种有可能发生有机磷农药中毒。

2）速灭威合成、西维因合成、氨基类杀虫剂合成与包装、喷洒农药等接触氨基甲酸酯类农药的工种有可能发生氨基甲酸酯类农药中毒。

3）拟除虫菊酯类农药合成、包装、喷洒等接触拟除虫菊酯类农药的工种有可能发生拟除虫菊酯类农药中毒。

4. 物理因素类

在生产环境中通常存在一些与劳动者健康密切相关的物理因素，如温度、湿度、气流、气压、噪声、振动、可见光、紫外线、红外线、激光、微波和工频电场等。多数物理因素是生产所必需的，但若其强度超出一定的范围就会对人体产生职业危害。如温度过高、过低会使劳动者产生不适感觉，甚至造成劳动者中暑或冻伤等。常见的物理因素所致职业病及主要行业与工种分布如下：

（1）高温。石油和天然气开采，金属与非金属矿干燥，司炉，汽轮机发电，炼焦干馏、熄焦，陶瓷成型、干燥、烧成、装出窑，冶炼等接触高温的工种有可能发生职业性中暑。

（2）异常气压。海底救助、打捞、潜水与沉箱作业等工种可能出现大气压力降低过快等不良影响，有可能导致职业性减压病。

高原作业、航空、航天作业等工种可能因低气压环境的不良影响导致高原病或航空病。

（3）振动。凿岩、岩巷装载、岩巷掘进、钻井、运输、破碎、筛选等手部接触局部振动的工种有可能发生手臂振动病。

（4）噪声。采矿业的凿岩、爆破、掘进，机械加工业的下料、剪切、锻造、冲压、辊压、铆接、落砂、造型，金属表面处理的抛光、喷砂、清理，热电厂的碎煤、球磨、汽机发电、司炉，水泥制造厂的破碎、研磨，纺织业的纺纱、织造、制条等工种有可能发生噪声聋。

5. 生物因素类

职业性生物危害因素是指劳动者在生产过程中容易导致接触感染的生物病菌类因素。如牲畜检疫、剪毛、毛皮及其制品加工、饲养员、兽医等接触牲畜的工种有可能直接接触被炭疽杆菌感染的动物而发生职业性炭疽；护林、栲胶备料、松脂采割、松明采集、野生果品采摘、原木采伐、原木运输等出入森林作业人员有可能发生森林脑炎；牲畜检疫、剪毛、毛皮及其制品加工、饲养员、兽医等接触牲畜的工种有可能直接接触被布氏杆菌感染的动物而发生布氏杆菌病等。

第二节　职业接触限值标准及应用

职业接触限值（OELs）是针对一种或一类具体有害因素制定的其在工作场所空气中可接受的浓度，通常是指对经呼吸道接触的气体、蒸气和颗粒物制定的推荐性或强制性职业接触限值。职业接触限值是风险评估和管理危险物质处理相关活动的重要工具，制定职业接触限值的主要目的是保护劳动者，使其避免过度接触工作场所中的有害因素。

从源头控制职业性有害因素是理想的对于职业病危害的预防控制对策，但实际上工作场所存在或产生的职业性有害因素是难以完全消除的，更多的控制目标是将职业性有害因素控制在可接受的水平。监管部门依据职业接触限值对用人单位的职业病防治情况进行监督管理。美国政府工业卫生师协会（ACGIH）制定并发布的阈限值（TLV）是国际上最广泛使用的职业接触限值。

一、国内外职业接触限值的发展历史

1. 国外职业接触限值的发展

德国最早于1849年，由Peter Koffer提出第一个公认的CO_2接触标准（体积分数为$1\ 000 \times 10^{-6}$）；1883年，德国慕尼黑卫生研究所Max Gruber提出第一个CO标准（体积分数为200×10^{-6}）；1912年，Kobert发表20种物质急性接触限值清单；1938年发布约100个职业接触限值的清单。

英国Moran在1860年发表针对各职业的通风标准；1874年英国军队外科医生F.de Chamont首次进行室内CO_2浓度的室内空气质量调查，提出CO_2室内空气质量标准（体积分数为200×10^{-6}），户外体积分数大于500×10^{-6}。

美国最早于1921年由美国矿山局发布33种物质的职业接触限值；1941年，由美国国家标准学会（ANSI）Z-37委员会发布第一个美国CO职业接触限值，CO体积分数为100×10^{-6}（比德国晚58年）；1942年，ACGIH阈限值委员会发表第一个63种职业接触限值清单；1945年，Cook发表132个工业污染最高容许浓度（MAC）清单；1968年，提出美国《职业安全卫生法》（OSHAct），包括ACGIH和ANSI职业接触限值，于1970年通过。

20世纪70年代起，许多其他国家采用ACGIH TLV最新版本，作为职业安全健康（OSH）法律接触标准的基础。许多发展中国家制定和更新化学品接触标准时都是使用ACGIH TLV为基础或作为重要的参考依据。

2. 我国职业接触限值的发展

1956年，我国发布第一个与劳动卫生有关的国家标准《工业企业设计暂行卫生标准》（标准-101-56），含85种化学因素和矿物粉尘物质的53项车间空气中最高容许浓度标准。1963年，卫生部及全国总工会正式颁布《工业企业设计卫生标准》（GBJ 1—62），包含 115 种化学因素和矿物粉尘物质。这是我国职业接触限值发展的起步阶段，当时的职业接触限值主要是 MAC 体系。

1979 年，卫生部、国家计划委员会、国家经济委员会和国家劳动总局联合颁布《工业企业设计卫生标准》（TJ 36—79），其中包括 120 项车间空气中有害物质最高容许浓度，其中有毒物质 111 项、生产性粉尘 9 项。1980 年，卫生部分别与国家劳动总局等部门联合发布《工业企业噪声卫生标准（试行草案）》和《微波辐射暂行卫生标准》。1999 年，卫生部批准发布甲苯等职业接触生物限值（WS/T）及配套监测方法标准。截至 2001 年，卫生部与国家技术监督局共同颁布职业卫生国家标准 123 项。这是我国职业接触限值的快速发展阶段。

2001 年，全国人大常务委员会审议通过《中华人民共和国职业病防治法》，并于 2002 年 5 月 1 日正式实施。同年，将《工业企业设计卫生标准》（TJ 36—79）修订分解成《工业企业设计卫生标准》（GBZ 1—2002）和《工作场所有害因素职业接触限值》（GBZ 2—2002）。初步形成了以 GBZ 1—2002、GBZ 2—2002 等为核心的国家职业卫生标准体系。GBZ 2—2002 主要依据职业性有害物质的理化特性、国内外毒理学及现场劳动卫生学或职业流行病学调查资料，参考美国、德国、俄罗斯、日本等国家的职业接触限值及其依据而制定。GBZ 2—2002 首次将我国劳动卫生标准从苏联模式的 MAC 体系转变为美国 TWA 体系，采纳时间加权平均类型。标准共列出 768 个限值，其中，化学物质 329 种，共 346 个因素，均包括 PC-TWA 和 PC-STEL 值，其中，MAC 值 55 个，PC-TWA、PC-STEL 值各 286 个，共 627 个限值；列出 47 种粉尘，涉及 54 种粉尘因素，其中 14 种同时设有总粉尘和呼吸性粉尘，共 140 个限值；生物因素容许浓度 1 项；物理因素 9 种，但未包括工作场所噪声声级和放射性有害因素的卫生限值。GBZ 2—2002 作为工业企业设计、监督、监测的依据，为《中华人民共和国职业病防治法》的实施提供了技术支持。

自 2003 年以来，共完成 520 项国家职业卫生标准，初步建立了职业卫生标准体系。2007 年，卫生部将 GBZ 2—2002 进一步分解为 GBZ 2.1 化学因素和 GBZ 2.2 物理因素两个部分。化学有害因素部分包括化学物质、粉尘和生物因素的职业接触限值，共列出 388 种化学有害因素，涉及 415 项因素，共制定 538 个限值。其中有 55 个 MAC 值，364 个 PC-TWA 值，119 个 PC-STEL 值；标注“皮”114 项、“敏”9 项、“癌”56 项，其中，G1 19 项，G2A 10 项，G2B 36 项。共列出化学物质 339 种，实际包括 358 种因素，制定限值464个，其中，MAC值54个，PC-TWA值292个，PC-STEL值118个。列出47种粉尘，包括55种因素，制定限值71个，其中，总粉尘55项，呼吸性粉尘16项。列出生物因素2种，MAC、PC-TWA、PC-STEL值各1项。

2019年卫生部职业卫生标准专业委员会组织对GBZ 2.1—2007进行了修订，颁布了GBZ 2.1—2019。这次修订进一步完善了我国化学因素职业接触限值体系和职业接触限值框架体系，明确了与职业接触相关术语的定义，增加了化学因素职业接触限值，明确了工作场所化学有害因素职业接触控制原则和要求、行动水平、职业接触等级分类及其控制等。具体如下：增加生物监测指标和生物接触限值（BEL）相关内容；调整了8种化学物质的中文或英文名称；汇总增加了近年来研制修订的28种工作场所化学有害因素和生物因素的职业接触限值，其中，化学因素18项、粉尘5项（人造矿物纤维绝热棉包括玻璃棉、矿渣棉、岩棉3种粉尘）、生物因素1项；一氧化氮（NO）职业接触限值并入二氧化氮（NO_2）职业接触限值；增加16种物质；增加15项致敏标识；增加4种物质的皮肤标识；增加14种物质的致癌标识，调整7种物质的致癌标识；删除与超限倍数有关的内容，并采纳峰接触浓度替代超限倍数；增加了生物监测指标和职业接触生物限值，汇总15项已发布职业接触生物限值标准、增加了近年来审定通过的13项职业接触生物限值；增加了与生物接触限值相对应的生物材料中有害物质及其代谢物或效应指标的测定及生物监测质量要求；进一步完善了与监测检测原则相关的要求。并且这次修订强调在无相应检测方法时，可参考国内外公认的检测方法，但应纳入质量控制程序；明确规定对分别制定了总粉尘和呼吸性粉尘PC-TWA的，应优先选择测定（可仅测定）呼吸性粉尘的TWA浓度；强调与BEL相配套的生物材料中有害物质及其代谢物或效应指标的测定应当按照相关检测方法标准执行，并按照GBZ/T 173保证生物监测质量；增加了工作场所化学有害因素职业接触控制原则及要求。2022年11月8日，国家卫生健康委员会发布了《工业场所有害因素职业接触限值　第1部分：化学有害因素》（GBZ 2.1—2019）的第1号修订单，将工作场所空气中的苯质量浓度PC-TWA由6 mg/m^3下调到3 mg/m^3，PC-STEL由10 mg/m^3下调到6 mg/m^3。

3. 国内外化学因素职业接触限值标准的比较

2007年，卫生部职业卫生标准专业委员会秘书处对我国工作场所化学因素职业接触限值使用情况作了调查，调查结果表明：有106种化学物质虽然有职业接触限值，但无对应的检测方法；71 种化学有害因素有标准检测方法，但无对应的职业接触限值。

通过对世界卫生组织（WHO），以及美国（劳工部职业安全与健康管理局 OSHA、美国政府工业卫生师协会 ACGIH、美国国家职业安全卫生研究所 NIOSH、工业卫生协会 AIHA）、欧盟、英国、德国、西班牙、日本、南非、中国香港和中国台湾的职业接触限值进行跟踪研究，并与一些有代表性的国家和地区的职业接触限值进行比较，结果表明，我国工作场所化学因素职业接触限值明显严于美国。与美国 OSHA 容许接触浓度比较，我国限值严于 OSHA 的占 66.26%，比其宽松的占 6.13%，与其相等的占 27.61%。

澳大利亚共对 661 种化学有害因素制定了 PC-TWA，142 种制定了 PC-STEL，105 种有致癌物标识，169 种有经皮吸收标识，74 种有致敏标识。其与我国 PC-TWA 值相等的占 22.27%，小于我国 PC-TWA 值的占 21.86%，大于我国 PC-TWA 值的占 52.23%；与我国 PC-STEL 值相等的占 18.18%，小于我国 PC-STEL 值的占 14.55%，大于我国 PC-STEL 值的占 67.27%。分别计算澳大利亚 PC-TWA 与我国 PC-TWA、澳大利亚 PC-STEL 与我国 PC-STEL 的比值并进行归类，澳大利亚 PC-TWA 与我国 PC-TWA 的比值在 0.8 以下的占 10.08%，0.8~1.2 的占 51.26，1.3 以上的占 38.66%。澳大利亚 PC-STEL 与我国 PC-STEL 的比值在 0.8 以下的占 7.27%，0.8~1.2 的占 41.82%，1.3 以上的占 50.91%。总体来说，澳大利亚制定职业接触限值的有害因素数量比我国多，化学有害因素职业接触限值较我国宽松。

对我国与欧盟化学因素职业接触限值进行比较的结果，在化学因素 PC-TWA 值中，中欧相同的占 11.67%，欧盟 PC-TWA 值小于我国的占 36.67%，PC-TWA 值高于我国的占 51.67%。在化学因素 PC-STEL 值中，欧盟 PC-STEL 值小于我国的占 15.38%，大于我国的占 84.62%。通过计算欧盟与我国 TWA 的比值和欧盟与我国 PC-STEL 的比值并进行归类，发现欧盟与我国 PC-TWA 的比值 50%以上大于 1.0，欧盟与我国 PC-STEL 比值为 1.20~5.10，可见我国制定的化学因素职业接触限值要严于欧盟。

二、职业接触限值的概念和分类

国际劳工组织（ILO）对职业接触限值的定义是由国家主管部门或其他相关机构制定的工作场所空气中有害化合物浓度的限值。不同国家或组织制定的职业接触限值名称不同，含义大体相当。

1. 工作场所职业接触限值的分类

工作场所职业接触限值通常有3种基本类型，分别为时间加权平均容许浓度（TWA）、短时间接触限值（STEL）和上限值（CV）。

（1）TWA。TWA是指空气中化学物质在正常8 h工作日和40 h工作周的最高平均浓度。阈限值（threshold limitvalues，TLV），是由美国政府工业卫生师协会（ACGIH）制定的美国政府标准。ACGIH-TLV对TLV-TWA的定义为：常规8 h工作日或40 h工作周的时间加权平均浓度，可以认为在该浓度以下，近乎所有的劳动者日复一日地反复接触也没有不良影响。在一个完整工作班，不同时间段的TWA浓度围绕TLV-TWA限值水平上下波动，总的8 h或40 h平均接触水平不得超过TLV-TWA。

（2）STEL。STEL指劳动者可以在短时间（通常为15 min）接触的最高平均浓度。ACGIH-TLV对TLV-STEL的定义为：在一个工作日任何时间的接触都不应超过的15 min-TWA。任何时间段的TWA低于限值的向下波动都表明化学物的浓度处于可接受的水平。但是，超出限值的向上漂移可能会导致快速发生的急性不良健康效应，因此需要对这种短时间的高水平接触进行控制，在基准时间的接触水平不能超过相应的限值。STEL就是用来控制这种短时间向上漂移的一个指标值，主要用于具有急性作用但以慢性毒性作用为主的化学物质，其目的是限制在一个工作日内短时间接触高浓度化学物质，保护短时间接触危险物质的劳动者。可以认为，在遵守TLV-TWA的前提下，即使15 min的短时间接触超过TLV-TWA，但在TLV-STEL水平及以下时，并不会产生刺激、慢性或不可逆性组织损伤或麻醉作用。因此，STEL是与TWA相配套的一种短时间接触限值，是对TWA的补充，在对接触制定的TWA和STEL的因素进行评价时，应使用TWA和STEL两种类型的限值进行评价，即使当日的8 h-TWA符合要求，15 min的短时间接触浓度也不应超过TLV-STEL。

对于那些制定了TLV-TWA但没有TLV-STEL的物质也应控制超出TLV-TWA值以上的漂移。目前，ACGIH已用峰接触浓度（PE）来表示其波动上限。峰接触浓度是指在最短的可分析的时间段内（不超过15 min）确定的空气中特定物质的最大或峰值浓度。对于接触具有PC-TWA但尚未制定PC-STEL的化学有害因素，应使用峰接触浓度控制短时间的接触。控制短时间接触水平的过高波动，即使8 h-TWA没有超过TLV-TWA，劳动者15 min接触水平的峰接触浓度也不能超过该物质TLV-TWA的3倍。在一个工作日内超过3倍TLV-TWA的累计接触时间不能超过30 min。在任何情况下，峰接触浓度都不能超过 TLV–TWA 的 5 倍。

（3）CV。上限值（CV）指在一个工作日的任何时间都不应超过的浓度。8 h 工作日内的任何时间段的接触只要超过了 TLV–CV，即不符合职业卫生要求。实际上，分析仪器采集样本需要一些时间。仪器测量实际应用时间为 30 s~5 min。因此，标准值并不是瞬时标准。

此外，BEI 反映了特定化学物质在体内的浓度，该浓度与空气中具体浓度的吸入接触相关。

2. 我国职业接触限值的含义

在我国，职业接触限值是指职业性有害因素的接触限值，是劳动者在职业活动过程中长期反复接触，对绝大多数接触者的健康不引起有害作用的容许接触水平。职业接触限值的本质是容许接触的职业性有害因素的限制水平，具体表现形式为量值；是健康劳动者在特定时间内接触某浓度危害物风险很小的容许剂量，绝大多数劳动者在该浓度以下的接触不会出现不良影响；这些有害因素是工作场所经常存在、劳动者长期反复接触的因素。制定职业接触限值的目的是指导用人单位采取预防控制措施，避免劳动者在职业活动中因过度接触职业性有害因素而导致有害健康效应。

职业接触限值的构成与应用具有风险评估（risk assessment）与风险管理（risk management）两种要素。职业接触限值源自剂量–效应（反应）曲线上的一个点，风险评估的重要环节是客观地分析某种化学物质的剂量–效应曲线，判断其可接受的接触水平则是具有主观成分的风险管理。在实际职业卫生工作中，时常将实际测得的接触浓度（exposure concentration，EC）除以职业接触限值得到危害指数（hazard index），构成最基本的风险评估。然后再确定行动原则，即 EC/OELs ≥ 1 时需要采取纠正行动；EC/OELs < 1 时不必采取行动，这种做法实质上已经是一种合法且合理的风险评估形式。

因此，职业接触限值是用人单位监测工作场所环境污染情况，评价工作场所卫生状况和劳动条件及劳动者接触化学有害因素的程度，以及防护措施效果的重要技术依据，是实施职业健康风险评估、风险管理及风险交流的重要工具。用人单位也可使用职业接触限值对生产装置泄漏情况进行评估，依据职业接触限值设置工作场所职业病危害报警值。报警值设定分为预警、警报、高报 3 级，根据物质毒性和现场实际情况至少设警报值和高报值，设定原则一般是将 MAC 或 PC–STEL 的一半设为预警值，将 MAC 或 PC–STEL 设为警报值，高报值的设定应综合考虑有毒气体毒性、作业人员情况、事故后果、工艺设备等各种因素。达到预警值时应对作业场所进行系统的检测与评价，采取有效预防控制措施；达到警报值时提示作业场所有害因素浓度已超过 MAC 或 PC-STEL，应立即采取相关预防控制措施；一旦达到高报值应迅速启动应急预案，做好人群疏散。职业接触限值也是职业卫生监督管理部门对作业场所实施监督检查、对技术服务机构开展职业健康风险评估及职业病危害评价的重要技术依据。修订后的标准 GBZ 2.1 涉及因素 410 项，434 种物质，规定限值 561 项。

三、国外职业接触限值的制定

1. 世界卫生组织（WHO）的职业接触限值

1976 年，WHO 专家委员会建议由 WHO 和 ILO 联合组成标准委员会，为职业性接触的化学因素制定以健康为基础的职业接触限值。专家认为，不良健康效应有以下 5 种类型：①反映疾病临床早期阶段的效应；②反映机体维持平衡的能力降低且不能迅速恢复的效应；③增加个体对其他环境影响有害效应易感性的效应；④反映功能降低的早期指标的测量结果超出正常范围的效应；⑤反映代谢和生化改变的效应。

第一阶段职业卫生专家和毒理学家提出推荐性的职业接触限值，该建议值不考虑与社会经济、社会文化及技术可行性。第二阶段由政府、用人单位和职工代表在此建议值的基础上考虑其局限性，共同制定可操作的标准。所以不同国家制定的标准会有所不同。

1980—1984 年，WHO 先后发布了 5 个关于推荐的基于健康的职业接触限值报告，包括镉、铅、锰及汞等重金属，甲苯、二甲苯、二硫化碳和三氯乙烯等溶剂，4 种农药及植物粉尘等基于健康的职业接触限值。这些报告对每种化学物质的性质、用途及健康危害进行了全面评估，并考虑了与暴露水平之间的关系，为制定保护劳动者健康、免受职业接触危害的决策提供了科学依据。

2. 欧盟的职业接触限值

欧盟委员会为保护劳动者免受危险物质的危害，依据 89/391/EEC、98/24/EC、2000/39/EC 和 2006/15/CE 4 个相关指令制定指示性职业接触限值（indicative occupational exposure limit values，IOELV）和约束性职业接触限值（banding indicative occupational exposure limit values，BOELV）。IOELV 是针对危险化学物质危害，全面保护工作场所劳

动者健康措施的重要部分。用人单位需要按照 98/24/EC 指令进行危害检测和评价。要求欧盟制定 IOELV 的化学因素，成员国应制定与本国法规一致的相应的职业接触限值；对于欧盟制定 BOELV 的化学因素，成员国应制定本国相应的且不超出欧盟限值的 BOELV。

以德国为例，德国工作场所空气中化学因素的职业接触限值是以国家公共法律为基础的限值。在 2006 年以前，德国《有害物质技术规范》（TRGS 900）涵盖两种类型的限值，分别为技术指南浓度（technischen richtkonzentrationen，TRK）和工作场所最高容许浓度（maximale arbeitsplatz-konzentration，MAK）。TRK 反映工作场所空气中气体、蒸气或颗粒物的浓度，是现有技术水平可以实现的工作场所空气中的化学物质浓度。因此，即使空气中化学物质的浓度维持在 TRK 水平及以下，也不能排除其损害劳动者健康的可能性。TRK 适用于不能制定 MAK 的 1 类或 2 类致癌物（致癌物、可疑致癌物和致突变物质），旨在最大限度地降低对健康造成损害的风险。MAK 是工作场所空气中的物质（气体、蒸气或颗粒物）最大容许浓度，即使长期反复接触，通常也不会损害劳动者的健康，是适用于健康成人的可接受的峰浓度，包括峰浓度的持续时间，即日接触的 8 h-TWA。其通常适用于第三类致癌或致突变物质及那些可以确定最低浓度的有害物质。确定 MAK 限值时，考虑可能的健康损害、生产风险及成本，但更主要的是考虑物质的毒理学效应特征，而不是其技术和经济可行性。

2005 年 1 月 1 日生效的《有害物质条例》（GefStoffV）中，制定了新的限值，称为工作场所接触限值（AGW）和生物限值（BGW）。2006 年 1 月，德国重新颁发 TRGS 900，以 AGW（WEL）替代了 MAK 和 TRK。现行限值表分为第一类和第二类物质。第一类物质是有局部作用且有明确限值的或具有呼吸致敏作用的物质；第二类物质是具有再吸收作用的物质。德国目前实施《有害物质技术规范》，具体为 TRGS 900OEL（2010 年 8 月 4 日）和 TRGS 903 生物限值（2006 年 12 月），TRGS 903 覆盖了化学物质生物耐受值（biologischer Arbe-itsstoff-Toleranz-Wert，BAT 值），BAT 是指生物材料中化学物质或其代谢产物的最高容许量。但是，参议院有害物质检测委员会仍使用 MAK 值和 BAT 值并继续将其作为基准和指引。

3. 美国的职业接触限值

1970 年，美国颁布了《职业安全卫生法》，之后成立了职业安全与健康管理局（Occupational Safety and Health Administration OSHA）和国家职业安全卫生研究所（National

Institute for Occupational Safety and Health，NIOSH）。美国职业安全卫生管理中还有一些专业性强的非政府组织。如，美国公共卫生师协会（APHA）、美国国家安全委员会（NSC）、美国工业卫生协会（AIHA）、美国政府工业卫生师协会（ACGIH）、美国安全工程师学会（ASSE）、美国职业与环境医学会（ACOEM）以及美国职业与环境诊所协会（AOEC）等。

（1）ACGIH-TLV。美国政府工业卫生师协会（ACGIH）成立于1938年，主要工作是为职业安全卫生暴露的研究和控制指导，制定了超过700个化学物质、物理因素阈限值（TLVs）（第7版），超过50个生物暴露指数（BELs）（第7版）。

由ACGIH制定的TLV是空气中化学有害因素的浓度建议值。在此浓度下，近乎所有的劳动者长期反复接触该因素，工作终身也不会产生不良健康反应。尽管ACGIH-TLV不具有法律效力，但由于在很多情况下比美国职业安全与健康管理局（OSHA）发布的限值更具保护作用，因此，许多美国公司使用现行的ACGIH保护水平限值或其他更具保护作用的内部限值。

（2）NIOSH-REL。国家职业安全卫生研究所（NIOSH）的主要功能是修订和制定新的职业安全卫生标准，培训职业安全卫生专业人员。NIOSH通过收集信息，进行科学研究，提供与工作有关的疾病、伤害、死亡的预防措施。

NIOSH为375种物质制定了830个有害物质的REL。NIOSH按照美国《职业安全卫生法》的授权，制定了其标准文件，如预警、职业危害评估及其技术指南等，并将REL值推荐给OSHA及其他职业接触限值制定机构。NIOSH还制定了立即威胁生命或健康的浓度（IDLH），IDLH是为制定呼吸器选用标准而设立的一种最高浓度建议值，是指化学物质作业人员在呼吸器失效或损坏的情况下，在30 min内撤离现场而不致发生伤害或永久性健康影响的最高浓度。NIOSH在制定IDLH时没有考虑化学物质的致癌性。具有IDLH的化学物质大多有发生急性职业中毒的可能性。

（3）AIHA-WEEL。美国公共卫生协会（American Public Health Association，APHA）创建于1872年，是最早建立的公共卫生专业机构，也是国际上最大的服务于职业安全卫生和环境的机构之一，为各行业、政府机构、劳工、学术机构和独立组织的专业人员提供职业安全卫生服务，旨在改善人类公共卫生健康水平，保护人们免受可预防的严重健康威胁，提高以社区为基础的健康水平并举行疾病预防活动。制定更新的化学物质和物理因素的阈限值推荐成为全美遵守的标准。

美国工业卫生协会（AIHA）常设工作场所环境接触水平委员会（Workplace Environmental Exposure Level Committee）负责制定、传播工作场所化学和物理因素及应急工作场所环境接触水平（WEEL）。AIHA-WEEL委员会向标准制定机构提出接触水平的适当建议、更新WEEL可用信息、通过AIHA国家办事处的出版物传播WEEL和支持文件。AIHA还制定了应急响应规划指南值（emergency response planning guidelines，ERPGs）。ERPGs是由AIHA应急响应规划指南委员会（ERPG committee of the AIHA）制定并发布的化学物质应急接触限值。在广泛的、最新的资料调研的基础上，阐述了每个指南值的选择原理，而且提供每个指南值对应的物质的化学和结构性质、动物毒理学资料、人群流行病学资料、现行的接触指南、限值选择原理及参考文献。ERPG覆盖40多种化学物质，包括3种不同的浓度限值，其数值大小顺序为ERPG-3 > ERPG-2 > ERPG-1。ERPG-1：人接触1 h不会引起任何症状的空气中化学物的最大浓度；ERPG-2：人接触1 h不会引起不可逆的健康影响，或健康影响程度尚不能影响其采取保护措施能力的空气中化学物的浓度；ERPG-3：人接触1 h不致产生危及生命的空气中化学物的浓度。

（4）OSHA-PEL。1970年，美国成立了职业安全卫生管理局（OSHA），OSHA是美国劳工部的一部分，是执法机构，其职能是制定并执行法规标准，监督检查企业执行情况，对职工投诉进行调查，对事故进行调查处理，对职业安全与卫生技术进行宣传推广。

在美国《职业安全卫生法》颁布后，美国职业安全与健康管理局（OSHA）以ACGIH-TLV和美国国家标准学会（ANSI）标准为基础，制定并发布了空气中污染物容许接触限值（PEL）。PEL是美国现行的强制执行的空气中污染物数量或浓度的限值。

四、我国职业接触限值的制定及应用

1. 我国工作场所化学因素职业接触限值的基本类型

我国工作场所职业接触限值包括化学因素、物理因素和生物因素的接触限值及生物接触限值。《工作场所有害因素职业接触限值　第1部分：化学有害因素》（GBZ 2.1—2019）包括化学物质、粉尘和生物因素的职业接触限值；《工作场所有害因素职业接触限值　第2部分：物理因素》（GBZ 2.2—2007）列出了工作场所非电离辐射（工频、高频、超高频）、微波、激光、紫外线、高温、噪声、振动等物理因素的职业接触限值，《工业企业设计卫生标准》（GBZ 1—2010）也列出了部分物理因素如低温、振动、非噪声作业车间的噪声、采光照明等的卫生限值。生物接触限值主要以卫生行业标准（WS）的形式发布。生物接触限值又称生物接触指数或限值，是对劳动者所接触职业性化学有害因素的生物材料中的化学物质或其代谢产物所引起的生物效应等推荐的最高容许量值。当生物监测值（包括生物接触限值、生物监测指标及采样时间）在其推荐值范围以内时，绝大多数的劳动者不会出现有害效应。

我国工作场所化学因素职业接触限值的主要涉及容许浓度（PC）和标注（notation）。具体分为以下6类：

（1）时间加权平均容许浓度（PC-TWA）。时间加权平均容许浓度是指以时间为权数规定的8 h工作日、40 h工作周的平均容许接触浓度。

（2）短时间接触容许浓度（PC-STEL）。短时间接触容许浓度是指在遵守PC-TWA前提下容许短时间（15 min）接触的浓度。

劳动者在一个工作日的不同时间段接触的化学有害因素的TWA水平在PC-TWA值上下波动，在一个工作日内瞬时接触水平高出PC-TWA若干倍时有可能发生急性不良健康效应。一次大量接触有害物质可能增加疾病的风险，仅依靠长时间平均接触监测数据可能会掩盖峰的漂移。对以慢性毒性作用为主但同时具有急性毒性作用的化学物质制定PC-STEL的目的是限制劳动者在一个工作日内短时间接触过高浓度的化学因素，以保证劳动者即使短时间接触这些因素也不会发生急性毒性作用。对那些制定了PC-TWA但没有规定PC-STEL的化学有害因素或粉尘，采用峰接触浓度以控制其短时间过高浓度的接触。

（3）最高容许浓度（MAC）。最高容许浓度是指在工作地点的一个工作日内，任何时间有毒化学物质均不应超过的浓度。

（4）经皮吸收。对可通过皮肤、黏膜吸收并可引起全身效应的化学物质标注“皮”的标识，旨在提示这些物质具有经皮肤、黏膜吸收的危险。

（5）致敏作用。对可能有致敏作用的化学物质标注“敏”的标识，目的是保护劳动者，避免诱发致敏效应。

（6）致癌作用。对具有潜在致癌性的化学物质标注“癌”的标识，目的是提示用人单位对这些化学物质应采取工程控制技术措施与个人防护，尽可能使劳动者所接触的这些物质保持在最低接触水平。

另外，还需注意对于其他的没有制定职业接触限值的化学物质，应采取措施控制劳动者的接触，原则是使基本每一位劳动者即使多次接触该化学物质，其健康也不会受到损害。

2. 各限值的应用

（1）时间加权平均容许浓度

1）适用条件。时间加权平均容许浓度是评价工作场所环境卫生状况和劳动者接触水平的主要指标。建设项目职业病危害预评价、职业病危害控制效果评价、职业病危害定期检测评价、系统接触评估，以及因生产工艺、原材料、设备、生产方式和技术等发生改变对工作环境影响重新评价时，TWA 的检测评价尤为重要。GBZ 2.1 共确定 383 项 PC-TWA，其中化学因素 306 项、粉尘 75 项、生物因素 2 项。

2）TWA 值的采样与计算。测定 TWA 理想的采样方法是个体采样法，这种采样法更贴切地反映劳动者的实际接触状况，个体采样应注意采样头的设置，确保采样头设在呼吸带，即从工人面部向前，半径为 30 cm 的半球范围。定点采样法是测定 TWA 的另一种方法，适用于评价工作场所环境的卫生状况和劳动者个体接触水平。定点采样要求采集一个工作日内某一工作地点、各时段的样品，按各时段的持续接触时间与其相应浓度乘积之和除以 8，得出 8 h-TWA。

根据采样时间、方式，其检测结果的计算可以概括为长时间采样和短时间采样、多个工作地点或移动工作的采样，前者又可分为可满足全工作日的连续一次性采样和不能满足全工作日的连续一次性采样，对于可满足全工作日连续一次性采样的，无论是个体采样，还是定点采样，其计算式均见式（1-1）：

$$C_{TWA}=\frac{C\times V}{F\times 480}\times 1\,000 \tag{1-1}$$

式中　C_{TWA}——空气中化学有害因素 8 h 时间加权平均接触质量浓度，mg/m^3；

C——测量的样品溶液中化学有害因素的质量浓度，μg/mL；

V——样品溶液的总体积，mL；

F——采样流量，mL/min；

480——时间加权平均容许浓度规定的以 8 h 计，min。

对于其他场合，其计算公式见式（1-2）：

$$C_{TWA}=\frac{C_1T_1+C_2T_2+\cdots\cdots+C_nT_n}{8} \tag{1-2}$$

式中 C_{TWA}——空气中化学有害因素 8 h 时间加权平均接触质量浓度，mg/m^3；

C_1、C_2……C_n——T_1、T_2……T_n 时间段测得空气中化学有害因素质量浓度，mg/m^3；

T_1、T_2……T_n——劳动者在相应的 C_1、C_2……C_n 浓度下的工作时间，h；

8——时间加权平均容许浓度规定的以 8 h 计。

3）单位换算。我国采用 mg/m^3 作为气体浓度的法定计量单位，国际上通常采用 1×10^{-6} 作为计量单位，二者之间的换算如式（1–3）所示：

$$C=\frac{MW\times \mathrm{ppm}}{24.05} \tag{1–3}$$

式中 C——mg/m^3；

MW——物质的相对分子质量；

24.05——标准条件下的每 mol 分子体积。

（2）短时间接触容许浓度

1）适用条件。短时间接触容许浓度主要用于具有急性毒性作用但以慢性毒性作用为主的化学物质，是与 PC–TWA 相配套的一种短时间接触限值，是对 PC–TWA 的补充，也就是说，对有 PC–STEL 限值的危害因素进行评价时，应同时使用 PC–TWA 和 PC–STEL 两种类型的限值进行评价。在遵守 PC–TWA 的前提下，短时间接触水平低于 PC–STEL 时并不会引起以下反应：①刺激；②慢性或不可逆性损伤；③存在剂量–接触次数依赖关系的毒性效应；④足以导致事故率升高、影响逃生和降低工作效率的麻醉作用。即使当日的 TWA 遵守 PC–TWA，短时间接触浓度也不应超过 PC–STEL 值。GBZ 2.1—2022 共确定 121 项 PC–STEL，其中化学因素 119 项、生物因素 2 项。

2）采样与计算。对制定有 PC–STEL 的化学物质进行监测和评价时，应了解现场浓度波动情况，在浓度最高的时段进行采样和检测。

PC–STEL 按照式（1–4）计算 15 min 时间加权平均浓度。采样时间不足 15 min 时，可进行一次以上采样并按照式（1–5）计算 15 min 时间加权平均浓度。当劳动者接触时间不足 15 min 时，则按 15 min 计算时间加权平均浓度。

$$C_{STEL}=\frac{C\times V}{F\times 15} \tag{1–4}$$

式中 C_{STEL}——短时间接触质量浓度，mg/m^3；

C——测得样品溶液中有害物质的质量浓度，mg/mL；

V——样品溶液体积，mL；

F——采样流量，L/min；

15——采样时间，min。

采样时间不足 15 min 时，可进行一次以上采样并按照式（1-5）计算 15 min 时间加权平均浓度。当劳动者接触时间不足 15 min 时，则按 15 min 计算时间加权平均浓度。

$$C_{\text{STEL}}=\frac{C_1T_1+C_2T_2+\cdots\cdots+C_nT_n}{15} \tag{1-5}$$

式中　C_{STEL}——短时间接触浓度，mg/m^3；

C_1、C_2……C_n——测得空气中有害物质浓度，mg/m^3；

T_1、T_2……T_n——劳动者在相应的有害物质浓度下的工作时间，min；

15——短时间接触容许浓度规定的 15 min。

（3）最高容许浓度

1）适用条件。最高容许浓度主要用于具有明显刺激、窒息或中枢神经系统抑制作用，可导致严重急性损害的化学物质，在任何情况下工作场所职业病危害因素接触水平都不容许超过的最高容许接触限值。GBZ 2.1 共制定了 57 项 MAC，设有 MAC 的化学物质均没有 PC-TWA 或 PC-STEL。

2）采样与计算。采样时，应根据不同工种和操作地点采集有代表性的空气样品，并能采集到最高的瞬间浓度；采样前应了解生产工艺过程以便了解待采集的职业病危害因素浓度的波动情况。一般计算不超过 15 min 的采样浓度，接触时间不足 15 min 时可计算实际接触时间采样的浓度。在采样方法上，与 STEL 的方法基本相似。

$$C_{\text{STEL}}=\frac{C\times V}{F\times t} \tag{1-6}$$

式中　C——样品中化学有害因素的质量浓度，mg/m^3；

V——样品体积，mL；

F——采样流量，L/min；

t——采样时间，min。

（4）峰接触浓度（PE）

1）适用条件。对于具有 PC-TWA、没有 PC-STEL 的化学有害因素，使用峰接触浓度控制短时间的最大接触浓度，为了控制由此产生的风险，GBZ 2.1—2019 引入了 ACGIH 峰接触浓度的概念。因为一次大量接触化学有害因素可能增加某些疾病风险，仅依靠长时间平均接触的监测数据可能会掩盖峰的漂移值，引入峰接触浓度的目的是防止一个工作日内在瞬时超过 PC-TWA 若干倍时的高水平接触有害因素导致的急性不良健康效应。峰接触浓度与 PC-STEL 相似，都反映 15 min 的接触。对于这些化学有害因素，在 PC-TWA 水平以上的短时间接触都应当符合峰接触浓度的控制要求，即劳动者当日的 C_{TWA} 水平应当控制在 PC-TWA 范围以内，同时，一个工作日内任何短时间瞬时超出 PC-TWA 3 倍的接触每次不得超过 15 min，一个工作日期间不得超过 4 次，相继间隔不短于 1 h，且在任何情况下都不能超过 PC-TWA 的 5 倍。但当可以运用 PC-STEL 或 MAC 时，则优先于峰接触浓度。峰接触浓度对应短时间接触浓度。峰接触浓度的采样、检测与评价按短时间采样规范和标准检测方法进行。

2）计算。峰接触浓度的计算与原超限倍数相同，可先将测得的 15 min-TWA 除以 PC-TWA，看比值是否超过 3 倍：

$$\text{PE}=15\ \text{min}-C_{TWA}/\text{PC-TWA} \tag{1-7}$$

（5）经皮吸收。GBZ 2.1—2019 中共列有 118 种化学物质标注有“皮”的标识。这些物质也可能通过皮肤、黏膜的吸收导致过量的接触，即使工作场所空气中的化学物质浓度满足 PC-TWA 的要求，也需要采取特殊预防措施以尽量减少或避免皮肤的直接接触。

需要注意的是，对可引起刺激、皮炎和致敏作用的化学物质未标注“皮”的标识，对那些可引起刺激或腐蚀效应但没有全身毒性的化学物质也未标注“皮”的标识。

（6）致敏作用。接触致敏物，甚至只是很低的浓度，致敏的个体都可能产生疾病的症状，致敏的器官可能是皮肤或呼吸系统。GBZ 2.1—2019 中标注“敏”的标识的化学有害因素有 21 种，其中，化学物质 15 种、粉尘 5 种、生物因素 1 种。对致敏物标注“敏”的标识并不表示致敏作用是制定该物质 PC-TWA 依据的关键效应或是唯一的依据，未标注“敏”的标识的物质也并不表示该物质没有致敏能力，只是反映目前尚缺乏科学证据或尚未定论。防止致敏个体发生特异免疫反应的唯一方法是完全避免接触。可通过工程控制措施和个人防护用品有效减少或消除接触，上岗前职业健康检查和定期健康监护有利于尽早发现特异的易感者，另外需要注意对工作中接触已知致敏物的劳动者职业防护意识方面的教育和培训。

（7）致癌作用。世界卫生组织下属的国际癌症研究机构（IARC）将致癌证据分为4类：G1类，对人致癌性证据充分，指在致癌物和人的癌症发生之间有因果关系。G2类，对人致癌性证据有限，指对因果关系的解释可信，但不能完全排除其偶然性、偏倚、混杂因素；进一步又将G2类分为两组，A组对人致癌性证据有限，对动物致癌性证据充分；B组对人致癌性证据有限，对动物致癌性证据也不充分。G3类，对人致癌性证据不足，指资料的性质、一致性或统计学把握度不足以判断因果关系或没有对人致癌性的资料。G4类，缺乏对人的致癌性证据，指接触水平与所研究的癌症无关联。

我国职业接触限值列表选取了证据比较确凿的G1类、G2A类和G2B类。在职业接触限值列表中，标注“癌”标识的化学物质有77种，其中，G1类25（28）种，G2类A组16（18）种，G2类B组36种。对于标有致癌性标识的化学物质，应采取工程控制技术措施与个人防护，减少接触机会，尽可能保持最低接触水平。

（8）职业接触限值应用的注意事项

1）职业接触限值是基于科学性和可行性制定的工作场所职业病危害控制指南，限值不是安全与否的精确界限。

2）在职业接触限值水平以下，绝大多数劳动者可工作40年而不会造成健康损害，其中不包括高易感性个体。

3）职业接触限值数值的确定是基于当下人们对事物的认知，也与国家经济、技术发展水平以及相应保护水平有关。经验表明，修订职业接触限值时，许多职业接触限值可能会被降低。

4）制定职业接触限值时的前提假设是：所有的接触者都是成年健康劳动者，以年轻男性为主，生活方式健康，接触途径主要为吸入接触，每天8 h、每周5 d常规工作制。所以上述情况之外职业接触限值的使用需要注意。

5）生物材料中的化学物或其代谢产物、生物效应是反映个体可能吸收某种化学物的指标之一，通过生物监测可间接反映劳动者接触化学物的量，有助于检测和测量化学物通过呼吸道和经皮肤或消化道的吸收、评估机体负荷、在缺乏其他接触测量数据时推测既往的接触、检测劳动者的非职业性接触、测试个人防护用品和工程控制效果及监测作业实施状况。对于通过其他途径（通常经过皮肤）进入机体并有可能造成明显吸收的化学物质尤应运用生物监测。如果对从不同场合获得的劳动者样本的测定结果持续超过其生物接触限值，或同一工作场所和班组的一组劳动者的样本检测结果绝大多数超过生物接触限值，应进行职业卫生调查、评估，寻求原因并采取相应的行动以减少排除可能存在的、与作业相关的因素造成的影响。

6）一些原因可能导致空气监测和生物监测的结果不一致，例如，劳动者的生理学结构和健康状况；职业接触因素（包括工作强度和持续时间、皮肤接触、温度和湿度、同时接触其他化学物及其他工作习惯）；非职业接触；方法学因素；与劳动者呼吸带有关的空气监测仪器的位置；粒径分布和生物利用度；个人防护装置的不同效果等。

五、职业接触评估

《中华人民共和国职业病防治法》规定，用人单位应当按照监督管理部门的规定，定期对工作场所进行职业病危害因素检测、评价。用人单位工作场所职业病危害因素的强度或浓度超过国家职业卫生标准的，由卫生行政部门给予警告，责令限期改正，逾期不改正的，处五万元以上二十万元以下罚款；情节严重的，责令停止产生职业病危害的作业，或者提请有关人民政府按照国务院规定的权限责令关闭。

1. 职业接触及相关参数的概念和分类

（1）概念。用人单位应当定期评估，确保工作场所存在的健康风险在可接受的限值以内，保证劳动者的接触符合相关法律、法规、标准的规定。接触评估采用以下参数表征：

1）职业接触。职业接触是指劳动者在职业活动中通过呼吸道、皮肤黏膜等与职业性有害因素接触的过程。接触评估也是进行职业健康风险评估的定量依据。

2）接触评估。接触评估是指对接触人群特征的识别和对接触职业性有害因素的性质、途径、类型、方式、接触强度和频率、持续时间及分布的确定，也包括对上述信息不确定性的描述。通过接触评估可以确定劳动者接触职业性有害因素的剂量，评估接触水平是否在容许范围之内，从而决定是否需要采取相应的工程或管理措施进行改善。

3）接触途径。接触途径是指有害因素从其源区域进入到机体的过程，包括危险源或危险源释放、接触点和接触途径。

4）接触路径。接触路径是指有害因素进入机体的方式和频率，如经口摄入、吸入或经皮吸收。

5）接触时间。接触时间是指机体与有害因素持续或间断接触的时间。累积接触时间是机体累积接触有害因素的时间。

6）接触频率。接触频率是指在一定接触期间内发生接触的频率。

7）接触水平。接触水平也称接触浓度，是指化学物质在接触点的浓度，或在特定时间段实际接触职业性有害因素的浓度（强度）。

（2）接触评估的分类。接触评估包括对接触的合规性监测、对所有接触进行的系统性接触评估（全面接触评估）以及诊断性监测 3 类。

1）合规性监测关注风险最高的劳动者，是对接触水平最高的劳动者进行的监测。重点是识别一组接触水平最高的劳动者，对其接触情况进行测量，再与对应的职业接触限值进行比较，以确定劳动者的接触是否超出职业卫生标准，判断劳动者的接触是可接受的、不可接受的，还是不确定的。如果接触水平最高的劳动者的接触低于职业接触限值，则该接触是可以接受的。合规性监测是职业卫生日常管理中最常见的一种接触评估类型。

2）系统性接触评估是对工作场所存在的工艺、作业、材料及劳动分工进行的系统性评估，用以判断所有劳动者在所有工作日的所有接触，即对所有劳动者、所有工作日和所有有害因素的接触进行表征和评估。最新的研究已经从合规性监测转移到系统性接触评估，即从关注最大风险的劳动者确定该种接触是在限值允许的范围，转移到强调对所有劳动者在所有工作日的所有接触进行监测评估。

3）诊断性监测是对当前健康危害控制措施是否有效而进行的评估，为了识别接触源等对劳动者接触的影响。

2. 接触评估

（1）接触评估的流程。要开展接触评估，首先需要收集工作场所、有害因素、劳动者相关的基础信息，从而了解工艺流程、使用的原辅材料、采取的控制措施等，以了解职业接触状况。这个流程也称为基础表征。然后根据收集到的信息进行接触评估，包括建立相似接触组、定义接触情况、将接触情况与职业接触限值进行比较，从而判断是否可以接受。具体流程如图 1–1 所示。

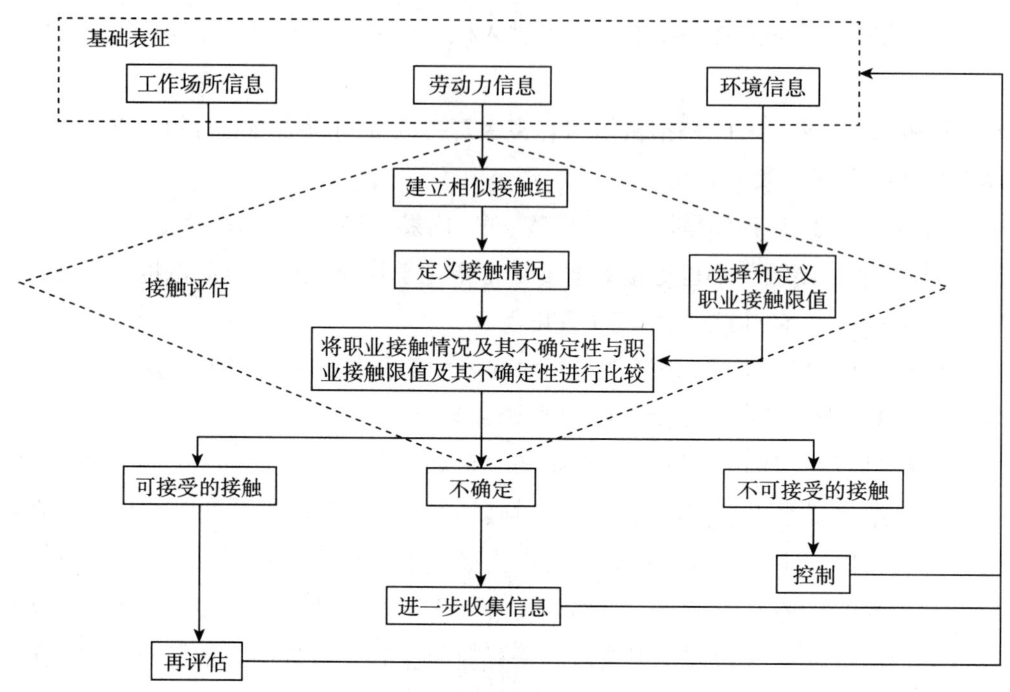

图 1–1　接触评估流程图

（2）对混合接触的评价。大多数职业接触限值针对单一化合物或含有一个共同元素或根的物质，还有少数限值涉及复杂的混合物或化合物。劳动者经常接触混合物，如使用的原材料是混合物或在工作流程中先后产生的不同的中间产物或产品。

不同化学物质之间的相互作用方式分为独立作用、相加作用和协同作用。对混合接触，评估其健康影响及接触控制标准至关重要。所有类型的混合接触都需要建立在劳动者接触的空气中每种因素浓度的评估基础上。发生混合接触时，应先分别测定各化学物质的浓度，并按各个物质的职业接触限值进行评价，且应充分保证遵守每一种成分物质的职业接触限值。

1）独立作用的接触评估。独立作用指混合物中不同的有害因素作用于身体的不同组织或器官，毒理机制不同，从而影响不同，互不干预。当工作场所中存在两种或两种以上化学物质时，如果公认或认为没有协同或相加作用，或缺乏联合作用的毒理学资料，可认为是独立作用。对于独立作用的接触评估应充分保证遵守每一个物质的职业接触限值，按式（1–8）计算每种物质的接触限值比值，当计算出的接触限值比值≤ 1 时，表示该物质的接触水平未超过接触限值，符合安全要求；反之，当接触限值比值＞ 1 时，表示该物质的接触水平已超过接触限值，不符合安全要求。

$$\frac{C_1}{\text{PC-TWA}_1} \leqslant 1;\ \frac{C_2}{\text{PC-TWA}_2} \leqslant 1;\ \cdots\cdots;\ \frac{C_n}{\text{PC-TWA}_n} \leqslant 1 \quad (1\text{-}8)$$

式中　C_1、C_2……C_n——所测得的各化学物质浓度；

PC-TWA_1、PC-TWA_2……PC-TWA_n——相应化学物质的接触限值。

2）相加作用的接触评估。当两种或两种以上有毒物质共同作用于同一器官、系统或具有相似的毒性作用，称作相加作用。如果接触的混合物的各因素作用于同一器官或具有相似的作用机制，其作用相互叠加。相加作用的接触评估通过式（1-9）计算混合接触限值比值（I）。

$$I=\frac{C_1}{\text{PC-TWA}_1}+\frac{C_2}{\text{PC-TWA}_2}+\cdots\cdots+\frac{C_n}{\text{PC-TWA}_n} \leqslant 1 \quad (1\text{-}9)$$

混合接触限值比值 $I \leqslant 1$，表示未超过职业接触限值，符合安全要求；比值 $I > 1$，表示超过职业接触限值，不符合安全要求。

3）协同作用的接触评估。混合物作用于机体的影响大于各因素影响之和，是系统的协同作用。协同作用的影响更严重，要求更严格，协同作用的接触评估应听取专家意见。

（3）非常规工作班制的职业接触限值调整。工作场所化学有害因素职业接触限值是基于每天工作 8 h、每周 40 h 的标准工时制度制定的。日工作时间不足或超过 8 h 或周工作时间不足或超过 40 h 都属于非常规工作班制。对于日工作时间不足 8 h 或周工作时间不足 40 h 的，通常不需调整 8 h-TWA 值，只需根据作业的实际情况和化学物质的特性对 STEL 或 MAC 进行评价。如果日工作时间超过 8 h 或周工作时间超过 40 h，则接触有害物质的时间延长会导致吸收增加，同时被吸收的有害物质排出时间缩短，也可能导致有害物质的代谢不完全，在体内累积而达到引起不良健康效应的剂量。实际应用时可参考 Brief 和 Scala 模型，通过计算折减因子（reduction factor，RF），将长时间的接触换算为 8 h-TWA，再将作业场所有害因素的测得结果与用折减因子调整的标准限值进行比较，保证劳动者的接触低于调整后的职业接触限值。长时间工作职业接触限值 = 标准限值 × 折减因子（Reduction Factor，RF）。

如每天工作超过 8 h，可用式（1-10）进行日接触调整：

$$RF=\frac{8}{h}\times\frac{24-h}{16} \quad (1-10)$$

式中 h——每天实际工作时间，h。

如每周工作超过 5 d 和超过 40 h，可应用式（1–11）进行周接触调整：

$$RF=\frac{40}{h}\times\frac{168-h}{128} \quad (1-11)$$

式中 h——周实际工作小时数，h；

168——每周总小时数；

128——正常工作制下每周总的休息小时数。

六、职业接触的控制

如果接触评估的结果显示接触可能会危害健康，应采取适当措施预防和控制职业接触。

1. 工作场所化学有害因素职业接触控制要求

工作场所化学有害因素浓度应遵守以下几点：

（1）劳动者接触制定有 MAC 的化学有害因素。一个工作日内，任何时间、任何工作地点的最高接触浓度不得超过其相应的 MAC。

（2）劳动者接触同时规定有 PC–TWA 和 PC–STEL 的化学有害因素。实际测得的当日时间加权平均接触浓度（C_{TWA}）不得超过该因素对应的 PC–TWA，同时一个工作日期间任何短时间的接触浓度（C_{STEL}）不得超过其对应的 PC–STEL。

（3）劳动者接触仅制定有 PC–TWA 但尚未制定 PC–STEL 的化学有害因素。实际测得的当日 C_{TWA} 不得超过其对应的 PC–TWA；同时，劳动者接触水平瞬时超过 PC–TWA 值 3 倍的接触每次不得超过 15 min，一个工作日期间不得超过 4 次，相继间隔不短于 1 h，且在任何情况下都不能超过 PC–TWA 值的 5 倍。

（4）对于尚未制定职业接触限值的化学有害因素的控制。原则上应使绝大多数劳动者即使反复接触该因素也不会损害其健康。用人单位可依据现有的充分信息，参考国内外权威机构制定的职业接触限值，制定供本用人单位使用的卫生标准，并采取有效措施控制劳动者的接触。在这些情况下，还可以使用危害分类控制或控制分类策略以确保安全操作。

（5）工作场所化学有害因素职业接触分级控制措施。劳动者接触化学有害因素的浓度超过行动水平时，用人单位应参照《用人单位职业病防治指南》（GBZ/T 225—2010）的要求采取包括防尘防毒等工程控制措施、工作场所有害因素监测、职业健康监护、职业病危害告知、职业卫生培训等技术及管理控制措施。

按照劳动者实际接触化学有害因素的水平，可将劳动者的接触水平分为 5 级，与其对应的推荐的控制措施见表 1–1。

表 1–1　职业接触水平及其分类控制

接触等级	等级描述	推荐的控制措施
0（≤ 1%OEL）	基本无接触	不需采取行动
Ⅰ（＞ 1%，≤ 10%OEL）	接触极低，根据已有信息无相关效应	一般危害告知，如标签、MSDS 等
Ⅱ（＞ 10%，≤ 50%OEL）	有接触但无明显健康效应	一般危害告知、特殊危害告知，即针对具体因素的危害进行告知
Ⅲ（＞ 50%，≤ OEL）	显著接触，需采取行动限制活动	一般危害告知、特殊危害告知、职业卫生监测、职业健康监护、作业管理
Ⅳ（＞ OEL）	超过职业接触限值	一般危害告知、特殊危害告知、职业卫生监测、职业健康监护、作业管理、个体防护用品和工程、工艺控制

注：作业管理包括对作业方法、作业时间等制定作业标准，使其标准化；改善作业方法；对作业人员进行指导培训以及改善作业条件或工作场所环境等。

2. 工作场所化学有害因素职业接触控制原则和要点

对工作场所化学有害因素接触的控制应根据工作场所职业病危害实际情况，按照《工业企业设计卫生标准》（GBZ 1—2010）的要求采取综合控制措施。职业接触控制原则依次为消除替代原则、工程控制原则、管理控制原则、个体防护原则。

（1）消除替代原则。优先采用有利于保护劳动者健康的新技术、新工艺、新材料、新设备，用无害替代有害、低毒危害替代高毒危害的工艺、技术和材料，从源头控制劳动者接触化学有害因素。

（2）工程控制原则。对生产工艺、技术和原辅材料达不到卫生学要求的，应根据生产工艺和化学有害因素的特性，采取相应的防尘、防毒、通风等工程控制措施，使劳动者的接触或活动的工作场所化学有害因素的浓度符合卫生要求。

（3）管理控制原则。通过制定并实施管理性的控制措施，控制劳动者接触化学有害因素的程度，降低危害的健康影响。

（4）个体防护原则。当所采取的控制措施仍不能实现对接触的有效控制时，应联合使用其他控制措施和适用的个体防护用品。个体防护用品是防止接触的最后手段，通常在其他控制措施不能实现理想控制目标时使用。

在评估预防控制措施的合理性、可行性时，还应综合考虑职业病危害因素的种类及为减少风险而需要付出的成本。

职业接触控制要点包括：充分考虑所有可能发生接触的途径，如呼吸、皮肤和经口摄入；采取的控制措施应具有针对性；选择最有效和最可靠的控制措施；定期检查和评估所有控制措施的相关要素，并保持其持续有效；将工作中可能产生的化学有害因素的种类及采取的控制措施告知相关劳动者，并对其进行培训；确保所采取的控制措施不会威胁劳动者的健康和生命。

第三节　检测与评价工作流程

职业病危害因素检测与评价工作至少应包括以下程序：合同评审与签订、职业卫生调查、职业病危害因素识别、制定采样方案、现场采样 / 测量、实验室检测与分析、接触职业病危害浓（强）度计算、编制职业病危害因素检测与评价报告和资料归档，必要时需要进行信息上报、信息公示。

委托检测、日常监测可以根据工作需要参照定期检测程序执行，具体内容可根据用人单位要求确定。

一、合同评审与签订

检测机构为用人单位提供职业病危害因素检测、职业病危害现状评价、职业病防护设备设施与防护用品的效果评价等技术服务时，应严格遵守《职业卫生技术服务机构管理办法》（国家卫生健康委令第 4 号）的要求，取得相应检测资质，并在资质的业务范围和检测能力内开展职业卫生技术服务。以其他目的开展的检测工作，可以参照执行。

检测机构应与用人单位签订技术服务合同（或协议），约束双方行为并承担相应责任。合同（或协议）内容应包括检测或评价类别、检测或评价范围、服务价格、完成时间、双方的权利和义务等。签订技术服务合同前，检测机构应组织开展合同评审，审核评估用人单位的要求是否符合国家有关法律、政策及标准；本机构资质、技术能力和人员是否能够承担此项技术服务；技术服务报价是否符合有关收费规定或标准等。

检测机构如因检测能力范围限制或样品保存时限有特殊要求等原因，可委托其他具备相应检测资质的机构进行检测，但应得到用人单位的书面同意，并且应在检测报告中注明。委托检测结果数据转换的过程记录以及委托检测报告应与其他资料一起归档保存。检测机构及专业技术人员应严格遵守用人单位的保密要求，必要时签订保密责任书。

二、职业卫生调查

检测机构应当按照要求开展职业卫生调查，职业卫生调查主要通过两种方式，即资料收集和现场调查。用人单位有责任和义务向检测机构提供与检测相关的必要的信息和资料。

检测机构接受用人单位委托后，首先需要向用人单位收集和整理往年职业病危害因素检测与评价报告，同时开展现场调查，主要收集和调查的信息包括：

1. 用人单位基本情况

用人单位名称、统一社会信用代码、地址、法定代表人（或负责人）姓名、联系人姓名和联系方式、所属行业、经济类型、企业规模、主要产品和年产量、在册职工人数、劳务派遣人数等。

2. 生产工艺情况

收集或绘制工艺流程图，或用文字描述工艺情况。

3. 用人单位平面布局和主要生产设备布局情况

收集或绘制用人单位的平面布局图和各工作场所（车间、装置、生产线等）的设备布局图。

4. 原辅材料情况

记录可产生职业病危害因素的主要原辅材料，包括原辅材料的年用量、主要成分、使用工作场所（车间、装置、生产线等）以及使用岗位等。收集化学品原料的化学品安全技术说明书（MSDS）。当通过现场调查无法准确识别危害因素种类时，应预采样进行定性检测分析，确定存在的职业病危害因素。

5. 主要生产设备情况

记录可产生职业病危害因素的主要生产设备，包括生产设备的名称、数量（总数量和运行数量）、型号（如有）、使用工作场所（车间、装置、生产线等）和使用岗位等。必要时记录电磁场源的位置、体积、频率、功率、电流、电压等。

6. 劳动者作业和接触职业病危害情况

记录各岗位劳动者的人数（总人数和每班人数）、工作方式、工作地点、工作内容、工作班制及工作时间，并对各岗位可能存在的职业病危害因素进行识别，并记录接触时间、接触频次、间隔时间（多次接触时）等信息。

7. 职业病防护设备设施设置及运行情况

记录工作场所（车间、装置、生产线等）和岗位是否设置职业病防护设备设施及其类型，并记录运行情况。

8. 个人使用的职业病防护用品配置及使用情况

记录用人单位配置的职业病防护用品种类、名称、生产厂家和型号，记录使用的岗位和更换情况。

9. 如果存在高温危害因素，还应了解每年或工期内最热月份工作环境温度的变化幅度和规律

10. 其他情况

现状评价职业卫生调查还应包括建筑卫生学措施情况；生产车间内的车间卫生用室、

生活用室、妇女卫生室的配置使用情况等；职业卫生管理组织机构及人员、职业病防治规划、实施方案及执行情况；职业卫生管理制度与操作规程及执行情况；近三年职业病危害因素检测情况；近三年职业健康监护情况；职业卫生培训情况；职业病危害申报情况；职业病危害的告知情况；职业病危害事故应急救援预案；设施及演练情况；职业卫生档案管理；职业病危害防治经费等；既往职业病危害评价建议落实情况等。

三、职业病危害因素的识别

根据生产工艺及使用的原辅材料，结合工作场所设置的各工种作业人员的工作方式、活动范围等情况，按照《职业病危害因素分类目录》和《工作场所有害因素职业接触限值　第 1 部分：化学有害因素》（GBZ 2.1—2019）和《工作场所有害因素职业接触限值　第 2 部分：物理因素》（GBZ 2.2—2007）的有害因素范围，辨识出各工种接触的职业病危害因素。针对我国尚未制定职业接触限值或没有标准检测方法的危害因素，鼓励参照国外权威机构已颁布的职业接触限值或标准方法进行检测和评价。

对于固定工作地点无法判断是否为存在噪声危害的设备设施，现场调查时可进行预测量，辅助识别危害因素。现场存在无法准确识别主要成分的原辅材料、中间产品和产品时，应现场采集样品进行定性检测分析。

四、制定采样方案

检测机构开展现场采样 / 测量前，必须依据职业卫生调查资料，按照职业卫生相关法规和标准，制定完善、科学、合理的采样方案。采样方案至少包括以下内容：用人单位名称（特殊要求除外）、检测任务编号（项目编号）、工作场所（厂区、车间、装置、生产线等）、岗位 / 工种、检测 / 测量地点或岗位、地点或岗位编号（可选）、接触有害因素种类、采样 / 测量数量、采样 / 测量时段、采样 / 测量方式、采样时间类型、采样 / 测量设备、收集器、采样流量、样品保存条件和时间、编制日期、编制人、审核人和批准人等。

五、现场采样 / 测量

检测机构应根据作业人员现场工作情况和采样方案开展工作场所职业病危害因素的现场采样 / 测量工作。现场采样和测量时，按照《工作场所空气中有害物质监测的采样规范》（GBZ 159—2004）的要求进行现场采样布点和采样对象的选择，按照各种危害因素的标准检测方法中规定的条件进行采样，采样时应在专用采样记录表上做好采样记录。

检测机构应当加强样品存储、运输、流转管理，保证各环节受控。采样后的样品应按照要求及时完成交接，样品交接记录应有样品交样人员和样品接收人员签名。样品接收人员检查并确认样品标签、包装完整后，填写样品交接记录。样品有异常或处于损坏状态，应如实记录，采取相关处理措施，必要时应重新采样。

六、实验室检测与分析

工作场所有毒物质按照《工作场所空气有毒物质测定》（GBZ/T 160）、《工作场所空气有毒物质测定》（GBZ/T 300）标准方法中相关要求进行分析测定；工作场所粉尘按照《工作场所空气中粉尘测定》（GBZ/T 192.1~192.6）进行分析测定；工作场所物理因素按照《工作场所物理因素测量》（GBZ/T 189）有关标准进行现场测量。采用国外标准方法或非标方法的，应通过卫生健康行政主管部门资质评审，取得相应检测能力认可。检测结果应结合空气采样体积计算出相应空气中化学有害物质浓度。

七、接触职业病危害浓（强）度计算

粉尘和化学物质浓度的计算，按照标准《工作场所空气中有害物质监测的采样规范》（GBZ 159—2004）、《工作场所有害因素职业接触限值　第 1 部分：化学有害因素》（GBZ 2.1—2019）规定的方法，结合各工种职业病危害因素接触情况，分析计算接触职业病危害因素的时间加权平均接触浓度（C_{TWA}）、短时间接触浓度（C_{STEL}）、最高浓度（C_{MAC}）或超限倍数等结果，与标准 GBZ 2.1 规定的职业接触限值进行比较；物理因素按照《工作场所物理因素测量》（GBZ/T 189）的有关要求进行现场测量后读数或计算，并将结果与《工作场所有害因素职业接触限值　第 2 部分：物理因素》（GBZ 2.2—2007）限值标准进行比较。

八、编制职业病危害因素检测与评价报告

检测机构出具的职业病危害因素检测与评价报告内容应符合客观性、逻辑性、真实性、公正性、针对性的要求。

检测与评价报告中应至少包括检测类别、检测任务编号、报告唯一性编号、报告完整性标识、资质影印件、声明、目录、检测依据、检测范围、用人单位情况、职业病危害因素识别情况、现场采样/测量情况、检测结果及结果评价、超标岗位及原因分析（如有）、结论及建议等内容。

九、资料归档

检测机构应当建立职业卫生技术服务档案，并长期妥善保管。职业卫生技术服务档案包括职业卫生技术服务过程控制记录、现场勘查记录、相关原始记录、影像资料、技术报告及相关证明材料。具体内容包括：技术服务合同、协议和合同评审记录；现场调查原始记录、调查时收集的资料和现场调查时的影像资料等相关原始记录；预采样的检测报告及相应检测原始记录（如有）；现场采样/测量计划单，包括现场采样点设置示意图；采样/测量仪器的领用记录（可单独归档）；采样仪器的流量校准记录、移动设备性能确认记录（如有）、现场实验环境确认记录（如有）；现场采样/测量原始记录和影像资料；样品的交接流转记录；实验室分析记录和原始谱图等原始记录；可疑数据舍弃的原因分析和理由记录（如有）；接触浓度的计算过程记录（化学有害因素）；委托其他机构进行检测时的委托检测协议、用人单位书面同意书和委托检测报告（如有）；检测报告正文和检测结果附件；其他与检测相关的记录、资料等。

十、信息上报和公示

1. 信息上报

职业卫生技术服务信息报告内容应按照《国家卫生健康委关于印发全国卫生资源与医疗服务统计调查制度等八项统计调查制度的通知》（国卫规划函〔2021〕184号）中的“职业卫生技术服务信息报送卡”执行，其中涉及国家秘密、军工保密和法律、法规规定可不予公开的职业卫生技术服务信息，不纳入报送范畴。

检测机构应当于出具职业卫生技术服务信息报告后的15个工作日内完成信息报送，并采用网络报告方式上报至“检测机构管理信息系统”。检测机构为职业卫生技术服务信息的责任报告人，应当确定专人负责信息报送工作，并对信息的完整性、真实性、合法性负责。

2. 信息公示

检测机构应当自出具职业卫生技术服务信息报告之日起20个工作日内，在该单位网站上公开职业卫生技术服务信息报告相关信息（涉及国家秘密、商业秘密、技术秘密及个人隐私的信息和法律、法规规定可不予公开的除外），公开的时间不少于5年。公开的信息应包括：用人单位名称、地址及联系人，技术服务项目组人员名单，现场调查、现场采样、现场测量的专业技术人员名单、时间、用人单位陪同人，证明现场调查、现场采样、现场测量的图像影像等。

第四节 我国职业病危害因素检测相关法律、法规与标准

一、我国职业病危害因素检测相关的法律、法规、标准体系

《中华人民共和国职业病防治法》的颁布实施，使职业病危害因素检测有法可依、有章可循，对职业病危害因素检测起到了巨大的推动作用，标志着我国职业病危害因素检测走上了科学化、规范化、法制化的轨道。

我国职业病危害因素检测相关的法律、法规和标准体系包括5个层次，依次为：法律、行政法规、部门规章、规范性文件和标准。

1. 法律

（1）《中华人民共和国职业病防治法》（中华人民共和国主席令〔2001〕第60号），（《全国人民代表大会常务委员会关于修改〈中华人民共和国职业病防治法〉的决定》中华人民共和国主席令〔2018〕第24号第四次修改）

（2）《中华人民共和国基本医疗与健康促进法》（中华人民共和国主席令〔2020〕第38号）

2. 行政法规

（1）《中华人民共和国尘肺病防治条例》（国发〔1987〕第105号）

（2）《使用有毒物品作业场所劳动保护条例》（国务院令〔2002〕第352号）

3. 部门规章

（1）《国家职业卫生标准管理办法》（中华人民共和国卫生部令〔2002〕第 20 号）

（2）《职业病危害项目申报办法》（国家安全生产监督管理总局令〔2012〕第 48 号）

（3）《煤矿作业场所职业病危害防治规定》（国家安全生产监督管理总局令〔2015〕第 73 号）

（4）《建设项目职业病防护设施“三同时”监督管理办法》（国家安全生产监督管理总局令〔2017〕第 90 号）

（5）《职业卫生技术服务机构管理办法》（国家卫生健康委员会令〔2023〕第 11 号）

（6）《工作场所职业卫生管理规定》（国家卫生健康委员会令〔2020〕第 5 号）

4. 规范性文件

（1）《国务院关于实施健康中国行动的意见》（国发〔2019〕第 13 号）

（2）《国家职业病防治规划（2021—2025 年）》（国卫职健发〔2021〕39 号）

（3）《职业病分类和目录》（国卫疾控发〔2013〕48 号）

（4）《职业病危害因素分类目录》（国卫疾控发〔2015〕92 号）

（5）《高毒物品目录》（卫法监发〔2003〕142 号）

（6）《关于印发加强农民工尘肺病防治工作的意见的通知》（国卫疾控发〔2016〕2 号）

（7）《关于印发尘肺病防治攻坚行动方案的通知》（国卫职健发〔2019〕46 号）

（8）《国家卫生健康委关于加强职业病防治技术支撑体系建设的指导意见》（国卫职健发〔2020〕5 号）

5. 标准

职业卫生标准是根据《中华人民共和国职业病防治法》的要求，体现“预防为主”的卫生工作方针，按照预防、控制和消除职业病危害，防治职业病，保护劳动者健康及相关权益的实际需要，由法律授权部门对国家职业病防治技术和工作场所劳动条件及卫生做出的统一规定。职业卫生标准是贯彻实施职业病危害因素防治法规的技术规范，是执行职业卫生监督和管理的法定依据。

按照其发布主体的差异，职业卫生标准可分为国家标准（GB）、国家职业卫生标准（GBZ）和行业标准（AQ、WS、DL 等）。按照其约束效力属性的不同，职业卫生标准可分为强制性标准（例如 GB、GBZ）、推荐性标准（例如 GB/T、GBZ/T）。

职业卫生标准涵盖了职业活动中所有与职业病危害因素防治有关的卫生标准，包括化学毒物、粉尘、物理因素等。与职业病危害因素检测有关的主要标准见表 1-2。

表 1-2 职业病危害因素检测主要标准

序号	标准编号	标准名称
1	GBZ 1—2010	工业企业设计卫生标准
2	GBZ 2.1—2019	工作场所有害因素职业接触限值　第 1 部分：化学有害因素
3	GBZ 2.1—2019/XG1—2022	《工作场所有害因素职业接触限值　第 1 部分：化学有害因素》行业标准第 1 号修改单
4	GBZ 2.2—2007	工作场所有害因素职业接触限值　第 2 部分：物理因素
5	GBZ 158—2003	工作场所职业病危害警示标识
6	GBZ 159—2004	工作场所空气中有害物质监测的采样规范
7	GBZ/T 160.11—2004	工作场所空气有毒物质测定：锂及其化合物
8	GBZ/T 160.16—2004	工作场所空气有毒物质测定：镍及其化合物
9	GBZ/T 160.36—2004	工作场所空气有毒物质测定：氟化物
10	GBZ/T 160.37—2004	工作场所空气有毒物质测定：氯化物
11	GBZ/T 160.44—2004	工作场所空气有毒物质测定：多环芳香烃类化合物
12	GBZ/T 160.49—2004	工作场所空气有毒物质测定：硫醇类化合物
13	GBZ/T 160.50—2004	工作场所空气有毒物质测定：烷氧基乙醇类化合物
14	GBZ/T 160.52—2007	工作场所空气有毒物质测定：脂肪族醚类化合物
15	GBZ/T 160.53—2004	工作场所空气有毒物质测定：苯基醚类化合物
16	GBZ/T 160.56—2004	工作场所空气有毒物质测定：脂环酮和芳香族酮类化合物
17	GBZ/T 160.58—2004	工作场所空气有毒物质测定：环氧化合物
18	GBZ/T 160.61—2004	工作场所空气有毒物质测定：酰基卤类化合物
19	GBZ/T 160.62—2004	工作场所空气有毒物质测定：酰胺类化合物
20	GBZ/T 160.73—2004	工作场所空气有毒物质测定：硝基烷烃类化合物
21	GBZ/T 160.75—2004	工作场所空气有毒物质测定：杂环化合物
22	GBZ/T 160.77—2004	工作场所空气有毒物质测定：有机氯农药

续表

序号	标准编号	标准名称
23	GBZ/T 160.78—2007	工作场所空气有毒物质测定：拟除虫菊脂类农药
24	GBZ/T 160.79—2004	工作场所空气有毒物质测定：药物类化合物
25	GBZ/T 189.1—2007	工作场所物理因素测量　第 1 部分：超高频辐射
26	GBZ/T 189.2—2007	工作场所物理因素测量　第 2 部分：高频电磁场
27	GBZ/T 189.3—2018	工作场所物理因素测量　第 3 部分：1 Hz~100 kHz 电场和磁场
28	GBZ/T 189.4—2007	工作场所物理因素测量　第 4 部分：激光辐射
29	GBZ/T 189.5—2007	工作场所物理因素测量　第 5 部分：微波辐射
30	GBZ/T 189.6—2007	工作场所物理因素测量　第 6 部分：紫外辐射
31	GBZ/T 189.7—2007	工作场所物理因素测量　第 7 部分：高温
32	GBZ/T 189.8—2007	工作场所物理因素测量　第 8 部分：噪声
33	GBZ/T 189.9—2007	工作场所物理因素测量　第 9 部分：手传振动
34	GBZ/T 189.10—2007	工作场所物理因素测量　第 10 部分：体力劳动强度分级
35	GBZ/T 189.11—2007	工作场所物理因素测量　第 11 部分：体力劳动时的心率
36	GBZ/T 192.1—2007	工作场所空气中粉尘测定　第 1 部分：总粉尘浓度
37	GBZ/T 192.2—2007	工作场所空气中粉尘测定　第 2 部分：呼吸性粉尘浓度
38	GBZ/T 192.3—2007	工作场所空气中粉尘测定　第 3 部分：粉尘分散度
39	GBZ/T 192.4—2007	工作场所空气中粉尘测定　第 4 部分：游离二氧化硅含量
40	GBZ/T 192.5—2007	工作场所空气中粉尘测定　第 5 部分：石棉纤维浓度
41	GBZ/T 192.6—2018	工作场所空气中粉尘测定　第 6 部分：超细颗粒和细颗粒总数量浓度
42	GBZ/T 206—2007	密闭空间直读式仪器气体检测规范
43	GBZ/T 210.1—2008	职业卫生标准制定指南　第 1 部分：工作场所化学物质职业接触限值
44	GBZ/T 210.2—2008	职业卫生标准制定指南　第 2 部分：工作场所粉尘职业接触限值
45	GBZ/T 210.3—2008	职业卫生标准制定指南　第 3 部分：工作场所物理因素职业接触限值
46	GBZ/T 210.4—2008	职业卫生标准制定指南　第 4 部分：工作场所空气中化学物质测定方法

续表

序号	标准编号	标准名称
47	GBZ/T 210.5—2008	职业卫生标准制定指南　第 5 部分：生物材料中化学物质测定方法
48	GBZ/T 222—2009	密闭空间直读式气体检测仪选用指南
49	GBZ/T 223—2009	工作场所有毒气体检测报警装置设置规范
50	GBZ/T 229.1—2010	工作场所职业病危害作业分级　第 1 部分：生产性粉尘
51	GBZ/T 229.2—2010	工作场所职业病危害作业分级　第 2 部分：化学物
52	GBZ/T 229.3—2010	工作场所职业病危害作业分级　第 3 部分：高温
53	GBZ/T 229.4—2012	工作场所职业病危害作业分级　第 4 部分：噪声
54	GBZ/T 300.1—2017	工作场所空气有毒物质测定　第 1 部分：总则
55	GBZ/T 300.2—2017	工作场所空气有毒物质测定　第 2 部分：锑及其化合物
56	GBZ/T 300.3—2017	工作场所空气有毒物质测定　第 3 部分：钡及其化合物
57	GBZ/T 300.4—2017	工作场所空气有毒物质测定　第 4 部分：铍及其化合物
58	GBZ/T 300.5—2017	工作场所空气有毒物质测定　第 5 部分：铋及其化合物
59	GBZ/T 300.6—2017	工作场所空气有毒物质测定　第 6 部分：镉及其化合物
60	GBZ/T 300.7—2017	工作场所空气有毒物质测定　第 7 部分：钙及其化合物
61	GBZ/T 300.8—2017	工作场所空气有毒物质测定　第 8 部分：铯及其化合物
62	GBZ/T 300.9—2017	工作场所空气有毒物质测定　第 9 部分：铬及其化合物
63	GBZ/T 300.10—2017	工作场所空气有毒物质测定　第 10 部分：钴及其化合物
64	GBZ/T 300.11—2017	工作场所空气有毒物质测定　第 11 部分：铜及其化合物
65	GBZ/T 300.13—2017	工作场所空气有毒物质测定　第 13 部分：铟及其化合物
66	GBZ/T 300.15—2017	工作场所空气有毒物质测定　第 15 部分：铅及其化合物
67	GBZ/T 300.16—2017	工作场所空气有毒物质测定　第 16 部分：镁及其化合物
68	GBZ/T 300.17—2017	工作场所空气有毒物质测定　第 17 部分：锰及其化合物
69	GBZ/T 300.18—2017	工作场所空气有毒物质测定　第 18 部分：汞及其化合物
70	GBZ/T 300.19—2017	工作场所空气有毒物质测定　第 19 部分：钼及其化合物
71	GBZ/T 300.21—2017	工作场所空气有毒物质测定　第 21 部分：钾及其化合物
72	GBZ/T 300.22—2017	工作场所空气有毒物质测定　第 22 部分：钠及其化合物

续表

序号	标准编号	标准名称
73	GBZ/T 300.23—2017	工作场所空气有毒物质测定　第 23 部分：锶及其化合物
74	GBZ/T 300.24—2017	工作场所空气有毒物质测定　第 24 部分：钽及其化合物
75	GBZ/T 300.25—2017	工作场所空气有毒物质测定　第 25 部分：铊及其化合物
76	GBZ/T 300.26—2017	工作场所空气有毒物质测定　第 26 部分：锡及其无机化合物
77	GBZ/T 300.27—2017	工作场所空气有毒物质测定　第 27 部分：二月桂酸二丁基锡、三甲基氯化锡和三乙基氯化锡
78	GBZ/T 300.28—2017	工作场所空气有毒物质测定　第 28 部分：钨及其化合物
79	GBZ/T 300.29—2017	工作场所空气有毒物质测定　第 29 部分：钒及其化合物
80	GBZ/T 300.30—2017	工作场所空气有毒物质测定　第 30 部分：钇及其化合物
81	GBZ/T 300.31—2017	工作场所空气有毒物质测定　第 31 部分：锌及其化合物
82	GBZ/T 300.32—2017	工作场所空气有毒物质测定　第 32 部分：锆及其化合物
83	GBZ/T 300.33—2017	工作场所空气有毒物质测定　第 33 部分：金属及其化合物
84	GBZ/T 300.34—2017	工作场所空气有毒物质测定　第 34 部分：稀土金属及其化合物
85	GBZ/T 300.35—2017	工作场所空气有毒物质测定　第 35 部分：三氟化硼
86	GBZ/T 300.37—2017	工作场所空气有毒物质测定　第 37 部分：一氧化碳和二氧化碳
87	GBZ/T 300.38—2017	工作场所空气有毒物质测定　第 38 部分：二硫化碳
88	GBZ/T 300.43—2017	工作场所空气有毒物质测定　第 43 部分：叠氮酸和叠氮化钠
89	GBZ/T 300.45—2017	工作场所空气有毒物质测定　第 45 部分：五氧化二磷和五硫化二磷
90	GBZ/T 300.46—2017	工作场所空气有毒物质测定　第 46 部分：三氯化磷和三氯硫磷
91	GBZ/T 300.47—2017	工作场所空气有毒物质测定　第 47 部分：砷及其无机化合物
92	GBZ/T 300.48—2017	工作场所空气有毒物质测定　第 48 部分：臭氧和过氧化氢
93	GBZ/T 300.51—2017	工作场所空气有毒物质测定　第 51 部分：六氟化硫
94	GBZ/T 300.52—2017	工作场所空气有毒物质测定　第 52 部分：氯化亚砜
95	GBZ/T 300.53—2017	工作场所空气有毒物质测定　第 53 部分：硒及其化合物
96	GBZ/T 300.54—2017	工作场所空气有毒物质测定　第 54 部分：碲及其化合物
97	GBZ/T 300.58—2017	工作场所空气有毒物质测定　第 58 部分：碘及其化合物

续表

序号	标准编号	标准名称
98	GBZ/T 300.59—2017	工作场所空气有毒物质测定　第59部分：挥发性有机化合物
99	GBZ/T 300.60—2017	工作场所空气有毒物质测定　第60部分：戊烷、己烷、庚烷、辛烷和壬烷
100	GBZ/T 300.61—2017	工作场所空气有毒物质测定　第61部分：丁烯、1，3-丁二烯和二聚环戊二烯
101	GBZ/T 300.62—2017	工作场所空气有毒物质测定　第62部分：溶剂汽油、液化石油气、抽余油和松节油
102	GBZ/T 300.64—2017	工作场所空气有毒物质测定　第64部分：石蜡烟
103	GBZ/T 300.65—2017	工作场所空气有毒物质测定　第65部分：环己烷和甲基环己烷
104	GBZ/T 300.66—2017	工作场所空气有毒物质测定　第66部分：苯、甲苯、二甲苯和乙苯
105	GBZ/T 300.68—2017	工作场所空气有毒物质测定　第68部分：苯乙烯、甲基苯乙烯和二乙烯基苯
106	GBZ/T 300.69—2017	工作场所空气有毒物质测定　第69部分：联苯和氢化三联苯
107	GBZ/T 300.73—2017	工作场所空气有毒物质测定　第73部分：氯甲烷、二氯甲烷、三氯甲烷和四氯化碳
108	GBZ/T 300.77—2017	工作场所空气有毒物质测定　第77部分：四氟乙烯和六氟丙烯
109	GBZ/T 300.78—2017	工作场所空气有毒物质测定　第78部分：氯乙烯、二氯乙烯、三氯乙烯和四氯乙烯
110	GBZ/T 300.80—2017	工作场所空气有毒物质测定　第80部分：氯丙烯和二氯丙烯
111	GBZ/T 300.81—2017	工作场所空气有毒物质测定　第81部分：氯苯、二氯苯和三氯苯
112	GBZ/T 300.82—2017	工作场所空气有毒物质测定　第82部分：苄基氯和对氯甲苯
113	GBZ/T 300.83—2017	工作场所空气有毒物质测定　第83部分：溴苯
114	GBZ/T 300.84—2017	工作场所空气有毒物质测定　第84部分：甲醇、丙醇和辛醇
115	GBZ/T 300.85—2017	工作场所空气有毒物质测定　第85部分：丁醇、戊醇和丙烯醇
116	GBZ/T 300.86—2017	工作场所空气有毒物质测定　第86部分：乙二醇
117	GBZ/T 300.88—2017	工作场所空气有毒物质测定　第88部分：氯乙醇和1，3-二氯丙醇
118	GBZ/T 300.93—2017	工作场所空气有毒物质测定　第93部分：五氯酚和五氯酚钠

续表

序号	标准编号	标准名称
119	GBZ/T 300.96—2018	工作场所空气有毒物质测定 第 96 部分：七氟烷、异氟烷和恩氟烷
120	GBZ/T 300.97—2017	工作场所空气有毒物质测定 第 97 部分：二丙二醇甲醚和 1-甲氧基-2-丙醇
121	GBZ/T 300.99—2017	工作场所空气有毒物质测定 第 99 部分：甲醛、乙醛和丁醛
122	GBZ/T 300.100—2018	工作场所空气有毒物质测定 第 100 部分：糠醛和二甲氧基甲烷
123	GBZ/T 300.101—2017	工作场所空气有毒物质测定 第 101 部分：三氯乙醛
124	GBZ/T 300.103—2017	工作场所空气有毒物质测定 第 103 部分：丙酮、丁酮和甲基异丁基甲酮
125	GBZ/T 300.104—2017	工作场所空气有毒物质测定 第 104 部分：二乙基甲酮、2-己酮和二异丁基甲酮
126	GBZ/T 300.106—2018	工作场所空气有毒物质测定 第 106 部分：氯丙酮
127	GBZ/T 300.110—2017	工作场所空气有毒物质测定 第 110 部分：氢醌和间苯二酚
128	GBZ/T 300.112—2017	工作场所空气有毒物质测定 第 112 部分：甲酸和乙酸
129	GBZ/T 300.114—2017	工作场所空气有毒物质测定 第 114 部分：草酸和对苯二甲酸
130	GBZ/T 300.115—2017	工作场所空气有毒物质测定 第 115 部分：氯乙酸
131	GBZ/T 300.116—2018	工作场所空气有毒物质测定 第 116 部分：对甲苯磺酸
132	GBZ/T 300.118—2017	工作场所空气有毒物质测定 第 118 部分：乙酸酐、马来酸酐和邻苯二甲酸酐
133	GBZ/T 300.122—2017	工作场所空气有毒物质测定 第 122 部分：甲酸甲酯和甲酸乙酯
134	GBZ/T 300.126—2017	工作场所空气有毒物质测定 第 126 部分：硫酸二甲酯和三甲苯磷酸酯
135	GBZ/T 300.127—2017	工作场所空气有毒物质测定 第 127 部分：丙烯酸酯类
136	GBZ/T 300.128—2018	工作场所空气有毒物质测定 第 128 部分：甲基丙烯酸酯类
137	GBZ/T 300.129—2017	工作场所空气有毒物质测定 第 129 部分：氯乙酸甲酯和氯乙酸乙酯
138	GBZ/T 300.130—2017	工作场所空气有毒物质测定 第 130 部分：邻苯二甲酸二丁酯和邻苯二甲酸二辛酯

续表

序号	标准编号	标准名称
139	GBZ/T 300.132—2017	工作场所空气有毒物质测定　第132部分：甲苯二异氰酸酯、二苯基甲烷二异氰酸酯和异佛尔酮二异氰酸酯
140	GBZ/T 300.133—2017	工作场所空气有毒物质测定　第133部分：乙腈、丙烯腈和甲基丙烯腈
141	GBZ/T 300.134—2017	工作场所空气有毒物质测定　第134部分：丙酮氰醇和苄基氰
142	GBZ/T 300.136—2017	工作场所空气有毒物质测定　第136部分：三甲胺、二乙胺和三乙胺
143	GBZ/T 300.137—2017	工作场所空气有毒物质测定　第137部分：乙胺、乙二胺和环己胺
144	GBZ/T 300.139—2017	工作场所空气有毒物质测定　第139部分：乙醇胺
145	GBZ/T 300.140—2017	工作场所空气有毒物质测定　第140部分：肼、甲基肼和偏二甲基肼
146	GBZ/T 300.142—2017	工作场所空气有毒物质测定　第142部分：三氯苯胺
147	GBZ/T 300.143—2017	工作场所空气有毒物质测定　第143部分：对硝基苯胺
148	GBZ/T 300.146—2017	工作场所空气有毒物质测定　第146部分：硝基苯、硝基甲苯和硝基氯苯
149	GBZ/T 300.149—2017	工作场所空气有毒物质测定　第149部分：杀螟松、倍硫磷、亚胺硫磷和甲基对硫磷
150	GBZ/T 300.150—2017	工作场所空气有毒物质测定　第150部分：敌敌畏、甲拌磷和对硫磷
151	GBZ/T 300.151—2017	工作场所空气有毒物质测定　第151部分：久效磷、氧乐果和异稻瘟净
152	GBZ/T 300.153—2017	工作场所空气有毒物质测定　第153部分：磷胺、内吸磷、甲基内吸磷和马拉硫磷
153	GBZ/T 300.159—2017	工作场所空气有毒物质测定　第159部分：硝化甘油、硝基胍、奥克托今和黑索金
154	GBZ/T 300.160—2017	工作场所空气有毒物质测定　第160部分：洗衣粉酶
155	GBZ/T 300.161—2018	工作场所空气有毒物质测定　第161部分：三溴甲烷
156	GBZ/T 300.162—2018	工作场所空气有毒物质测定　第162部分：苯醌
157	GBZ/T 300.163—2018	工作场所空气有毒物质测定　第163部分：甲苯二异氰酸酯
158	GBZ/T 300.164—2018	工作场所空气有毒物质测定　第164部分：二苯基甲烷二异氰酸酯

续表

序号	标准编号	标准名称
159	GBZ/T 302—2018	尿中锑的测定　原子荧光光谱法
160	GBZ/T 303—2018	尿中铅的测定　石墨炉原子吸收光谱法
161	GBZ/T 304—2018	尿中铝的测定　石墨炉原子吸收光谱法
162	GBZ/T 305—2018	尿中锰的测定　石墨炉原子吸收光谱法
163	GBZ/T 306—2018	尿中铬的测定　石墨炉原子吸收光谱法
164	GBZ/T 307.1—2018	尿中镉的测定　第 1 部分：石墨炉原子吸收光谱法
165	GBZ/T 307.2—2018	尿中镉的测定　第 2 部分：电感耦合等离子体质谱法
166	GBZ/T 308—2018	尿中多种金属同时测定　电感耦合等离子体质谱法
167	GBZ/T 309—2018	尿中丙酮的测定　顶空-气相色谱法
168	GBZ/T 310—2018	尿中 1-溴丙烷的测定　顶空-气相色谱法
169	GBZ/T 311—2018	尿中甲苯二胺的测定　气相色谱法
170	GBZ/T 312—2018	尿中 N-甲基乙酰胺的测定　气相色谱法
171	GBZ/T 313.1—2018	尿中三甲基氯化锡的测定　第 1 部分：气相色谱法
172	GBZ/T 313.2—2018	尿中三甲基氯化锡的测定　第 2 部分：气相色谱-质谱法
173	GBZ/T 314—2018	血中镍的测定　石墨炉原子吸收光谱法
174	GBZ/T 315—2018	血中铬的测定　石墨炉原子吸收光谱法
175	GBZ/T 316.1—2018	血中铅的测定　第 1 部分：石墨炉原子吸收光谱法
176	GBZ/T 316.2—2018	血中铅的测定　第 2 部分：电感耦合等离子体质谱法
177	GBZ/T 316.3—2018	血中铅的测定　第 3 部分：原子荧光光谱法
178	GBZ/T 317.1—2018	血中镉的测定　第 1 部分：石墨炉原子吸收光谱法
179	GBZ/T 317.2—2018	血中镉的测定　第 2 部分：电感耦合等离子体质谱法
180	GBZ/T 318.1—2018	血中三甲基氯化锡的测定　第 1 部分：气相色谱法
181	GBZ/T 318.2—2018	血中三甲基氯化锡的测定　第 2 部分：气相色谱-质谱法
182	GBZ/T 326—2022	尿中二氯甲烷测定标准　气相色谱法
183	GB 50019—2015	工业建筑供暖通风与空气调节设计规范
184	GB 50033—2013	建筑采光设计标准
185	GB 50034—2013	建筑照明设计标准

二、相关法律条文及标准内容

1. 法律

（1）《中华人民共和国职业病防治法》。为了预防、控制和消除职业病危害，防治职业病，保护劳动者健康及其相关权益，《中华人民共和国职业病防治法》于 2001 年 10 月 27 日第九届全国人民代表大会常务委员会第二十四次会议通过，自 2002 年 5 月 1 日起施行，先后经历了四次修正：2011 年 12 月第一次修正，强化了前期预防和用人单位主体责任，完善了职业病诊断鉴定、职业病保障及监管机制；2016 年 7 月第二次修正，进一步强化了用人单位主体责任，简化了建设项目各类评价报告审查流程，加大了事中、事后的监管力度；2017 年 11 月第三次修正，取消了职业健康检查机构审批制度，弱化了职业病集体诊断制度，简化了职业病诊断程序；2018 年 12 月第四次修正，将职业病防治监管职责统一划转由卫生行政部门负责，降低了职业病诊断机构的门槛，进一步完善了相关法律责任。该法适用于中华人民共和国领域内的职业病防治活动。

第四条规定，劳动者依法享有职业卫生保护的权利。用人单位应当为劳动者创造符合国家职业卫生标准和卫生要求的工作环境和条件，并采取措施保障劳动者获得职业卫生保护。

第十五条规定，产生职业病危害的用人单位的设立除应当符合法律、行政法规规定的设立条件外，其工作场所职业病危害因素的强度或者浓度符合国家职业卫生标准。

第二十条规定，用人单位应建立、健全工作场所职业病危害因素监测及评价制度。

第二十六规定，用人单位应当实施由专人负责的职业病危害因素日常监测，并确保监测系统处于正常运行状态。

用人单位应当按照国务院卫生行政部门的规定，定期对工作场所进行职业病危害因素检测、评价。检测、评价结果存入用人单位职业卫生档案，定期向所在地卫生行政部门报告并向劳动者公布。

职业病危害因素检测、评价由依法设立的取得国务院卫生行政部门或者设区的市级以上地方人民政府卫生行政部门按照职责分工给予资质认可的职业卫生技术服务机构进行。职业卫生技术服务机构所作检测、评价应当客观、真实。

发现工作场所职业病危害因素不符合国家职业卫生标准和卫生要求时，用人单位应当立即采取相应治理措施，仍然达不到国家职业卫生标准和卫生要求的，必须停止存在职业病危害因素的作业；职业病危害因素经治理后，符合国家职业卫生标准和卫生要求的，方可重新作业。

（2）《中华人民共和国基本医疗卫生与健康促进法》。为了发展医疗卫生与健康事业，保障公民享有基本医疗卫生服务，提高公民健康水平，推进健康中国建设，《中华人民共和国基本医疗卫生与健康促进法》于 2019 年 12 月 28 日第十三届全国人民代表大会常务委员会第十五次会议通过，自 2020 年 6 月 1 日起施行。从事医疗卫生、健康促进及其监督管理活动均适用此法。

第二十三条规定，国家加强职业健康保护。县级以上人民政府应当制定职业病防治规划，建立健全职业健康工作机制，加强职业健康监督管理，提高职业病综合防治能力和水平。用人单位应当控制职业病危害因素，采取工程技术、个体防护和健康管理等综合治理措施，改善工作环境和劳动条件。

第六十九条规定，公民是自己健康的第一责任人，树立和践行对自己健康负责的健康管理理念，主动学习健康知识，提高健康素养，加强健康管理。

第七十九条规定，用人单位应当为职工创造有益于健康的环境和条件，严格执行劳动安全卫生等相关规定，积极组织职工开展健身活动，保护职工健康。国家鼓励用人单位开展职工健康指导工作。同时国家提倡用人单位为职工定期开展健康检查。法律、法规对健康检查有规定的，依照其规定。

2. 行政法规

（1）《中华人民共和国尘肺病防治条例》。为保护职工健康，消除粉尘危害，防止发生尘肺病，促进生产发展，1987 年 12 月 3 日国务院发布了《中华人民共和国尘肺病防治条例》，该条例适用于所有有粉尘作业的企业、事业单位。

第七条规定，凡有粉尘作业的企业、事业单位应采取综合防尘措施和无尘或低尘的新技术、新工艺、新设备，使作业场所粉尘浓度不超过国家卫生标准。

第十七条规定，凡有粉尘作业的企业、事业单位，必须定期测定作业场所的粉尘浓度。测尘结果必须向主管部门和当地卫生行政部门、劳动部门和工会组织报告，并定期向职工公布。

从事粉尘作业的单位必须建立测尘资料档案。

（2）《使用有毒物品作业场所劳动保护条例》。为了保证作业场所安全使用有毒物品，预防、控制和消除职业中毒危害，保护劳动者的生命安全、身体健康及其相关权益，根据职业病防治法和其他有关法律、行政法规的规定，2002 年 5 月 12 日国务院发布了《使用有毒物品作业场所劳动保护条例》，该条例适用于作业场所使用有毒物品可能产生职业中毒危害的劳动保护。

第十四条规定，从事使用高毒物品作业的用人单位，在申报使用高毒物品作业项目时，应当向卫生行政部门提交职业中毒危害控制效果评价报告、职业卫生管理制度和操作规程等材料、职业中毒事故应急救援预案。

第二十六条规定，用人单位应当按照国务院卫生行政部门的规定，定期对使用有毒物品作业场所职业中毒危害因素进行检测、评价。检测、评价结果存入用人单位职业卫生档案，定期向所在地卫生行政部门报告并向劳动者公布。

从事使用高毒物品作业的用人单位应当至少每一个月对高毒作业场所进行一次职业中毒危害因素检测；至少每半年进行一次职业中毒危害控制效果评价。

高毒作业场所职业中毒危害因素不符合国家职业卫生标准和卫生要求时，用人单位必须立即停止高毒作业，并采取相应的治理措施；经治理，职业中毒危害因素符合国家职业卫生标准和卫生要求的，方可重新作业。

3. 部门规章

（1）《国家职业卫生标准管理办法》。为加强国家职业卫生标准的管理，2002 年 3 月 28 日原卫生部发布了《国家职业卫生标准管理办法》，自 2002 年 5 月 1 日起施行。

第二条规定，对职业性危害因素检测、检验方法，须制定国家职业卫生标准。

（2）《工作场所职业卫生管理规定》。为了加强职业卫生管理工作，强化用人单位职业病防治的主体责任，预防、控制职业病危害，保障劳动者健康和相关权益，2020 年 12 月 31 日国家卫生健康委员会公布了《工作场所职业卫生管理规定》。

第十二条规定，产生职业病危害的用人单位的工作场所职业病危害因素的强度或者浓度符合国家职业卫生标准。

第十五条规定，产生职业病危害的用人单位，应当在醒目位置设置公告栏，公布有关职业病防治的规章制度、操作规程、职业病危害事故应急救援措施和工作场所职业病危害因素检测结果。

第十九条规定，存在职业病危害的用人单位，应当实施由专人负责的工作场所职业病危害因素日常监测，确保监测系统处于正常工作状态。

第二十条规定，存在职业病危害的用人单位应根据危害的严重程度进行相应的检测。职业病危害严重的用人单位，应当委托具有相应资质的职业卫生技术服务机构，每年至少进行一次职业病危害因素检测；职业病危害一般的用人单位，应当委托具有相应资质的职业卫生技术服务机构，每三年至少进行一次职业病危害因素检测。

（3）《职业病危害项目申报办法》。为了规范职业病危害项目的申报工作，加强对用人单位职业卫生工作的监督管理，2012 年 4 月 27 日国家安全生产监督管理总局公布了《职业病危害项目申报办法》。

第五条规定，用人单位申报职业病危害项目时，应当提交工作场所职业病危害因素种类、分布情况以及接触人数。

（4）《职业卫生技术服务机构管理办法》。为了加强对职业卫生技术服务机构的监督管理，规范职业卫生技术服务行为，根据《中华人民共和国职业病防治法》，2020 年 12 月 31 日国家卫生健康委员会公布了《职业卫生技术服务机构管理办法》。

明确职业卫生技术服务机构，是指为用人单位提供职业病危害因素检测、职业病危害现状评价、职业病防护设施与防护用品的效果评价等技术服务的机构。

要求职业卫生技术服务机构，应当按照法律法规和《工作场所空气中有害物质监测的采样规范》（GBZ 159）、《电离辐射防护与辐射源安全基本标准》（GBZ 18871）、《工业企业设计卫生标准》（GBZ 1）、《工作场所有害因素职业接触限值》（GBZ 2.1、GBZ 2.2）等标准规范的要求，开展现场调查、职业病危害因素识别、现场采样、现场检测、样品管理、实验室分析、数据处理及应用等职业卫生技术服务活动。

（5）《煤矿作业场所职业病危害防治规定》。为加强煤矿作业场所职业病危害的防治工作，强化煤矿企业职业病危害防治主体责任，预防、控制职业病危害，保护煤矿劳动者健康，2015 年 2 月 28 日国家安全生产监督管理总局公布了《煤矿作业场所职业病危害防治规定》。中华人民共和国领域内各类煤矿及其所属为煤矿服务的矿井建设施工、洗煤厂、选煤厂等存在职业病危害的作业场所职业病危害预防和治理活动适用于该规定。

第八条规定，煤矿应当制定职业病危害日常监测及检测、评价管理制度。

第十条规定，煤矿应当以矿井为单位开展职业病危害因素日常监测，并委托具有资质的职业卫生技术服务机构，每年进行一次作业场所职业病危害因素检测，每3年进行1次职业病危害现状评价。根据监测、检测、评价结果，落实整改措施，同时将日常监测、检测、评价、落实整改情况存入本单位职业卫生档案。

第三十七条规定，煤矿应当使用粉尘采样器、直读式粉尘浓度测定仪等仪器设备进行粉尘浓度的测定。

第五十三条规定，煤矿应当配备2台以上噪声测定仪器，并对作业场所噪声每6个月监测1次。

（6）《建设项目职业病防护设施“三同时”监督管理办法》。为了预防、控制和消除建设项目可能产生的职业病危害，加强和规范建设项目职业病防护设施建设的监督管理，2017年3月9日国家安全生产监督管理总局公布了《建设项目职业病防护设施“三同时”监督管理办法》。安全生产监督管理部门职责范围内、可能产生职业病危害的新建、改建、扩建和技术改造、技术引进建设项目（以下统称建设项目）职业病防护设施建设及其监督管理，适用该办法。

第二十二条规定，建设项目投入生产或者使用前，建设单位应当实施由专人负责的职业病危害因素日常监测，并确保监测系统处于正常运行状态；对工作场所进行职业病危害因素检测、评价，并在醒目位置设置公告栏，公布工作场所职业病危害因素检测结果。

4. 规范性文件

（1）《国务院关于实施健康中国行动的意见》。为积极有效应对当前突出健康问题，必须关口前移，采取有效干预措施，努力使群众不生病、少生病，提高生活质量，延长健康寿命，落实健康中国战略的重要举措。2019年7月9日健康中国行动推进委员会发布《健康中国行动（2019—2030年）》，提出了3个主要任务15个行动。其中第9个行动为“职业健康保护行动”，总体目标中提出“工作场所职业病危害因素检测率达到85%及以上”，要求劳动者个人“了解工作场所存在的危害因素”，要求产生职业病危害的用人单位“应加强职业病危害项目申报、日常监测、定期检测与评价，在醒目位置设置公告栏，公布工作场所职业病危害因素检测结果和职业病危害事故应急救援措施等内容”，要求政府“建立完善工作场所职业病危害因素检测、监测和职业病报告网络”“适时开展工作场所职业病危害因素监测和职业病专项调查，系统收集相关信息”。

（2）《国家职业病防治规划（2021—2025年）》。为加强职业病防治工作，切实保障劳动者职业健康权益，依据《中华人民共和国职业病防治法》《中华人民共和国基本医疗卫生与健康促进法》等法律法规，2021年12月7日国家卫生健康委联合中共中央宣传部等多个部委共同印发了《国家职业病防治规划（2021—2025年）》。

规划目标中要求，到2025年，职业健康治理体系更加完善，职业病危害状况明显好转，工作场所劳动条件显著改善，劳动用工和劳动工时管理进一步规范，尘肺病等重点职业病得到有效控制，职业健康服务能力和保障水平不断提升，全社会职业健康意识显著增强，劳动者健康水平进一步提高。

（3）《职业病分类和目录》。2013年，原国家卫生计生委等四部门联合印发了《职业病分类和目录》，对原《职业病目录》进行了调整，调整后的职业病由原来的10大类115种增加到10大类132种，具体见表1–3。

表1–3　职业病分类和数量

职业病种类	职业病分类	职业病的数量
第一大类	职业性尘肺病及其他呼吸系统疾病	19种
第二大类	职业性皮肤病	9种
第三大类	职业性眼伤	3种
第四大类	职业性耳鼻喉口腔疾病	4种
第五大类	职业性化学中毒	60种
第六大类	物理因素所致职业病	7种
第七大类	职业性放射性疾病	11种
第八大类	职业性传染病	5种
第九大类	职业性肿瘤	11种
第十大类	其他职业病	3种
合计		132种

（4）《职业病危害因素分类目录》。为贯彻落实《职业病防治法》，切实保障劳动者健康权益，根据职业病防治工作需要，2015年11月17日，原国家卫生计生委、原安全监管总局、人力资源社会保障部和全国总工会联合组织对职业病危害因素分类目录进行了修订。修订后的目录按照危害因素性质进行了分类，将职业病危害因素分为粉尘、化学

因素、物理因素、放射性因素、生物因素和其他因素等 6 类，并做了进一步细化，具体见表 1–4。

遴选目录中的危害因素必须满足以下四个条件：①能够引起《职业病分类和目录》所列职业病；②在已发布的职业病诊断标准中涉及的致病因素，或已制定职业接触限值及相应检测方法；③具有一定数量的接触人群；④优先考虑暴露频率较高或危害较重的因素。

表 1–4 职业病危害因素分类及数量

职业病危害因素种类	职业病危害因素分类	职业病危害因素的数量
第一类	粉尘	52 种
第二类	化学因素	375 种
第三类	物理因素	15 种
第四类	放射性因素	8 种
第五类	生物因素	6 种
第六类	其他因素	3 种
合计		459 种

（5）《高毒物品目录》。根据《中华人民共和国职业病防治法》第十九条规定“国家对从事放射性、高毒、高危粉尘等作业实行特殊管理”，《使用有毒物品作业场所劳动保护条例》第三条规定“国家对作业场所使用高毒物品实行特殊管理”，2003 年 6 月 10 日，原国家卫生部发布《高毒物品目录》。根据我国《高毒物品目录》确定原则，在对《职业病危害因素分类目录》中列出的有毒物品，具有下列情况之一的列入高毒物品的管理：①职业接触限值最高容许浓度（MAC）< 1 mg/m^3 或时间加权平均容许浓度（PC–TWA）< 1 mg/m^3；②被国际癌症研究机构认定的致癌物；③根据 1990—2001 年职业病统计年报，急性中毒前 10 名的毒物；④根据 1990—2001 年职业病统计年报，慢性中毒前 10 名的毒物。我国现行的《高毒物品目录》中规定了 54 种高毒物品及对应的职业卫生接触限值。

（6）《关于印发加强农民工尘肺病防治工作的意见的通知》。为了落实《国务院关于进一步做好为农民工服务工作的意见》（国发〔2014〕40 号）有关要求，预防、控制和消除尘肺病危害，切实保护农民工职业健康和相关权益，2016 年 1 月 8 日，原国家卫生计生委等 10 部门联合下发了《关于印发加强农民工尘肺病防治工作的意见的通知》，明确要求着力加强农民工尘肺病源头治理，指出“按照要求开展工作场所粉尘日常监测和定期检测”。

（7）《关于印发尘肺病防治攻坚行动方案的通知》。为加强尘肺病预防控制和尘肺病患者救治救助工作，切实保障劳动者职业健康权益，2019 年 7 月 11 日，经国务院同意，国家卫生健康委等 10 部门联合印发了《关于印发尘肺病防治攻坚行动方案的通知》，明确要求到 2020 年底，摸清用人单位粉尘危害基本情况和报告职业性尘肺病患者健康状况。煤矿、非煤矿山、冶金、建材等尘肺病易发高发行业的粉尘危害专项治理工作取得明显成效，纳入治理范围的用人单位粉尘危害申报率达到 95% 以上，粉尘浓度定期检测率达到 95% 以上。制定了用人单位主体责任落实行动，要求用人单位必须依法及时、如实申报粉尘危害项目，按照要求开展粉尘日常监测和定期检测工作，加强防尘设施设备的维护管理，为劳动者配发合格有效的防尘口罩或防护面具。

（8）《国家卫生健康委关于加强职业病防治技术支撑体系建设的指导意见》。为贯彻落实《职业病防治法》和《“健康中国 2030”规划纲要》，加快推进职业健康治理体系和治理能力现代化，2020 年 4 月 6 日，国家卫生健康委发布了《国家卫生健康委关于加强职业病防治技术支撑体系建设的指导意见》，明确职业病防治技术支撑体系重要组成部分之一为职业病监测评估技术支撑机构，完善“国家、省、市、县”四级职业病监测评估技术支撑网络，承担全国重点职业病和职业病危害因素监测、专项调查、职业健康风险评估等技术支撑任务。

5. 主要职业病危害因素检测标准内容

（1）《工业企业设计卫生标准》（GBZ 1—2010）。该标准规定了对工业企业控制职业危害的一般卫生要求，适用于工业企业建设项目（新建、扩建、改建和技术改造、技术引进项目）的卫生设计及职业病危害评价，强化了基本卫生条件方面的设计要求，详细规定了工业企业的选址与整体布局、防尘与防毒、防暑与防寒、防噪声与振动、防非电离辐射及电离辐射、辅助用室等方面的设计卫生要求，以保证工业企业的设计符合劳动者健康、预防职业病的要求。

（2）《工作场所有害因素职业接触限值 第 1 部分：化学有害因素》（GBZ 2.1—2019）。该标准规定了工作场所职业接触化学有害因素的卫生要求、检测评价及控制原则，适用于工业企业卫生设计以及工作场所化学有害因素职业接触的管理、控制和职业卫生监督检查等。该标准明确了358种化学有害因素职业接触限值，其中304种规定了时间加权平均容许浓度（PC-TWA），119种规定了短时间接触容许浓度（PC-STEL），55种规定了最高容许浓度（MAC）。还对49种粉尘制定了PC-TWA，其中14种粉尘制定了呼吸性粉尘的PC-TWA，对分别制定有总粉尘和呼吸性粉尘PC-TWA的，明确了优先测定呼吸性粉尘的TWA的规定。标准还规定了3种生物因素职业接触限值，以及28种生物监测指标和职业接触生物限值。同时，还规定了职业性有害因素接触的控制原则及要点、行动水平以及职业接触等级分类及其控制、职业病危害作业分级管理原则等。

（3）《〈工作场所有害因素职业接触限值　第1部分：化学有害因素〉行业标准第1号修改单》（GBZ 2.1—2019XG1—2022）。该标准在原标准的基础上进行了4处修改，一是修改了苯的职业接触限值，明确苯的临界不良健康效应为神经系统损害和血液毒性；二是新增了三甲基氯化锡的生物监测指标和职业接触生物限值；三是新增了工作场所空气中苯接触限值的主要起草单位及主要起草人；四是新增了职业接触三甲基氯化锡生物限值的主要起草单位及主要起草人。

（4）《工作场所有害因素职业接触限值　第2部分：物理因素》（GBZ 2.2—2007）。该标准规定了工作场所物理因素职业接触限值，职业接触物理因素的定义、卫生要求及测量方法，适用于存在或产生物理因素的各类工作场所卫生状况、劳动条件、劳动者接触物理因素的程度、生产装置泄漏、防护措施效果的监测、评价、管理，工业企业卫生设计及职业卫生监督检查等。该标准对工作场所物理因素的术语和定义、卫生要求、测量方法等内容进行了规范说明，能够为监督、监测工作场所及工作人员物理因素职业危害现状、生产装置泄漏情况，评价工作场所卫生状况提供依据，保护劳动者免受物理性职业性有害因素危害，预防职业病。

（5）《工作场所空气中有害物质监测的采样规范》（GBZ 159—2004）。该标准规定了工作场所空气中有害物质（有毒物质和粉尘）监测的采样方法和技术要求，适用于工作场所空气中有害物质（有毒物质和粉尘）的空气样品采集。主要内容包括采集空气样品的基本要求，空气监测的类型及其采样要求，采样前的准备，定点采样，个体采样，职业接触限值分别为最高容许浓度、短时间接触容许浓度、时间加权平均容许浓度的有害物质的采样等内容。

（6）工作场所空气有毒物质测定系列标准（GBZ/T 160，GBZ/T 300）。国家卫生健康委对原《工作场所空气有毒物质测定》系列标准（GBZ/T 160 系列）进行了修订，为了提高检验标准体系条理性，对 GBZ/T 160 系列标准中的物质及检测方法进行了重新组合，并增加了新的物质和新的检测方法，完成修订的方法重新编号以 GBZ/T 300 分部分的标准发布。因涉及的物质和检测方法较多，GBZ/T 300 标准将分批次陆续发布，目前国家卫生健康委已通告发布了 2 批（国卫通〔2017〕24 号、国卫通〔2018〕13 号）。对于某项有毒物质的测定，GBZ/T 300 标准中新的检测方法发布实施之前，原 GBZ/T 160 系列标准中规定的检测方法继续有效。

（7）工作场所空气中粉尘测定系列标准（GBZ/T 192）。该系列标准分为 6 个部分，规定了工作场所空气中粉尘测定的原理、仪器、样品的采集、样品的运输和保存、样品的称量、结果计算等内容，适用于工作场所空气中总粉尘浓度、呼吸性粉尘浓度、粉尘分散度、游离二氧化硅含量、石棉纤维浓度、超细颗粒和细颗粒总数量浓度的测定。

（8）工作场所物理因素测量系列标准（GBZ/T 189）。该系列标准分为 11 个部分，规定了工作场所物理因素测量对象的选择、测量方法、测量记录、测量结果处理和注意事项等内容，以及工作场所体力劳动强度分级测量方法和心率的测量方法；适用于工作场所超高频电磁场、高频电磁场、1 Hz~100 kHz 电场和磁场、激光辐射、微波辐射、紫外辐射、高温、噪声、手传振动等物理因素的测量，以及体力劳动劳动强度分级和心率的测量。

（9）职业卫生标准制定指南系列标准（GBZ/T 210）。该系列标准分为 5 个部分，规定了工作场所化学物质、粉尘、物理因素的职业接触限值制定的原则、依据、研制方法及要求等，并规定了工作场所空气中化学物质标准测定方法的制定原则、依据、研制方法、要求等，以及职业接触者生物材料中检测指标（化学物质及其代谢物和生物效应）的标准测定方法的制定原则、依据、研制方法及要求等。该系列标准适用于工作场所化学物质、粉尘、物理因素的职业接触限值的制定，以及工作场所空气中化学物质标准测定方法的制定和职业接触者生物材料中检测指标标准测定方法的制定。

第五节　职业病危害因素检测工作的质量控制概述

职业病危害因素检测工作的质量控制主要包括空气样品现场采集工作的质量控制和

检测分析工作（含实验室检测和现场检测）的质量控制两个方面。职业病危害因素检测工作质量控制的目的包括：降低样品采集和测量误差；规范采样和检测操作，减少工作量；改善实验室之间数据可比性的基础；为分析测试质量做出评价提供统计学基础，保证检测与评价结果准确可靠。质量控制应贯穿于职业病危害因素检测工作始终。

一、空气样品现场采集工作的质量控制

空气样品现场采集是工作场所中职业病危害因素检测的关键步骤，决定了检测结果的可靠性。检测人员必须按照采样规范和相应的检测方法要求进行采样，对空气样品采集的每个环节进行严格的质量控制，以减小或消除采样误差。空气样品采集的质量控制工作主要包括采样点和采样对象的选择、采样时机的选择、采样频率的选择、采样时间的选择、采样效率的保证、采样过程误差、现场样品空白采集等内容。

1. 采样点和采样对象的选择

按照《工作场所空气中有害物质监测的采样规范》（GBZ 159—2004）中定点采样和个体采样的要求选择采样点和采样对象。

2. 采样时机的选择

采样时机的选择原则是：首先，要满足职业卫生标准的要求，即采样要采到工作场所空气中待测物的最高浓度；其次，要根据职业卫生调查和评价的需要，由检测目的确定采样时机和频率；最后也要考虑工作场所的工作情况、管理水平、职业卫生条件、环境条件和气候条件等。

对于工作场所的日常检测来说，采样时机应选择在一年空气中待测物浓度最高的月份的工作日，并在浓度最高的时段进行采样检测。在一般情况下，采样应在职业活动处于正常和毒物浓度达到工作日内最高且稳定时进行，例如，在上班 2 h 后，空气中毒物浓度已达到日常比较稳定的最高水平，此时采样具有代表性，能正确反映劳动者日常接触的浓度。

3. 采样频率的选择

采样频率一般根据采样检测的目的、待测物的毒性及其对健康的危险度、工作场所的工作情况、管理水平、职业卫生条件和环境条件等来确定。对于工作场所的日常检测

来说，毒性及对健康危险度大的毒物，采样频率要高；管理水平高、职业卫生条件好，空气中待测物浓度能保持在容许浓度以下，这样的工作场所的采样频率可以降低。

4. 采样时间的选择

在实际应用中，采样时间的长短直接影响采样结果，采用不同的采样时间，有时会得到完全不同的检测结果，尤其对于短时间接触容许浓度（PC-STEL）和最高容许浓度（MAC），采样时间有时对检测结果影响很大，必须加以严格限定。所以在采样前必须根据职业卫生标准和检测方法的要求确定正确的采样时间。

采样时间的长短首先由待测物的容许浓度的要求来决定。

（1）对于时间加权平均容许浓度（PC-TWA）的检测，要求采样时间是整个工作班，或者涵盖整个工作班。

（2）对于短时间接触容许浓度（PC-STEL），采样时间应为 15 min。接触时间不是 15 min 的，按实际接触时间采样，计算时按 15 min 时间加权计算。

（3）最高容许浓度（MAC）的采样时间不超过 15 min。

（4）采样时间的长短还取决于测定方法的灵敏度及空气中待测物的实际浓度和采样流量等。

5. 采样效率的保证

在采样过程中，要得到理想的采样效率，必须了解其影响因素，从而加以控制。影响采样效率的因素包括多个方面，采样时要作全面考虑进行控制。

（1）待测物的理化性质。因为采样的机理是利用收集介质与待测物之间发生物理作用和化学反应而将待测物采集完成，因此，待测物的极性、溶解度、扩散系数、化学活性等理化性质都与采样效率有关。极性物质需要用极性吸收液或极性固体吸附剂采集；水溶性好的物质用水溶液做吸收液，采样效率高。

（2）待测物在空气中的存在状态。不同的存在状态要用不同的采样方法，使用正确的采样方法，才能得到理想的采样效率。以气态或蒸气态存在的待测物，若用滤料采集，则采样效率很低，用吸收管或固体吸附管采集，则可得到满意的采样效率。相反，以气溶胶态存在的待测物，不易被气泡吸收管的吸收液所吸收或阻留，采样效率很低，而选用滤料采样，则可得到理想的采样效率。

（3）吸收液的吸收容量和吸附剂的吸附容量。吸收容量和吸附容量决定一个采样方法能采集多少毒物，超过吸收容量或吸附容量，毒物会穿透吸收液或吸附剂，采样效率明显下降。当空气中毒物浓度高、收集介质的吸收容量或吸附容量低时，必须注意防止因吸收液或吸附剂的饱和导致采样效率下降。

液体吸收法的采样效率在很大程度上取决于待测物在吸收液中的溶解度或与吸收液的化学反应速度。在选择吸收液时，一般选用对待测物溶解度大的或与待测物能迅速起化学反应的溶液作吸收液，最好选择能与待测物迅速起化学反应的吸收液。若单纯利用溶解作用，在采样过程中已被吸收的待测物还有可能从吸收液中挥发，造成损失。

固体吸附剂法的采样效率与吸附剂的极性和用量有关。极性吸附剂对极性物质有较高的吸附容量和吸附能力，因此有较高的采样效率。

（4）采样流量。采样流量对采样效率的影响是显而易见的。对于液体吸收法、固体吸附剂法和滤料采样法来说，每种方法都有一定的采样流量范围，超出流量范围，采样效率可能会降低。

对于空气中的气溶胶态待测物（尤其对于0.1 μm以上的颗粒），一方面，采样流量不能低于一定值，并且采样流量应大于粉尘颗粒运动的速度，否则可能有部分大颗粒因下落而不能进入收集器中；另一方面采样流量不能过高，否则采样效率可因待测物的漏失和反弹现象的增加而下降。因此，采集气溶胶态待测物时，采样流量应在最低和最高采样流量之间。

（5）采样现场的环境条件。气温和气压除对采样体积有影响外，对采样效率也有一定的影响。气温高，造成气态有害物质在溶剂中的溶解度下降，降低吸附剂对有害物质的吸附效率，也会引起吸收液的蒸发损失增多，降低采样效率。同时，气温高的采样现场，用过氯乙烯滤膜采样时可能因滤膜受热变形，影响采样效率；固体吸附剂因温度高、吸附容量减小，可能降低采样效率。气温低的采样现场，因待测物在吸收液中的溶解度及化学反应速度下降，可能导致采样效率降低。

湿度也可以影响采样效率。某些有害物质在不同湿度的空气中呈不同的状态，在干燥环境中呈气态或蒸气态，在潮湿环境中则呈雾态。湿度大时会降低硅胶等吸附剂的吸附容量，使采样效率降低，也会影响转子流量计的流量测定。

另外，空气中共存的物质，由于竞争吸收或吸附作用，会降低吸收液的吸收容量和吸附剂的吸附容量，从而影响采样效率。或者共存物与待测物发生理化反应，影响采集或测定。例如，待测物的分子或微细颗粒被共存的颗粒物吸附，影响吸收液的吸收。

6. 采样过程误差

采样的各个环节出现的误差是检测结果误差的主要来源。要想获得准确的检测结果，必须了解和掌握空气采样过程中产生误差的因素并加以防范，减小和避免它们的发生。采样过程中产生误差的因素是多种多样的，采样的各个环节都可能出现误差，包括采样方法、采样设备的选择和使用、样品的运输和保存等。

（1）采样设备带来的误差。采样仪器设备的误差主要来自使用性能不合格的或未经校正的采样仪器、受污染的收集器以及采样过程中采样流量没有及时调节校准等方面。

职业病危害因素样品收集工作中所用的收集器主要有采气袋、注射器、固体吸附管、冲击式吸收瓶、液体吸收管、采样夹及滤料等。使用上述每一种收集器都应保证其本底空白值符合要求。

1）采气袋、注射器在使用前用现场空气抽洗 3 次，减少或防止吸附。

2）固体吸附管在采购验收时要注意验证本底空白值、采样效率和解吸效率等关键性能指标。

3）液体吸收管应清洗干净，正确选择吸收液。

4）采样夹应清洗干净，保证本底空白值符合要求，否则应用酸碱或有关试剂处理采样夹。

采样器是影响检测结果的重要影响因素。采样器应气密性良好且整个采样系统不能漏气，采样过程应保持流量稳定。采样器流量应在采样前进行校准，流量校准时应加采样介质，在和采样过程同样负载下进行校准。当采用长时间采样方法进行采样时，采样前后均应对流量进行校准，计算时用采样前后流量均值。

（2）采样操作造成的误差

1）采样装置漏气导致采样体积测量不准确。例如空气采样装置安装不正确，滤料放置不平整，采样管没有连接好等造成采样过程中漏气，连接用的橡胶管使用久后因老化破裂造成采样流量下降。所以在采样前要认真安装空气采样仪器，并仔细检查采样装置是否漏气。

2）采样操作中的污染。在整个采样过程中都可能造成污染。

3）空气采样过程中吸收液的损失。在采样过程中，大量空气通过吸收液致使其因挥发而减少，尤其在吸收液挥发性较大、气温较高的环境中采样或采样时间长，吸收液的损失更为明显。采样流量太大，超过了收集器的规定流量，不但采样效率下降，而且会有一些细小的吸收液雾滴被带走。

4）采集有害物质的量超过空气收集器的吸收容量或吸附容量。各种空气收集器都有一定的收集容量，一旦超过其收集容量，采样效率会下降。

5）使用错误的采样流量。采样时如果采样流量选择错误会使被测物采集不完全或穿透采样介质。

6）收集器进气口位置不当。采样时收集器的进气口应放置在与工人呼吸带水平的位置，并且进气口处不能被遮挡。

7）采样持续时间不合理。采样时没有按照容许浓度的要求进行采样，如进行 8 h 时间加权容许浓度检测样品采集时，采样时间少于 1 h，不符合要求。

（3）样品运输和保存过程中的误差。样品采集完成后，可能由于样品封装不好、运输过程中搬运不善、样品存放不符合要求，导致样品受到不同程度的损失或污染。

因此，样品采集完成后应根据各自特点进行封存，并尽快送实验室进行分析测定，运输过程中应特别注意样品包装的平稳和完好，必要时使用冰盒运输样品。

7. 现场样品空白

在现场采样过程中，必须同时做样品空白对照，其目的是了解样品在采集、运输和保存过程中是否被污染以及污染的程度，以便评价所采样品检测结果的准确性和可靠性。

在样品采集的同时，除不连接空气采样器采集空气样品外，其余操作完全与样品相同，包括采样仪器设备，从实验室到现场和从现场到实验室的运输，样品的保存、预处理和测定。其测定结果提供了一个从样品采集到分析测定整个过程的质量控制。若样品的空白对照值小于等于测定方法的检出限，说明样品在各个环节没有受到污染，检测结果是准确可靠的；如大于检出限，但小于方法空白值时，说明采样过程没有污染，样品检测结果有效，但计算时则应修正样品测得值；若样品的空白值较大，这说明空白样品被污染，检测结果不可信，应弃去。

另外，还可以通过采样设备空白样品的检测结果，获知采样用的吸附剂、滤料等的待测物本底空白值，检查采样设备清洗方法是否合适。采样设备空白样品有空白采样容器的清洗液、空白吸附剂的解吸液或空白滤料的洗脱液等。当测定结果大于方法空白样品值时，说明采样设备有污染，应清除。每更换采样设备时应检测一次。

二、检测分析工作的质量控制

在实验室对现场采集的样品进行分析测定和采用便携设备进行现场检测时，为了保证分析结果的准确可靠，必须从人员、仪器设备、试剂、方法、环境等方面加以控制，同时进行实验室内部质量控制和实验室外部质量控制。

1. 人员

人员是保证检测结果准确的主要因素。职业病危害因素检测人员应具备相关专业知识，并经过相应的技术培训，能够熟练掌握本岗位技术，满足职业卫生技术服务机构检测人员的任职条件，持证上岗。实验室质量管理人员应精通所负责的技术工作，具有专业工作经验以及质量控制的经验。

2. 仪器设备

仪器设备应满足实验室检测需求，并经过计量部门检定，精度和量程在合适的范围内，并经常性地通过观察试剂空白的测量结果、比较一段时间内仪器设备对标准样品的相应信号来确认仪器设备性能的稳定可靠。便携式仪器主要是确保使用前电源充足，并做好校准和零点调整等工作。

3. 试剂

实验用试剂的质量是保证分析结果准确可靠的必要条件之一，因此所有实验试剂质量应符合要求。试剂的质量对检验结果的影响主要有两种情形，一是试剂不纯（本身含有被测组分）而使结果偏高；另一种是试剂失效或灵敏度低而影响检测结果的准确度。

应定期对所用试剂（包括吸收液、解吸液、洗脱液、试剂溶液、有机溶剂等）进行检测，每批试剂应作一次，每次至少 3 个样品。其目的在于测定所用试剂是否被污染。当测定结果大于方法空白样品值时，应对试剂进行检查，消除污染。

4. 方法

在选定标准方法时，应优先采用国家标准、行业标准和地方标准，也可选用客户指定的国际、地区的有效标准方法。

实验室在开展新项目前，应能够正确地运用标准方法，必须通过空白试验、绘制标准曲线、精密度试验、回收试验和测量结果不确定度分析或实验室间比对、能力验证来确认使用新方法的可靠性。需要用下列方法之一或其组合对新项目标准方法进行确认：

（1）用标准物质评价方法的准确度。用同样的分析方法测定基体和浓度相同或相近的标准参考物质，根据测定结果与标准参考物质给定值的符合程度来评价方法的准确度。

（2）用其他认可的方法或经典方法进行比对。用不同的分析方法特别是认可的方法或经典的分析方法，对同一种样品进行分析，比较测定结果，根据其符合程度来评价方法的准确度。

（3）实验室间进行比对。不同的实验室用同一种方法测定同一种样品，比较所得的测定值，用统计方法来评价方法的准确度。

（4）对测定结果的影响因素作系统性评价。根据对方法原理的科学理解和实践经验，对所得结果不确定度进行评价。评价值包含结果的不确定度、检出限、方法的选择性、线性、重现性等。

5. 实验室内部质量控制

（1）空白对照

1）试剂空白。试剂空白对检测结果的影响较大，所以在分析样品时必须进行空白试剂的检测，测得的空白值应小于所用方法的检出限。通过对检测方法所用的试剂（包括吸收液、解吸液、洗脱液、试剂溶液、有机溶剂等）进行检测，可以检查测定过程中由实验室内所用的试剂、器材等受到的污染。当测定结果大于方法检出限时，应对试剂和器材进行检查，消除污染。

2）方法空白。方法空白与样品的空白对照相似，但不经过采样现场，在实验室内完成操作。测定结果提供了实验室测定过程可能受到的污染。当测定结果大于试剂空白样品，说明采样介质受到污染，应更换采样介质。

3）仪器空白。主要用于检查具有“记忆”效应特性的分析仪器，如发射光谱和色—质联用等仪器。它通常是由没有待测物的分析试剂如实验用水或有机试剂等组成，其检查结果提供仪器系统的“记忆”水平。当测定结果大于方法空白样品时，应清洗仪器系统，或减去“背景”水平。

4）样品空白。主要用于检查从实验室到现场和从现场到实验室的运输、保存、处理和测定过程中是否受到污染。

（2）定量方法。在职业卫生检测工作中，可选择的定量方法有校准曲线法、单点校正法和标准加入法 3 种方法。由于单点校正法测定结果的准确度和精密度较差，因此在我国职业卫生检测标准中不推荐使用，标准加入法在样品基体不明或基体浓度很高、变化大，难以配制相类似的标准溶液时使用。我国目前职业卫生空气样品检测标准中所采用的定量方法主要是校准曲线法。

校准曲线是描述待测物质浓度或量与相应测量仪器响应值或其他指示量之间的定量关系曲线。校准曲线包括标准曲线（标液的分析步骤有所省略，如不经过前处理等）和工作曲线（绘制标准曲线的溶液须与样品分析步骤完全相同）。每次分析样品时必须绘制校准曲线，应有空白及 3~5 个已知浓度的标准溶液，按照与样品相同的测定步骤完成。利用校准曲线推测样品浓度时，样品浓度应在所作校准曲线的浓度范围以内，不得将校准曲线任意外延。

标准曲线是用待测物的纯品或用国家认可的标准溶液配制成一定浓度的标准系列，用于样品测定的相同条件进行测定，以待测物的浓度为横坐标，以测得的响应值为纵坐标绘制标准曲线或计算回归方程，样品的浓度或量由标准曲线查得或代入回归方程计算得出。

标准曲线法适用于样品基质比较简单、对测定结果干扰不大且样品处理过程中样品损失较少的情况，如测定工作场所空气中锰浓度时，用火焰原子吸收法，由于样品处理过程简单，基质干扰较小，滤膜空白值比较低，所以采用标准曲线法。如果样品基质对测定结果有影响，可通过配制相同或相似基体的标准溶液进行校正，或加入基体改进剂对干扰进行消除后对样品进行测定，也可使用标准曲线法。但需注意的是样品加入的基体改进剂也要加入标准溶液中。

工作曲线是将标准系列溶液加入空白样品基质上，同样品一起处理，以消除样品处理过程或基质对测定带来的影响，确保结果的准确性。它适用于样品处理过程中待测物会发生变化或样品基质干扰较大不能通过基体改进剂消除影响时，如石墨炉原子吸收法测定血中铅的浓度时，基质干扰较大，且有本底值，所以采用工作曲线法。当样品在前处理过程中待测物损失较大的情况下，也可采用工作曲线法。

（3）检出限、定量下限和最低检出浓度。检测方法的检出限是在给定的概率 P=95%（显著水准为 5%）时，能够定性区别于零的待测物的最低浓度或含量。检测方法的定量下限是在给定的概率 P=95%（显著水准为 5%）时，能够定量检测待测物的最低浓度或含量。最低检出浓度是在一定的采样体积下，该方法所能检测出的工作场所空气中有害物质的最低浓度。

1）检出限

①比色法和分光光度法。在最佳测试条件下，以重复多次（至少 6 次）测定的试剂空白吸光度的 3 倍标准差，或吸光度 0.02 处所对应的待测物浓度或含量作为检出限值，两者中取最大值。

②原子光谱法。在最佳测试条件下，以重复多次（至少 10 次）测定的约等于 5 倍预期定量下限浓度的含待测物标准溶液吸光度的 3 倍标准差所对应的待测物浓度或含量作为检出限值。

③色谱法。色谱法包括气相色谱、高效液相色谱和离子色谱等，是在最佳测试条件下，以 3 倍噪声所对应的待测物浓度或含量作为检出限值。

2）定量下限

①比色法和分光光度法。以试剂空白吸光度的 10 倍标准差，或吸光度 0.03 处所对应的待测物浓度或含量作为定量下限值，两者中取最大值。

②原子光谱法。以 3.3 倍检出限值即 10 倍标准差所对应的待测物浓度或含量作为定量下限值。

③色谱法。色谱法包括气相色谱、高效液相色谱和离子色谱等，是以 3.3 倍检出限即 10 倍噪声值所对应的待测物浓度或含量作为定量下限值。

3）最低检出浓度和最低定量浓度。工作场所空气中有害物质最低检出浓度和最低定量浓度是根据方法检出限和定量下限，考虑样品处理过程，然后除以标准采样体积而得到的浓度。样品如果有稀释，计算时应乘以稀释倍数。最低检出浓度和最低定量浓度是职业卫生检测工作常用的两个数值，在方法检出限和定量下限确定后，其数值与采样体积有关，对于同一批同样未检出的样品，如果采样体积不同，计算得到的最低检出浓度和最低定量浓度也不相同。

某特定分析方法的检出限和定量下限，在实测时还与实验环境、试剂、仪器性能等因素有关，因而可能随不同的实验室而有所变化，即使同一实验条件在不同的时间也有可能变化。在某种程度上，检出限的高低体现了实验室质量管理的水平。原始记录中应同时记录检出限或定量下限的计算方法及其数值，可体现当时的实验室质量管理状况。职业卫生检测标准方法中给出的每种化合物的检出限和定量下限并不完全适用于所有检测实验室。在实际检测过程中，不同实验室应根据本实验室情况重新判定所检测化合物的检出限和定量下限。

在职业卫生检测中，若检测结果低于定量下限而高于检出限，可报告此值。计算工作场所空气浓度时，可直接代入公式进行计算。若低于检出限，样品空白结果可报告为“未检出”，样品结果应报告为“＜检出限数值”，计算工作场所空气中浓度时，结果应报告为“＜检出限 / 该样品标准采样体积的数值”。进行 PC-TWA 或 PC-STEL 计算时，可用该值的 1/2 代入公式计算。

（4）实验室检测过程质量控制。在职业卫生检测实验室检测过程中，为确保检测结果准确，在每批样品检测时必须同时分析质量控制样品进行质量控制，常用的检测过程的质量控制方法包括测定权威机构给定准确量值标准物质和质控样，以及实验室制备的加标回收样品两种。

1）测定标准物质和质控样。标准物质和质控样是指由权威机构给出准确量值，与实验室检测样品基质相同的物质。职业卫生检测实验室检测过程中，需将标准物质或质控样与样品同时处理和测定，计算测定值与标准物质和质控样给定值之间的误差。如果误差在标准物质或质控样允许范围之内，或相对误差小于 ±10%，则表明该次测定结果是准确可靠的。这是职业卫生检测实验室保证结果准确的较理想的一种方法，但在实际工作中需注意，所选择的标准物质或质控样需和样品基体相同，检测时需和样品同样处理和测定。如分析活性炭管采集的工作场所空气中的苯、甲苯、二甲苯等物质，可选择给定准确量值的活性炭管中的苯、甲苯、二甲苯标准物质或质控样进行同时测定，保证结果的准确。

2）测定加标回收样品。如果不能获得相同基质的标准物质或质控样，加标回收率的测定是实验室内经常用于自控的一种质量控制措施。加标回收率方法由于操作简单、结果明确而成为职业卫生检测实验室常用的一种方法。

加标回收是将已知量的待测物的标准物质加至样品中，同时测定样品和加标样品，然后通过公式计算加标回收率。加标回收分为空白加标回收和样品加标回收。在职业卫生检测中，通常采用空白加标回收的方法进行加标回收率测定。

空白加标回收是指在没有被测物质的空白样品基质中加入一定量的标准物质，按样品的处理步骤分析，得到的结果与理论值的比值即为空白加标回收率。

样品加标回收包括工作场所中化学物质测定的样品加标回收法和生物材料中的样品加标回收法。工作场所中化学物质测定的样品加标回收法为：在现场样品中，加入高、中、低 3 个浓度的标准溶液，然后测定样品溶液和加标样品溶液，各测定 3 次，由平均值计算加标回收率。试验时应注意：加标后的浓度应在测定方法的线性范围内，平均加标回收率应在 95%~105% 之间。生物材料中的样品加标回收法为：取几份接触者新鲜样品，制成均匀的混合样品；分成 4 组，每组 6 个样品，一组为空白，其余 3 组分别加入 3 个浓度的标准溶液，加入量一般为 0.5 倍、1 倍、2 倍生物接触限值，混合均匀，各测定 3 次，取平均值，减去空白后，计算每个浓度的加标回收率；计算平均加标回收率应在 75%~105% 之间。

进行加标回收率测定时，加标量不能过大，一般为待测物含量的 0.5~2.0 倍，且加标后的总含量不应超过方法的测定上限；加标物的浓度宜较高，加标物的体积应很小，一般以不超过原始样品体积的 1% 为宜。加标量应和样品中所含待测物的测量精密度控制在相同的范围内，一般情况下作如下规定：

①加标量应尽量与样品中待测物含量相等或相近，并应注意对样品容积的影响。

②当样品中待测物含量接近方法检出限时，加标量应控制在校准曲线的低浓度范围。

③在任何情况下加标量均不得大于待测物含量的 3 倍。

④加标后的测定值不应超出方法测定上限的 90%。

⑤当样品中待测物浓度高于校准曲线的中间浓度时，加标量应控制在待测物浓度的半量。

6. 实验室外部质量控制

实验室外部质量控制是在实验室内部质量控制的基础上进行的，主要是由上一级实验室（或相关技术机构）对下级实验室提供质量控制样品或盲样，检测结果由分发质量控制样品或盲样的实验室进行统计评价，以考核实验室的检测质量。通过分析比较，可以发现实验室是否有效地进行了实验室内部质量控制，也可以发现配制标准溶液时产生的误差，或应用质量不符合要求的蒸馏水，溶剂、试剂等产生的误差。为了评定检验结果是否良好，在发放参比标准样品时可以采用控制图。其控制限一般应大于实验室内部质量控制图。

三、职业病危害因素检测结果的分析与处理

1. 检测结果的数值修约

（1）确定修约间隔

1）指定修约间隔为 10^{-n}（n 为正整数），或指明将数值修约到 n 位小数。

2）指定修约间隔为 1，或指明将数值修约到“个”数位。

3）指定修约间隔为 10^{n}（n 为正整数），或指明将数值修约到 10^{n} 数位，或指明将数值修约到“十”“百”“千”……数位。

（2）按进舍规则进行取舍

1）拟舍弃数字的最左一位数字小于 5，则舍去，保留其余各位数字不变。

例：将 12.149 8 修约到个位数，得 12；将 12.149 8 修约到一位小数，得 12.1。

2）拟舍弃数字的最左一位数字大于 5，则进 1，即保留数字的末位数字加 1。

例：将 1 268 修约到“百”位数，得 13×10^{2}［特定场合可写为 1 300，具体可参考《数值修约规则与极限数值的表示和判定》（GB/T 8170—2008）］。

3）拟舍弃数字的最左一位数字是 5，且其后有非 0 数字时进 1，即保留数字的末位数字加 1。

例：将 10.500 2 修约到个数位，得 11。

4）拟舍弃数字的最左一位数字为 5，且其后无数字或皆为 0 时，若所保留的末位数字为奇数（1，3，5，7，9）则进 1，即保留数字的末位数字加 1；若所保留的末位数字为偶数（0，2，4，6，8），则舍去。

例 1：修约间隔为 0.1（或 10^{-1}）

拟修约数值	修约值
1.050	10×10^{-1}（特定场合可写成 1.0）
0.35	4×10^{-1}（特定场合可写成 0.4）

例 2：修约间隔为 1 000（或 10^3）

拟修约数值	修约值
2 500	2×10^3（特定场合可写成 2 000）
3 500	4×10^3（特定场合可写成 4 000）

5）负数修约时，先将它的绝对数值按上述 1）~4）的进舍规则进行修约，然后在所得值前面加上负号。

例 1：将下列数字修约到“十”位数：

拟修约数值	修约值
–355	-36×10（特定场合可写成–360）
–325	-32×10（特定场合可写成–320）

例 2：将下列数字修约到三位小数，即修约间隔为 10^{-3}

拟修约数值	修约值
–0.036 5	-36×10^{-3}（特定场合可写成–0.036）

（3）不允许连续修约

1）拟修约数字应在规定修约间隔或指定修约数位后一次修约获得结果，不得多次按上述进舍规则连续修约。

例 1：修约 97.46，修约间隔为 1

正确的做法：97.46 → 97；

不正确的做法：97.46 → 97.5 → 98。

例 2：修约 15.454，修约间隔为 1

正确的做法：15.454 → 15；

不正确的做法：15.454 → 15.455 → 15.46 → 15.5 → 16。

2）在具体实施中，有时测试与计算部门先将获得数值按指定的修约数位多一位或几位报出，而后由其他部门判定。为避免产生连续修约的错误，应按下述步骤进行：

①报出数值最右的非零数字为 5 时，应在数值右上角加“+”或加“–”或不加符号，分别表明已进行取舍、进或未舍未进。

例：16.50^+ 表示实际值大于 16.50，经修约舍弃为 16.50；16.50^- 表示实际值小于 16.50，经修约进一为 16.50。

②如对报出值需要进行修约，当拟舍弃数字的最左一位数字为 5，且其后无数字或皆为零时，数值右上角有“+”者进 1，有“-”者舍去，其他仍按上述进舍规则的规定进行。

例：将下列数字修约到个位数（报出值保留一位小数）

实测值	报出值	修约值
15.454 6	15.50^{-}	15
-15.454 6	-15.50^{-}	-15
16.520 3	16.50^{+}	16
-16.520 3	-16.50^{+}	-16
17.500 0	17.5	18

2. 检测结果的数据处理

（1）职业接触限值为整数的，工作场所空气中化学物质浓度的检测结果和物理因素测量结果原则上保留到小数点后一位；职业接触限值为非整数的，检测结果和测量结果应比职业接触限值小数点后多保留一位。

（2）当样品未检出时，检测结果报告为小于最低检出浓度数值。

（3）当样品空白未检出时，检测结果报告为未检出。

（4）必要时应根据现场调查结果，结合工人接触情况和职业病危害因素限值标准，按照《工作场所空气中有害物质监测的采样规范》（GBZ 159—2004）的要求将检测结果计算为与该职业病危害因素标准限值可比较的结果。

3. 职业卫生检测结果的判定

（1）化学有害因素检测结果的判定。按照有关标准的规定进行空气采样、监测后，应正确运用职业接触限值（OELs）进行检测结果的判定。化学有害因素的职业接触限值分为 PC-TWA、PC-STEL 和 MAC 3 类。

1）职业接触限值为 MAC

①根据 GBZ 159 的要求对职业接触限值为 MAC 的有害物质进行采样和计算。

②劳动者接触制定有 MAC 的化学有害因素时，一个工作日内，任何时间、任何工作地点的最高接触浓度不得超过其相应的 MAC 值。检测与评价报告应对不同工作岗位检测

结果进行汇总，对同一岗位或接触人员进行多次检测时，检测结果应取最大值。当最大值 C_{MAC} ≤ MAC 时，为符合职业接触限值的要求。

2）职业接触限值为 PC-TWA

①根据 GBZ 159 的要求对职业接触限值为 PC-TWA 的有害物质进行采样和计算。

②劳动者接触仅制定有 PC-TWA 但尚未制定 PC-STEL 的化学有害因素时，实际测得的当日时间加权平均接触浓度 C_{TWA} 不得超过其对应的 PC-TWA；同时，劳动者接触水平瞬时超出 PC-TWA 值 3 倍的接触每次不得超过 15 min，一个工作日内不得超过 4 次，相继间隔不短于 60 min，且在任何情况下都不能超过 PC-TWA 的 5 倍。

③对于具有 PC-TWA 但尚未制定 PC-STEL 的化学有害因素，使用峰接触浓度控制短时间的最大接触，峰接触浓度与 PC-STEL 相似，都反映 15 min 的接触，一个工作日内任何在 PC-TWA 水平以上的短时间接触都应当符合峰接触浓度的控制要求。

④检测报告应对不同工作岗位 PC-TWA 检测结果进行汇总和计算，当采用个体采样方法对同一岗位多名接触人员进行检测或采用定点采样方法进行多次定点 PC-TWA 采样检测时，检测结果应分别报告和判定。C_{TWA} ≤ PC-TWA 的为符合职业接触限值的要求，如浓度波动较大，则要进行峰接触浓度检测，峰接触浓度应符合要求。

3）职业接触限值为 PC-TWA 和 PC-STEL

①根据 GBZ 159 的要求对职业接触限值为 PC-TWA 和 PC-STEL 的有害物质进行采样和计算。

②劳动者接触同时规定有 PC-TWA 和 PC-STEL 的化学有害因素时，实际测得的当日 C_{TWA} 不得超过该因素对应的 PC-TWA 值，同时一个工作日期间任何短时间的接触浓度 C_{STEL} 不得超过其对应的 PC-STEL 值。

③即使一个工作日内的 C_{TWA} 符合卫生要求，C_{STEL} 也不应超过其对应的 PC-STEL 值。

④如果对有害物质同时进行了 PC-TWA 和 PC-STEL 的采样检测，应结合二者结果进行判定。C_{TWA} 与 C_{STEL} 结果均不大于 PC-TWA 和 PC-STEL 为符合职业接触限值的要求。当实际测得的当日 C_{TWA} 已经超过 PC-TWA，即可判定为不符合职业接触限值要求，不需要再使用 PC-STEL 判定。

⑤对同一岗位同时进行 PC-TWA 和 PC-STEL 的采样检测，STEL 的检测结果应不小于 TWA 的检测结果，若测得的 PC-STEL 的结果小于 PC-TWA 的结果，说明进行 PC-

STEL 检测采样时未捕捉到有害物质浓度最高的时段，不能反映工作接触的真正的 PC-STEL 浓度值，该数据应判定无效。

4）混合接触的判定

①大多数物质的职业接触限值是针对单一化合物或含有一个共同元素或根的物质制定的，也有少数的职业接触限值涉及复杂的混合物或化合物。实际上，劳动者经常在一个工作班的工作中使用含有若干种物质的混合材料或在工作中同时或先后使用某种物质而接触两种或两种以上的化学物质。对于同时接触两种或两种以上化学物质时，应科学评估混合接触的健康影响。

②对所有类型的混合接触的评估，都需要先对劳动者接触的每一种化学有害因素进行评估，以确保每一种因素都能遵守相应的职业接触限值，对每种因素的接触都有足够的控制，再根据毒理学资料确定相互作用的类型，基于相互作用类型对混合接触进行评价。

③当工作场所存在两种或两种以上化学有害因素时，若缺乏联合作用的毒理学资料，应分别测定各化学有害因素的浓度，按照《工作场所有害因素职业接触限值　第 1 部分：化学有害因素》（GBZ 2.1—2019）计算每个因素的接触限值比值，并按各个因素对应的职业接触限值进行评价。当接触限值比值≤ 1 时，表示该物质的接触水平未超过接触限值，符合卫生要求；当接触限值比值＞ 1 时，表示该物质的接触水平已超过接触限值，不符合卫生要求。

④当两种或两种以上有毒物质共同作用于同一器官、系统或具有相似的毒性作用，或已知这些物质可产生相加作用时，按照《工作场所有害因素职业接触限值　第 1 部分：化学有害因素》（GBZ 2.1—2019）计算混合接触比值，当混合接触比值≤ 1 时，表示未超过职业接触限值，符合卫生要求；当混合接触比值＞ 1 时，表示超过职业接触限值，不符合卫生要求。

（2）物理因素测量结果判定

1）按照相应的规范对测量数据进行测量结果的处理和计算。

2）检测报告应对不同工作岗位物理因素测量结果进行汇总和计算，当采用个体测量方法对同一岗位多名接触人员进行测量或采用定点测量方法进行多个定点物理因素测量时，测量结果应分别报告和判定。测量结果未超出职业接触限值的为符合要求，超过职业接触限值为不符合要求。

本章小结

本章介绍了职业病危害因素相关的基本概念、基本理论和相关的法律法规。具体包括国内外职业接触限值的发展，我国职业病危害因素检测相关法律法规与标准；职业病危害因素相关的概念、识别方法；检测与评价的工作流程、职业接触的评价；职业病危害因素采样、检测分析及结果的质量控制方法。

复习思考题

1. 识别出的职业病危害因素都需要测定吗？

2. 只要在职业接触限值水平以下，劳动者可以一直工作不会造成健康损害。这种说法对吗？并说明理由。

3. 对工作场所的化学有害物质进行接触评价时需要考虑哪些方面的因素？

4. 职业病危害因素检测法律依据中最重要的法律是哪一部？

5. 现场样品空白的目的是什么？

6. 采样过程中存在哪些误差？

7. 在职业病危害因素检测的哪些环节涉及质量控制？质量控制的目的是什么？

8. 职业卫生的检测结果如何判定？

第二章　工作场所空气中有害物质的采样

学习目标

1. 掌握工作场所空气中有害物质的状态及特点。
2. 掌握工作场所空气中有害物质样品采集方法分类。
3. 掌握工作场所空气中有害物质样品不同采集方法的技术指标及注意事项。
4. 了解工作场所空气检测类型。
5. 掌握空气监测采样要点。
6. 掌握采样前的准备、现场采样要点及注意事项。
7. 掌握不同指标接触有害物质浓度的计算方法。
8. 掌握采样前和现场采样的质量控制方法。

第一节　工作场所空气中有害物质存在状态及特点

作业场所空气中有害物质的采样方法是根据有害物质存在的状态决定的，因此采样人员应先了解有害物质在作业场所空气中存在的状态，选择与其存在状态相适应的正确采样方法，才能保证采样质量与实验室检测结果。

一、工作场所空气中有害物质的状态

像其他物质一样，工作场所空气中有害物质有气态、液态和固态 3 种存在状态。从职业卫生的角度还可以细分为以下 6 种。

1. 粉尘

粉尘的来源非常广泛。传统行业如矿山开采、隧道开凿、建筑、运输等工业过程中都会产生大量粉尘。冶金工业中的原料准备、矿石粉碎、筛分、选矿、配料、运输等，机械制造工业中的原料破碎、配料、清砂等，耐火材料、玻璃、水泥、陶瓷等工业的原料加工、打磨、包装，皮毛、纺织工业的原料处理，化学工业中固体颗粒原料的加工处理、包装等过程，由于工艺的需要和防尘措施的不完善，均会产生大量粉尘，造成生产环境中粉尘浓度过高。近年来，新化学物质的开发和生产使用带来了新型颗粒和纤维性粉尘，如由碳化硅、硼、碳、氧化锆和氧化铝等制成的高性能陶瓷纤维，具有高熔点、耐用性好的特点，可作为高温绝缘材料。随着纳米材料的广泛使用，以纳米材料为代表的超细粉尘颗粒及其潜在的健康问题也日益受到关注。

粉尘可以分为可吸入性粉尘和不可吸入性粉尘，可吸入性粉尘的直径一般在 0.1~15 μm 之间，其粒子可以吸入呼吸道，进入胸腔范围，使其对人体的危害更大。粉尘在重力影响下有可能沉降。另外，空气动力学直径小于 5 μm 的粉尘可到达呼吸道深部和肺泡区，进入气体交换的区域，是尘肺病的主要致病因素，这类粉尘也被称为呼吸性粉尘。根据空气中粉尘是否沉降，粉尘还可以分为降尘和浮尘两类，降尘一般指空气动力学直径大于 10 μm，在重力作用下可以降落的颗粒状物质。降尘多产生于大块固体的破碎、燃烧残余物的结块及研磨粉碎的细碎物质。浮尘指粒径小于 0.1 μm 的微小颗粒，由于这些物质体积小、质量轻，所以短时间内不会下沉，可以长时间停留在大气中，呈悬浮状态，分布极为广泛。由于浮尘的粒径小，在空中停留时间长，被人体吸入呼吸道的机会更大，容易对人体造成危害。

2. 烟尘

烟尘也称为烟，是指熔融金属等挥发出的气态物质冷凝产生的固体粒子，常伴有化学反应（如氧化）。钢铁、有色金属冶炼、焊接、热切割等行业和生产工艺是烟尘的主要来源。烟尘的直径一般在 0.1 μm 以下，烟尘也是浮尘的一种。烟尘会发生絮凝，有时会凝结。由于烟尘的粒径非常小，所以烟尘不仅能被吸入人体肺部深处，甚至可以穿透肺部直接进入血液循环，所以烟尘对人体健康的危害非常大。

3. 烟雾

烟雾是指气体冷凝成液体，或通过溅落、鼓泡、雾化等使液体分散而产生的悬浮液滴。它与烟尘的主要区别是烟尘是固体颗粒而烟雾是液体颗粒。喷漆作业产生的漆雾、润滑剂等油类在加工过程中产生的油雾等都属于烟雾。烟雾的颗粒粒径也非常小，由于是液体，烟雾中往往会存在溶解的化学成分，如油漆中可能存在苯、汽油、干燥剂、颜料等多种成分复杂的物质，许多物质生产工艺中可能会用到酸而产生酸雾等。

4. 蒸气

蒸气通常是指固态或液态物质的气体形式，通过增加压力或降低温度可使其变回原态。

5. 气体

气体一般是指在临界点以上能充满整个封闭容器空间的无定形流体。只有通过增加压力和降低温度的复合作用才能变至液态或固态。工作场所呈气态的有害物质非常多，其种类又可以分为刺激性气体和窒息性气体。刺激性气体是指对眼和呼吸道黏膜有刺激作用的气体。它是化学工业常遇到的有毒气体。刺激性气体的种类很多，最常见的有氯、氨、氮氧化物、光气（常用于杀虫剂）、氟化氢（主要用作含氟化合物的原料）、二氧化硫（用作有机溶剂及冷冻剂，并用于精制各种润滑油）、三氧化硫和硫酸二甲酯等。窒息性气体是指能造成机体缺氧的有毒气体。窒息性气体可分为单纯窒息性气体、血液窒息性气体和细胞窒息性气体，常见的窒息性气体包括氮气、甲烷、乙烷、乙烯、一氧化碳等。

6. 气溶胶

气溶胶是指悬浮在气体介质中的固态或液态颗粒所组成的气态分散系统。这些固态或液态颗粒的密度与气体介质的密度可能相差微小，也可能悬殊很大。它具有胶体性质，例如，对光线有散射作用、电泳、布朗运动等特性。大气中的固体和液体微粒作布朗运动，不因重力而沉降，可悬浮在大气中长达数月、数年之久。气溶胶颗粒大小通常在0.01~10 μm之间，但由于气溶胶来源和形成原因不同，其粒径范围很大，例如：花粉等植物气溶胶的粒径为5~100 μm、木材及烟草燃烧产生的气溶胶，其粒径为0.01~1 000 μm等。气溶胶颗粒的形状多种多样，有的近乎球形，诸如液态雾珠，有的是片状、针状及其他不规则形状。从流体力学角度，气溶胶实质上是气态为连续相，固、液态为分散相的多相流体。气溶胶有的来源于自然界，如火山喷发的烟尘、被风吹起的土壤微粒、海水飞溅扬入大气后而被蒸发的盐粒、细菌、微生物、植物的孢子花粉、流星燃烧所产生的细小微粒和宇宙尘埃等；有的是由于人类活动，如煤、油及其他矿物燃料的燃烧物质，以及车辆产生的废气排放至空气中的大量烟粒等。造成工作场所污染的空气气溶胶有烟雾、硫酸雾及光化学烟雾等。微粒物主要来源于工业生产、加工过程、各种锅炉或炉灶排出的烟尘。

根据气溶胶形成方式和方法的不同，可分成固态分散性气溶胶、固态凝集性气溶胶、液态分散性气溶胶和液态凝集性气溶胶 4 种类型。按气溶胶存在的形式可分成雾、烟和粉尘。

作业场所空气中的有害物质往往来源于作业中使用的原料、辅料，作业过程的中间产品和成品，其中以气体或蒸气、气溶胶等状态更为常见。

需要注意的是，同一种有害物质在不同状态时产生的危害可能会有非常大的差别。比如液态汞对人体影响较小，但汞易于蒸发，汞蒸气对人具有强烈的毒性，并在肾脏等处积聚，破坏肾脏、引起口腔炎、损害人的胃肠功能。另外，工作场所有害物质在不同状态时，人体接触有害物质的可能性也是不同的。工作场所有害物质进入人体的主要方式是吸入，所以呈气态、烟尘、气溶胶、蒸气等能够在空气中长时间存在的物质对人体的危害较大，而沉降的粉尘对人体危害较小。工作场所有害物质进入人体的另外两个途径是消化道和皮肤。毒物经消化道吸收多半是由于个人卫生习惯不良，手沾染的毒物随进食、饮水或吸烟等进入消化道。进入呼吸道的难溶性毒物被清除后，可经由咽部被咽下而进入消化道。在工业生产中，毒物经皮肤吸收引起中毒亦比较常见，脂溶性毒物经表皮吸收后，还需有水溶性，才能进一步扩散和吸收，所以水、脂皆溶的物质（如苯胺）易被皮肤吸收，也有一些特殊物质无须水溶性即可被皮肤吸收，如液态汞。

二、工作场所空气中有害物质存在状态的影响因素

由于采样现场情况十分复杂，设备、工艺、物料、防护措施、管理、气象条件等变化无常，影响工作场所空气中有害物质存在状态的因素很多，影响工作场所物质存在状态的因素主要包括生产工艺、温度、气压、湿度、静电等。

1. 生产工艺

生产工艺是工作场所有害物质最主要的影响因素。生产工艺不同可能导致物质状态发生较大变化。比如液体原料在高温下会变为气态，而温度过低则变为固态；气态物质在低温下可能凝结或凝固；固体原料也会在高温下变为气溶胶态悬浮在空气中等。

2. 温度

温度是描述物体冷热状态的物理量，是作业场所表征空气条件的主要参数之一。工作场所温度越高，有害物质呈气态、气溶胶形态的可能性越大，原本呈液态、固态的有害物质也越容易蒸发、挥发或者升华。同时，温度升高会造成空气扰动而形成更多的涡流，有害物质将扩散得更快。另外，温度越高会导致很多液体有害物质的饱和蒸气浓度变高，也即每单位体积空气内能够容纳的有害物质浓度更高，超过饱和蒸气浓度部分的有害物质将以液体形式凝结出来，所以在有害物质持续释放的情况下，温度越高，空气中每单位体积所能容纳的蒸气态污染物浓度越高。

3. 气压

气压对工作场所物质的状态也有较大影响。在其他条件不变的情况下，气压变化会影响液态物质的沸点，导致液体蒸发或者分解出的有害物质总量发生变化。一般情况下，气压越小，物质沸点越低，物质呈气态、气溶胶态的可能性越大，挥发到空气中的有害物质越多。

4. 湿度

湿度是表示大气干燥程度的物理量。工作场所在一定的温度下、在一定体积的空气里含有的水汽越少，则空气越干燥；水汽越多，则空气越潮湿。一般水蒸气在空气中的浓度是有限的，即在一定温度下，单位体积空气所容纳的水蒸气即湿度是有限的，如果空气的湿度为 100%，则说明空气已经无法再容纳更多的水蒸气，此时如果有更多的水蒸气进入空气，这些过多的水蒸气就会重新液化为水。另外，国内外一些研究也表明，在颗粒物不沉降的湿度下，相对湿度越大越有利于空气中气溶胶态颗粒物的形成。

5. 静电

所谓静电，就是一种处于静止状态的电荷或者说不流动的电荷（流动的电荷就形成了电流）。当电荷聚集在某个物体上或表面时就形成了静电，而电荷分为正电荷和负电荷两种。静电对工作场所有害物质状态的影响主要体现在当具有不同极性的悬浮颗粒在空气中接近时，由于异性电荷相互吸引，悬浮颗粒物碰撞后使得整体质量增加，有可能从悬浮状态变化为沉降状态。

三、工作场所空气中有害物质的特点

工作场所空气中有害物质主要有空间分布性、时间分布性、复杂性与综合效应等特点。

1. 时间分布性

工作场所有害物质状态和浓度随时间而变化。由于季节的交替，有害物质在不同温度下呈不同状态，会使有害物质浓度随时间而变化。随着气象条件的改变会造成同一有害物质在同一地点的污染浓度相差高达数十倍的现象。

有害物质的时间分布性也体现在活性和持久性上。有害物质的活性和持久性是指其在工作场所空气中的稳定程度和持续时间。有的有害物质活性很强，排出后不能在空气中久留，或被环境自净，或发生化学变化生成其他物质。如具有恶臭的硫化氢在有臭氧存在的环境中，能在几小时之内被氧化成二氧化硫而从空气中消失；有的有害物质在空气中却几乎能无限期地保持其毒性，如半衰期长的放射性尘埃可随地球的转动长期存留在大气中，称为“死灰”。有的有害物质虽然能最后分解成无害物质，但在分解前能保持很长一段时间，要使有机氯农药减少到它原有量的 1/4，双对氯苯基三氯乙烷（DDT）需要 10 年、氯丹需 5 年。有的有害物质排出和发生危害的时间相隔很久，例如，河、湖底泥中的金属汞，在损伤人类身体的同时，可能要在 10~100 年后才会变成对生命更有威胁的甲基汞。

2. 空间分布性

工作场所的有害物质进入空气中后，随着水分和空气的流动而被稀释扩散。不同有害物质的稳定性和扩散速度与其物理和化学性质有关，因此，不同空间位置上有害物质的浓度和强度分布是不同的。另外，各种有害物质在空气中的状态不同、性质不同，扩散速度的影响范围也有较大的差异。扩散性强的有害物质，有可能造成工作场所大范围污染，以致整个企业被污染。

一般以分子或微粒（粒径小于 10 μm）存在的有害物质，能随气流运动，扩散性强。如燃烧排放的二氧化硫和一氧化碳，工业排放的铍尘和铅尘等，它们或以分子状态，或以气溶胶状态高度分散在大气中，随波逐流，能够扩散到很远的地方。与上述有害物质相反，降尘（粒径大于 10 μm）因重力作用扩散能力较弱，影响范围较小。监测中发现降尘排出烟道后，浓度以几倍或十几倍的速度递减，很快就与背景浓度相近；汞蒸气浓度受环境温度影响很大，但随距离增加浓度衰减也很快。

另外，理化特性会影响有害物质的挥发性和在空气中的浓度；设备的影响会使密封性能好的设备附近有害物质浓度低，密封性能不好的设备附近有害物质浓度高；工作地点有害物质离发散源较近的浓度较高，离发散源距离越远浓度越低；工艺过程包含加料、出料时，有害物质的散逸数量大，空气中的浓度高；通风良好或采取强制通风净化措施的，空气中有害物质浓度较低；作业场所空间小，发散到空气中的有害物质稀释程度低，浓度就较高；温度、气压、风速、风量、湿度等都会影响有害物质在作业场所空气中存在的状态和扩散速度，从而影响有害物质浓度。

可见，有害物质的空间分布是一个十分复杂的问题，单靠某一点的监测结果无法正确表述一个工作场所空气中有害物质的量。必须根据有害物质的时间分布、空间分布特点，科学地制订监测计划（包括网点设置、监测项目、采样频率等），然后对监测数据进行统计分析，才能得到全面而客观的评述。了解有害物质的空间分布，有助于在监测中合理地布置测量点，防止盲目性，并可节省人力、物力。

3. 复杂性与综合效应

工作场所空气中，尤其是生产尾气中常常同时含有多种有害物质。在大多数的行业中，气态有害物质往往是以混合物的形式排放，如喷涂废气中通常含有苯系物（BTEX）和酮类、酯类等；印刷废气中通常含有苯类、酯类、酮类和醇类等；制药行业中通常含有酸性气体、普通有机物和恶臭气体等。不同的生产工艺所排放尾气的工况条件（浓度、流量、连续或间歇、温度、湿度、颗粒物等）复杂多样。不同行业、同一行业中的不同工序所排放的有机气体的温度和湿度往往具有很大的差异。如一般喷涂过程中所排放的为常温气体，而在化工、制药等行业所排放的往往为高温气体。在同一行业中，如汽车的喷涂线排放的为常温气体，而烘干线排放的则为高温气体。喷涂线漆雾经过水幕净化后会形成高湿度的废气，制药工业发酵罐尾气的湿度接近 100%。常温废气中往往掺杂一定量的颗粒物。装备制造业涂装工艺中会产生大量的漆雾颗粒物等。

第二节 工作场所空气中有害物质的采集技术

空气中有害物质的存在状态不同，需要的采样方法亦有所不同，只有使用正确的采样方法才能得到理想的采样效果，因此掌握有害物质在空气中的存在状态是正确选择采样方法、确保采样检测准确性的重要保障。

一、采样方法

1. 空气样品的采集方法

有害物质在空气中以气态、蒸气态和气溶胶态存在，如何采集有害物质是工作场所空气中有害物质检测的第一步，也是十分重要的一步。要保证检测结果的准确可靠，必须确保能采集到正确的、具有代表性的、真实的和符合职业卫生标准要求的样品，因此，空气样品采集首先是选择正确的采样设备和采样方法。正确的采样设备和采集方法，应根据待测物在工作场所空气中的存在状态、各种采样方法的适用性，以及采样点的工作状况及环境条件等来选择。

（1）采样设备。空气样品采样设备的三要素即采样泵、采样介质和流量校准器。

1）采样泵。采用动力的方式抽集空气样品。根据采集物质所需流量不同，采样泵的流量也不同，选择采样泵时，所使用的流量应在采样泵流量范围的中间部分，避免使用采样泵高低极限范围的流量，否则会造成采样流量失真。

2）采样介质。将通过空气中的目标物阻留，常用的有吸收液、活性炭管、滤料等。

3）流量校准器。对采样泵的流量进行校准，每次在采样前和采样后要对采样泵进行校准，校准时要连接负载，校准流量相对误差超过 5%，则该批样品无效，应重新采样。

（2）气态和蒸气态化学物质的采样方法。采集空气中气态或蒸气态有害物质，有直接采样法和有泵型采样法。

1）直接采样法。直接采样法是使用采样容器，如 100 mL 注射器、采气袋或其他容器，采集一定量体积空气样品，供测定用。这种方法适用于空气中待测物挥发性强、吸附性小、浓度较高或测定方法的灵敏度高，只需要少量空气样品就可满足检测要求的情况。在不宜采用有泵型采样法时，如在需要防爆的工作场所，可使用此法。空气样品的直接采样法见表 2–1。

表 2–1　空气样品的直接采样法

采样介质	物质种类	采样体积	采样方法
注射器	混合烃类、环氧化合物	100 mL	在采样点，用空气样品抽洗注射器 3 次，抽取 100 mL 空气样品，立即封闭进气口并垂直放置，当天尽快测定完毕
采气袋	无机含碳化合物	0.5~1 L	用串联橡皮球将采气袋注满现场空气样品，然后放掉，重复 5~6 次，再将空气样品打满采气袋

直接采样法的使用注意事项：在采样点用待采空气抽洗 3 次方可采样。

2）有泵型采样法。也叫有动力采样法，是用空气采样器（由电动抽气泵和流量计组成）作为抽气动力，将样品空气抽过样品收集器，空气中的待测物被样品收集器采集下来，供测定用，如图 2–1 所示。有泵型采样法使用的设备有空气收集器和空气采样器，其规格和技术性能应满足相关要求。有泵型采样法根据被检物质在空气中的存在状态及理化性质不同使用的收集器不同，采样方法有液体吸收法、固体吸附剂法和浸渍滤料法等。

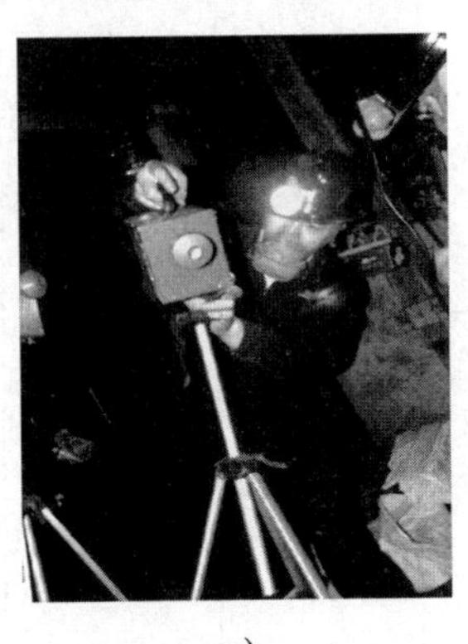

a）

b）

图 2–1　有泵型采样

a）定点采样　b）个体采样

①液体吸收法。将装有吸收液的吸收管作为样品收集器，当样品气流通过吸收液时，吸收液气泡中的有害物质分子迅速扩散入吸收液内，由于溶解或化学反应很快被吸收液吸收。常用的吸收液有水及水溶液，常用于采集易溶于水或与水溶液起反应的无机化合物，如酸性待测物用碱性吸收液，碱性待测物用酸性吸收液。对于采集难溶于水和水溶液的有机化合物可使用有机溶剂，例如，四氯化碳用丙酮或丁酮作吸收液。

常用采样吸收管的技术要求见表 2–2，应用液体吸收法采样的化学物质见表 2–3。常用采样吸收管如图 2–2~ 图 2–5 所示。

表 2–2 采样吸收管的技术要求

类型	吸收液用量 / mL	采样流量 /（L/min）	性能要求	规格	适用范围	备注
大型气泡吸收管	5~10	0.5~2.0	内、外管接口为标准磨口 内管出气口内径（1.0 ± 0.1）mm 管尖距外管≤ 5 mm	优质无色或棕色玻璃	气态和蒸气态	
小型气泡吸收管	2	0.1~1.0			气态和蒸气态	
多孔玻板吸收管	5~10	0.1~1.0	玻板及孔径应均匀、细致、不产生特大气泡	优质无色或棕色玻璃	气态和蒸气态，雾态气溶胶	管内装 5 mL 液 0.5 L/min 抽气，气泡上升 40~50 mm 且均匀，无特大气泡，阻力 4~5 kPa
冲击式吸收管	5~10	0.5~2.0；3（气溶胶）	内、外管接口为标准磨口，内管垂直于外管底，出气口内径（1.0 ± 0.1）mm，管尖距外管（5.0 ± 0.5）mm		气态和蒸气态，气溶胶态	采集气溶胶时以 3 L/min 采样

表 2–3 应用液体吸收法采样的化学物质

采样介质	物质种类	采样流量 /（L/min）	采样时间 /min	采样方法
大型气泡吸收管	汞及其化合物	0.50	15	串联 2 个各装 5.0 mL 吸收液的大型气泡吸收管采样。采集氯化汞的空气样品，采样后立即向每个吸收管内加入 0.5 mL 高锰酸钾溶液摇匀
	臭氧	2.00	15	串联 2 个大型气泡吸收管，前管装 1 mL 丁子香酚，后管装 10.0 mL 水采样
	氯化氢、盐酸	1.00	15	用一只装有 5.0 mL 吸收液的多孔玻板吸收管采样
	乙醇胺类	0.50	15	串联两只各装有 5.0 mL 硫酸溶液的大型气泡吸收管采样
小型气泡吸收管	氰化氢	0.20	10	在采样点，串联两只装有 2.0 mL 吸收液的小型气泡吸收管采样
多孔玻板吸收管	氮氧化物	0.50	直至吸收液呈淡粉色为止	用两只各装有 5.0 mL 吸收液的多孔玻板吸收管平行放置，一只进气口接氧化管，另一只不接
	二氧化硫	0.50	15	用 1 只装有 10.0 mL 吸收液的多孔玻板吸收管采集空气样品
	光气	0.50	15	串联两只各装有 10 mL 吸收液的多孔玻板吸收管采集空气样品
	二甲基甲酰胺 / 二甲基乙酰胺	1.00	15	用装有 10.0 mL 水的多孔玻板吸收管采集空气样品
	氯化苦	0.25	15	用装有 5.0 mL 吸收液的多孔玻板吸收管采集空气样品

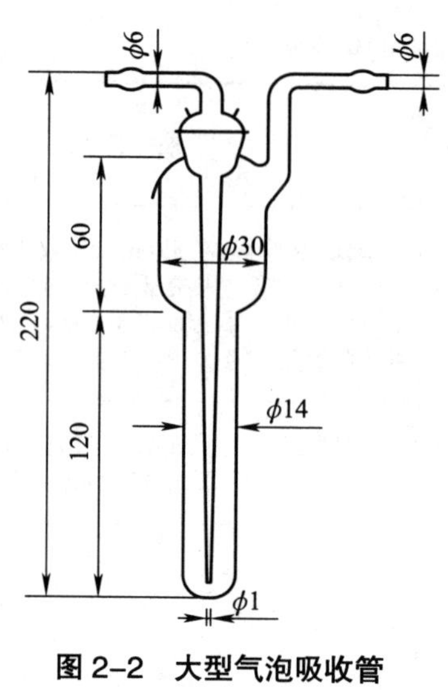

图 2-2 大型气泡吸收管

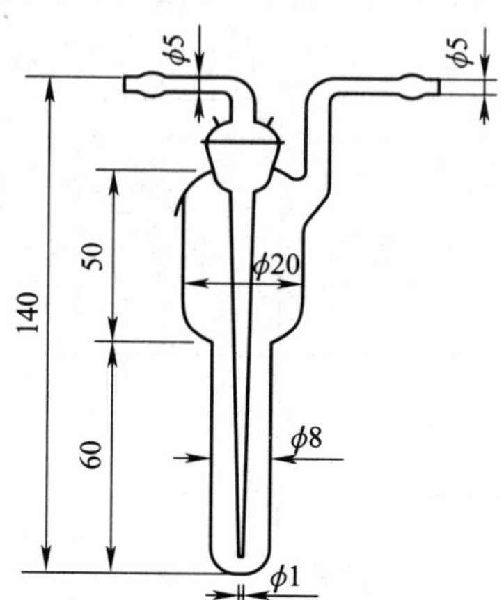

图 2-3 小型气泡吸收管

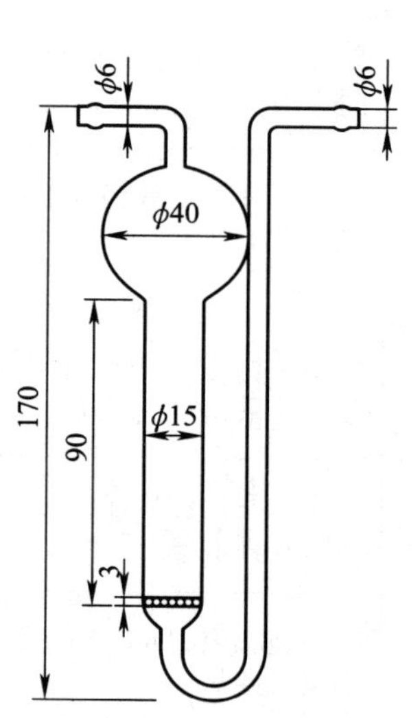

图 2-4 多孔玻板吸收管

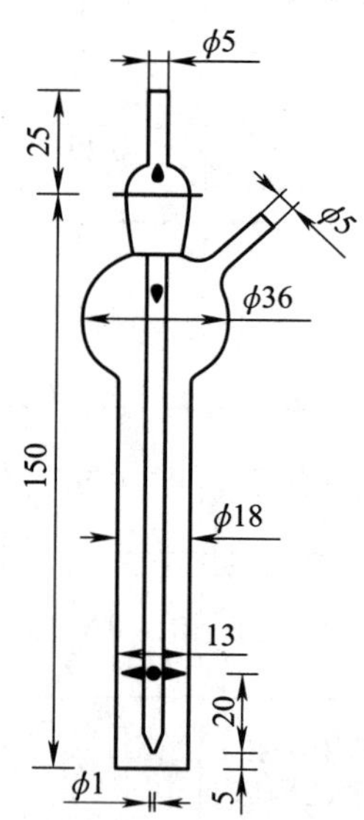

图 2-5 冲击式吸收管

液体吸收法的优点为：适用范围广，可用于各种化学物质的各种状态的采样；采样后，样品往往可以直接进行测定，不需经过样品处理；吸收管可以反复使用，费用少。

液体吸收法的缺点为：吸收管易损坏，携带和使用不方便；不适用于个体采样和长时间采样；需要空气采样动力。

②固体吸附剂法。当空气样品通过固体吸附剂管时，空气中的气态和蒸气态待测物被多孔性固体吸附剂吸附而采集。常用的吸附剂有活性炭、硅胶、高分子多孔微球、浸渍固体吸附剂及其他具有较大外表面和内表面的物质。

a）活性炭。活性炭属于非极性吸附剂，吸附非极性和弱极性的有机气体和蒸气，吸附容量大，吸附力强。水对活性炭的吸附能力影响不大。虽然活性炭的吸附能力很强，沸点高于 0 ℃的各种物质蒸气，在常温下可以被有效地吸附，但是沸点低于-150 ℃的物质，如一氧化碳、甲烷等，不能用物理方法吸附。沸点在-100~0 ℃之间的物质，如氨、乙烯、甲醛、氯化氢、硫化氢等，常温下不能定量吸附。

b）硅胶。硅胶是一种极性吸附剂，对极性物质有着强烈的吸附作用，可以吸附大量的水，以致降低甚至失去其吸附性能。所以，硅胶只适宜在较干燥的环境中采样，采样时间不宜长。

c）高分子多孔微球。高分子多孔微球是一类合成的多孔性芳香族聚合物，它具有较大的表面积、一定的机械强度、疏水性、耐腐蚀和耐高温（250~290 ℃）等性质，是一种较好的吸附剂。

d）浸渍固体吸附剂。浸渍固体吸附剂是将固体吸附剂涂渍化学试剂，利用浸渍的化学试剂与待测物发生化学反应，生成稳定的化合物被采集。浸渍固体吸附剂在物理吸附的基础上，增加了化学吸附，可以扩大固体吸附剂的使用范围，增加吸附容量，提高采样效率。通常，采集酸性化合物时，可浸渍碱性物质；采集碱性化合物时，则浸渍酸性物质。

固体吸附剂采样管根据采样后的处理方法不同分为溶剂解吸型和热解吸型两类，如图 2–6 所示。表 2–4 为两种标准型固体吸附剂采样管的规格。应用固体吸附剂法采样的化学物质见表 2–5。

图 2–6　固体吸附剂采样管

表 2–4 固体吸附剂采样管的规格

类型	管长 /mm	内径 /mm	外径 /mm	固体吸附剂量 /mg			
				活性炭管		硅胶管	
				前段	后段	前段	后段
溶剂解吸型	70~80	3.5~4.0	5.5~6.0	100	50	200	100
热解吸型	120	3.5~4.0	6.0 ± 0.1	100		200	

表 2–5 应用固体吸附剂法采样的化学物质

采样介质	物质种类	采样流量	采样时间	采样方法
活性炭管	苯、甲苯、二甲苯、乙苯、苯乙烯	100 mL/min	15 min	定点采样：在采样点打开活性炭管两端采集空气样品
		50 mL/min	8 h	个体采样：在采样点打开活性炭管两端，佩戴在采样对象的前胸上部，进气口尽量接近呼吸带
硅胶管	甲醇、异丙醇、丁醇	100 mL/min	15 min	定点采样：在采样点打开硅胶管两端采集空气样品
		50 mL/min	8 h	个体采样：在采样点打开硅胶管两端，佩戴在采样对象的前胸上部，进气口尽量接近呼吸带
采样管	溴氰菊酯和氰戊菊酯	3 L/min	15 min	定点采样：在采样点采集空气样品
		1 L/min	8 h	个体采样：在采样点将采样管佩戴在采样对象的前胸上部，尽量接近呼吸带采集空气样品

固体吸附剂法的优点为：固体吸附剂采样管体积小，质量轻，携带和操作方便；适用范围广，有机和无机、极性和非极性化合物的气体和蒸气都适用；可用于短时间采样和定点采样，也可用于长时间采样和个体采样。

固体吸附剂法的缺点为：对不同的有害物质有不同的穿透容量；硅胶管容易吸湿，不能在湿度大的工作场所长时间持续采样，长时间采样时，应 3 h 左右更换一只，或发现硅胶变色后立即更换。

固体吸附剂法使用时应注意：防止穿透；防止污染；防止假穿透。溶剂解吸型固体吸附剂采样管要在稳定期内测定，既防止假穿透，又避免浓度下降。

③浸渍滤料法。浸渍滤料法的滤料不能直接用于空气中气态和蒸气态待测物的采集，当滤料涂渍某种化学试剂后，待测物与化学试剂迅速反应，生成稳定的化合物，保留在滤料上而被采集下来。为了有利于化学反应，常常在浸渍液中加入甘油等试剂。因为浸渍滤料的厚度一般小于 1 mm，所浸渍的试剂量有限，限制了采集待测物的量和采样流量。

浸渍滤料法的使用注意事项如下：

a）采集待测物的量。受浸渍滤料所浸渍的试剂量的限制，注意滤料的吸收容量，及时更换滤料，防止穿透。

b）采样流量。取决于待测物和试剂间的化学反应速度，流量设置要合理，考虑环境中物质浓度、温湿度影响因素，流量设置不能太小或太大。

c）适用于空气中待测物浓度低或采样时间短的场所。

2. 气溶胶态化学物质的采样方法

常用的采样方法有滤料采样法、冲击式吸收管法和多孔玻板吸收管法。

（1）滤料采样法。滤料采样法是采集气溶胶有害物质的主要采样方法，其原理是利用气溶胶颗粒在滤料上发生直接阻截、惯性碰撞、扩散沉降、静电吸引和重力沉降等作用，采集在滤料上。用于空气样品采集的常用滤料有微孔滤膜、超细玻璃纤维滤纸和过氯乙烯滤膜（测尘滤膜）等。它们是由天然纤维素或合成纤维素制成的滤纸或滤膜。从滤料的显微结构来分，有筛孔状和纤维状两类。筛孔状滤料是由合成纤维素基质交联成筛孔，孔径比较均匀，可以根据采样的要求选择不同孔径的滤料，微孔滤膜（见图 2–7）属于这类滤料。纤维状滤料由纤维素互相交织重叠成网孔，孔径均匀程度较筛孔状滤料差，一般不能选择孔径，超细玻璃纤维滤纸和过氯乙烯滤膜都属于这类滤料。理想的滤料需具备机械强度好、理化性质稳定、通气阻力低、采样效率高、空白值低、处理容易等特点。

要根据采样和测定的需要、采样场所的环境条件选择合适的滤料。主要应考虑采样效率高，符合测定的需要，适合采样的环境条件。

采样滤料通常要放置在合适的采样夹中进行样品采集。图 2–8~ 图 2–10 所示为常见的采样夹。

滤料采样法的优点为：适用于各种气溶胶的采样，采样效率高；采样流量范围宽，适用于短时间采样、长时间采样、定点采样和个体采样；操作简便，使用的设备材料便宜，不易破损；易于保存，携带方便，保存时间长；可根据分析的需要选择合适的滤料、抽气动力、采样流量和滤料大小等。

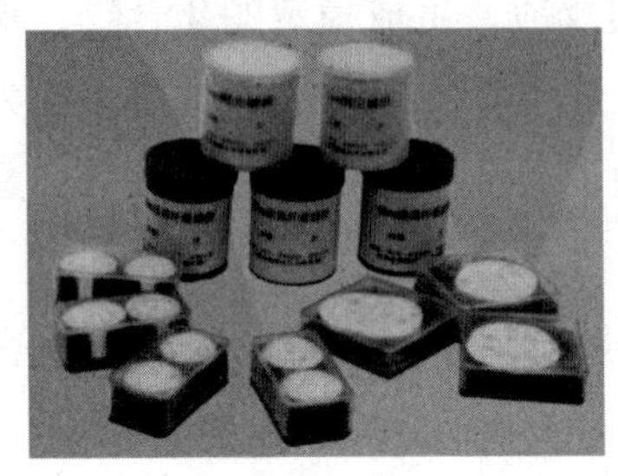

测尘滤膜
玻璃纤维滤膜
微孔滤膜

图 2-7 微孔滤膜

图 2-8 小型塑料采样夹

图 2-9 总粉尘采样夹

图 2-10 呼吸性粉尘采样夹

使用时应注意选择合适的滤料，采集金属性烟尘首选微孔滤膜，采集有机化合物气溶胶选用玻璃纤维滤纸，采集粉尘时首选过滤乙烯滤膜（测尘滤膜）；选择质量好的滤料，孔径和厚度要均匀；采样过程中要防止污染；在高浓度的情况下采样时要防止滤料的过载。

（2）冲击式吸收管法。冲击式吸收管法是利用空气样品中的颗粒以很大的速度冲击到装有吸收液的管底部，因惯性作用被冲到管底上，再被吸收液洗下。因此采集气溶胶时必须使用 3 L/min 的采样流量。主要用于采集粒径较大的气溶胶颗粒。

（3）多孔玻板吸收管法。雾状待测物一部分在通过多孔玻板时，被弯曲的孔道所阻留而洗入吸收液中；另一部分在通过多孔玻板后，被吸收液中很细的气泡吸收。此法通常不能采集烟尘。

3. 蒸气和气溶胶有害物质共存时的采样方法

在工作场所空气中，有些有害物质可呈蒸气态和气溶胶态共同存在，例如，三氧化二砷、三硝基甲苯（TNT）和一些多环芳烃等，在室温下，都有一定的挥发性，主要以气溶胶态存在于空气中，还有一定浓度的蒸气存在。采集蒸气和气溶胶态共存时的方法，常用的有浸渍滤料法、聚氨酯泡沫塑料和串联法。

（1）浸渍滤料法。浸渍滤料法用于采集以气溶胶态为主、伴有少量蒸气态待测物的样品。

（2）聚氨酯泡沫塑料法。聚氨酯泡沫塑料是由无数的泡沫塑料细泡互相连通而成的多孔滤料，表面积大，通气阻力小，适用于较大流量采样。有些分子较大的有机化合物，如有机磷、有机氮和有机氯农药、多氯联苯、多环芳烃等，常呈气溶胶状态和低浓度的蒸气态共存于空气中，使用该法采样可得到满意的采样效率。聚氨酯泡沫塑料必须经过处理才能使用。

（3）串联法。串联法是将采集气溶胶态的收集器与采集蒸气态的收集器串联起来采样。

冲击式吸收管法和多孔玻板吸收管法也可用于气溶胶态和蒸气态共存时的样品采集。

二、影响采样效果的因素

1. 采样效率

采样效率是衡量采样方法的主要性能指标，好的采样方法必须有较高的采样效率。采样效率是指能够被采样仪器采集到的待测物量占通过该采样仪器的空气中待测物总量的百分数，按式（2-1）计算。用于有害物质采样的平均采样效率一般应大于或等于90%。

$$K=\frac{m}{M}\times 100\% \tag{2-1}$$

式中　K——采样效率，%；

m——采样仪器采集到的待测物质量，μg；

M——通过采样仪器的空气中待测物的总质量，μg。

2. 穿透容量

穿透容量是指当通过采样介质的空气中待测物量达到原空气中待测物量的 5% 时，采样介质所吸附的待测物的量。影响穿透容量的因素有：

（1）待测物的极性、扩散系数、化学活性等。

（2）吸附剂的性质。

（3）采样流量。

（4）气温和湿度。

第三节　空气中粉尘及化学毒物的采样规范

为了准确反映作业现场有害物质的浓度和强度，保证样品采集的准确性，采样点的选择和采样方法的确定非常重要，要按照《工作场所空气中有害物质监测的采样规范》（GBZ 159—2004）的要求。

一、样品采集的基本要求

1. 应满足工作场所有害物质职业接触限值对采样的要求。

2. 应满足职业卫生评价对采样的要求。

3. 应满足工作场所环境条件对采样的要求。

4. 在采样的同时应做样品空白，即将空气收集器带至采样点，除不连接空气采样器采集空气样品外，其余操作同样品。

5. 采样时应避免有害物质直接飞溅入空气收集器内，空气收集器的进气口应避免被衣物等阻隔，用无泵型采样器采样时应避免风扇等直吹。

6. 在易燃易爆工作场所采样时，应采用防爆型空气采样器。

7. 采样过程中应保持采样流量稳定，长时间采样时应记录采样前后的流量，计算时用流量均值。

8. 工作场所空气样品的采样体积，在采样点温度低于 5 ℃和高于 35 ℃、大气压低于 98.8 kPa 和高于 103.4 kPa 时，应将采样体积换算成标准采样体积。

9. 在样品的采集、运输和保存过程中，应注意防止样品的污染。

10. 采样时，采样人员应注意个体防护。

11. 采样时，应在专用的采样记录表上，边采样边记录，采样记录表应至少包括以下信息：被检测单位名称、采样仪器名称、检测项目、样品唯一性编码标识、采样地点和日期、环境参数、采样流量和时间、两名采样者签字、被检单位陪同人签字等，特别要详细记录采样点防护设施的设置及运行情况和劳动者个体防护使用情况。

二、采样前的准备

1. 现场调查

为正确选择采样点、采样对象、采样方法和采样时机等，必须在采样前对工作场所进行现场调查，通过现场调查了解生产工艺流程，识别存在的职业病危害因素，确定检测项目，制定检测方案。现场调查内容主要包括：

（1）用人单位基本情况，包括单位名称、地址、劳动定员、岗位划分、工作班制。了解岗位人员设置，为采样对象的选择提供依据。

（2）生产过程中使用的原辅材料，生产的产品、副产品、中间产物和废物等的种类、数量、状态、纯度、杂质及其理化性质。通过原辅材料的调查，识别生产过程中可能存在的粉尘和化学毒物等职业病物理因素。

（3）生产工艺和设备，包括设备名称、数量及其布局；主要工艺参数，生产方式，生产状态。识别可能存在的物理因素。

（4）各岗位（工种）作业人员的工作状况，包括作业人数、工作地点及停留时间、工作内容和工作方式；接触危害的程度、频度及持续时间。为确定采样地点、采样频次、采样方法提供依据。

（5）工作场所中有害物质的种类、来源和扩散规律、存在状态、估计浓度等，为确定采样时段提供依据。

（6）工作地点的卫生状况和环境条件、卫生防护设施及其使用情况、个人防护装备及使用状况等。为评价防护设施效果提供依据。

2. 采样仪器的准备

（1）根据检测方案，准备采样器和采样介质。采样器和采样介质数量满足采样样品数量的要求。

（2）检查所用的空气收集器的空白、采样效率和解吸效率或洗脱效率。

（3）校正空气采样器的采样流量。在校正时，必须串联与采样相同的空气收集器。

（4）使用定时装置控制采样时间的采样，应校正定时装置。

三、现场采样注意事项

1. 按照《工作场所空气中有害物质监测的采样规范》（GBZ 159—2004）、《工作场所空气中粉尘测定》（GBZ/T 192.1~192.6）、《工作场所空气有害物质测定》（GBZ/T 300）、《工作场所空气有毒物质测定（标准合订本）》（GBZ/T 160.1~160.81）的要求，在正常生产状况下进行现场采样。

2. 每个采样点现场采样应当至少 2 名以上人员完成。采样人员应当遵守工作场所安全卫生要求，正确佩戴个人防护用品。采样前应当观察和了解工作场所卫生状况和环境条件，对照采样方案核实确认采样点、采样对象、采样时段、检测项目等信息。

3. 现场采样应当选定有代表性的采样对象或采样点、采样时段，应当包括职业病危害因素浓度（强度）最高的工作日和时段、接触职业病危害因素浓度（强度）最高和接触时间最长的劳动者。采样点和采样对象的数量必须满足标准要求。

4. 有害物质样品的采集应当优先采用个体采样方式。职业接触限值为时间加权平均容许浓度的有害物质的采样，应优先采用长时间采样，采样时间尽可能覆盖整个工作班；采用定点短时间方式采样的，应当在有害物质浓度不同时段分别进行采样。作业人员在不同工作地点工作或移动工作时，应当根据工作情况在每个工作地点或移动范围内分别设置采样点。

职业接触限值为最高容许浓度、短时间接触容许浓度或峰接触浓度的有害物质的采样，应当选择接触有害物质浓度最高的作业人员或有害物质浓度最高的工作地点，在有害物质浓度最高的时段进行采样，不得随机选取采样对象或采样点。当现场浓度波动情况难以确定时，应当在 1 个工作班内不同时段进行多次采样，选取浓度最大值进行评价。

5. 化学因素现场采样的频次应当满足《工作场所空气中有害物质监测的采样规范》

（GBZ 159—2004）的要求，物理因素现场应当至少测量 1 个工作日。

6. 现场环境条件应当满足采样条件及仪器设备使用要求。采样时，应当观察仪器设备的运行状态，保持流量稳定，在空气收集器的采集容量饱和前及时更换收集器。采样时，不得在采样点处理样品（如打开采样夹或倒出吸收液），防止样品污染。

7. 采样时，应当按要求采集空白对照样品。

8. 采集样品应有唯一性标识。

9. 现场采样记录应当实时填写，记录信息应当至少包括检测任务编号、样品名称、样品编号、采样点或采样对象、采样设备名称及编号、生产状况、职业病防护设施运行情况、个人防护用品使用情况、采样起止时间、采样流量、环境气象条件参数（温度、湿度、气压）、采样人、陪同人等相关信息。

10. 除涉及国家秘密、商业秘密、技术秘密及特殊要求的项目外，技术服务机构应当对现场采样情况进行拍照（摄影）留证。因故不能拍照（摄影）留证的，需用人单位书面确认。

11. 样品运输应当保证样品性质稳定，避免污染、损失和丢失。对于不稳定的样品，应采取必要措施妥善保存。空白对照样品应当独立包装，与采集样品一并放置、运输、储存。

四、采样方法

1. 个体采样

个体采样是指将空气收集器佩戴在采样对象的前胸上部，使其进气口尽量接近呼吸带所进行的采样。

职业接触限值为时间加权平均容许浓度（PC-TWA）的有害物质的采样，应优先采用个体长时间采样（采样介质为液体的除外），采样时间尽可能覆盖整个工作班。在采样前，首先要选择采样对象和确定采样对象的数目，将有代表性的接触者选为采样对象，按照统计学的要求确定所需采样对象的数量。

（1）采样对象的选择原则

1）要在现场调查的基础上，根据检测的目的和要求，选择采样对象。

2）在工作过程中，凡接触和可能接触有害物质的劳动者都应列为采样对象选择范围。

3）选择的采样对象中必须包括不同工作岗位的、接触有害物质浓度最高和接触时间最长的劳动者，其余的采样对象应随机选择。

（2）采样对象数量的确定

为了确保检测结果的代表性、准确性和可靠性，必须有一定的样品数量。在采样对象范围内，能够确定接触有害物质浓度最高和接触时间最长的劳动者时，每种工作岗位按表 2–6 选定采样对象的数量，其中应包括接触有害物质浓度最高和接触时间最长的劳动者。每种工作岗位劳动者数不足 3 名时，全部选为采样对象。

表 2–6　采样对象的数量（能确定接触有害物质浓度最高和接触时间最长劳动者时）

劳动者数	采样对象数
3~5	2
6~10	3
＞ 10	4

如果在采样对象范围内，不能确定接触有害物质浓度最高和接触时间最长的劳动者时，每种工作岗位按表 2–7 选定采样对象的数量。每种工作岗位劳动者数不足 6 名时，全部选为采样对象。

表 2–7　采样对象的数量（不能确定接触有害物质浓度最高和接触时间最长劳动者时）

劳动者数	采样对象数
6	5
7~9	6
10~14	7
15~26	8
27~50	9
50~	11

2. 定点采样

定点采样是指将空气收集器放置在选定的采样点、劳动者的呼吸带进行采样。按采样时间可分为短时间采样和长时间采样。

短时间采样为采样时间一般不超过 15 min 的采样。主要适用于职业接触限值为最高容许浓度（MAC）、短时间接触容许浓度（PC-STEL）或峰接触浓度的有害物质的采样。当作业场所有害物质浓度比较平稳时也可适用于职业接触限值为时间加权平均容许浓度的有害物质的采样，但应当在有害物质浓度不同时段分别进行采样，且同一采样点至少采集 3 个不同时段的样品。对于企业日常监测，可采用短时间采样的方法，一方面可以动态掌握工作场所有害物质的浓度变化情况，另一方面也便于企业操作。

长时间采样是指采样时间一般在 1 h 以上的采样。适用于职业接触限值为时间加权平均容许浓度（PC-TWA）的有害物质的采样。

在进行定点采样时，首先要选择好采样点和采样时段。具体的采样点和采样时段的选择要根据采样的目的和工作场所的状况来确定，比较复杂，这里仅提出基本原则。

（1）采样点的选择原则

1）选择有代表性的工作地点，其中应包括空气中有害物质浓度最高、劳动者接触时间最长的工作地点。

2）在不影响劳动者工作的情况下，采样点尽可能靠近劳动者；空气收集器应尽量接近劳动者工作时的呼吸带。

3）在评价工作场所防护设备或措施的防护效果时，应根据设备的情况选定采样点，在工作地点劳动者工作时的呼吸带进行采样。

4）采样点应设在工作地点的下风向，应远离排气口和可能产生涡流的地点。

（2）采样点数目的确定原则

1）工作场所按产品的生产工艺流程，凡逸散或存在有害物质的工作地点，至少应设置 1 个采样点。

2）1 个有代表性的工作场所内有多台同类生产设备时，1~3 台设置 1 个采样点；4~10 台设置 2 个采样点；10 台以上，至少设置 3 个采样点。

3）1 个有代表性的工作场所内，有 2 台以上不同类型的生产设备，逸散同一种有害物质时，采样点应设置在逸散有害物质浓度大的设备附近的工作地点；逸散不同种有害物质时，将采样点设置在逸散待测有害物质设备的工作地点，采样点的数目参照上述第 2 条原则确定。

4）劳动者在多个工作地点工作时，在每个工作地点设置 1 个采样点。

5）劳动者是流动工作时，在流动的范围内，一般每 10 m 设置 1 个采样点。

6）仪表控制室和劳动者休息室，至少设置 1 个采样点。

五、采样时段的选择原则

1. 采样必须在正常工作状态和环境下进行，避免人为因素的影响。

2. 空气中有害物质浓度随季节发生变化的工作场所，应将空气中有害物质浓度最高的季节选择为重点采样季节。

3. 在工作周内，应将空气中有害物质浓度最高的工作日选择为重点采样日。

4. 在工作日内，应将空气中有害物质浓度最高的时段选择为重点采样时段。

六、不同职业接触限值的采样方法

1. 时间加权平均容许浓度（PC-TWA）

以时间为权数规定的 8 h 工作日、40 h 工作周的平均容许接触浓度。PC-TWA 的采样方法可以有以下 3 种：

（1）8 h 全工作班采样。最准确反映劳动者的接触水平，可采用个体或定点方法采样一个工作班，采样器尽量靠近劳动者的呼吸带。

PC-TWA 按式（2-2）计算：

$$C_{TWA}=\frac{c \cdot v}{F \cdot 480}\times 1\,000 \qquad (2-2)$$

式中 C_{TWA}——空气中有害物质 8 h 时间加权平均质量浓度，mg/m^3；

c——测得的样品溶液中有害物质的质量浓度，μg/mL；

v——样品溶液的总体积，mL；

F——采样流量，mL/min；

480——时间加权平均容许浓度规定的以 8 h 计，min。

（2）当作业条件不允许或采样设备、方法限制无法采集一个工作班时，可采用分段采样的方法，一个工作日内每次进行 1 h 以上采样，采集 3~4 次，对每次采集的样品分别进行分析计算，再按照式（2-3）进行 8 h 时间加权计算。

PC-TWA 按式（2-3）计算：

$$C_{TWA}=\frac{C_1T_1+C_2T_2+\cdots\cdots+C_nT_n}{8} \qquad (2-3)$$

式中 C_{TWA}——空气中有害物质 8 h 时间加权平均质量浓度，mg/m^3；

C_1、C_2……C_n——1 h 以上采样测得空气中有害物质质量浓度，mg/m^3；

T_1、T_2……T_n——劳动者在相应的有害物质浓度下的工作时间，h；

8——时间加权平均容许浓度规定的 8 h。

（3）当工作环境中有害物质浓度平稳，波动较小时，或者受到采样方法限制，可采用短时间 15 min 采样，一个工作班内分不同时段至少要采集 3 个以上样品，根据现场调查尽可能选择有害物质最高的时段进行采样。对每次采集的样品分别进行分析计算，再按照式（2–4）进行 8 h 时间加权计算。

PC–TWA 按式（2–4）计算：

$$C_{TWA}=\frac{C_1T_1+C_2T_2+\cdots\cdots+C_nT_n}{8} \quad (2\text{–}4)$$

式中 C_{TWA}——空气中有害物质 8 h 时间加权平均质量浓度，mg/m^3；

C_1、C_2……C_n——15 min 采样测得空气中有害物质质量浓度，mg/m^3；

T_1、T_2……T_n——劳动者在相应的有害物质浓度下的工作时间，h；

8——时间加权平均容许浓度规定的 8 h。

2. 短时间接触容许浓度（PC–STEL）

在遵守 PC–TWA 前提下容许短时间（15 min）接触的浓度。

目的：制定 PC–STEL 的目的是控制在一个工作日内短时间接触高浓度的化学物质，以保护劳动者短时间接触这些因素也不发生急性毒性损害。

应用：PC–STEL 主要用于以慢性毒性作用为主，但同时具有急性毒性作用的化学物质。

即使一个工作日内的 C_{TWA} 符合卫生要求，C_{STEL} 也不应超过其对应的 PC–STEL 值，且在 PC–TWA 值以上至 PC–STEL 之间的接触不应超过 15 min，每个工作日接触该种水平的次数不应超过 4 次，相继接触的间隔时间不应短于 60 min。

采样：短时间接触容许浓度的采样方法为 15 min 采样，选取一天中浓度最高的时段采样，如果无法判断浓度最高的时段，就分不同时段多采集几个 15 min 的样品，用浓度最高的那个样品进行判断。

计算：空气中有害物质 15 min 时间加权平均浓度的计算

（1）采样时间为 15 min 时，按式（2–5）计算：

$$C_{STEL}=\frac{C\cdot v}{F\cdot 15} \tag{2–5}$$

式中 C_{STEL}——短时间接触质量浓度，mg/m³；

C——测得样品溶液中有害物质的质量浓度，μg/mL；

v——样品溶液体积，mL；

F——采样流量，L/min；

15——采样时间，min。

（2）如果浓度很高，采样时间 15 min 有可能过载或穿透时，可以进行分次采样，进行分次采样时，对每次采集的样品分别进行分析计算，再按照式（2–6）进行 15 min 时间加权计算。

按 15 min 时间加权平均浓度计算。

$$C_{STEL}=\frac{C_1T_1+C_2T_2+\cdots\cdots+C_nT_n}{15} \tag{2–6}$$

式中 C_{STEL}——短时间接触质量浓度，mg/m³；

C_1、C_2……C_n——测得空气中有害物质质量浓度，mg/m³；

T_1、T_2……T_n——劳动者在相应的有害物质浓度下的工作时间，min；

15——短时间接触容许浓度规定的 15 min。

（3）劳动者接触时间不足 15 min，按 15 min 时间加权平均浓度计算。

$$C_{STEL}=\frac{C\cdot T}{15} \tag{2–7}$$

式中 C_{STEL}——短时间接触质量浓度，mg/m³；

C——测得空气中有害物质质量浓度，mg/m³；

T——劳动者在相应的有害物质浓度下的工作时间，min；

15——短时间接触容许浓度规定的 15 min。

3. 最高容许浓度（MAC）

同一工作地点、在一个工作日内、任何时间有毒化学物质均不应超过的浓度。

应用：最高容许浓度主要是针对具有明显刺激、窒息或中枢神经系统抑制作用，可导致严重急性损害的化学物质而制定的不应超过的最高容许职业接触限值，即任何情况下都不能超过的限值。

采样：最高容许浓度的检测应在了解生产工艺过程的基础上，根据不同工种和工作地点采集化学物质最高瞬间浓度的空气样品进行测定。采用定点采样的方法，采样时间最长时间不能超过 15 min，如果逸散时间不足 15 min，则采样时间以逸散时间为准，浓度按式（2–8）计算：

$$C_{MAC}=\frac{c \cdot v}{F \cdot t} \tag{2–8}$$

式中　C_{MAC}——空气中有害物质的最高质量浓度，mg/m^3；

c——测得样品溶液中有害物质的质量浓度，μg/mL；

v——样品溶液体积，mL；

F——采样流量，L/min；

t——采样时间，min。

4. 峰接触浓度（PE）

对于接触具有 PC–TWA 但尚未制定 PC–STEL 的化学有害因素，应使用峰接触浓度控制短时间的接触。在遵守 PC–TWA 的前提下，容许在一个工作日内发生的任何一次短时间（15 min）超出 PC–TWA 水平的最大接触浓度。

（1）目的。对于具有 PC–TWA 的物质尚未制定 PC–STEL 的化学有害因素，使用峰接触浓度控制短时间的最大接触，目的是防止在一个工作日内在 PC–TWA 若干倍时的瞬时高水平接触导致的快速发生的急性不良健康效应。

（2）应用。劳动者接触仅制定 PC–TWA 但尚未制定 PC–STEL 的化学有害因素时，实际测得的当日 C_{TWA} 不得超过其对应的 PC–TWA 值；同时，劳动者接触水平瞬时超出 PC–TWA 值 3 倍的接触每次不得超过 15 min，一个工作日期间不得超过 4 次，相隔时间不短于 1 h，且在任何情况下都不能超过 PC–TWA 值的 5 倍。

（3）采样。采样方法与短时间接触容许浓度（PC–STEL）相同。

七、职业卫生检测结果的判定

1. 职业接触限值为 MAC

根据《工作场所空气中有害物质监测的采样规范》（GBZ 159—2004）要求对职业接

触限值为 MAC 的有害物质进行采样和计算。根据有害物质扩散过程，选择浓度最高时段进行≤ 15 min 的采样和检测。

检测与评价报告应对不同工作岗位检测结果进行汇总，对同一岗位或接触人员进行多次检测时，检测结果应取最大值。当最大值 C_{ME} ≤ MAC 时，为符合职业接触限值的要求。

2. 职业接触限值为 PC-TWA

根据《工作场所空气中有害物质监测的采样规范》(GBZ 159—2004)的要求对有害物质进行职业接触限值为 PC-TWA 和峰接触浓度的采样和计算。

对于只制定 PC-TWA 职业接触限值的有害物质，必须进行 TWA 的采样和检测，同时调查现场浓度波动情况，选择浓度最高时段进行短时间(15 min)接触浓度的采样和检测，计算峰接触浓度。

检测报告应对不同工作岗位 TWA 检测结果进行汇总和计算，当采用个体采样方法对同一岗位多名接触人员进行检测时，检测结果应报告测定范围，取最大值和限值比较做判定，C_{TWA} ≤ PC-TWA 的为符合职业接触限值的要求。

在 C_{TWA} 符合的前提下，峰接触浓度超过 5 倍 PC-TWA，为不合格；峰接触浓度值≤ 3 倍的 PC-TWA 为合格；如果峰接触浓度检测结果＞ 3 倍的 PC-TWA 且≤ 5 倍的 PC-TWA，则应在当日其他浓度较高时段进行多次短时间采样，检测结果在 3~5 倍之间的次数不能超过 4 次，每次不能超过 15 min，中间间隔不应小于 60 min。

3. 职业接触限值为 PC-TWA 和 PC-STEL

根据《工作场所空气中有害物质监测的采样规范》(GBZ 159—2004)的要求，对于制定有 PC-TWA 和 PC-STEL 职业接触限值的有害物质，必须进行 TWA 和 STEL 的采样和检测。

检测结果分别与 PC-TWA 和 PC-STEL 进行比较，两个值均小于或等于职业接触限值时，该岗位符合要求。

STEL 的判定对同一岗位或接触人员进行多次短时间接触浓度检测时，检测结果应取最大值。当最大值 C_{STE} ≤ PC-STEL 时，为符合职业接触限值的要求。当最大值 C_{STE} ＞ PC-STEL 时，为不符合职业接触限值的要求。

对同一岗位同时进行 TWA 和 STEL 的采样检测，STEL 的检测结果应大于或等于

TWA 的检测结果，若测得的 STEL 的结果小于 TWA 的结果，说明进行 STEL 检测采样时未捕捉到有害物质浓度最高的时段，不能反映工人接触的真正的 STEL 浓度值，该数据应判定为无效。

八、计算举例

针对几种职业接触限值的采样方法及计算见表 2–8。

表 2–8　针对几种职业接触限值的采样方法及计算

限值类型	采样方式	计算公式
1. TWA 的采样	（1）个体全工班、定点全工班	$C_{TWA}=\frac{c \cdot v}{F \cdot 480}\times 1\,000$
	（2）定点长时间分段采样（1 h 以上）	$C_{TWA}=\frac{C_1T_1+C_2T_2+\cdots\cdots+C_nT_n}{8}$
	（3）定点短时间分次采样（15 min）	$C_{TWA}=\frac{C_1T_1+C_2T_2+\cdots\cdots+C_nT_n}{8}$
2. STEL 的采样、峰接触浓度	（1）定点短时间 15 min 采样	$C_{STEL}=\frac{c \cdot v}{F \cdot 15}$
	（2）定点短时间小于 15 min 的多次采样	$C_{STEL}=\frac{C_1T_1+C_2T_2+\cdots\cdots+C_nT_n}{15}$
	（3）定点采样不足 15 min 的时间加权	$C_{STEL}=\frac{C \cdot T}{15}$
3. MAC	定点短时间小于 15 min 的采样	$C_{MAC}=\frac{c \cdot v}{F \cdot t}$

1. 时间加权平均容许浓度 TWA 的计算

（1）采样仪器能够满足全工作日连续一次性采样时。

$$C_{TWA}=\frac{c \cdot v}{F \cdot 480}\times 1\,000$$

例 1：检测工作场所空气中苯的 TWA，工作班 8 h。PC–TWA 3 mg/m^3，用活性炭管以 100 mL/min 流量连续采样 8 h，1.0 mL 二硫化碳溶剂解吸，气相色谱法测定，测得 50 μg/mL。

计算：空气中苯浓度为

$$C_{TWA}=\frac{c\cdot v}{F\cdot 480}\times 1\ 000=\frac{50\ \mu g/mL\times 1.0\ mL}{100\ mL/min\times 480\ min}\times 1\ 000=1.0\ mg/m^3$$

（2）分次长时间采样的 TWA 计算

例 2：检测工作场所空气中苯的 TWA，工作班 8 h。PC–TWA 3 mg/m^3，用活性炭管以 100 mL/min 流量采样，1.0 mL 二硫化碳溶剂解吸，气相色谱法测定。

工作时段 /h	采样时间 /min	苯含量 /（μg/mL）	苯浓度 /（mg/m^3）	接触时间 /h
9:00—11:00	60	20	3.3	2
11:00—14:00	60	30	5.0	3
14:00—17:00	60	30	5.0	3

$$C_{TWA}=\frac{C_1T_1+C_2T_2+\cdots\cdots+C_nT_n}{8}=\frac{3.3\times 2+5.0\times 3+5.0\times 3}{8}=4.6\ mg/m^3$$

（3）短时间分次采样 TWA 计算

例 3：检测工作场所空气中二氧化氮，工作班 8 h。PC–TWA 5 mg/m^3，PC–STEL 10 mg/m^3 用吸收管法以 500 mL/min 流量采样，分光光度法测定。

工作时段 /h	采样时间 /min	NO_2 含量 /（μg/mL）	NO_2 浓度 /（mg/m^3）	接触时间 /h
9:00—10:00	15	9	7.0	1
10:00—12:00	15	6	8.0	2
13:00—14:00	15	8	10.6	1
14:00—15:00	15	3	4.0	1

$$C_{TWA}=\frac{C_1T_1+C_2T_2+\cdots\cdots+C_nT_n}{8}=\frac{7.0+8.0\times 2+10.6\times 1+4.0}{8}=4.7\ mg/m^3$$

结果：C_{TWA} 小于 PC–TWA 5 mg/m^3，但是 13:00—14:00 的短时间 STEL 超标，总评价该工作场所 NO_2 超标。

2. STEL 的计算

（1）采样时间为 15 min 时

$$C_{STE}=\frac{c\cdot v}{F\cdot 15}$$

例 4：检测工作场所空气中二氧化氮，PC-TWA 5 mg/m^3，PC-STEL 10 mg/m^3 在吸收管中装入 10 mL 吸收液，以 500 mL/min 流量采样 13 min，吸收液颜色变为淡粉色，实验室分光光度法分析二氧化氮浓度为 8.5 μg/mL，计算工作场所空气中二氧化氮浓度。

$$C_{\text{STEL}}=\frac{c\cdot v}{F\cdot 15}=\frac{8.5\ \mu\text{g/mL}\times 10\ \text{mL}}{0.5\ \text{L/min}\times 15\ \text{min}}=11.3\ \text{mg/m}^3$$

（2）采样时间不足 15 min，进行 1 次以上采样时，按 15 min 时间加权平均浓度计算。

$$C_{\text{STEL}}=\frac{C_1T_1+C_2T_2+\cdots\cdots+C_nT_n}{15}$$

例 5：8 h 工作日的二氯甲烷作业，在工作开始后 2 h 左右，空气中出现一个峰浓度，持续时间约 30 min；用 100 mL 注射器采样，一次采样时间为 1 min，在峰浓度出现后的第 5 min 开始，隔 5 min 采一个样，共采集 3 次；测得浓度分别为 5 mg/m^3、18 mg/m^3 和 10 mg/m^3，计算 C_{STEL}。

$$C_{\text{STEL}}=\frac{C_1T_1+C_2T_2+\cdots\cdots+C_nT_n}{15}=\frac{5\times 5+18\times 5+10\times 5}{15}=11\ \text{mg/m}^3$$

第四节 工作场所空气中有害物质采样的质量控制及应用示例

俗话说“劣材难成器”，若采用错误的方法采集样品，即使是最好的实验室，也不能分析得出准确的结果。样品采集和样品分析是相互关联的，均是得出准确数据结果的关键因素。在职业卫生技术服务过程中，为了保证采集的样品具有代表性、有效性和完整性，确保检测结果的准确性，必须对采样过程实施有效的质量控制，质量控制是为达到采样过程中质量要求所采取的作业技术和活动。从某种程度上，现场采样对分析结果的影响比实验室分析的影响更大，现场采样的准确性和代表性是整个职业危害因素检测分析的基础和前提。现场采样活动需要制定质量控制方案，质量控制方案应包括采样前的准备、采样过程以及采样后的处理，操作流程、要求及记录应尽可能详尽。质量控制方案的作用是为采样工作提供必要的保障，减少数据出错，同时通过质量控制数据，也能对检测误差进行分析，本节主要讲述职业卫生服务过程中采样环节的质量控制。

一、采样前的质量控制

1. 采样遵循的文件

职业卫生技术服务机构为保证服务质量，确保提供的技术服务满足相关要求，需要制定完善的质量管理体系。其中针对现场采样的质量控制，制定的质量保证制度和程序应包括：《质量手册》中对于现场采样的规定和要求；《培训程序》中有关现场采样人员培训、采样设备操作培训、采样方法培训等；《设备管理程序》中有关现场采样设备的管理；《设备检定 / 校准程序》中有关现场采样设备的检定 / 校准；《期间核查程序》中对采样设备和校准设备的期间核查要求；《设备出入库登记》中对采样设备和校准设备的规定；《记录的控制程序》中有关现场记录的规定；《现场采样操作规程》《采样设备操作规程》和《样品运输和储存操作规程》等操作规程。这些文件对采样工作的准备，现场采样，样品运输和储存等各个环节涉及的人员和设备都进行了详细的说明，使整个采样工作有法可依，采样过程能得到很好的质量控制。

2. 采样方案的制定

职业卫生检测服务项目立项后，需要进行现场调研，根据现场情况及实验室资源制定采样方案，采样方案要细致、切实可行，采样方案的制定应在满足采样标准的基础上，充分考虑现场可能的变动因素，制定好处理预案。方案内容包括采样物质、采样介质、样品数量、采样设备数量、采样方式、采样时间、样品储存等。制定完成的采样方案一定要告知全体采样人员，避免因为不清楚采样方案而出错。

3. 采样的准备

一般在采样的前一天进行采样的准备工作，采样的准备工作直接关系采样的顺利与否，甚至直接影响采样的结果。采样前的准备主要包括采样设备、校准设备、采样介质、记录表格、其他采样需要物品等。

（1）采样设备。采样前需要确认采样设备的状态，确认设备的检定 / 校准和期间核查结果是否满足要求，必要时进行采前流量和气密性核查；查看采样设备的设置是否合适，主要包括恒压恒流模式、采样停止模式、流量高低模式等；设备的电量是否能够完成采样工作，采样过程是否需要进行充电；采样设备的配件是否齐全，常用的配件包括粉尘采样的滤膜夹、采集呼尘的切割头、个体采样的挂件、吸收瓶的挂件、防倒吸小瓶、连接管路、流量调节工具、活性炭管的切割工具等；特定场合对采样设备的要求，如防爆场合必须使用防爆采样设备；当进行被动采样时，除被动采样介质外不需要其他的采样设备。

（2）校准设备。校准设备用于校准采样设备的采样流量，因此，采样前需要检查校准设备的空气流通管路，确保无污损、不漏气；确保电量能够满足校准工作；校准配件是否齐全，主要包括皂液、秒表、旋风分离头的校准罐、连接管路等。采用被动采样方式采样时，被动采样介质的采样流量由厂家提供，不需要校准设备。

（3）采样介质。根据待采集的物质确定采样介质，职业卫生的采样介质包括活性炭管、硅胶管、吸收液、微孔滤膜、测尘滤膜、XAD-2吸附管、浸渍活性炭管、浸渍硅胶管等。准备采样介质时需要注意介质的种类，尤其是热解吸管和溶剂解吸管的区别，微孔滤膜和测尘滤膜的区别，填料是否是浸渍类型；采样介质的本底是否会影响分析实验的结果；准备采样介质的数量应包括空白样品以及备用介质。

（4）记录表格。现场使用的记录表格要求体系内受控，确保能记录采样的关键要素，包含但不限于项目编号、样品编号、采样位置、采样时间、采样流量、采样时长、采样介质批号、采样人员、现场陪同人员、温湿度、大气压、校准记录、工作写实、工人的个体防护等。

（5）其他采样需要物品。其他采样需要的物品包括笔、温湿度计、大气压力计、手套、采样人员防护装备、用于放置吸收瓶的采样箱、摆放仪器的三脚架等。

二、现场采样的质量控制

现场采样作为职业卫生检测工作的一部分，必须由经过授权的采样人员进行操作。现场采样人员应熟悉待测物的性质、空气中的存在状态、样品采集和分析方法，待测物的分析方法中通常会规定适用的采样介质、采样流量和采样体积的范围、运输方法和潜在干扰因素，并选用适宜的采样设备，采样时所用流量应在采样设备的流量范围内，一般采样流量最好在采样设备流量的中间位置。根据《工作场所空气中有害物质监测的采样规范》（GBZ 159—2004）进行采样。

1. 采样对象和采样点的选择

采样对象和采样点选择的正确与否是职业卫生检测与评价的关键，只有选择具有代表性的、能反映工作场所空气中有害物质真实浓度的采样对象和采样点，采集的样品才能准确反映现场职业病危害因素浓度，满足职业卫生评价检测要求，因此应重视采样对象和采样点选择的质量控制。

采样对象和采样点的选择应包括工作场所空气中有害物质浓度最高、劳动者接触时间最长的工作地点，采样点应设在工作地点的下风侧，远离排气口和可能产生涡流的地点，采样高度尽可能靠近劳动者工作时的呼吸带。采样对象数量的选择，应根据国家有关规定及质量控制规范来确定。

2. 采样设备的校准

职业卫生空气样品的采集体积根据采样流量和采样时间乘积计算，采样流量直接影响采样体积，因此，要求采样前和采样后进行采样设备的流量校准。由于采样管的阻力会影响采样流量，因此校准时必须与采样介质连接。采样设备和校准设备的连接如图 2–11 所示。

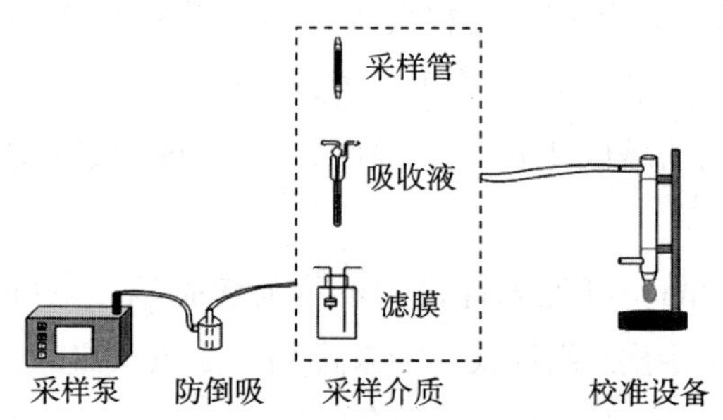

图 2–11　采样设备和校准设备的连接示意图

采样设备的校准需要连接好采样介质，采样介质的连接要与采样时一致，校准设备串联在采样介质前端，并确保校准设备进气口与环境大气直接相通，这样校准设备的流量读数为环境大气压条件下的流量。避免将流量校准设备串联在采样介质和采样泵之间，采样介质的阻力会导致校准设备处于一个相对负压状态，测定的流量为负压状态下的气体流量而不是真实大气压下的流量。当现场采样采用串联两个采样介质时，流量的校准也需要串联两个采样介质。对于接口不方便连接的采样介质，如呼吸性粉尘采样头，需要借助流量校准罐进行流量校准。在采样前和采样结束时均需要进行采样设备的流量校准工作，利用采样前后流量的平均值计算采样体积，如果采样前和采样结束时流量相对偏差大于5%，样品作废。

3. 样品及样品空白采集

打开采样泵，连接好采样介质，设定好采样程序，进行气密性检查。开启采样泵之前检查吸收液、固体吸附管、采样滤膜的气流方向是否正确，采样的模式选择以及采样控制方式是否合适，检查无误后开启采样泵。记录开始采样时间，样品采集过程中每隔一段时间需要进行采样状态检查，确保采样过程的采样流量稳定。采样时长应根据检测方法的检出限、待测物质的限值和吸附管的穿透容量等确定。记录采样开始和结束的时间，用以准确计算采样体积。许多现代分析技术非常敏感，需要格外小心，防止现场样品受到污染，采样现场可能存在的干扰物质需进行记录，以便实验室分析时作为参考。

样品空白的采集参照《工作场所空气中有害物质监测的采样规范》（GBZ 159—2004）进行，样品空白打开采样介质后随即封闭，除不连接采样泵外，其余操作同样品。现场样品和样品空白应共同保存和运输，与可能溢出或者引起污染的其他物质分开保存和运输。采样和运输所用的容器，须按照实验室清洗过程进行清洗，避免引入干扰物质。

4. 样品的运输和储存

采集的样品应密封保存运输，避免应运输的颠簸而导致样品破损和渗漏，吸收液的运输须使用专用的运输箱，样品送入检测室后需做好样品的登记工作，严格按照检测工作流程流转。根据样品的状态标识确定样品摆放区域，储存于专用且适宜的样品室，确保安全、不污染、不变质，专人管理，限制出入，做到物账相符。

三、现场采样示例

受某汽车制造公司委托，对其喷漆车间职业病危害因素进行检测。通过对汽车制造公司喷漆车间的现场调查，确认了职业病危害因素的分布情况。该喷漆车间主要存在的职业病危害因素有苯、甲苯、二甲苯、噪声、高温等，涉及现场采样的职业病危害因素为苯、甲苯、二甲苯，通过查看相关方法，3 种物质的采样条件和实验室分析方法均一致，且相互不干扰，可以采用一根活性炭管进行采集。

1. 采样方案制定

双方签订合同后，职业卫生技术服务机构进行现场调查，根据现场调查结果制定采样方案，采样方案应包括项目编号、采样地点、采样时间、采样方式、采样介质、样品数量、采样设备、采样流量等影响现场采样的信息。采样方案示例如图 2–12 所示。

2. 采样前准备

采样方案制定后，一般在采样前一天进行采样用具的准备。12 月 19 日，刘某进行采样设备的调试，确定编号为 CY–001、CY–002、CY–003 均检定 / 校准合格，期间核查等满足实验要求，且加载调试流量至 50 mL/min；准备同一批号的溶剂解吸型活性炭，该批号活性炭本底经测试均无杂质；准备干式流量校准仪一台，校准仪流量范围为 50~5 000 mL/min，满足现场校准要求；准备好各连接管路；准备其他用品，包括活性炭管切割器、温湿度计、大气压力表、样品包装小袋、标签纸、记录表格、笔、采样挂件、防护口罩、手套等。

3. 现场采样

12 月 20 日上午，李某和范某来到采样地点，询问工人上班状态后，将现场作业人员小明、小李、小红均列为采样对象，开始准备采样。现场掰开活性炭管两端，连接采样设备和干式流量计进行采样前流量校准，记录采样设备编号及流量，检查活性炭管的气流方向正确后，将采样设备挂在小明、小李、小红的呼吸带周围，尽量不影响工人正常工作，记录开始采样时间；挂上采样设备后，李某和范某进行样品空白采集，掰开空白活性炭管后立即用胶帽密封两端；记录现场温湿度和大气压；进行工作日写实，询问工人的工作方式，使用的有害物质种类和用量，有害物质的暴露方式，防护措施等，进行详细的记录；每隔 1 h 查看工人的采样泵，确认其均正常工作；中午工人午餐和休息时间将采样泵取下，暂停；在工人下班前将采样设备摘下，记录结束时间，并进行流量核查，采样后流量与采样前流量相对偏差小于5%，样品可用；封闭样品管两端，与样品空白一同保存，检测人员和陪同人员在采样单上签字后将样品带回；回到公司后，李某进行样品交接，并将样品放置在有机样品冰箱内待分析区域，采样完成。

职业病危害因素现场采样方案

受××汽车制造公司委托，对该公司喷漆车间进行职业病危害因素的检测。为确保采样工作顺利进行，以及采集样品的真实性和代表性，根据我实验室的《质量手册》《程序文件》及国家标准和相关规范要求，制订如下现场采样及检测计划。

1.任务编号：XYWS-2019-××××（日常检测）
2.采样地点：××汽车制造公司喷漆车间（××市××路××号）。
3.采样时间：××××年12月20日，计划1天。
4.采样项目：苯、甲苯、二甲苯。
5.采样对象：喷漆车间共有工人3人，全部列为采样对象。
6.采样介质及数量：溶剂解吸型活性炭吸附管（100/50 mg），10根。
7.具体采样安排见附表。

附表：××汽车制造公司喷漆车间采样计划

序号	采样位置	采样项目	采样方式	采样流量	采样数量	采样介质	采样设备
1	小明	苯、甲苯、二甲苯	个体采样	50 mL/min	1	活性炭管	CY-001
2	小李			50 mL/min	1	活性炭管	CY-002
3	小红			50 mL/min	1	活性炭管	CY-003

注：以上检测点仅供参考，具体采样位置和数量根据现场实际情况会有所变动。

8.执行标准：《工作场所空气有毒物质测定　第66部分：苯、甲苯、二甲苯和乙苯》（GBZ/T 300.66—2017）中溶剂解吸-气相色谱法。
9.组织计划：
责任人：朱某，项目负责人；刘某，负责仪器和采样介质；李某、范某进行现场采样。
本采样方案告知朱某、刘某、李某、范某等。

制定人：×××　　　　审核人：×××
日　期：××××年12月10日　　　　日　期：××××年12月10日

图 2-12　采样方案示例

现场采样记录表见表 2-9。

表 2-9 现场采样记录表

受控编号：×××××

（检测机构名称）职业病危害因素检测采样记录表

<table>
<tr><td colspan="8">项目单位名称：</td><td>检测类别</td><td colspan="3">□日常检测□评价检测□监督检查</td></tr>
<tr><td>项目编号</td><td colspan="7"></td><td>采样地址</td><td colspan="3"></td></tr>
<tr><td>采样人</td><td colspan="7"></td><td>联系电话</td><td colspan="3"></td></tr>
<tr><td>陪同人</td><td colspan="7"></td><td>联系电话</td><td colspan="3"></td></tr>
<tr><td colspan="12">采样信息</td></tr>
<tr><td rowspan="2">样品编号</td><td rowspan="2">检测项目</td><td rowspan="2">介质编号</td><td rowspan="2">采样位置</td><td colspan="2">采样时间</td><td colspan="2">采样流量</td><td rowspan="2">采样器及编号</td><td rowspan="2">作业人员防护措施</td><td colspan="2" rowspan="2">工作写实</td></tr>
<tr><td>开始</td><td>结束</td><td>开始</td><td>结束</td></tr>
<tr><td></td><td></td><td></td><td></td><td></td><td></td><td></td><td></td><td></td><td></td><td></td><td></td></tr>
<tr><td></td><td></td><td></td><td></td><td></td><td></td><td></td><td></td><td></td><td></td><td></td><td></td></tr>
<tr><td></td><td></td><td></td><td></td><td></td><td></td><td></td><td></td><td></td><td></td><td></td><td></td></tr>
<tr><td></td><td></td><td></td><td></td><td></td><td></td><td></td><td></td><td></td><td></td><td></td><td></td></tr>
<tr><td colspan="12">采样环境条件</td></tr>
<tr><td>温度</td><td colspan="2"></td><td colspan="2">湿度</td><td></td><td>大气压</td><td colspan="2"></td><td>风速、风向</td><td colspan="2"></td></tr>
</table>

注：1. 采样媒介缩写：溶剂解吸型活性炭—RC；热解吸型活性炭—TC；溶剂解吸型硅胶管—RG；热解吸型硅胶管—TG；大泡吸收管吸收液—DL；小泡吸收管吸收液—XL；玻板吸收管吸收液—BL；冲击式吸收管吸收液—CL；气体采样袋—QD。

2. 工人防护措施缩写：全面罩呼吸面具—FM；半面罩呼吸面具—HM；耳塞—EP；防护服—FC；防护手套—FS

3. 其他：__________

本章小结

本章主要介绍了职业病危害因素采样的原则、依据和方法。具体包括：工作场所空气中有害物质的状态及特点；工作场所空气中有害物质样品采集方法分类；影响采样效果的因素；定点采样和个体采样的使用条件和实施方法；采样前的准备、现场采样要点及注意事项；不同接触限值的采样方法；采样前和现场采样的质量控制方法以及现场采样的示例。

复习思考题

1. 工作场所空气中存在的有害物质有哪几种状态？
2. 工作场所空气中有害物质有哪些特点？
3. 固体吸附法采样需要注意的事项是什么？
4. 常用的有泵型采样法有哪些，各自有什么优缺点？
5. 采样前的准备工作有哪些？
6. 定点采样和个体采样有什么区别？
7. 接触限值为 PC-TWA 时如何进行浓度计算？
8. 不同存在状态下有害物质的采样方法有哪些？
9. 在采样之前需要做哪些准备工作？
10. 不同接触限值的采样方法会有所不同，为什么？
11. 说明采样设备如何校准及其注意事项。

第三章　粉尘危害因素检测技术

学习目标

1. 掌握粉尘的分类、粉尘危害健康的因素。

2. 掌握总粉尘、呼吸性粉尘采样前的准备和样品采集方法及样品测定过程中的注意事项。

3. 了解粉尘分散度的测定方法。

4. 掌握粉尘中游离二氧化硅含量的测定方法。

5. 了解石棉纤维浓度的测定方法。

6. 掌握粉尘采样前、现场采样过程中及粉尘检测时的质量控制方法。

随着机械化水平的提高，在提高工业产量的同时生产性粉尘产生的量也随之增加，粉尘粒径越小，给作业人员和安全生产造成的危害越大。一方面，由于粉尘污染作业环境中的空气，作业人员长期工作在此环境中极易导致尘肺病，严重危害工人的身体健康；另一方面，可燃性粉尘浓度过高潜伏着粉尘爆炸的危险。工作场所空气中粉尘浓度检测是职业安全健康工作的一个重要组成部分，是劳动者接触水平评价、工程防护设施设计、个人防护用品配备和发放、健康管理措施制定、职业健康监护和职业卫生监督检查的重要技术支撑和依据。做好工作场所空气粉尘浓度检测工作，能最大限度地预防和减少职业病危害，保障劳动者的身体健康。

第一节　粉尘的基本特征

一、粉尘的定义

粉尘是指能较长时间悬浮在空气中的微小固体颗粒。生产性粉尘是指在生产过程中产生的粉尘。粒径较大的颗粒既不能在空气中长期悬浮，也不易于被吸入呼吸道。粒径小于 5 μm 的颗粒更容易进入支气管和肺泡，容易被机体吸收，危害较大。

二、粉尘的来源

生产性粉尘的主要来源：

1. 固体物质的机械加工或粉碎，如金属研磨、切削、钻孔、爆破、破碎、磨粉、农林产品加工等。

2. 物质加热时产生的蒸气，在空气中凝结或被氧化所形成的尘粒，如金属熔炼、焊接、浇铸等。

3. 有机物质不完全燃烧所形成的微粒，如木材、油、煤类等燃烧时所产生的烟尘等。

4. 铸造过程的翻砂、清砂或生产过程使用粉状物质进行混合，过筛、包装、搬运等操作过程中产生的粉尘。

5. 沉积的粉尘由于振动或气流运动，重新浮游于空气中（二次扬尘）也是粉尘的重要来源。

三、粉尘的分类

1. 按照粉尘的成分分类

（1）无机粉尘。无机粉尘包括矿物性粉尘，如石英、石棉与石棉纤维、滑石、煤等；金属性粉尘，如铅、锰、铁、铍、锡、锌等及其化合物；人工合成的无机粉尘，如金刚砂、水泥、玻璃纤维等。

（2）有机粉尘。有机粉尘包括动物性粉尘，如皮毛、丝、骨质等；植物性粉尘，如棉、麻、谷物、亚麻、甘蔗、木、茶等粉尘；人工合成的有机粉尘，如有机染料、农药、合成树脂、橡胶、纤维等。

（3）混合性粉尘。在生产环境中，以单纯形式存在的粉尘较少见，大多数情况下以多种类型的粉尘混合存在，称为混合性粉尘。

2. 按照粉尘粒径范围分类

（1）总粉尘。总粉尘也称总尘，是指可进入整个呼吸道（鼻、咽、喉、气管、支气管、细支气管、呼吸性细支气管、肺泡）的粉尘。亦即用总粉尘采样器，按标准测定方法，从空气中采集的粉尘。

（2）呼吸性粉尘。呼吸性粉尘是指可到达肺泡区（无纤毛呼吸性细支气管、肺泡管、肺泡囊）的粉尘。亦即用呼吸性粉尘采样器，按标准测定方法，从空气中采集的粉尘。呼吸性粉尘为空气动力学直径小于 7.07 μm，且空气动力学直径 5 μm 粉尘的采集效率为 50% 的粉尘。

总粉尘和呼吸性粉尘是粉尘浓度检测的重要指标。

四、粉尘的健康危害

粉尘能较长时间飘浮在生产环境空气中，劳动者长期反复接触一定量的生产性粉尘，对机体影响最大的是呼吸系统，可引起上呼吸道炎症、肺炎（如锰尘）、肺肉芽肿（如铍尘）、肺癌（如石棉尘、砷尘）、尘肺（如二氧化硅等尘）以及其他职业性肺部疾病等，还可能引起其他疾病。生产性粉尘的种类繁多，理化性质不同，对人体所造成的危害也是多种多样的。可概括为以下几种：

1. 肺部疾病。矽尘、煤尘、水泥粉尘、石墨粉尘、稀土粉尘、石灰石粉尘、萤石混合性粉尘等可导致尘肺病；石棉（石棉质量分数＞10%）可引起胸膜间皮瘤、肺癌等。

2. 全身中毒。长期接触含铅、锰、砷等化合物的粉尘可引起全身中毒症状。

3. 局部刺激。生石灰、漂白粉、水泥、烟草等粉尘具有局部刺激作用。

4. 变态反应。大麻、黄麻、面粉、皮毛、锌烟等可引起变态反应损伤。

5. 皮肤损伤。长期接触粉尘可导致阻塞性皮脂炎、粉刺、毛囊炎、脓皮病等。

6. 角膜损伤。长期接触金属粉尘可以引起角膜损伤、混浊。

五、粉尘危害健康的因素

1. 化学组成

粉尘的化学组成是决定粉尘健康危害的主要因素。粉尘中致纤维化成分的性质及含量决定了其致肺纤维化的能力，致纤维化成分的含量越高、作用越强，病变发生越快、进展也越快，致肺纤维化能力最强的粉尘是含游离二氧化硅的粉尘。

粉尘的化学组成的测定对于粉尘的检测至关重要，直接影响粉尘的样品采集方式和健康危害程度的判定。在进行工作场所空气粉尘浓度检测时，尤其是矿物性粉尘，粉尘中游离二氧化硅含量的检测是非常必要的。另外，在必要时，特殊矿物性粉尘还需进行粉尘中金属元素含量测定，以防止职业病危害因素识别遗漏导致的金属元素中毒的情况。

2. 分散度

粉尘的粒度分布称为粉尘的分散度。分散度指的是在不同粒径范围内所含粉尘的质量或个数占总粉尘的百分比，前者称为质量分散度，后者称为数量分散度。分散度高，表示小粒径的粉尘占的比例大；分散度低，表示小粒径的粉尘占的比例小。在职业卫生监测中，常用的粉尘分散度测定方法，是用显微镜直接观察测得的投影粒径计算的数量分散度。

不同的生产过程和生产工艺所产生的粉尘颗粒的大小组成比例是不同的。粉尘颗粒的分散度越高，在空气中飘浮的时间就越长，被吸入的可能性就越大。而较大的粉尘颗粒很快会在空气中沉降，吸入的可能性较低，即使被吸入，也会被阻留在上呼吸道，难以到达下呼吸道和肺泡。

3. 空气动力学直径

某种粉尘颗粒，无论其直径、密度及几何形状如何，在静止或层流空气中，其沉降速度若与一种相对密度为 1（g/cm^3）的球形颗粒相同时，则该球形颗粒的直径即为该种粉尘颗粒的空气动力学直径。

4. 空气浓度

相同来源的生产性粉尘，其化学组成和分散度相同时，不考虑个人防护用品和接触时间等其他影响因素，其致病作用的强弱主要和工作场所空气中粉尘浓度相关。粉尘的浓度，特别是呼吸性粉尘的浓度越高，吸入的量就越大，可能沉积在肺内的粉尘也就越多，越容易造成健康危害。

5. 接触时间

在工作场所空气中，粉尘的浓度越高，吸入量越多，对人体的健康危害越严重，而劳动者接触粉尘的量与劳动者的接触时间成正相关。在同样浓度的情况下，接触时间越长，粉尘吸入量越大，造成的健康危害也就越严重。

6. 荷电性

粉尘的荷电性是指粉尘可带电荷能力的性质。在粉碎过程中产生的固体颗粒往往具有荷电性，即带有电荷的粉尘。天然粉尘和工业粉尘几乎都带有一定的正电荷或负电荷，但有时也有中性的。使粉尘荷电的因素很多，例如，电离辐射、高压放电或高温产生的离子或电子被颗粒所捕获，都会使粉尘获得静电荷。另外，粉尘颗粒在流动过程中也可能因为互相摩擦或吸附空气中的其他离子而带电荷。

粉尘荷电后，某些物理特性将会发生改变，如凝聚性、黏附性及其在气体中的稳定性等。带相同电荷的粉尘，颗粒间相互排斥，粉尘就不易聚集，能更长时间地飘浮于空气中，因而其被人体吸入的可能性就大，同时对人体的健康危害也会增强；带不同电荷的粉尘，相互能聚集成较大的颗粒，因而能加速沉降，被人体吸入的可能性就减小。粉尘的荷电量随温度增高、表面积增大及含水率减小而增加，还与其化学组成等因素有关。

7. 形态和表面活性

粉尘的形态可以影响粉尘的沉降速度，也与健康效应相关。球形颗粒在空气中的阻力小，易于沉降，而形状不规则的颗粒相对来说沉降较慢，悬浮时间则较长。致纤维化粉尘表面的生物活性也会影响致纤维化作用。新产生的粉尘颗粒表面有较多的自由基，对人体的伤害作用更强。

8. 个体因素

粉尘对人体造成的健康危害是存在个体差异的。从事相同工作的劳动者造成职业性伤害的程度是不同的，除了个人防护意识和工作习惯的原因，还有一个重要原因是个体因素的差异。一些患有慢性呼吸系统疾病的劳动者，例如：慢性支气管炎、哮喘、肺气肿以及吸烟者容易受粉尘的危害；免疫状况差的人更易受粉尘的危害。

9. 个人防护用品

用人单位为劳动者发放的个人防护用品是否符合标准，劳动者佩戴防护用品是否正确以及是否按要求佩戴，也是影响粉尘致病作用的因素。

10. 其他

粉尘的溶解度、密度、硬度、爆炸性等特性，同样与粉尘健康危害相关。

六、粉尘的样品采集

由于粉尘检测的目的不同，会采用不同的采样方式。粉尘属于固态分散性气溶胶，粒径范围分布较大，从 1 μm 到数十微米。测定工作场所空气中粉尘浓度时，常用滤料阻留法进行样品采集。滤料阻留法是采集粉尘最常见的采样方法，是利用粉尘颗粒在滤料上发生直接阻截、惯性碰撞、扩散沉降、静电吸引和重力沉降等作用，采集在滤料上。滤料阻留法对粉尘的采集具有采样效率高、采样流量范围宽、操作简便、易于保存和运输等优点。测定粉尘分散度或游离二氧化硅含量时通常采用滤料阻留法。大流量采集足量的粉尘用自然沉降法采集沉降尘，条件允许时可以直接采集粉尘原材料进行检测。工作场所空气中的粉尘采样规范按照《工作场所空气中有害物质监测的采样规范》（GBZ 159—2004）和《工作场所空气中粉尘测定》（GBZ/T 192—2007）的相关要求执行。

1. 粉尘采样器

《国家卫生健康委办公厅关于贯彻落实职业卫生技术服务机构管理办法的通知》（国卫办职健发〔2021〕2 号）附件 2《职业卫生技术服务机构资质认可技术评审准则》中明确规定，仪器设备及其配套设施的种类、数量、性能、量程、精度等技术指标应满足检测标准方法的要求。同时，附件 3 中对采样泵（包括防爆型采样泵）的流量范围、流量精度给出了具体要求。国家卫生健康委发布了《呼吸性粉尘个体采样器》（WS 762—2008）以及《粉尘采样器技术条件》（WS 764—2012）。这两个标准规范了作业场所粉尘采样器和呼吸性粉尘个体采样器的技术要求，以及性能测试方法。

（1）粉尘采样器的分类

1）按防爆性能分类。分为防爆型粉尘采样器、普通型粉尘采样器。

2）按采尘粒径范围分类。分为总粉尘采样器、呼吸性粉尘采样器。

3）按流量大小分类。分为低流量采样器、中流量采样器、高流量采样器。

4）按采样方式分类。分为直读式采样器、滤膜式采样器。

5）按采样时间分类。分为短时采样器、连续采样器。

（2）粉尘采样器技术要求

1）工作温度：-15~40 ℃；相对湿度：＜ 95%；大气压力：86~116 kPa。

2）防爆型采样器应符合《爆炸性环境 第1部分：设备 通用要求》（GB/T 3836.1—2021）的有关规定。

3）采样器主机与采样头的连接应牢固且气密性良好；呼吸性粉尘切割器（也称预分离器）各个连接处宜采用具有一定弹性的材质，或配搭密封材料以保证气密性。

4）如有流量计，其准确度等级应不低于2.5级，分辨率为0.1 L/min。

5）短时采样器一次维持采样时间应大于100 min，连续采样器应大于8 h。

6）用于个体采样时，流量范围为1~5 L/min；用于定点采样时，流量范围为5~80 L/min。

7）采样器所配滤膜应与采样头的滤膜夹直径相适应。

8）直读式采样器应有显示采样浓度功能。

9）采样器应标明产品名称、规格、型号、测量范围、出厂编号、制造日期、制造商名称、CMC标志及相关安全标志（如防爆标志和编号、矿用产品安全标志等）。

10）短时采样器的负载能力应不小于200 Pa，连续采样器的负载能力应不小于1 000 Pa。

11）气密性在1.0~1.1 kPa的压力下保持1 min，压力变化应不超过100 Pa。

12）采样器正常工作8 h，其表面的温升应不超过30 ℃。

13）采样器在最大流量下的工作噪声应小于70 dB（A）。

14）呼吸性粉尘采样器采样效能应符合（英国医学研究委员会）（BMRC）曲线，采样效能允许误差应符合表3-1的要求。

表3-1 呼吸性粉尘采样器采样效能允许误差

粒径/μm	≥ 7.1	5.9	5.0	3.9	2.2
采样效能/%	0	30	50	70	90
采样效能允许误差/%	± 5	± 5	± 5	± 5	± 5

15）按《粉尘采样器检定规定》（JJG 520—2005）6.3.2 的方法试验，采样流量可调的粉尘采样器的采样流量相对误差应在 ±5.0% 范围内。

16）按《粉尘采样器检定规定》（JJG 520—2005）6.3.4 的方法试验，短时粉尘采样器的采样流量在 60 min 内的变化应不大于 3%；连续粉尘采样器的采样流量在 8 h 内的变化应不大于 3%。

17）按《粉尘采样器检定规定》（JJG 520—2005）6.11 的方法试验，采样器在最大采样流量下入口阻力增至 1 500 Pa 时，流量变化应在 ±5%范围内。

18）具有采样时间显示或设定的粉尘采样器，按《粉尘采样器检定规定》（JJG 520—2005）6.3.5 的方法试验，其采样时间允许误差为 5 min 内应不超过 ±1.0 s。

19）具有采样体积显示或设定的粉尘采样器按《粉尘采样器检定规定》（JJG 520—2005）6.3.6 的方法试验，其采样体积相对误差应在 ±5.0% 范围内。

2. 粉尘采样介质

（1）测尘滤膜。测尘滤膜主要用于采集工作场所空气中总粉尘、呼吸性粉尘以及在粉尘分散度检测时采样等，常用的测尘滤膜有过氯乙烯滤膜、丙纶滤膜及其他测尘滤膜，根据估计的粉尘浓度选择合适的滤膜。滤膜的技术要求主要有：

1）滤膜表面应平整无裂缝，边缘整齐，厚度均匀，单张滤膜厚度偏差应在 ±10%范围内。

2）因湿度变化引起的滤膜质量变化率应在 ±0.1%范围内。

3）滤膜对 0.3 μm 油雾粒子的捕集效率应不小于 99%。

4）用 20 L/min 的流量采样，过滤面积为 8 cm^2 时，滤膜的阻力不大于 1 000 Pa。

5）滤膜的单位面积容尘量应大于 1 mg/cm^3。

6）滤膜在加压 4 000 Pa 条件下不应破裂。

7）直径 40 mm 和 75 mm 的滤膜，用于定点采样；直径≤ 37 mm 的滤膜，用于个体采样。

（2）采样夹或滤膜夹

1）应具有良好的密封性，并配有支撑滤膜的垫片。

2）呼吸性粉尘采样头由两级组成。第一级为预分离器，分离性能符合 BMRC 曲线要求；第二级为滤膜采样器，采集呼吸性粉尘。

3. 呼吸性粉尘采样原理

国外已研制的呼吸性粉尘采样器有十余种，主要是将悬浮尘通过预分离器，分离成呼吸性粉尘及非呼吸性粉尘两部分，通过采样滤料采集呼吸性粉尘并求出其质量浓度。其分离粒子的原理有水平淘析式、冲击分离式、旋风分离式和向心冲击式等。具此设计出的预分离器目前主要有旋风式、淘析式和冲击式 3 种呼吸性粉尘分离器类型。

国际公认的采样器的分离曲线主要有两种，即 BMRC 分离粒子曲线（简称 B 曲线）和 ACGIH 分离粒子曲线（简称 A 曲线），如图 3–1 所示。目前，我国呼吸性粉尘采样方式执行 BMRC 分离粒子曲线。

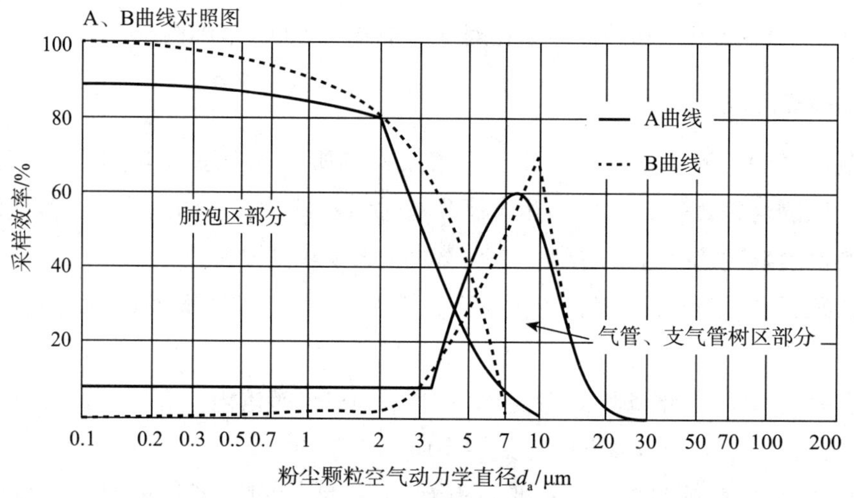

图 3–1 采样器的分离曲线

英国医学研究委员会（BMRC）根据英国煤矿尘肺流行病学调查结果，确认只有沉积在肺泡区的呼吸性粉尘质量浓度才与尘肺发病率有密切关系。因此，1952 年，按照沉积在肺泡区的尘粒动力学直径研制出水平淘析采样器，该仪器的分离粒子效率形成 BMRC 曲线（A、B 曲线对照图），即采集的粉尘空气动力学直径均在 7.07 μm 以下，而且空气动力学直径 5 μm 粉尘的采集效率为 50%。1959 年，约翰内斯堡国际尘肺会议认可此曲线，欧洲的呼吸性粉尘采样器多根据此曲线设计。

4. 粉尘的检测技术

工作场所空气中粉尘检测的目的是了解劳动者实际日接触粉尘的总量及特性，评价工作场所生产性粉尘的危害程度，为设置工程防护设施和配备个人防护用品提供数据基础，执法检查时也需要进行粉尘检测。

粉尘检测常见检测方法有重量分析法和仪器分析法。

（1）重量分析法。通过称量物质的质量来确定被测物质组分含量或质量百分数的一种分析方法。我国标准方法中总粉尘浓度的测定、呼吸性粉尘浓度的测定以及游离二氧化硅含量的测定均采用重量分析法，主要测定设备为分析天平。

（2）仪器分析法。使用较特殊仪器的分析方法，是以物质的物理或物理化学性质为基础的分析方法。根据物质的某种物理性质，如相对密度、相变温度、折射率、旋光度及光谱特征等，不经化学反应，直接进行定性、定量、结构和形态分析的方法，称为物理分析法，如光谱分析法等。粉尘分散度、石棉纤维浓度的测定、超细颗粒和细颗粒总数量浓度的测定以及粉尘现场检测均属于仪器分析方法。可用于粉尘测定的仪器主要有红外分光光度计、X 射线衍射仪、显微镜、冷凝颗粒计数仪、直读式激光粉尘测定仪等。

第二节 总粉尘、呼吸性粉尘浓度的测定

工作场所空气中的粉尘，包括总粉尘或呼吸性粉尘（需加预分离器），用已知质量的滤膜采集，由采样后滤膜的增量以及空气的采样体积计算出单位体积空气中粉尘的浓度。常用过氯乙烯滤膜、丙纶滤膜或其他测尘滤膜。空气中粉尘质量浓度≤ 50 mg/m^3 时，用直径 37 mm 或 40 mm 的滤膜；粉尘质量浓度＞ 50 mg/m^3 时，用直径 75 mm 的滤膜。

1. 采样前的准备

（1）滤膜干燥。称量前，将滤膜置于干燥器内 2 h 以上。

（2）采样前滤膜称量。用镊子取下滤膜的衬纸，将滤膜通过除静电器，除去滤膜的静电，在分析天平上准确称量。在衬纸上和记录表上记录滤膜的质量和编号。将滤膜和衬纸放入相应容器中备用，或将滤膜直接安装在采样头（总尘）或预分离器（呼尘）内。

（3）安装。滤膜毛面应面向进气方向，滤膜放置应平整，不能有裂隙或褶皱。用直

径 75 mm 的滤膜时，做成漏斗状装入采样夹。

2. 样品采集

现场采样按照《工作场所空气中有害物质监测的采样规范》（GBZ 159—2004）执行，并参照《工作场所空气中粉尘测定　第 1 部分：总粉尘浓度》（GBZ 192.1—2007）附录 A 执行。呼吸性粉尘以预分离器要求的流量采集空气样品。

（1）定点采样。根据粉尘检测的目的和要求，可以采用短时间采样或长时间采样。

1）短时间采样。在采样点，将装好滤膜的粉尘采样夹，在呼吸带高度以 15~40 L/min 流量采集 15 min 空气总粉尘样品。

2）长时间采样。在采样点，将装好滤膜的粉尘采样夹，在呼吸带高度以 1~5 L/min 流量采集 1~8 h 空气样品（由采样现场的粉尘浓度和采样器的性能等确定）。

（2）个体采样。将装好滤膜的小型塑料采样夹，佩戴在采样对象的前胸上部，进气口尽量接近呼吸带，以 1~5 L/min 流量采集 1~8 h 空气样品（由采样现场的粉尘浓度和采样器的性能等确定）。

3. 滤膜上总粉尘的增量要求

（1）无论定点采样或个体采样，要根据现场空气中粉尘的浓度、使用采样夹的大小和采样流量及采样时间，估算滤膜上粉尘的增量（Δm）。

（2）采样时要通过调节采样时间，控制滤膜粉尘增量（Δm）数值，使用直径≤ 37 mm 的滤膜时，Δm 不得大于 5 mg；直径为 40 mm 的滤膜时，Δm 不得大于 10 mg；直径为 75 mm 的滤膜时，Δm 不限。否则，有可能因滤膜过载造成粉尘脱落。采样过程中，若有过载可能，应及时更换采样夹。

（3）采样前，要通过调节采样流量和采样时间，防止滤膜上粉尘增量超过上述要求（即过载）。采样过程中，若有过载可能，应及时更换采样夹。

（4）采样后，取出滤膜，将滤膜的接尘面朝里对折两次，置于清洁容器内。或将滤膜或滤膜夹取下，放入原来的滤膜盒中。室温下运输和保存。携带运输过程中应防止粉尘脱落或污染。

4. 样品的测定

（1）称量前，将采样后的滤膜置于干燥器内 2 h 以上，除静电后，在分析天平上准确称量，记录滤膜和滤膜增量。

（2）滤膜增量（Δm）≥ 1 mg 时，可用感量为 0.1 mg 分析天平称量；滤膜增量（Δm）≤ 1 mg 时，应用感量为 0.01 mg 分析天平称量。

（3）按式（3–1）计算空气中粉尘的质量浓度

$$C=\frac{m_2-m_1}{Q\times t}\times 1\,000 \tag{3–1}$$

式中　C——空气中粉尘的质量浓度，mg/m^3；

m_1——采样前的滤膜质量，mg；

m_2——采样后的滤膜质量，mg；

Q——采样流量，L/min；

t——采样时间，min。

（4）空气中粉尘时间加权平均浓度计算按《工作场所空气中有害物质监测的采样规范》（GBZ 159—2004）和《工作场所有害因素职业接触限值　第 1 部分：化学有害因素》（GBZ 2.1—2019）的规定计算。

5. 注意事项

（1）采样前应进行流量校准，长时间采样结束后需要进行流量测定。

（2）分析天平感量 0.1 mg 或 0.01 mg，应严格按照天平使用说明操作，定期进行计量检定或校准。

（3）本法为基本方法，如果用其他仪器或方法测定粉尘质量浓度时，必须以本法为基准。

（4）本法的最低检出质量浓度为 0.2 mg/m^3（以 0.01 mg 天平，采集 500 L 空气样品计）。

（5）当过氯乙烯滤膜不适用时（如在高温情况下采样），可用超细玻璃纤维滤纸。

（6）长时间采样和个体采样主要用于 PC–TWA 评价时采样。短时间采样主要用于峰接触浓度评价时采样，也可在以下情况下，用于 PC–TWA 评价时采样：①工作日内，空气中粉尘浓度比较稳定，没有大的浓度波动，可用短时间采样方法采集 1 个或数个样品；②工作日内，空气中粉尘浓度变化有一定规律，即有几个浓度不同但稳定的时段时，可在不同浓度时段内，用短时间采样，并记录劳动者在此浓度下接触的时间。

（7）采样前后，滤膜称量应使用同一台分析天平。

（8）测尘滤膜通常带有静电，影响称量的准确性，因此，应在每次称量前除去静电。

（9）采样前应进行气密性检查。当用手指完全堵住采样头的进气口时，转子应迅速下降到流量计底部；自动控制流量的采样器，则应进入停止运转状态。

（10）用感量为 0.01 mg 天平称量、个体采样法测定粉尘 8 h–TWA 质量浓度时，以 3.5 L/min 采样，适用的空气中粉尘质量浓度范围为 0.1~3 mg/m^3；以 2 L/min 采样，适用的空气中粉尘质量浓度范围为 0.2~5.2 mg/m^3。

（11）用感量为 0.1 mg 天平称量、个体采样法测定粉尘 8 h–TWA 质量浓度时，以 3.5 L/min 采样，适用的空气中粉尘质量浓度范围为 0.6~3 mg/m^3；以 2 L/min 采样，适用的空气中粉尘质量浓度范围为 1.2~5.2 mg/m^3。

（12）按照所使用的呼吸性粉尘采样器的要求，正确应用滤膜和采样流量及粉尘增量，不能任意改变采样流量。

（13）若粉尘浓度过高，应缩短采样时间，或更换滤膜后继续采样。

（14）具体检测方法可参考《工作场所空气中粉尘测定　第 1 部分：总粉尘浓度》（GBZ/T 192.1—2007）。

第三节　超细颗粒和细颗粒总数量浓度的测定

超细颗粒，又称纳米颗粒，是指当量粒径小于 100 nm 的颗粒；细颗粒是指当量粒径小于 2 500 nm，大于 100 nm 的颗粒。颗粒数量浓度是指单位体积空气中超细或细颗粒的个数，单位常以颗粒每立方厘米（P/cm^3）表示。超细颗粒和细颗粒数量浓度的总和称为总数量浓度。

1. 测量仪器

测量仪器为冷凝颗粒计数仪或称冷凝粒子计数器（CPC），其工作原理为饱和蒸气冷凝在超细颗粒上，使颗粒液滴粒径生长到可光学检测的尺寸。

冷凝颗粒计数仪最低配置要求：粒径检测范围 20~3 000 nm，数量浓度检测范围 1~100 000 P/cm^3，气溶胶进气口流量 0.1~5 L/min。冷凝物为分析纯级别以上的异丙醇、正丁醇等醇类或者纯净水。CPC 操作环境温度 0~40 ℃，对环境湿度要求不高。

2. 测量仪器的准备

（1）测量仪器选择。评估个体暴露优先选择个体 CPC，评估工作场所暴露可选择便携式 CPC。

（2）每次使用前，清理 CPC 气溶胶进气口过滤装置，防止大颗粒或纤维的污染。

（3）每次使用前，采用流量计对 CPC 气溶胶进气口流量进行校正，误差在 5% 以内。

（4）每次使用前，在工作场所外较清洁环境使用自带的调零滤膜装置对 CPC 进行调零。

（5）每次使用前，更换冷凝物灯芯。每持续测量 4 h，应更换一次冷凝物灯芯。

（6）设置测量模式。采用记录模式设定持续测量时间和数据记录间隔时间（例如，1 min 自动记录一次数值），测量工作完成后数据可直接打印或下载至计算机进行进一步分析。

（7）数据显示模式（直读）可用于现场调查中的浓度筛检，帮助识别颗粒产生源和混杂颗粒排放源。

3. 颗粒产生源识别

采用信息收集、现场调查或浓度筛检等方法来识别颗粒产生源，具体方法见《工作场所空气中粉尘测定　第 6 部分：超细颗粒和细颗粒总数量浓度》（GBZ/T 192.6—2018）附录 A。

4. 颗粒属性分析

联合应用现场调查法和电镜扫描法确定待测颗粒名称和属性，具体方法见《工作场所空气中粉尘测定　第 6 部分：超细颗粒和细颗粒总数量浓度》（GBZ/T 192.6—2018）附录 B。

5. 背景颗粒总数量浓度测量

（1）工作场所内背景颗粒。测量地点应选择在颗粒排放源相同工作场所内远离作业区并且人员活动较少的区域。需预测背景浓度，排除待测区域中混杂颗粒排放源的影响。如果无法排除混杂颗粒的影响，或者作业活动 24 h 无间断，则选择工作场所外大气背景颗粒。

（2）工作场所外大气背景颗粒。如果工作场所采取机械通风，条件允许的情况下，测量地点可设在进风口 1 m 处；如果作业场所采取自然通风，测量地点选择工作场所上风向窗口外 1 m 处。

（3）同一天测量工作场所外大气背景颗粒和工作场所内背景颗粒，宜连续测量半个小时以上，至少 30 个以上自动记录数据。测量工作场所内背景颗粒时，应在作业活动之前测量。

6. 作业活动颗粒总数量浓度测量

（1）采样点的设置和采样对象的选择按照《工作场所空气中有害物质监测的采样规范》（GBZ 159—2004）执行。定点采样使用便携式 CPC，采样器固定放置于工人工作的地点，采样头应放置于采样对象呼吸带高度。个体采样使用个体 CPC，采样头佩戴在采样对象的胸前，使其进气口处于呼吸带。

（2）测量活动应基于作业时间和作业活动的变化。测量时间至少覆盖一个完整的作业活动，以长时间测量为主（不少于 1 h），至少 60 个自动记录数据以上。如果作业活动时间小于 15 min，则采取短时间测量，不少于 15 min，至少 15 个自动记录数据以上。

7. 颗粒总数量浓度计算和分析

如果颗粒总数量浓度数据符合正态分布或浓度平稳，计算颗粒浓度的算术平均值；如果数据为偏态分布或波动较大，计算中位数或计算几何均数。

可从以下几个方面分析颗粒总数量浓度：

（1）在没有相应职业接触限值可比较的情况下，计算测量地点或劳动者接触的颗粒总数量浓度与背景颗粒总数量浓度的浓度比值（*CR*）；*CR* 可反映颗粒产生源排放超细颗粒的程度，*CR* 大于 1，提示有颗粒释放。

（2）与背景值进行统计学比较，统计学差异显著，提示有颗粒释放。

（3）制作基于作业活动的时间数量浓度变化图，分析颗粒总数量浓度的时间和空间分布，动态观察作业活动与颗粒总数量浓度关系。

（4）不同工作地点或工种超细颗粒接触水平的比较。

8. 测量记录

记录测量前 CPC 质量控制记录，同时记录气象条件（温度、气压和相对湿度）、待测颗粒名称、仪器设备型号和设置参数、工程控制措施及个人防护、测量日期、测量起始时间、测量地点、产生待测颗粒和混杂颗粒的时间活动情况、测量浓度、校准后浓度等，并绘制现场检测布点图等。测量记录表可参照《工作场所空气中粉尘测定 第6部分：超细颗粒和细颗粒总数量浓度》(GBZ/T 192.6—2018)附录C。

9. 说明

(1)测定结果用于超细颗粒关键岗位识别、半定量接触评估、工程控制措施有效性评价以及设备泄漏评估。

(2)该方法检测限为10 P/cm^3。

(3)由于超细颗粒实时测量的特殊性，CPC需定期送至具备校准能力的专业实验室进行校准，颗粒总数量浓度检测效率等校准指标应符合《气溶胶颗粒数量浓度 凝聚粒子计数器的校准》(BS ISO 27891：2015)要求，并应用相应粒径和颗粒总数量浓度条件下的检测效率对CPC实际测量值进行校准。

(4)在实际测量实践中应注意测量值低估或高估现象。工作场所气溶胶颗粒的总数量浓度和粒径对CPC测量值影响较大。在颗粒总数量浓度接近CPC检测限以下时(1~10 P/cm^3)，存在高估现象(一般偏差< 10 P/cm^3)。在总数量浓度接近CPC较高检测限时(100 000 P/cm^3)，存在低估现象，检测效率一般在0.9~1之间。待测颗粒直径10 nm以下，CPC检测效率一般在0.8以下，存在低估现象。

(5)工作场所生产状态不稳定或颗粒总数量浓度波动较大时，应连续检测3 d；宜在不同的季节连续检测3 d，以更好了解工作场所超细颗粒和细颗粒的总数量浓度变化。

(6)CPC的工作流程。气溶胶中超细颗粒或细颗粒被抽入CPC进气口，与加热装置所产生的饱和醇类蒸气或饱和水蒸气混合，在冷凝装置作用下，蒸气被冷凝在颗粒表面，变成颗粒液滴，颗粒粒径增大，随后进入光学检测系统进行总数量浓度检测，最后由CPC气溶胶出气口排出。

(7)超细颗粒通过团聚或聚集作用形成细颗粒或粒径更大的颗粒。超细颗粒从颗粒产生源产生后，由于易团聚或聚集特性，在短时间内易形成粒径分布相对稳定的气溶胶，长时间测量有助于反映超细颗粒团聚或聚集后粒径分布相对稳定的气溶胶状态。

(8)在潜在颗粒产生源处，应用CPC直读模式读取瞬间颗粒总数量浓度，如果颗粒总数量浓度明显高于背景颗粒总数量浓度，在排除混杂颗粒排放源(待测颗粒以外的混杂颗粒)影响后，找到待测颗粒产生源。避免在超出CPC数量浓度最高检测限的环境条件下检测。

第四节 粉尘分散度的测定

粉尘被机体吸入的概率与粉尘的分散度有关。粉尘粒子分散度越高，沉降速度越慢，在空气中停留的时间越长，被机体吸入的概率就越大。同时，对于硫化矿尘、煤矿尘来说，粉尘粒径越小，吸氧能力越强，发生爆炸的可能性就越大。因此，测定工作场所中的粉尘分散度对于评价劳动环境质量状态、正确选择防尘装备和防尘措施、检验其实际防尘效果等方面有非常重要的意义。

一、分散度测定方法发展现状

根据国家职业卫生标准《工作场所空气中粉尘测定 第3部分：粉尘分散度》（GBZ/T 192.3—2007），分散度的测定方法有滤膜溶解涂片法（该方法不能测定可溶于乙酸丁酯的粉尘和纤维状粉尘）和自然沉降法（适用于各种颗粒性粉尘，包括能溶于乙酸丁酯的粉尘）。其中，滤膜溶解涂片法目前在试验、测量或生产中应用比较广泛，但该方法是肉眼直接在显微镜下测定，容易引起眼睛疲劳，而且测量效率较低，精度不够。近几年有学者在国标方法的基础上，采用显微摄像系统测量粉尘分散度，能够达到快速测定。也有学者对常规的滤膜溶解涂片法进行了改进，用显微镜分析时采用尘粒显微镜下几何形状纵横双向投影，如纵横投影差在2 μm之内的尘粒按球体计算，直径取两者的算术平均值，如投影差大于2 μm的尘粒则按柱体考虑。该方法测得的质量分数精确度可提高15%~20%。

由于粉尘分散程度的4个等级（0~2 μm、2~5 μm、5~10 μm、大于10 μm）中，数量分数从小粒径级到大粒径级逐渐减少；而质量分数则相反，从小粒径级到大粒径级逐渐增大。因此，衡量粉尘对人体健康和生产安全的危害应综合考虑粉尘数量分散度和质量分散度。

二、粉尘粒径的测定

粉尘粒径的测定是分散度测定技术中的一个重要组成部分。粉尘粒径的测定方法见表3–2。各种粉尘都属于非球体，不同的测定方法之间（计重法和计数法）没有可比性，所以在给出粒径分布的同时应说明采用的测定方法。

表 3–2　粉尘粒径的测定方法

类别	测定方法		测定范围 / μm	分布基准	适用条件
显微镜法	电子显微镜		0.001~0.5	面积或个数	实验室
	光学显微镜		0.5~100	面积或个数	实验室
插孔通过法	电导法		0.3~500	体积	实验室
	光散射法		0.5~10 2~9 000	个体	现场
沉降法	液体介质	粒径计法	0~100	计重	实验室
		移液法	0.5~60	计重	实验室
	气体介质	重力	1~100	计重	实验室
		离心力	1~70	计重	实验室现场
		惯性力	0.3~20	计重	现场
超细粉尘分级	扩散法		0.01~2	个数	现场

我国粉尘防治工作中，分散度测定较多采用的方法是滤膜溶解涂片法和自然沉降法。

三、粉尘分散度主要检测方法

1. 滤膜溶解涂片法

（1）测定原理。将采集有粉尘的滤膜溶于有机溶剂中，形成粉尘颗粒的混悬液，制成标本，在显微镜下测量和计数粉尘的大小及数量，计算不同大小粉尘颗粒的百分比。

（2）测定的试剂和仪器

1）乙酸丁酯（化学纯）。

2）瓷坩埚或烧杯，25 mL。

3）载物玻片，75 mm × 25 mm × 1 mm。

4）显微镜。

5）目镜测微尺。

6）物镜测微尺。其是一标准尺度，总长为 1 mm，分为 100 等分刻度，每一分度值为 0.01 mm，即 10 μm，如图 3–2 所示。

使用前，所用仪器必须擦洗干净。

（3）测定步骤

1）将采集有粉尘的滤膜放入瓷坩埚或烧杯中，用吸管加入 1~2 mL 乙酸丁酯，用玻璃棒充分搅拌，制成均匀的粉尘混悬液。立即用滴管吸取 1 滴，滴于载物玻片上；用另一载物玻片成 45° 角推片，待自然挥发，制成粉尘（透明）标本，贴上标签，注明样品标识。镜检时，如发现涂片上粉尘密集而影响测量时，可向粉尘悬液中再加乙酸丁酯稀释，重新制备标本。制好的标本应保存在玻璃平皿中，避免外界粉尘的污染。

2）将待标定目镜测微尺放入目镜筒内，物镜测微尺置于载物台上，先在低倍镜下找到物镜测微尺的刻度线，移至视野中央，然后换成 400~600 放大倍率，调至刻度线清晰，移动载物台，使物镜测微尺的任一刻度与目镜测微尺的任一刻度相重合，如图 3–3 所示。然后找出两种测微尺另外一条重合的刻度线，分别数出两种测微尺重合部分的刻度数，按照式（3–2）计算出目镜测微尺刻度的间距（μm）。

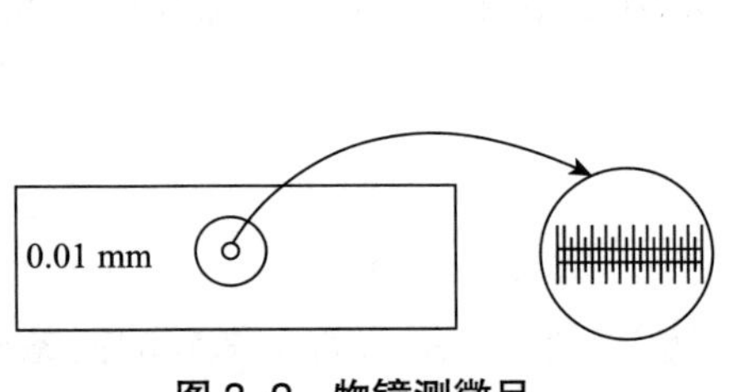

图 3–2 物镜测微尺

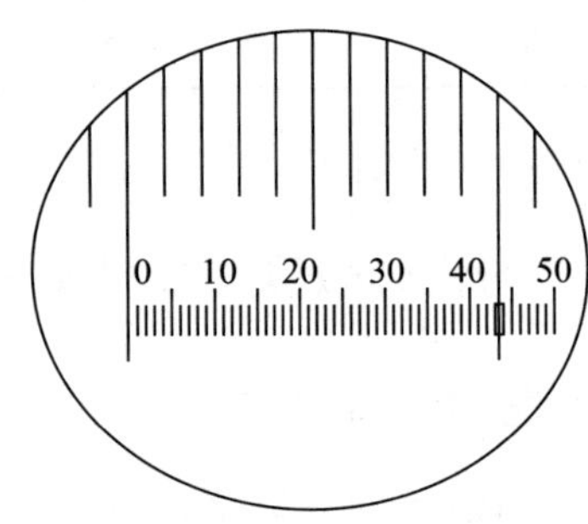

图 3–3 目镜测微尺的标定

$$D=\frac{a}{b}\times 10 \qquad (3\text{–}2)$$

式中 D——目镜测微尺刻度的间距，μm；

a——物镜测微尺刻度数；

b——目镜测微尺刻度数；

10——物镜测微尺每刻度间距，μm。

3）分散度的测定。取下物镜测微尺，将粉尘标本放在载物台上，先用低倍镜找到粉尘颗粒，然后在标定目镜测微尺所用的放大倍率下观察，用目镜测微尺随机依次测定每个粉尘颗粒的大小，遇长径量长径，遇短径量短径。至少测量 200 个尘粒。根据测定要求划分出分散度的粒级范围，一般为小于 2 μm、2~5 μm、5~10 μm 和大于 10 μm，测算出各组的数量百分比，即为该现场空气中粉尘的分散度。

（4）测定结果计算。分散度按照式（3–3）计算：

$$P_{n_i}=\frac{n_i}{\sum n_i}\times 100\% \tag{3-3}$$

式中　P_{n_i}——某粒级粉尘数量分散度，%；

n_i——某粒级粉尘数量颗粒数，粒；

$\sum n_i$——所有粉尘颗粒数，粒。

注：该测定方法不能测定可溶于乙酸丁酯的粉尘和纤维状粉尘。

2. 自然沉降法

自然沉降法适用于各种颗粒性粉尘，包括能溶于乙酸丁酯的粉尘。

（1）测定原理。将含尘空气采集在沉降器内，粉尘自然沉降在盖玻片上，在显微镜下测量和计数粉尘的大小及数量，计算不同大小粉尘颗粒的百分比。

（2）测定的仪器

1）格林沉降器。

2）盖玻片，18 mm × 18 mm。

3）载物玻片，75 mm × 25 mm × 1 mm。

4）显微镜。

5）目镜测微尺。

6）物镜测微尺。

（3）测定步骤

1）清洗沉降器，将盖玻片用洗涤液清洗，用水冲洗干净后，再用 95% 乙醇擦洗干净，采样前将盖玻片放在沉降器底座的凹槽内，推动滑板至与底座平齐，盖上圆筒盖。注意：使用的盖玻片和载物玻片均应无尘粒。

2）采样点的选择可根据本章第一节关于采样点的介绍选择有代表性的采样点。

3）将滑板向凹槽方向推动，直至圆筒位于底座之外，取下筒盖，上下移动几次，使含尘空气进入圆筒内；盖上圆筒盖，推动滑板至与底座平齐。然后将沉降器水平静止 3 h，使尘粒自然沉降在盖玻片上。注意：沉降时间不能< 3 h。

4）将滑板推出底座外，取出盖玻片，采尘面向下贴在有标签的载物玻片上，标签上注明样品的采集地点和时间。

5）在显微镜下测量和计算分散度，方法同滤膜溶解涂片法。

第五节　粉尘中游离二氧化硅含量的测定

游离二氧化硅（SiO_2）是指没有与金属及金属氧化物结合而呈游离状态的二氧化硅。职业卫生领域所称的“游离二氧化硅”专指结晶型二氧化硅，在自然界中主要以石英、方石英和鳞石英的形式存在，其中石英最普遍。粉尘中的游离二氧化硅是引起矽肺的主要原因，其含量是评价粉尘危害性质的主要指标。

一、粉尘中游离二氧化硅的接触机会

接触含有 10% 以上游离二氧化硅的粉尘作业，称为矽尘作业。矽尘作业分布面广，接触人数多，常见的矽尘作业，如矿山采掘时使用风钻凿岩或爆破、选矿等；开山筑路、修建水利工程及开凿隧道等；在工厂，如玻璃厂、石英粉厂、耐火材料厂等生产过程中矿石原料破碎、碾磨、筛选、配料等作业；机械制造业中铸造车间的砂型粉碎、调制、铸件开箱、清砂及喷砂等作业。因此，准确测定粉尘中游离二氧化硅含量对粉尘分类以及工作场所空气中呼吸性粉尘的评价具有重要意义。

二、游离二氧化硅含量测定方法发展现状

根据国家职业卫生标准《工作场所空气中粉尘测定　第 4 部分：游离二氧化硅含量》（GBZ/T 192.4—2007），目前，我国关于游离二氧化硅的测定方法主要有焦磷酸质量法、红外分光光度法和 X 射线衍射法。

焦磷酸质量法使用设备简单，投入小，操作简单，更容易被基层单位采用，在我国应用比较普遍。但其操作步骤烦琐复杂，实验周期长，实验的关键环节较难掌握，稍有不慎易造成实验误差或实验失败。该方法对实验人员的操作技术水平要求较高。

红外分光光度法检测粉尘中游离二氧化硅含量的最大优点是方法简捷、准确度高，

可以大大提高检测速度和精度，从而满足批量检测的要求。但是红外分光光度法所需仪器价格昂贵；需要制备石英标准曲线与样品一起测定，对于沉降尘样品，如果研磨不充分，会使二氧化硅测定结果偏低；由于目前没有比较合适的质控样品及质量控制方法，游离二氧化硅含量测定很难进行有效的质量控制。因此，红外分光光度法目前在我国未能广泛使用。红外分光光度法可以应用到煤炭行业，便于煤矿执行相关法规要求进行粉尘游离二氧化硅监测，也适用于批量检测煤矿粉尘游离二氧化硅含量。但红外分光光度法直接测定其他行业粉尘中游离二氧化硅含量时，应考虑类石英成分对特异光谱的吸收与散射，与焦磷酸法检测结果的差异性还有待进一步研究。

X 射线衍射法需要专门的设备，X 射线衍射法仅能测定粉尘中的 α－石英，容易受到被测物的结晶状态的影响，不利于基层推广使用。

近年来，出现了电感耦合等离子体质谱法以及 X 射线衍射里特沃尔德（RIETVELD）全谱拟合技术，使游离二氧化硅含量的检测更加准确。同时，多名学者对经典的焦磷酸质量法进行了改进，简化操作规程，提高了检测的准确性。

三、游离二氧化硅含量的主要测定方法

1. 焦磷酸质量法

（1）测定原理。粉尘中的硅酸盐及金属氧化物能溶于加热到 245~250 ℃的焦磷酸中，游离二氧化硅几乎不溶，从而实现分离。然后称量分离出的游离二氧化硅，计算其在粉尘中的百分含量。

（2）测定用仪器

1）采样器。

2）恒温干燥箱。

3）干燥器，内盛变色硅胶。

4）分析天平，感量为 0.1 mg。

5）锥形瓶，50 mL。

6）可调电炉。

7）高温电炉。

8）瓷坩埚或铂坩埚，25 mL，带盖。

9）坩埚钳或铂尖坩埚钳。

10）量筒，25 mL。

11）烧杯，200~400 mL。

12）玛瑙乳钵。

13）慢速定量滤纸。

14）玻璃漏斗及其架子。

15）温度计，0~360 ℃。

（3）测定用试剂（实验用试剂为分析纯）

1）焦磷酸，将 85%（W/W）的磷酸加热到沸腾，至 250 ℃不冒泡为止，放冷，储存于试剂瓶中。

2）氢氟酸，40%。

3）硝酸铵。

4）盐酸溶液，0.1 mol/L。

（4）样品的采集。

现场采集劳动者工作区域内呼吸带附近的悬浮粉尘。需要的粉尘样品量一般应大于 0.1 g，可用直径 75 mm 滤膜大流量采集空气中的粉尘，当受采样条件限制时，可在采样点采集劳动者呼吸带高度的新鲜沉降尘，并记录采样方法和样品来源。

（5）测定步骤

1）将采集的粉尘样品放在（105 ± 3）℃的烘箱内干燥 2 h，稍冷，储于干燥器备用。如果粉尘粒子较大，需用玛瑙乳钵研磨至手捻有滑感为止。

2）若粉尘样品含有煤、其他碳素及有机物，应放在瓷坩埚或铂坩埚中，在 800~900 ℃下灰化 30 min 以上，使碳及有机物完全灰化。取出冷却后，将残渣用焦磷酸洗入锥形瓶中。若含有硫化矿物（如黄铁矿、黄铜矿、辉铜矿等），应加数毫克结晶硝酸铵于锥形瓶中。

3）准确称取 0.1~0.2 g 粉尘样品于 25 mL 锥形瓶中，加入 15 mL 焦磷酸及数毫克硝酸铵，搅拌，使样品全部湿润。将锥形瓶放在可调电炉上，迅速加热到 245~250 ℃，同时用带有温度计的玻璃棒不断搅拌，保持 15 min。

4）取下锥形瓶，在室温下冷却至 40~50 ℃，加 50~80 ℃的蒸馏水至 40~45 mL，一边加蒸馏水一边搅拌均匀。将锥形瓶中内容物小心转移入烧杯，并用热蒸馏水冲洗温度计、玻璃棒和锥形瓶，洗液倒入烧杯中，加蒸馏水 150~200 mL。取慢速定量滤纸折叠成漏斗状，放于漏斗并用蒸馏水湿润。将烧杯放在电炉上煮沸内容物，稍静置，待混悬物略沉降，趁热过滤，滤液不超过滤纸的 2/3 处。过滤后，用 0.1 mol 盐酸洗涤烧杯，并移入漏斗中，将滤纸上的沉渣冲洗 3~5 次，再用热蒸馏水洗至无酸性反应为止（用 pH 试纸试验）。如用铂坩埚时，要洗至无磷酸根反应后再洗 3 次。上述过程应在当天完成。

5）将有沉渣的滤纸折叠数次，放入已称至恒量（m_1）的瓷坩埚中，在电炉上干燥、炭化；炭化时要加盖并留一小缝。然后放入高温电炉内，在 800~900 ℃灰化 30 min；取出，室温下稍冷后，放入干燥器中冷却 1 h，在分析天平上称至恒量（m_2），并记录。

（6）测定结果计算。按式（3–4）计算粉尘中游离二氧化硅的含量：

$$SiO_2(F) = \frac{m_2 - m_1}{G} \times 100 \tag{3–4}$$

式中　SiO_2（F）——游离二氧化硅质量分数，%；

m_1——坩埚质量，g；

m_2——坩埚加沉渣质量，g；

G——粉尘样品质量，g。

（7）粉尘中含焦磷酸难溶物质的处理

1）当粉尘样品中含有如碳化硅、绿柱石、电气石、黄玉等物质时，需用氢氟酸在铂坩埚中处理。

2）将带有沉渣的滤纸放入铂坩埚内，灼烧至恒量（m_2），然后加入数滴 9 mol/L 硫酸溶液，使沉渣全部湿润。在通风柜内加入 5~10 mL 40% 氢氟酸，稍加热，使沉渣中游离二氧化硅溶解，继续加热至不冒白烟为止（要防止沸腾）。再于 900 ℃下灼烧，称至恒量（m_3）。

3）氢氟酸处理后游离二氧化硅含量按式（3–5）计算：

$$SiO_2(F) = \frac{m_2 - m_3}{G} \times 100 \tag{3–5}$$

式中　SiO_2（F）——游离二氧化硅质量分数，%；

m_2——氢氟酸处理前坩埚加沉渣（游离二氧化硅 + 焦磷酸难溶物质）质量，g；

m_3——氢氟酸处理后坩埚加沉渣（焦磷酸难溶物质）质量，g；

G——粉尘样品质量，g。

（8）磷酸根检验方法

1）原理。磷酸和钼酸铵在 pH4.1 时，用抗坏血酸还原成蓝色。

2）试剂。①乙酸盐缓冲液（pH4.1）（0.025 mol/L 乙酸钠溶液与 0.1 mol/L 乙酸溶液等体积混合）。② 1% 抗坏血酸溶液（于 4 ℃保存）。③钼酸铵溶液［取 2.5 g 钼酸铵，溶于 100 mL 的 0.025 mol/L 硫酸中（临用时配制）］。

3）检验方法。分别将试剂②和③用①稀释至 10 倍，取滤过液 1 mL，加上述稀释试剂各 4.5 mL，混匀，放置 20 min，若有磷酸根离子，溶液呈蓝色。

（9）注意事项

1）焦磷酸溶解硅酸盐时温度不得超过 250 ℃，否则容易形成胶状物。

2）酸与水混合时应缓慢并充分搅拌，避免形成胶状物。

3）样品中含有碳酸盐时，遇酸产生气泡，宜缓慢加热，以免样品溅失。

4）用氢氟酸处理时，必须在通风柜内操作，注意防止污染皮肤和吸入氢氟酸蒸气。

5）用铂坩埚处理样品时，过滤沉渣必须洗至无磷酸根反应，否则会损坏铂坩埚。

2. 红外分光光度法

（1）测定原理。α-石英在红外光谱中于 12.5 μm（800 cm^{-1}）、12.8 μm（780 cm^{-1}）及 14.4 μm（694 cm^{-1}）处出现特异性强的吸收带，在一定范围内，其吸光度值与 α-石英质量呈线性关系。通过测量吸光度，进行定量测定。

（2）测定的仪器

1）瓷坩埚和坩埚钳。

2）箱式电阻炉或低温灰化炉。

3）分析天平，感量为 0.01 mg。

4）燥箱及干燥器。

5）玛瑙乳钵。

6）压片机及锭片模具。

7）200 目粉尘筛。

8）红外分光光度计。

9）以 X 轴横坐标记录 900~600 cm^{-1} 的谱图，在 900 cm^{-1} 处校正零点和 100%，以 Y 轴纵坐标表示吸光度。

（3）测定的试剂

1）溴化钾，优级纯或光谱纯，过 200 目筛后，用湿式法研磨，于 150 ℃干燥后，储于干燥器中备用。

2）无水乙醇，分析纯。

3）标准 α–石英尘，纯度在 99% 以上，粒度＜ 5 μm。

（4）测定步骤

1）采集样品。根据测定目的，样品的采集方法参见本章第一节和第二节的相关内容，滤膜上采集的粉尘量大于 0.1 mg 时，可直接用于本方法测定游离二氧化硅含量。

2）样品处理。准确称量采有粉尘的滤膜上粉尘的质量（G）。然后将受尘面向内对折 3 次，放在瓷坩埚内，置于低温灰化炉或电阻炉（低于 600 ℃）内灰化，冷却后，放入干燥器内待用。称取 250 mg 溴化钾和灰化后的粉尘样品一起放入玛瑙乳钵中研磨混匀后，连同压片模具一起放入干燥箱（110 ± 5）℃中 10 min。将干燥后的混合样品置于压片模具中，加压 25 MPa，持续 3 min，制备出的锭片作为测定样品。同时，取空白滤膜一张，同样处理，作为空白对照样品。

3）石英标准曲线的绘制。精确称取不同质量的标准 α–石英尘（0.01~1.00 mg），分别加入 250 mg 溴化钾，置于玛瑙乳钵中充分研磨均匀，按上述样品制备方法做出透明的锭片。将不同质量的标准石英锭片置于样品室光路中进行扫描，以 800 cm^{-1}、780 cm^{-1} 及 694 cm^{-1} 3 处吸光度值为纵坐标，以石英质量（mg）为横坐标，绘制 3 条不同波长的 α–石英标准曲线，并求出标准曲线的回归方程式。在无干扰的情况下，一般选用 800 cm^{-1} 标准曲线进行定量分析。

4）样品测定。分别将样品锭片与空白对照样品锭片置于样品室光路中进行扫描，记录 800 cm^{-1}（或 694 cm^{-1}）处的吸光度值，重复扫描测定 3 次，测定样品的吸光度均值减去空白对照样品的吸光度均值后，由 α–石英标准曲线得样品中游离二氧化硅的质量（m）。

（5）测定结果计算。按式（3–6）计算粉尘中游离二氧化硅的含量：

$$SiO_2(F)=\frac{m}{G}\times 100 \qquad (3\text{–}6)$$

式中 SiO_2（F）——粉尘中游离二氧化硅（α-石英）的质量分数，%；

m——测得的粉尘样品中游离二氧化硅的质量，mg；

G——粉尘样品质量，mg。

（6）注意事项

1）本方法的 α-石英检出量为 0.01 mg；相对标准差（RSD）为 0.64%~1.41%。平均回收率为 96.0%~99.8%。

2）粉尘粒度大小对测定结果有一定影响，因此，样品和制作标准曲线的石英尘应充分研磨，使其粒度小于 5 μm 者占 95% 以上，方可进行分析测定。

3）灰化温度对煤尘样品定量结果有一定影响，若煤尘样品中含有大量高岭土成分，在高于 600 ℃灰化时发生分解，于 800 cm^{-1} 附近产生干扰，如灰化温度低于 600 ℃，可消除此干扰带。

4）在粉尘中若含有黏土、云母、闪石、长石等成分时，可在 800 cm^{-1} 附近产生干扰，则可用 694 cm^{-1} 的标准曲线进行定量分析。

5）为降低测量的随机误差，实验室温度应控制在 18~24 ℃，相对湿度小于 50% 为宜。

6）制备石英标准曲线样品的分析条件应与被测样品的条件完全一致，以减小误差。

3. X 射线衍射法

（1）测定原理。当 X 射线照射游离二氧化硅结晶时，将产生 X 射线衍射，在一定的条件下，衍射线的强度与被照射的游离二氧化硅的质量成正比。利用测量衍射线强度，对粉尘中游离二氧化硅进行定性和定量测定。

（2）测定用仪器

1）测尘滤膜。

2）粉尘采样器。

3）滤膜切取器。

4）样品板。

5）分析天平，感量为 0.01 mg。

6）镊子、直尺、秒表、圆规等。

7）玛瑙乳钵或玛瑙球磨机。

8）X 射线衍射仪。

（3）测定用试剂

1）实验用水为双蒸馏水。

2）盐酸溶液，6 mol/L。

3）氢氧化钠溶液，100 g/L。

（4）测定步骤

1）样品的采集。根据测定目的，样品的采集方法参见本章第一节和第二节的相关内容，滤膜上采集的粉尘量大于 0.1 mg 时，可直接用于本方法测定游离二氧化硅含量。

2）样品处理。准确称量采有粉尘的滤膜上粉尘的质量（G）。按旋转样架尺度将滤膜剪成待测样品 4~6 个。

3）标准曲线。分为标准 α–石英粉尘制备和标准曲线的制作两个步骤。

a）标准 α–石英粉尘制备。将高纯度的 α – 石英晶体粉碎后，首先用盐酸溶液浸泡 2 h，除去铁等杂质，再用水洗净烘干。然后用玛瑙乳钵或玛瑙球磨机研磨，磨至粒度小于 10 μm 后，于氢氧化钠溶液中浸泡 4 h，以除去石英表面的非晶形物质，用水充分冲洗，直到洗液呈中性（pH=7），干燥备用。或用符合本条要求的市售标准 α–石英粉尘制备。

b）标准曲线的制作。将标准 α–石英粉尘在发尘室中发尘，用与工作环境采样相同的方法，将标准石英粉尘采集在已知质量的滤膜上，采集量控制在 0.5~4.0 mg 之间，在此范围内分别采集 5~6 个不同质量点，采尘后的滤膜称量后记下增量值，然后从每张滤膜上取 5 个标样，标样大小与旋转样台尺寸一致。在测定 α–石英粉尘标样前，首先测定标准硅在（111）面网上的衍射强度（CPS）。然后分别测定每个标样的衍射强度（CPS）。计算每个点 5 个 α–石英粉尘标样的算术平均值，以衍射强度（CPS）均值对石英质量（mg）绘制标准曲线。

4）样品测定。包括定性分析与定量分析。

a）定性分析。在进行物相定量分析之前，首先对采集的样品进行定性分析，以确认样品中是否有 α–石英存在。仪器操作参考条件：

靶：CuK α；

扫描速度：2°/min；

管电压：30 kV；

记录纸速度：2 cm/min；

管电流：40 mA；

发散狭缝：1°；

量程：4 000 CPS；

接收狭缝：0.3 mm；

时间常数：1 s；

角度测量范围：$10° \leqslant 2\theta \leqslant 60°$ 。

物相鉴定：将待测样品置于 X 射线衍射仪的样架上进行测定，将其衍射图谱与“粉末衍射标准联合委员会（JCPDS）”卡片中的 α–石英图谱相比较，当其衍射图谱与 α–石英图谱相一致时，表明粉尘中有石英存在。

b）定量分析。X 射线衍射仪的测定条件与制作标准曲线的条件完全一致。

首先测定样品（101）面网的衍射强度，再测定标准硅（111）面网的衍射强度；测定结果按式（3–7）计算：

$$I_B=I_i\frac{I_s}{I} \tag{3–7}$$

式中 I_B——粉尘中石英的衍射强度，CPS；

I_i——采尘滤膜上石英的衍射强度，CPS；

I_s——在制定石英标准曲线时，标准硅（111）面网的衍射强度，CPS；

I——在测定采尘滤膜上石英的衍射强度时，测得的标准硅（111）面网衍射强度，CPS。

如仪器配件没有配标准硅，可使用标准石英（101）面网的衍射强度（CPS）表示 I 值。由计算得到的 IB 值（CPS），从标准曲线查出滤膜上粉尘中石英的质量（m）。

（5）测定结果计算。粉尘中游离二氧化硅（α–石英）含量按式（3–8）计算：

$$SiO_2(F)=\frac{m}{G}\times 100 \tag{3–8}$$

式中 SiO_2（F）——粉尘中游离二氧化硅（α–石英）的质量分数，%；

m——滤膜上粉尘中游离二氧化硅（α–石英）的质量，mg；

G——粉尘样品质量，mg。

（6）注意事项

1）本方法测定的粉尘中游离二氧化硅系指 α–石英，其检出限受仪器性能和被测物的结晶状态影响较大；一般 X 射线衍射仪中，当滤膜采尘量在 0.5 mg 时，α–石英含量的检出限可达 1%。

2）粉尘粒径大小影响衍射线的强度，粒径在 10 μm 以上时，衍射强度减弱；因此制作标准曲线的粉尘粒径应与被测粉尘的粒径相一致。

3）单位面积上粉尘质量不同，石英的 X 射线衍射强度有很大差异。因此滤膜上采尘量一般控制在 2~5 mg 范围内为宜。

4）当有与 α–石英衍射线相干扰的物质或影响 α–石英衍射强度的物质存在时，应根据实际情况进行校正。

第六节　石棉纤维浓度的测定

石棉是一种可以剥分为柔韧的细长纤维的硅酸盐矿物的统称，分为蛇纹石石棉和角闪石石棉两类。前者又称为温石棉，后者包括直闪石石棉、铁石棉、青石棉等。石棉为纤维型和多丝状结构，其长短、粗细随品种而异，其直径大小依次为直闪石＞铁石棉＞温石棉＞青石棉。石棉的危害在于其纤维，长期吸入石棉纤维可导致石棉肺、肺癌及间皮瘤的发生。其中，青石棉的粒径最小，易沉积于肺组织，穿透力强，致癌性最强。石棉已成为国际公认的致癌物。我国先后采取关闭、淘汰手工生产或工艺落后的石棉制品生产企业和小石棉矿山，禁止使用青石棉为原料生产建筑材料制品如石棉瓦等，以清除石棉的危害。

一、石棉的接触机会

石棉具有耐酸碱、耐热、隔热、保温、坚固、耐拉、绝缘等良好的物理性能和工艺性能，因此广泛应用于建筑、冶金、机械、石油、电力、化工等诸多领域。接触石棉纤维机会最多的是石棉加工和处理以及石棉矿开采、选矿和运输等。在石棉加工厂的开包、轧棉、梳棉和织布，造船厂的船舶修造和运输，建筑业的石棉器材制造，废石棉的再生产；石棉制品的粉碎、切割、磨光及钻孔等生产过程中均可产生大量的石棉粉尘。此外，在应用石棉制品的行业也有接触石棉粉尘的可能。

空气中石棉纤维的存在形态与其他悬浮物在形状上有较大区别。石棉纤维通常具有刚性，呈线形存在。悬浮的石棉纤维主要存在于石棉加工厂和一些使用较多石棉材料制品的旧建筑中。所以，对空气中石棉纤维浓度检测非常有必要，而工作场所石棉纤维浓度的测定是用人单位评价工作场所卫生状况、劳动者接触石棉纤维浓度的程度以及防护措施控制效果的重要技术依据。

二、石棉检测方法发展现状

目前，世界各国主要利用的是矿物学的鉴定和检测方法进行石棉检测。按照现有的国内外标准以及文献方法，按检测所采用的设备不同可分为体视显微镜法（SM）、偏振光显微镜法（PLM）、X射线衍射法（XRD）、扫描电镜/能谱法（SEM/EDS）、透射电镜/能谱法（TEM/EDS）、相差显微镜法（PCM）、红外光谱法（IS）、差热分析法（DTA）、中子活化分析法（NAA）等。根据检测目标不同，检测方法还可以分为土壤、大气、粉尘、块状制品、水体中的石棉检测。根据所要达到的检测精度和要求，可分为定量检测和定性检测两类。

1. 国内石棉检测方法的发展

国内最初石棉检测的方法是与国家石棉卫生标准相配套的质量浓度测量方法。但该方法不能区分从各种环境中采集制备的含石棉样本中净石棉粉尘的含量。后来，出现了滤膜/相差显微镜法，通常是使用相差显微镜对置于载物台上的粉尘样本进行肉眼观测，确定石棉粉尘的数量，计算出相应的浓度。如要求更高精度，则要用到电子显微镜。相差或电子显微镜法能够避免样本中非石棉的其他杂质的影响。显微镜法能够对悬浮于大气中、具有致病性质的石棉纤维进行计数。

2. 国外石棉检测方法的发展

国外石棉检测方法可分为计数浓度检测方法和质量浓度检测方法。其中，计数浓度检测方法通常依靠透射显微镜和偏光显微镜进行精确计数。质量浓度检测方法又可分为差热分析检测法、X射线衍射分析检测法、中子活化分析检测法等。其中，中子活化分析检测法是一类相对较新的石棉检测方法，该方法根据样品中每种成分的标志元素进行分析，利用求解一组线性方程来达到检测目标。

3. 当前主要的石棉检测方法

（1）X 射线衍射法（XRD）。该方法是目前国内外应用范围最广的方法，尤其是针对粉状检测目标。

（2）光学显微镜法。包括偏振光显微镜法（PLM）和相差显微镜法（PCM）。

1）偏振光显微镜法（PLM）。偏振光显微镜法可以鉴定石棉种类，是各国鉴定石棉普遍采用的方法之一。但该方法不适合有大量石棉纤维的样品。

2）相差显微镜法（PCM）。相差显微镜法由于其较高的检测精度，是各国空气中微量石棉检测标准中广泛采用的方法。但是该方法不能准确辨别纤维种类，在浓度较大时，检测精度会受到影响。

（3）扫描电镜法（SEM）和透射电镜法（TEM）。根据成像原理可分为扫描电镜（SEM）和透射电镜（TEM），透射电镜具有更高的分辨率。与光学显微镜相比，电镜具有更高分辨本领和放大倍数。电镜法检测石棉是各国采用较多的方法。特别对于大气粉尘、水体中的石棉检测，电镜法十分有效。

（4）红外光谱法（IS）。红外光谱法可用于鉴定石棉矿物，但是由于红外光谱法难以区分石棉类型，不能定量分析，常作为辅助手段，很少单独使用。

（5）差热分析法（DTA）。差热分析法作为一种石棉矿物鉴定的辅助手段，仅在少数文献中有所提及，尚无标准。

（6）中子活化分析法（NAA）。中子活化分析法是一种现代物理测试手段，应用标志元素的浓度作为各成分的标志，测得每种成分中标志元素含量，然后解一组线性方程式进行石棉含量计算。该方法是国外较新的石棉分析法，国内研究较少，国外也未见相关标准。

当前各国石棉检测受检验人员专业素质、个体差别及专业设备影响较大，且只能在实验室的环境中进行，各方面制约较多，在精度和快捷性上存在缺陷。国内有学者对空气中悬浮石棉纤维自动检测技术进行研究，可实现在现场进行检测，但未见广泛应用。当前，我国主要采用的空气中石棉纤维浓度检测方法是滤膜 / 相差显微镜法。

三、石棉纤维浓度主要检测方法

1. 滤膜 / 相差显微镜法

（1）测定原理。用滤膜采集空气中的石棉纤维粉尘，滤膜经透明固定后，在相差显微镜下计数石棉纤维数，计算单位体积空气中石棉纤维根数。

（2）测定用仪器

1）滤膜。滤膜使用微孔滤膜或过氯乙烯纤维滤膜，孔径 0.8 μm。

2）石棉纤维采样器。石棉纤维采样器包括采样头和采样器两部分。

a）采样头。采集石棉纤维的采样头。

b）采样器。流量按照采集石棉纤维的要求确定。需要防爆的工作场所应使用防爆型采样器。

3）相差显微镜。带有 *X–Y* 方向移位的推片器；总放大倍率为 400×~600×，至少应具有 10× 及 40× 两个相差物镜；目镜可采用 10× 或 15×，应能放入目镜测微尺，如图 3–4 所示。

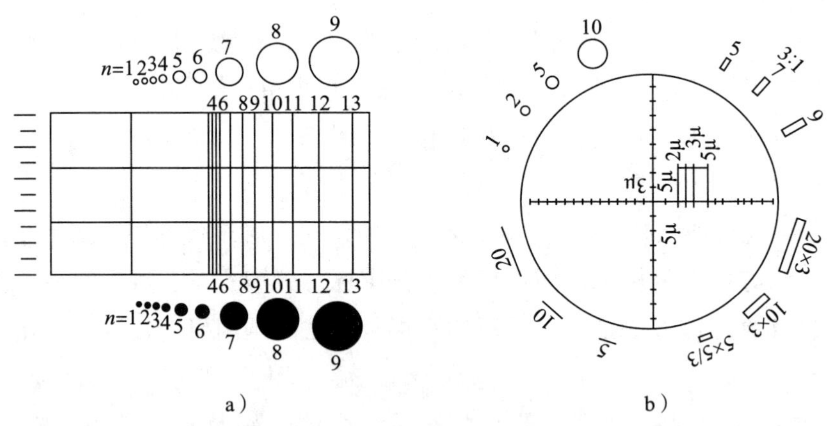

图 3–4　纤维观测用目镜测微尺

a）目镜测微网　b）LM–1 型目镜测微尺

4）目镜测微尺。在显微镜下能测量纤维的长度和宽度。

5）物镜测微尺。每个刻度的间距为 10 μm。

6）载物玻片。载物玻片的规格为 75 mm×25 mm×0.8 mm、22 mm×22 mm×0.17 mm。

使用前，放在无水乙醇中浸泡，使用蒸馏水冲洗后，用清洁的绸布擦干净。

7）无齿小镊子。

8）剪刀或手术刀片。

9）带盖玻璃瓶。25~50 mL，滴管。

10）计时器或秒表。

11）丙酮蒸气发生装置。

12）注射器。1 mL，带皮内注射针头。

（3）测定用试剂

1）丙酮。分析纯。

2）三乙酸甘油酯。

3）邻苯二甲酸二甲酯。

4）草酸二乙酯。

5）酯溶液。将邻苯二甲酸二甲酯和草酸二乙酯 1 ∶ 1 混合，每毫升溶液中加入 0.05 g 洁净滤膜，摇匀，放置 24 h 后离心，除去杂质。取上清液置于带盖玻璃瓶中备用，可使用 1 个月。

（4）采样。现场采样点和采样位置的选择以及采样步骤参见本章第一节的相关内容。

1）采样流量。由石棉纤维采样器决定，一般个体采样可采用 2 L/min，定点采样可采用 2~5 L/min。

2）采样时间。可采用 8 h 连续采样或分时段采样。每张滤膜的采样时间应根据空气中石棉纤维的浓度及采样流量来确定，要求在每 100 个视野中，石棉纤维应不低于 20 根，每个视野中不高于 10 根。当工作场所空气中石棉纤维浓度高时，可缩短每张滤膜的采样时间或及时更换滤膜。

3）采样结束后，小心取下采样头，取出滤膜，受尘面向上放入滤膜盒中，不可将滤膜折叠或叠放。在运输过程中，应避免振动，以防止石棉纤维落失而影响测定结果。

（5）测定步骤

1）样品处理

①用无齿小镊子小心取出采样后的滤膜，粉尘面向上置于干净的玻璃板或白瓷板上，用手术刀片或用剪子将测尘滤膜剪成楔形小块。取 1/6~1/8 楔形小块滤膜，放在载玻片上。

②滤膜的透明固定，方法主要有丙酮蒸气法和苯–草酸透明溶液法。

a）丙酮蒸气法。该方法用于微孔滤膜。打开丙酮蒸气发生装置的活塞，将载有楔形滤膜的载玻片置于丙酮蒸气之下。由远至近移动到丙酮蒸气出口 15~25 mm，熏制 3~5 s，使滤膜透明。同时频频移动载玻片，使滤膜全部透明为止。丙酮蒸气不要过多，也不要将丙酮液滴到滤膜上。处理完毕后，先关电源，再关丙酮蒸气发生装置的活塞。立即用装有三乙酸甘油酯的注射器向已透明的滤膜滴 2~3 滴，并小心盖上盖玻片。操作时，先将盖玻片的一边与载玻片接触，再与液滴接触，使之扩散，然后放下盖玻片，应避免产生气泡。

用记号笔在载玻片的背面画出楔形小块滤膜的轮廓，以免镜检时找不到透明的滤膜边缘，同时做好样品编号。

如果透明效果不好，可将载玻片放入 50 ℃左右的烘箱中加热 15 min，以加速滤膜的清晰过程。

b）苯–草酸透明溶液法。该方法用于过氯乙烯纤维滤膜。用滴管加 2~3 滴酯溶液于载玻片的中央，将滤膜的粉尘面向上放在酯溶液上，使滤膜慢慢湿解变透明，30 min 后，放上盖玻片。应避免生成气泡。如有气泡，可用小镊子在盖玻片上轻轻加压，排除气泡，不能用力过大，以防止滤膜的面积扩大。

2）石棉纤维的计数测定

①按使用说明书调节好相差显微镜。

②目镜测微尺的校正。利用物镜测微尺对目镜测微尺的刻度进行校正，算出计数区的面积（mm^2）及各标志的实际尺寸（μm）。

③将样品先放在低倍镜（10×）下，找到滤膜边缘，对准焦点，然后换成高倍镜（40×），用目镜测微尺观察计数。

④石棉纤维的计数规则

a）计数符合下列条件的纤维：长度大于 5 μm、宽度小于 3 μm，长度与宽度之比大于 3 ∶ 1 的石棉纤维。

b）一根纤维完全在计数视野内时计为 1 根；只有一端在计数视野内者计为 1/2 根；纤维在计数区内而两端均在计数区之外计为 0 根，但计数视野数应统计在内；弯曲纤维两端均在计数区内而纤维中段在外者计为 1 根，如图 3–5 所示。

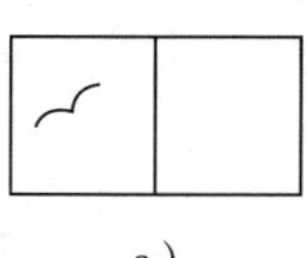
a）

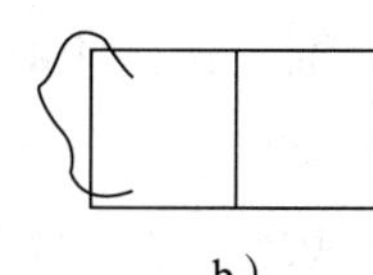
b）

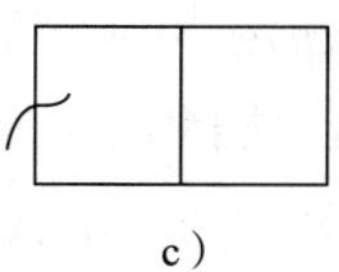
c）

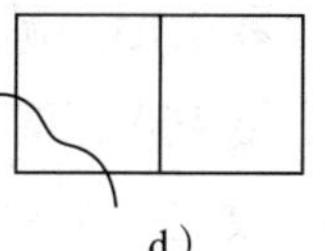
d）

图 3–5　石棉纤维在测微尺中的位置及计数法

a）1 根　b）1 根　c）1/2 根　d）0 根

c）不同形状和类型纤维的计数。单根纤维按下列原则计数：计其长度大于 5 μm、宽度小于 3 μm，长度与宽度之比大于 3 ： 1 的石棉纤维，并如图 3–6a 所示计数。分裂纤维按 1 根计数，如图 3–6b 所示。

交叉纤维或成组纤维，如能分辨出单根纤维者按单根计数原则计数；如不能分辨者则按一束计，束的宽度小于 3 μm 者计为 1 根，大于 3 μm 者不计，如图 3–6c 所示。

纤维附着尘粒时，如尘粒小于 3 μm 者计为 1 根，大于 3 μm 者不计，如图 3–6d 所示。

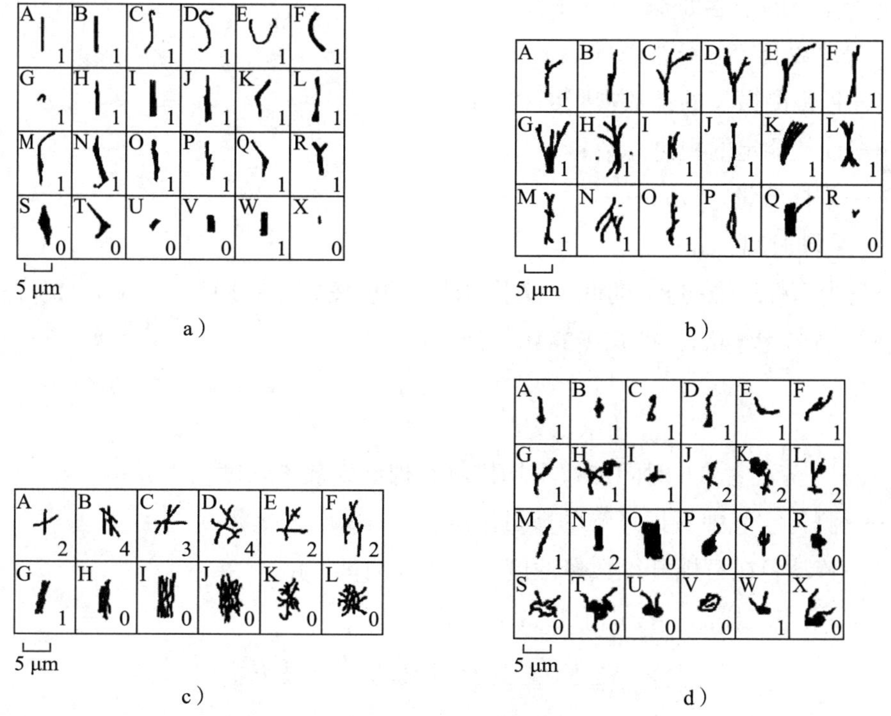

图 3–6　各种类型石棉纤维的计数规则

⑤计数指标。随机计数测定 20 个视野，当纤维数达到 100 根时，即可停止计数。如纤维数不足 100 根时，则应计数测定到 100 个视野。

⑥计数完一个视野后，移动推片器找下一个视野。移动时应按行列顺序，不能挑选，要随时停留在视野内，以避免重复计数测定和减少系统误差。

⑦计数时，滤膜上的纤维分布数量应合适，每 100 个视野中不应低于 20 根纤维，每个视野中不应多于 10 根。如不符合此要求，应重新制备样品计数测定；如仍不符合，应重新采样进行计数测定。

（6）测定结果计算

1）石棉纤维计数浓度按式（3–9）进行计算：

$$c=\frac{AN}{a\times n\times F\times t\times 1\,000} \tag{3-9}$$

式中 c——空气中石棉纤维的数量浓度，f/cm^3；

A——滤膜的采尘面积，mm^2；

N——计数测定的纤维总根数，f；

a——目镜测微尺的计数视野面积，mm^2；

n——计数测定的视野总数；

F——采样流量，L/min；

t——采样时间，min。

2）空气中石棉纤维的 8 h 时间加权平均计数浓度按式（3–10）、式（3–11）进行计算。

若采样一个全程样品，按式（3–10）计算：

$$C_{TWA}=\frac{CT}{8} \tag{3-10}$$

式中 C_{TWA}——劳动者 8 h 时间加权平均接触石棉纤维数量浓度，f/cm^3；

C——测得空气中石棉纤维的数量浓度，f/cm^3；

T——劳动者在石棉纤维数量浓度下的工作时间，h。

若采样多个空气样品，按式（3–11）计算：

$$C_{TWA}=\frac{C_1T_1+C_2T_2+C_3T_3+\cdots\cdots+C_nT_n}{8} \tag{3-11}$$

式中 C_{TWA}——劳动者 8 h 时间加权平均接触石棉纤维数量浓度，f/cm^3；

C_1、C_2……C_n——测得空气中石棉纤维的数量浓度，f/cm^3；

T_1、T_2……T_n——劳动者在相应的石棉纤维数量浓度下的工作时间，h。

说明：当 C_1、C_2、C_n 的检测结果低于最低定量浓度时，以最低定量浓度值计算。

（7）注意事项

1）为了确定滤膜是否可以使用，在每盒滤膜中随机抽取 1 张按上述方法进行计数测定，在 100 个视野中不超过 3 根纤维为清洁滤膜，证明此盒滤膜可以使用。

2）本法在采样和分析过程中有系统误差和随机误差，这种误差可用相对标准偏差（RSD）衡量；RSD 与计数的纤维总数有关，当纤维总数达 100 根时，RSD 应＜ 20%；当纤维总数只有 10 根时，RSD 应＜ 40%。检测人员应定期对同一滤膜切片按本法要求计数测定 10 次以上，并求出各自的测定 RSD，并要达到上述要求。

3）本检测方法不能区别纤维的性质。若要区别不同纤维，需采用电子显微镜观测。呈链状排列的颗粒粉尘和其他纤维会干扰计数，如果非纤维状粉尘浓度过高，会使视野内的纤维变得模糊，观测困难。

2. 石棉总尘质量浓度测定法

石棉总尘质量浓度测定法参照本章第一节总粉尘浓度的测定。

第七节　粉尘检测的质量控制及应用示例

一、粉尘检测的质量控制

1. 采样前

根据现场调查结果，制定采样方案，进行采样前的准备工作。采集呼吸性粉尘需要使用预分离器，每款预分离器都根据空气动力学原理进行设计，只有在特定的采样流量下采集的粉尘才是呼吸性粉尘，所以采样设备的流量范围要满足预分离器的要求，清理预分离器，冲击式的预分离器需要在冲击片上涂抹硅油。滤膜的选择主要考虑滤膜的材质（特氟龙、聚氯乙烯、醋酸纤维、丙纶纤维、玻璃纤维等）、直径（25 mm、37 mm、47 mm、75 mm、90 mm 等）、孔径、吸湿性等，石英滤膜吸湿性较大且易掉渣，不适用于职业卫生粉尘样品采集。

空气中粉尘用已知质量的滤膜采集，由采样后的滤膜增量和采样体积，计算出空气中粉尘的浓度。因此粉尘检测需在采样前进行滤膜称重，将滤膜置于恒温恒湿室内 2 h 以上，用镊子捏取滤膜，通过除静电装置后进行称量，称量后的滤膜放置在滤膜夹中密封保存。

2. 现场采样

现场选好采样对象后，安装好滤膜，滤膜的接尘面面向气流方向，进行采样设备流量校准，校准完之后进行采样。采样时，应避免采样设备的出气口气流对粉尘样品采集的影响；采样过程应佩戴干净无粉末的手套，使用无锯齿形镊子捏取滤膜；采样过程中应同时采集空白样品，空白样品和采样滤膜一起运送至采样地点，除不连接采样设备外，其余操作与样品相同。

样品采集过程中所有可能影响有效性和代表性的因素，如采样设备受干扰或故障、异常的响声、异常的活动等均应详细记录，并根据质量控制数据进行审查，判断采样过程的有效性。

采样结束后，取下采样滤膜，观察采样后滤膜上颗粒物与四周白边之间界限是否清晰，如界限模糊，则表明有漏气，应检查滤膜安装是否正确，或者更换滤膜密封垫、滤膜夹，该滤膜样品作废，重新采集样品。空白样品与采样后的滤膜一起运回实验室，一起放入恒温恒湿室内恒重。

3. 粉尘检测

配制一定浓度的氯化钠水溶液，用微量进样针移取一定体积的氯化钠水溶液均匀滴至事先称量过的空白滤膜上，在恒温恒湿室自然晾干，作为质量控制样品。

称量样品前进行质量控制样品的称量，质量控制结果合格方可进行样品的称量，否则应查找原因，重新称量。采样后的滤膜和空白样品称量前须在恒温恒湿室内放置 2 h 以上，称量过程同采样前滤膜的称量。

样品滤膜采样后的增量（g）减去空白样品滤膜的增量（g），除以采样体积（L），通过单位换算可得空气中粉尘浓度（mg/m^3），当样品滤膜增量减去空白样品滤膜增量的绝对值小于天平的定量下限时，结果报告小于定量下限，当空白样品滤膜增量明显大于样品滤膜增量时，需要查找原因，包括采样过程、运输过程、除静电过程、质量控制样品、天平状态等。

二、粉尘检测示例

受某水泥厂委托，对其职业病危害因素进行检测。通过对该水泥厂的现场调查，确认职业病危害因素的分布情况。该厂主要存在的职业病危害因素有：石灰石粉尘、水泥粉尘、煤尘、矽尘、噪声、高温、一氧化碳、二氧化硫等，本节以呼吸性水泥粉尘浓度检测进行示例。

1. 采样前称重

根据现场调查情况，制定呼吸性粉尘采样方案，如图 3–7 所示。

职业病危害因素现场采样方案

受某水泥厂委托，对该水泥厂研磨车间工人接触呼吸性水泥粉尘浓度进行检测。为确保采样工作顺利进行，以及采集样品的真实性和代表性，根据我实验室的《质量手册》《程序文件》及国家标准和相关规范要求，制订如下现场采样及检测计划。

1.任务编号：XYWS-2019-××××（日常检测）

2.采样地点：××水泥厂研磨车间（××市××路××号）。

3.采样时间：××××年12月20日，计划1天。

4.采样项目：呼吸性粉尘。

5.采样对象：研磨车间共有工人6人，选择其中接触浓度高的3人为采样对象。

6.采样介质及数量：醋酸纤维滤膜（37 mm），铝制旋风分离头（2.5 L/min），10张。

7.具体采样安排见附表。

附表：××水泥厂研磨车间采样计划

序号	采样位置	采样项目	采样方式	采样流量	采样数量	采样介质	采样设备
1	小江	呼吸性粉尘	个体采样	2.5 L/min	1	醋酸纤维滤膜	FC-001
2	小姚			2.5 L/min	1	醋酸纤维滤膜	FC-002
3	小易			2.5 L/min	1	醋酸纤维滤膜	FC-003

注：以上检测点仅供参考，具体采样位置和数量根据现场实际情况会有所变动。

8.执行标准：《工作场所中粉尘测定 第2部分：呼吸性粉尘浓度》（GBZ/T 192.2—2007）。

9.组织计划：

责任人：朱某，项目负责人；刘某，负责仪器和采样介质；李某、范某进行现场采样。

本采样方案告知朱某、刘某、李某、范某等。

制定人：××× 审核人：×××

日 期：××××年12月15日 日 期：××××年12月15日

图 3–7 粉尘检测现场采样方案

调节恒温恒湿室温度为（20±2）℃，湿度（50±5）%，将待称量滤膜放置于恒温恒湿室2 h以上；开启分析天平，分析天平应尽量处于长期通电状态，确保天平处于水平位置，在天平托盘上放置一个干净的铝制小盘，调零，称取0.5 mg标准砝码，天平显示0.500 00 mg，表明称量结果准确，天平可用；对滤膜进行编号，并将编号标记在滤膜保存盒上，必须保持唯一性和可追溯性；用镊子捏取滤膜，通过除静电装置后进行称量；称量后的滤膜放置在滤膜夹中密封保存，记录称量结果。

2. 采样后称重

配制25 mg/mL的氯化钠水溶液，用微量进样针移取20 μL均匀滴至事先称量过的空白滤膜上，在恒温恒湿室自然晾干，制备2张滤膜，作为质量控制样品。称量两张质量控制膜增重质量，将结果绘制在质量控制图上，如结果在控制线以内，则可进行样品称量，否则查找原因，重新称量。

采样后的滤膜和空白样品称量前须在恒温恒湿室内放置2 h以上，称量过程同采样前滤膜的称量，采样前后滤膜的称重使用同一台天平，记录称量结果。

3. 粉尘浓度计算

粉尘的采样体积为采样设备的两次校准流量平均值与采样时间的乘积，按式（3–12）计算，有些采样设备具备采样体积计算功能，当采样设备的显示流量与校准流量、采样时间与标准时间都一致时，可以直接采用采样设备的计算体积。

$$V_t=\frac{F_0+F_t}{2}\times T \quad (3\text{–}12)$$

式中 V_t——在温度为t ℃，大气压为P时的采样体积，L；

F_0——采样前采样设备的校准流量，L/min；

F_t——采样后采样设备的校准流量，L/min；

T——采样时间，min。

当采样点温度低于5 ℃和高于35 ℃或大气压低于98.8 kPa和高于103.4 kPa时，工作场所空气样品的采样体积按式（3–13）计算：

$$V_0=V_t\times\frac{293}{273+t}\times\frac{P}{101.3} \quad (3\text{–}13)$$

式中　V_0——标准采样体积，L；

V_t——在温度为 t ℃，大气压为 P 时的采样体积，L；

t——采样点的气温，℃；

P——采样点的大气压，kPa。

样品滤膜采样后的滤膜增量（g）减去样品空白滤膜的增量（g），除以标准采样体积（L）即得空气中粉尘浓度（mg/m³），当样品滤膜增量减去空白滤膜增量结果小于天平的定量下限时（一般定义感量 0.01 mg 的天平定量下限为 0.1 mg），结果报告小于定量下限。当采样体积无须进行换算时，可以用 V_t 代替 V_0 参与浓度计算。粉尘浓度按式（3–14）计算。

$$c=\frac{(m_2-m_1)-(B_2-B_1)}{V_0}\times 1\,000 \tag{3–14}$$

式中　c——空气中粉尘的浓度数值，mg/m³；

m_2——采样后的滤膜质量，mg；

m_1——采样前的滤膜质量，mg；

B_2——样品空白采样后质量，mg；

B_1——样品空白采样前质量，mg；

V_0——标准采样体积，L。

本章小结

本章介绍了粉尘存在状态及对粉尘浓度、分散度、游离二氧化硅含量、石棉纤维浓度的测定方法。具体包括粉尘的分类，影响粉尘健康危害的因素，总粉尘、呼吸性粉尘采样前的准备、样品采集方法及样品测定过程中的注意事项，分散度的概念以及我国常用的粉尘分散度的测定方法，粉尘中游离二氧化硅的生产来源、常用的游离二氧化硅的检测方法，石棉纤维浓度检测方法。

复习思考题

1. 作业场所中粉尘分为哪几类？
2. 总粉尘、呼吸性粉尘采样前需要做哪些准备？
3. 总粉尘、呼吸性粉尘采样及检测过程中涉及的质量控制有哪些？

4. 工作场所粉尘分散度测定的目的是什么？

5. 粉尘分散度测定若采用自然沉降法，为什么沉降时间不能低于 3 h？

6. 红外分光光度计测量粉尘中游离二氧化硅时，应如何选择采样方法？

7. 二氧化硅含量测量方法中，焦磷酸法、红外分光光度计法和 X 射线衍射法的优缺点有哪些？

8. 石棉对人体的危害有哪些？

9. 石棉纤维浓度的检测在选择检测方法时应考虑哪些因素？

第四章　化学有害因素检测常用检测方法

学习目标

1. 掌握化学有害因素检测方法的验证与确认的基本概念、职业病危害因素化学因素检测方法验证的一般性要求；标准曲线（工作曲线）测定范围、线性范围及相关性；检出限（MDL）、定量下限、最低检出浓度和最低定量浓度、精密度、正确度、采样效率的验证、确认。

2. 掌握原子吸收光谱法的原理、适用范围、仪器组成及定量分析方法。

3. 理解电感耦合等离子体发射光谱法原理、适用范围、仪器组成及定量分析方法。

4. 掌握紫外–可见分光光度法原理、适用范围、仪器组成、分析条件的选择及定量分析方法。

5. 掌握气相色谱法原理、适用范围、仪器组成、常见检测器的分类。

6. 掌握液相色谱法原理、适用范围、仪器组成。

7. 了解电分析化学法原理、适用范围、仪器组成、常见检测器的分类。

8. 掌握现场快速检测的要求及常见的检测方法。

9. 掌握常见的有机类化学有害因素检测质量控制方法。

10. 掌握金属类化学因素检测的质量控制方法。

第一节　化学因素检测方法的验证与确认

为了保证分析检测结果准确、可靠，检测实验室在使用标准方法或非标准方法前，必须对所采用的分析方法的准确性、科学性和可行性进行验证（确认），以证明所选择的检测方法符合测试的目的和要求。本节主要讨论工作场所空气中化学有害因素检测方法的验证和确认。

一、基本概念

1. 方法验证。实验室通过核查，提供客观有效的证据证明满足检测方法规定的要求。方法验证是指标准方法在引入实验室使用前，对实验室从人、机、料、法、环、测等方面评定其是否有能力在满足方法要求的情况下开展检测校准活动的过程。

2. 方法确认。实验室通过试验，提供客观有效的证据证明特定检测方法满足预期的用途。方法确认是对非标准方法，实验室制定的方法，超出预定范围使用的标准方法或其他修改的标准方法确认能否合理、合法使用的过程。

3. 定性方法。根据物质的化学、生物或物理性质对其进行鉴定的分析方法。

4. 定量方法。测定被分析物的质量、质量分数或浓度的分析方法，其结果可以用适当单位的数值表示，如 %、mg/m^3 等。

5. 检出限。由给定测量程序获得的量值，其对物质中不存在某种成分的误判概率为 β，对物质中存在某种成分的误判概率为 α。α 和 β 默认的推荐值为 0.05，即判断待测物质是否检出的概率在 95% 的置信区间所对应的量。

在职业卫生领域，最低检出浓度是方法检出限的一种表述形式，代表职业病危害因素在工作场所空气中是否检出误判概率为 0.05 时对应的浓度。

6. 定量下限。样品中被测组分能被定量测定的最低浓度或最低量，此时的分析结果应能确保一定的正确度和精密度。即在一定正确度和精密度下，待测组分能被准确定量的最低浓度或最低量。

在职业卫生领域，最低定量浓度是方法定量限的一种表述形式，代表职业病危害因素在工作场所空气中能准确定量的最低浓度。

7. 精密度。在规定条件下，对同一或类似被测对象重复测量所得示值或测得的量值间的一致程度。精密度一般用偏差、标准偏差（SD）和相对标准偏差（RSD）表示。

8. 灵敏度。测量系统的示值变化除以相应被测量的量值变化所得的商，即待测物质能被测量的最小单位量值。

9. 选择性。测量系统按规定的测量程序使用并提供一个或多个被测量值时，每个被测量的值与其他被测量或研究的现象、物体或物质中的其他量无关的特性，即待测物质的抗干扰能力。

10. 线性范围。对于分析方法而言，用线性计算模型来定义仪器响应与浓度的关系，该计算模型所应用的范围，即待测物质浓度与仪器响应符合线性方程（一次函数）的范围。通常的表达式为：$y=ax+b$。线性回归方程的相关性一般满足 $R \geqslant 0.99$。

11. 测量范围。在规定条件下，由具有一定的仪器的测量不确定度的测量仪器或测量系统能够测量出的一组同类量的量值。测量范围应包括定量限和最高容许浓度。

12. 重复性。在重复性测量条件下获得的测量精密度，即相同测量程序、相同操作者、相同测量系统、相同操作条件和相同地点，并在短时间内对同一或相类似的被测对象重复测量获得的测量精密度。

13. 再现性。在再现性测量条件下获得的测量精密度，即不同地点、不同操作者、不同测量系统重复测量获得的测量精密度。

14. 正确度。无穷多次重复测量所测得的量值的平均值与一个参考量值间的一致程度。

15. 稳健度。实验条件变化对分析方法的影响程度。

16. 方法特性指标。表征方法性能的指标包括选择性、检出限、定量限、线性范围、测量范围、精密度（重复性、再现性）、准确度（正确度和精密度）、灵敏度、稳健度等指标参数。

在职业卫生领域，方法的特性指标包括但不限于：方法的选择性、检出限、最低检出浓度、最低定量浓度、标准曲线的线性范围及相关性、定量测定范围、精密度（平均相对标准偏差）、正确度（加标回收率）、采样效率、解吸/洗脱/消解效率、穿透容量等。

二、职业病危害因素化学因素检测方法验证 / 确认的要求

1. 一般性要求

实验室在引入任何新的方法前，应验证 / 确认人员资质和能力、仪器设备性能和状态、试剂耗材的等级和干扰（试剂空白）、采样耗材的空白实验及解吸 / 洗脱 / 消解效率、实验室环境、方法实验过程及方法的特性指标等，验证或确认该方法是否能满足测试的要求。

2. 方法特性指标要求

（1）方法验证的特性指标要求。采用国家、国外、行业、团体标准检测方法，应对标准检测方法进行方法验证。

定量方法验证的特性指标包括但不限于方法的检出限、定量下限、最低检出浓度、最低定量浓度、标准曲线的线性范围及相关性、定量测定范围、精密度（重复性）、正确度、采样耗材的解吸 / 洗脱 / 消解效率等。

定性方法验证的特性指标包括方法的选择性、精密度和基质效应（可能存在基质效应的方法）等特性指标。

（2）方法确认的特性指标要求。实验室采用非标准方法（包括文献、论文及地方技术规范、指南等）、实验室制定的方法、超出其预定范围使用的标准方法、扩充和修改过的标准方法时，应对检测方法进行方法确认。

方法确认的特性指标包括但不限于方法的选择性（稳定性和干扰性）、检出限、最低检出浓度、最低定量浓度、标准曲线的线性范围及相关性、定量测定范围、精密度（重复性、再现性）、正确度、采样效率、采样耗材的解吸 / 洗脱 / 消解效率、穿透容量、样品保存期限等。

三、一般性要求的方法验证 / 确认程序及要求

1. 人员

参与方法验证 / 确认的主要负责人应具备职业卫生技术服务资质；熟悉方法原理和工作程序；熟练操作相关仪器；必要时对方法进行过学习或培训；该方法在本实验室正式

使用前，相关人员进行质量监督和质量控制。

2. 仪器设备

方法验证 / 确认选用的仪器设备的使用范围、精度及不确定度应满足方法的要求；关键仪器设备应按要求检定校准，并保证方法验证 / 确认时在有效期内。

3. 试剂及耗材

需进行验证 / 确认的主要试剂包括但不限于实验用水、标准溶液、稀释溶剂、吸收液、解吸 / 洗脱 / 消解液、显色剂等，所用试剂的种类、等级（纯度）应满足方法的要求；标准溶液、吸收液、解吸 / 洗脱 / 消解液浓度满足方法要求；试剂空白、干扰、基质效应等满足方法要求；显色剂种类、浓度等满足方法要求等。

需进行验证 / 确认的关键耗材主要为空气收集器，吸收管的种类，规格满足标准要求，固体吸附剂管规格、性能满足方法要求，固体吸附剂 / 滤料空白及解吸 / 洗脱 / 消解效率满足方法的要求。

4. 实验环境

对实验环境条件有要求，或实验环境可能对实验造成干扰的方法，应对实验环境进行方法验证 / 确认。实验环境温度、湿度应满足方法要求。可能产生相互干扰或影响的实验，应进行实验分区或隔离。

四、定量方法特性指标验证 / 确认程序及要求

1. 标准曲线（工作曲线）测定范围、线性范围及相关性

按照待验证 / 确认方法的线性范围，选择合适的标准曲线系列浓度，进行标准系列浓度溶液的配制。根据样品基体情况选择标准曲线法、工作曲线法或标准加入法。

在样品基体不干扰测定的情况下，采用标准曲线法，即用标准溶液直接配制标准系列进行测定。在样品基体对测定有干扰的情况下，采用工作曲线法或标准加入法，工作曲线法是在标准系列中加入样品基体后直接测定；标准加入法是将样品分成相等的份数，每份中加入等体积的不同浓度标准溶液（包括空白）后依次测定。标准加入法在职业卫生领域主要应用于生物样品检测。

方法验证时标准浓度系列应包括方法中定量下限和系列最高浓度点，方法确认时还应包括因方法应用所需的特定浓度。标准系列浓度点的选择，一般光度法不低于5个，色谱法或电化学法至少4个。校准用的标准点应尽可能均匀地分布在关注的浓度范围内并能覆盖该范围。不同浓度的校准溶液应独立配制，低浓度的校准点不宜通过稀释校准曲线中高浓度的校准点进行配制。每个浓度点测试3次（色谱法2次），以响应值与相应浓度绘制标准曲线或工作曲线，计算一次曲线回归方程及相关系数。标准曲线的相关系数要求：石墨炉原子吸收光谱法的相关系数≥0.99，其他检测方法≥0.999。

标准曲线的线性范围应满足标准方法要求，如需确认超出预定范围使用的标准方法，则线性范围确认时要包含超出浓度，标准系列浓度最高点为期待浓度的最高点，其线性相关性亦应满足上述要求。

测定范围一般在线性范围内，且在规定的采样体积和对应的测定条件下能覆盖0.5~2倍限值所对应的量。若线性范围不能满足测定范围的要求，应验证/确认稀释步骤；若线性范围远超2倍限值对应的量，验证/确认低浓度范围曲线，即以2倍限值对应的量作为标准系列浓度最高的点，配制4~5个浓度点（包括空白）绘制标准曲线，并验证该曲线的相关性。

2. 检出限（MDL）

方法检出限的试验方法有很多，对使用仪器测定的方法一般采用标准偏差法、信噪比法确定检出限，其中信噪比法一般适用于评价仪器的检出限，不适宜评价方法检出限。对重量分析法、离子选择电极法等不适宜采用标准差法的，分别采用特定的方法确定检出限。分光光度法可采用标准差法，如果基质简单，样品无须复杂的前处理步骤，也可直接采用吸光度法确定检出限。

（1）标准偏差法。取10只空气收集器（固体吸附剂管、滤膜）或10份吸收液，加入已知低浓度的标准溶液（或通入低浓度标准气），加入（或通入）待测组分的量为估计检出限的2~5倍。按方法的检测步骤进行样品处理和检测，10次重复测量值或响应值对应浓度值计算标准偏差 S。按式（4–1）计算检出限（MDL）。

$$\text{MDL}=3\times S \qquad (4\text{–}1)$$

式中 MDL——检出限，μg/mL（μg）；

3——重复10次测定，自由度为9，置信度为99%时的 t 值；

S——10 次测定的标准偏差。

（2）吸光度法。对于分光光度法，可以选择上述标准偏差法进行检出限试验。如采用吸收液直接测定，而不进行样品处理，可用吸光度 0.01 对应的浓度作为检出限（MDL=0.01/b；b 为回归直线斜率）。

（3）曲线外延法。对于离子选择电极法，可分别用标准曲线（或工作曲线）的直线部分外延的延长线与通过空白电位且平行于浓度轴的直线相交点所对应的浓度值作为方法的检出限。

（4）重量分析法。对于重量分析法，用天平感量的 10 倍作为方法的检出限。

3. 定量下限

以 10 倍标准偏差或 3 倍检出限作为方法的定量下限。

4. 最低检出浓度和最低定量浓度

按式（4–2）计算最低检出浓度：

$$C_{最低检出浓度} = \frac{\mathrm{MDL} \times v}{V} \tag{4-2}$$

式中　$C_{最低检出浓度}$——方法最低检出浓度，mg/m^3（μg）；

MDL——检出限，μg/mL（μg）；

v——解吸 / 洗脱 / 消解液体积或吸收液体积，mL；

V——15 min 采样体积，L。

注：MDL 单位如为 μg，v 取 1。

按式（4–3）计算最低定量浓度

$$C_{最低定量浓度} = \frac{\mathrm{LOQ} \times v}{V} \tag{4-3}$$

式中　$C_{最低定量浓度}$——方法最低定量质量浓度，mg/m^3（μg）；

LOQ——定量下限，μg/mL（μg）；

v——解吸 / 洗脱 / 消解液体积或吸收液体积，mL；

V——15 min 采样体积，L。

注：LOQ 单位如为 μg，v 取 1。

方法验证的检出限、定量限、最低检出浓度和最低定量浓度应满足标准方法的要求。方法确认的最低定量浓度应≤ 10% 职业接触限值，如若无法达到该要求，则至少满足≤ 50% 职业接触限值。

5. 精密度

（1）重复性（RSD）。在可能存在待测危害因素的工作场所或模拟发生状态中采集至少一个样品，样品前处理后的量可分成至少 22 份，如每个样品前处理后的溶液量较少，可采集多个样品，将固体吸附剂（滤膜）前处理后，解吸 / 洗脱 / 消解液混匀，配制均匀的样品后再分成 22 份。样品不容易获得的，用空白空气收集器采集空气或标准气配制。其中 1 份样品按检测步骤直接测定样品或空白浓度，另外 21 份制作高、中、低浓度的 3 组加标样品（浓度在标准曲线的高、中、低段）。每个浓度的加标样品按方法步骤进行前处理和分别重复测试 7 次以上。按式（4–4）~ 式（4–6）计算方法的 RSD。

$$\bar{x}=\frac{\sum_{k=1}^{n}X_k}{n} \tag{4–4}$$

$$S=\sqrt{\frac{\sum_{k=1}^{n}(X_k-\bar{x})^2}{n-1}} \tag{4–5}$$

$$\mathrm{RSD}=\frac{S}{\bar{x}}\times 100\% \tag{4–6}$$

式中 $\bar{x}$——某一浓度 n 次测试的平均值；

S——某一浓度 n 次测试的标准偏差；

RSD——某一浓度水平 n 次测试的相对标准偏差。

方法验证高中低浓度的重复性范围应满足方法的要求，方法确认的重复性范围一般要求≤ 10%，或者满足检测需求。

（2）再现性（RSD′）。选定至少 3 家实验室，按上述重复性配制多组高中低浓度的加标样品，在各实验室中按方法步骤进行实验，按式（4–7）计算方法的 RSD′。

$$\bar{\bar{x}}=\frac{\sum_{i=1}^{l}\bar{x}_i}{l} \tag{4–7}$$

$$S'=\sqrt{\frac{\sum_{i=1}^{l}(\bar{x}_i-\bar{\bar{x}})^2}{l-1}} \tag{4-8}$$

$$\text{RSD}'=\frac{S'}{\bar{\bar{x}}}\times 100\% \tag{4-9}$$

式中　$\bar{x}_i$——某一浓度 n 次测试的平均值；

$\bar{\bar{x}}$——l 个实验室某一浓度测试的平均值；

S'——l 个实验室某一浓度测试的标准偏差；

l——实验室个数；

RSD′——l 个实验室某一浓度水平测试的相对标准偏差。

方法确认的再现性范围要求一般≤ 10%，或者满足检测需求。

6. 正确度

测量结果的正确度用于表述无穷多次重复性测定结果的平均值与参考值之间的接近程度，正确度差意味着存在系统误差，通常用偏倚表示。而测量结果的偏倚则通过回收试验进行评估。职业卫生领域方法的正确度可通过如下一种或几种方式进行验证 / 确认。

（1）加标回收率试验。加标回收率试验的加标样品制作见前述重复性，加标回收率与精密度试验同时进行，按式（4–10）计算加标回收率。

$$P=\frac{\bar{y}-\bar{x}}{\mu}\times 100\% \tag{4-10}$$

式中　P——加标回收率；

$\bar{y}$——某一加标浓度 n 次测定的平均值 *；

$\bar{x}$——样品 / 空白浓度（平均）值；

μ——加标量。

注：* 单位与加标量单位一致。

方法验证加标回收率应满足方法的要求，方法确认一般满足 95%~105%。

（2）有证标准物质或质控样验证 / 确认。如能获得与样品基质相似的有证标准物质或者质控样，可以通过测试有证标准物质或有证质控样来验证 / 确认方法的正确度。按方法程序对有证标准物质或质控样进行前处理和检测，测定值应在有证标准物质或质控样标准值的不确定范围内。

7. 采样效率

可采用实验室配气法或现场采样法进行采样效率实验。

（1）实验室配气法。配制高、低两个浓度（一般是0.5倍和2倍容许浓度）的实验用气（或标准气），串联两个（两种）空气收集器，对于溶剂解吸型固体吸附剂管或复合型空气采样管，只需用一个空气收集器；对于液体吸收管串联采样的，需串联3支液体吸收管进行采样；对于滤料与固体吸附剂管串联采样的，需分别串联滤料与固体吸附剂管进行采样。用方法给出的高、低两种流量进行采样，高流量进行短时间采样，低流量进行长时间采样（对于职业接触限值类型为最高容许浓度的，无须进行长时间采样），各采样3次，分别测定前后空气收集器中的待测物量。采用液体吸收管串联采样的，需计算两管之和的平均采样效率；滤料与固体吸附剂管串联采样的，需分别计算滤料与固体吸附剂管的平均采样效率；复合型空气采样管采样的，将滤料与前段固体吸附剂合并计算平均采样效率。按式（4-11）计算采样效率：

1）标准气法：

$$K=\frac{m_1}{Cqt}\times 100\% \tag{4-11}$$

式中 K——第一个空气收集器的采样效率，%；

m_1——第一个空气收集器测得的待测物量，μg；

C——标准气的质量浓度，mg/m³；

q——采样流量，L/min；

t——采样时间，min。

2）实验用气法：

$$K=\frac{m_1}{m_1+m_2}\times 100\% \tag{4-12}$$

式中 K——第一个空气收集器的采样效率，%；

m_1——第一个空气收集器测得的待测物量，μg；

m_2——第二个空气收集器测得的待测物量，μg。

（2）现场采样法。在工作场所现场，选择高、低不同浓度的采样点（一般要求不小于10个现场采样点），串联两个空气收集器，按实验室配气法相同步骤采集样品，按式

（4-12）计算采样效率。

各个空气收集器的采样效率取平均值作为该空气收集器的平均采样效率。方法确认采样效率应≥ 90%，如低于 90%，应采取串联的方式进行采样，其串联总的采样效率应≥ 90%。

8. 空气收集器的性能

（1）空白试验。随机抽取 3~6 份空气收集器（固体吸附剂 / 滤料），除采样外按样品检测步骤处理和检测，测得的空白值一般应小于方法的定量下限或满足方法对空白的要求。

（2）解吸 / 洗脱 / 消解效率试验。取 18 支固体吸附剂管（或 18 张滤料），分成 3 个剂量组，每组 6 支（张），分别加入待测物（标准溶液或标准气），加入量为 0.5 倍、1 倍、2 倍容许浓度下，方法规定的采样体积所采集的量。如加入标准溶液，则配制的标准溶液的浓度按前述最大量计算，加入的体积数以固体吸附剂管≤ 10 μL、滤料≤ 100 μL 为宜。密封，在方法给出的保存条件下放置过夜。按方法测定加标的固体吸附剂管（或滤料）的待测物量，同时检测一组固体吸附剂管（或滤料）空白，扣除空白，计算方法的解吸效率、洗脱效率或消解效率。

对于串联固体吸附剂 / 滤料采样或采用复合型空气采样管采样的，需分别计算滤料的平均洗脱效率 / 消解效率和固体吸附剂管的平均解吸效率。平均解吸 / 洗脱 / 消解效率应满足方法的要求，一般应≥ 90%，个别浓度不满足时，最低不得低于 75%。且每一加标含量组测得的相对标准偏差应≤ 7%。

（3）固体吸附剂的穿透容量。穿透容量是指一定量的固体吸附剂所能承载的待测组分的最大的量。可按下列两种方法验证或确认：

1）标准气法。标准气法主要用于热解吸型固体吸附管穿透容量试验。在室温、相对湿度≤ 80% 的条件下，配制浓度一般为容许浓度的 2 倍以上的标准气，每次用一支热解吸型吸附管，根据方法预期的穿透容量计算大约的采样时间，按方法规定的采样流量进行采样，待预计的时间前半小时，采集流出气中待测物的浓度，每隔半小时检测一次，至检出后，每隔 10 min 检测一次，待流出气浓度为标准气浓度的 5% 时，停止采样。测定固体吸附剂中吸附的待测物的量，即为该固体吸附剂的穿透容量。按式（4-13）计算穿透容量：

$$M=\frac{Cqt}{10^6} \tag{4-13}$$

式中 M——穿透容量，mg；

C——标准气的质量浓度，mg/m^3；

q——采样流量，mL/min；

t——采样时间，min。

2）实验用气法。在室温、相对湿度≤ 80% 的条件下，配制浓度一般为容许浓度的 2 倍以上的实验用气，用一支溶剂解吸型吸附管，或串联两支热解吸型吸附管，用方法的采样流量进行采样，采样时间分别为 2 h、4 h、6 h、8 h，分别测得溶剂解吸型前后段或者热解吸型两支吸收管中待测物的量。当后段或后管吸附剂中待测物量等于前段或前管的 5% 时，前段或前管中待测物量为该固体吸附剂的穿透容量；若经过 8 h 长时间采样，后段或后管中待测物的量小于前段或前管的 5% 时，则穿透容量大于前段或前管中待测物量。

穿透容量确认应满足方法要求。

9. 选择性

从工作场所空气中与待测物共存的化学物质中，选择可能干扰测定的化学物质作为试验对象。取 3~5 个浓度为待测物定量测定范围内中间浓度的标准溶液（或标准气），一个不加干扰物，其余的分别加入不同量的干扰物，分别测出不加干扰物和加入不同量的干扰物的检测结果，测得结果后进行比较，有多个干扰时，可分别试验，也可以联合试验。

方法确认干扰性：干扰物对待测物测定结果所造成的偏差应不超过 ±10%。

10. 稳定性

可采用标准溶液法或标准气法测试方法的样品稳定性。

用标准溶液或标准气配制 30 个容许浓度左右的样品（当样品稳定性较短时，根据实际情况进行配制，不少于 12 个样品），在方法给出的保存条件下放置，分别在当天、第 3 天、第 5 天、第 7 天、样品稳定期最后一天各测定 6 个样品，按式（4–14）计算样品中待测物量的下降率，下降率≤ 10% 的天数即为样品稳定时间。

$$R=\frac{m_1-m_i}{m_1}\times 100\% \quad (4-14)$$

式中　R——下降率，%；

m_1——当天测定均值，μg；

m_i——第 i 天测定均值，μg。

方法稳定性确认应满足方法要求，样品稳定时间一般不能小于 1 天，最好在 5 天以上。

第二节　原子吸收光谱法

一、原理及特点

1. 原子吸收光谱法的原理

绝大多数的化合物在加热到足够高的温度时可解离成气态原子或离子。其中，气态自由原子在外界作用下，既能发射也能吸收具有特征性的谱线，形成锐线光谱，这种锐线光谱只反映原子的性质，与原子来源的分子状态无关。测量自由原子对特征谱线的吸收程度或发射程度可以测定样品的元素组成和含量，这就是原子光谱法。原子光谱法可分为原子吸收光谱（atomic absorption spectrophotometry）、原子发射光谱（atomic emission spectrophotometry）、原子荧光光谱（atomic fluorescence spectrophotometry）。

原子吸收光谱法是利用气态原子可以吸收一定波长的光辐射，使原子中外层的电子从基态跃迁到激发态的现象而建立的。由于各种原子核外电子的能级不同，将有选择性地共振吸收一定波长的辐射光，这个共振吸收波长恰好等于该原子受激发后发射光谱的波长，由此可作为元素定性的依据，而吸收辐射的强度在一定的浓度范围内遵循朗伯-比尔定律，作为定量的依据进行元素的定量分析。原子吸收光谱法在当前职业卫生金属样品的检测中应用最为广泛。原子吸收光谱分析（atomic absorption spectrometry，AAS）又称原子吸收分光光度分析。

原子吸收光谱分析是基于试样蒸气相中被测元素的基态原子对由光源发出的该原子

的特征性窄频辐射产生共振吸收，其吸光度在一定范围内与蒸气相中被测元素的基态原子浓度成正比，以此测定试样中该元素含量的一种仪器分析方法。

原子吸收值的测量及定量依据，在实际工作中，是以一定光强 I_0 的单色光通过原子蒸气，然后测出被吸收后的光强 I，吸收过程符合朗伯-比尔定律，即：

$$I=I_0e^{-KNL}\text{（4–X）} \tag{4–15}$$

式中 K——吸收系数；

N——自由原子总数（近似于基态原子数 N_0）；

L——吸收层厚度。

吸光度

$$A=\lg\frac{I_0}{I}=0.434\,3KN_0L\text{（4–X）} \tag{4–16}$$

试样中待测元素的浓度与基态原子的浓度成正比。所以在一定浓度范围，吸光度与试样中待测元素浓度的关系可按式（4–17）表示为：

$$A=K'C\text{（4–X）} \tag{4–17}$$

式中 A——吸光度；

K'——常数；

C——待测元素浓度。

该式就是原子吸收光谱法定量分析的依据。

2. 原子吸收光谱法的特点

原子吸收光谱法具有以下优点：

（1）检出限低，灵敏度高。火焰原子吸收法的检出限可达到 ppb 级，石墨炉原子吸收法的绝对灵敏度可达到 10^{-10}~10^{-14} g。

（2）分析精度好。火焰原子吸收法测定中等和高含量元素的相对标准差小于 1%，准确度接近经典化学方法。石墨炉原子吸收法的分析精度一般为 3%~5%。

（3）选择性好。在大多数情况下，原子吸收光谱法在使用中吸收的谱线仅发生在主线系，主线系的谱线本身具有较窄的特性，因此，使用中受到光谱的干扰并不严重，而且选择性也较强，测定方法比较简便。

（4）应用范围广。原子吸收光谱法目前在对元素的测定中具有较大的发展空间，不管是低含量或主量元素，还是微量、痕量甚至超痕量元素都可以进行测定，同时，对某些非金属元素和有机物也能间接进行测定，对于样品的形态也没有限制的要求，液态、气态以及某些固态都可以进行测定。

原子吸收光谱法的缺点：

（1）测定一些难熔金属元素，如稀土元素锆、铪、铌等以及非金属元素不能令人满意。

（2）通常情况下一种元素对应一个空心阴极灯，多元素的同时分析测定受到限制。

二、适用范围

在职业病危害因素检测中，原子吸收分光光度法应用于绝大多数金属元素及部分类金属的检测，工作场所中有害物质的原子吸收检测方法见表 4–1。

表 4–1　工作场所中有害物质的原子吸收检测方法

元素种类	代表化合物	方法标准号	方法名称
铍	铍及其化合物	GBZ/T 300.4—2017	铍及其化合物的酸消解–桑色素荧光光谱法
铬	铬及其化合物	GBZ/T 300.9—2017	铬及其化合物的酸消解–火焰原子吸收光谱法
铅	铅及其化合物	GBZ/T 300.15—2017	铅及其化合物的酸消解–火焰原子吸收光谱法 四乙基铅的溶剂解吸–石墨炉原子吸收光谱法
锰	锰及其化合物	GBZ/T 300.17—2017	锰及其化合物的酸消解–火焰原子吸收光谱法
钼	钼及其化合物	GBZ/T 300.19—2017	钼及其化合物的酸消解–火焰原子吸收光谱法
钽	钽及其化合物	GBZ/T 300.24—2017	钽及其化合物的干灰化–碘绿分光光度法
锑	锑及其化合物	GBZ/T 300.2—2017	锑及其化合物的酸消解–火焰原子吸收光谱法 锑及其化合物的酸消解–石墨炉原子吸收光谱法
铟	铟及其化合物	GBZ/T 300.13—2017	铟及其化合物的酸消解–火焰原子吸收光谱法
钠	钠及其化合物	GBZ/T 300.22—2017	钠及其化合物的溶剂洗脱–火焰原子吸收光谱法
锌	锌及其化合物	GBZ/T300.31—2017	锌及其化合物的酸消解–火焰原子吸收光谱法
钴	钴及其化合物	GBZ/T 300.10—2017	钴及其化合物的酸消解–火焰原子吸收光谱法
铜	铜及其化合物	GBZ/T 300.11—2017	铜及其化合物的酸消解–火焰原子吸收光谱法
锶	锶及其化合物	GBZ/T 300.23—2017	锶及其化合物的酸消解–火焰原子吸收光谱法
铋	铋及其化合物	GBZ/T 300.5—2017	碲化铋的酸消解–火焰原子吸收光谱法

续表

元素种类	代表化合物	方法标准号	方法名称
镉	镉及其化合物	GBZ/T 300.6—2017	镉及其化合物的酸消解–火焰原子吸收光谱法
钙	钙及其化合物	GBZ/T 300.7—2017	钙及其化合物的酸消解–火焰原子吸收光谱法
铯	铯及其化合物	GBZ/T 300.8—2017	铯及其化合物的溶剂洗脱–火焰原子吸收光谱法
锡	锡及无机化合物	GBZ/T160.37—2004	锡及其无机化合物的酸消解–火焰原子吸收光谱法
铊	铊及其化合物	GBZ/T 300.25—2017	铊及其化合物的溶剂洗脱–石墨炉原子吸收光谱法
镁	镁及其化合物	GBZ/T 300.16—2017	镁及其化合物的酸消解–火焰原子吸收光谱法
钾	钾及其化合物	GBZ/T 300.21—2017	钾及其化合物的溶剂洗脱–火焰原子吸收光谱法
碲	碲及其化合物	GBZ/T 300.54—2017	碲及其化合物的酸消解–火焰原子吸收光谱法
砷	砷及无机化合物	GBZ/T 300.47—2017	砷及其无机化合物的酸消解–原子吸收光谱法
硒	硒及其化合物	GBZ/T 300.53—2017	硒及其化合物的酸消解–氢化物发生–原子吸收光谱法
镍	镍及其化合物	GBZ/T160.16—2004	镍及其化合物火焰原子吸收光谱法

三、仪器组成

原子吸收分光光度计由光源、原子化器、分光器、检测器组成，如图 4–1 所示。

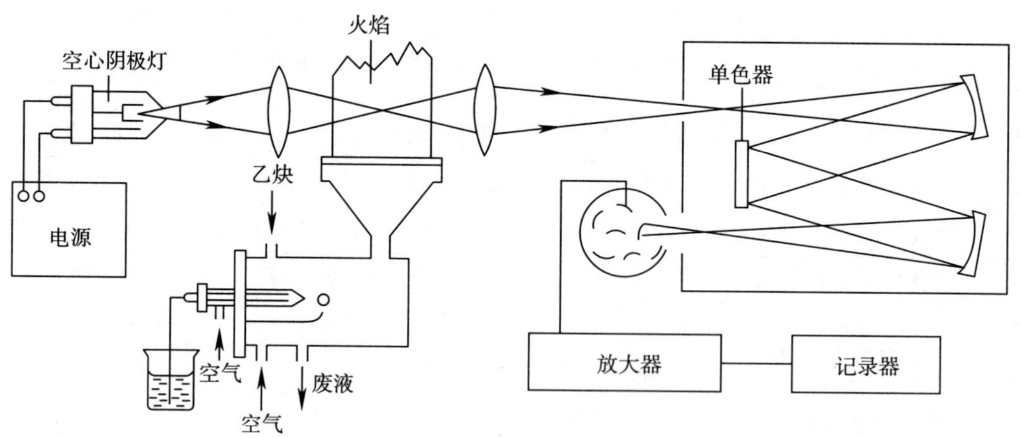

图 4–1 原子吸收分光光度计构造图

1. 光源

光源的功能是发射被测元素的特征共振辐射。对光源的基本要求是：发射的共振辐射的半宽度要明显小于吸收线的半宽度；辐射强度大；背景低，低于特征共振辐射强度的1%；稳定性好，30 min之内漂移不超过1%；噪声小于0.1%；使用寿命长于5 A·h。

空心阴极灯放电是一种特殊形式的低压辉光放电，放电集中于阴极空腔内。当两极之间施加几百伏电压时，便产生辉光放电。在电场作用下，电子在飞向阳极的途中，与载气原子碰撞并使之电离，放出二次电子，使电子与正离子数目增加，以维持放电。正离子从电场获得动能。如果正离子的动能足以克服金属阴极表面的晶格能，当其撞击在阴极表面时，就可以将原子从晶格中溅射出来。除溅射作用之外，阴极受热也要导致阴极表面元素的热蒸发。溅射与蒸发出来的原子进入空腔内，再与电子、原子、离子等发生第二类碰撞而受到激发，发射出相应元素的特征共振辐射。

2. 原子化器

原子化器的功能是提供能量，使试样干燥、蒸发和原子化。在原子吸收光谱分析中，试样中被测元素的原子化是整个分析过程的关键环节。实现原子化的方法最常用的有两种：一种是火焰原子化法，是原子光谱分析中最早使用的原子化方法，至今仍在广泛地被应用；另一种是非火焰原子化法，其中应用最广的是石墨炉电热原子化法。

（1）火焰原子化器。火焰原子化法中，常用的是预混合型火焰原子化器（见图4–2），它由雾化器、雾化室和燃烧器3部分组成。用火焰使试样原子化是目前广泛应用的一种方式，它是将液体试样经喷雾器形成雾粒，这些雾粒在雾化室中与气体（燃气与助燃气）均匀混合，除去大液滴后，再进入燃烧器形成火焰。此时，试液在火焰中产生原子蒸气。

1）雾化器。又称喷雾器，主要作用是将样品溶液雾化，使之成为微米级的细雾，雾滴越小生成的基态原子就越多。

2）雾化室。雾化室的作用是使燃气、助燃气与样品的细雾在雾化室内充分混合均匀，以保证得到稳定的火焰，同时也使未被细化的较大雾滴在雾化室内凝结为液珠，沿室壁流入泄漏管内排走。

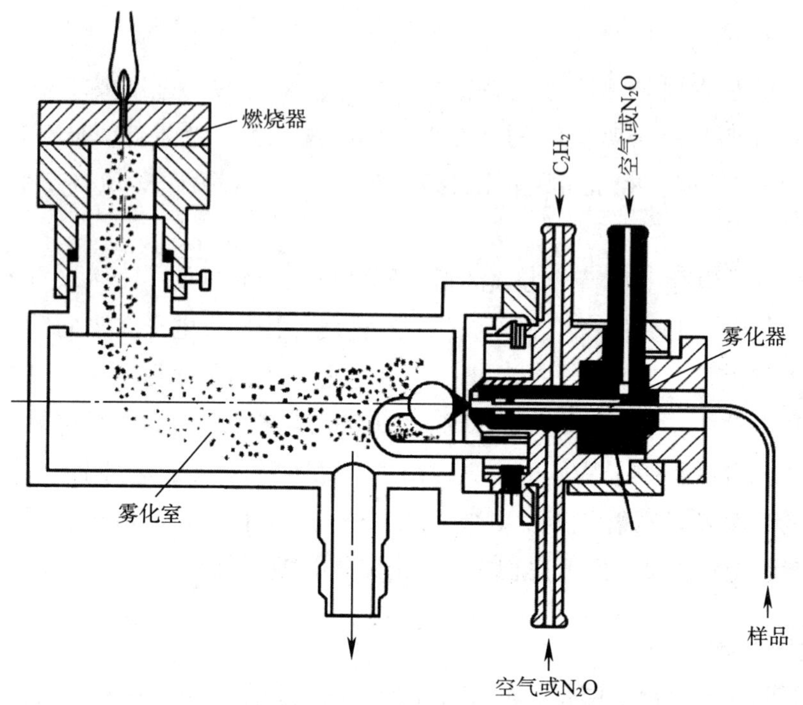

图 4-2 预混合型火焰原子化器

3）燃烧器。燃烧器的作用是形成火焰，使进入火焰的待测元素的化合物经过干燥、熔化、蒸发、解离及原子化过程转变成基态原子蒸气，要求燃烧器的原子化程度高，火焰稳定，吸收光程长及噪声小。

原子吸收测定中最常用的火焰是乙炔-空气火焰，此外，应用较多的还有氢气-空气火焰和乙炔-氧化亚氮高温火焰。乙炔-空气火焰燃烧稳定，重现性好，噪声低，燃烧速度不是很快，温度足够高（约 2 300 ℃），对大多数元素有足够的灵敏度。氢气-空气火焰是氧化性火焰，燃烧速度较乙炔-空气火焰高，但温度较低（约 2 050 ℃），优点是背景发射较弱，透射性能好。乙炔-氧化亚氮火焰的特点是火焰温度高（约 2 955 ℃），而燃烧速度并不快，是目前应用较广泛的一种高温火焰，可测定 70 多种元素。

（2）石墨炉原子化器。石墨炉原子化器由加热电源、保护气控制系统和石墨管状炉组成。加热电源供给原子化器能量，电流通过石墨管产生高热高温，最高温度可达到 3 000 ℃。保护气控制系统是控制保护气的，仪器启动，保护气氩气通过，空烧完毕，切断氩气气流。外气路中的氩气沿石墨管外壁流动，以保护石墨管不被烧蚀，内气路中氩气从管两端流向管中心，由管中孔流出，以有效地除去在干燥和灰化过程中产生的基体蒸气，同时保护已经原子化的原子不再被氧化。在原子化阶段，停止通气，以延长原子在吸收区内的平均停留时间，避免对原子蒸气的稀释。管式石墨炉原子化器如图 4–3 所示。

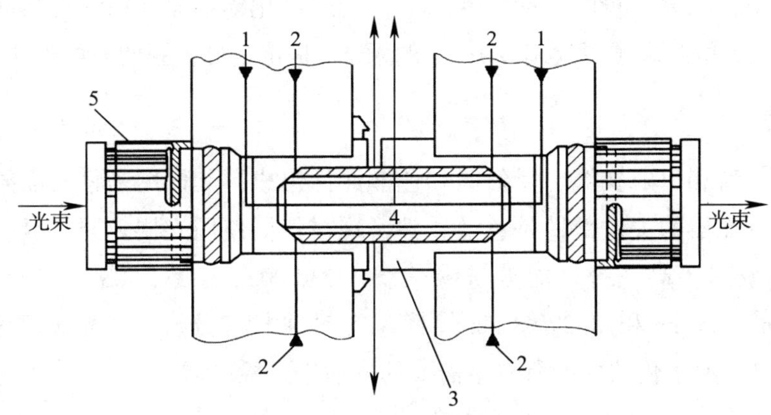

图 4–3 管式石墨炉原子化器

1—内气路 2—外气路 3—石墨接触器 4—石墨管 5—窗组件

石墨炉原子化器的优点是可以控制温度，原子化效率高达 90%；样品消耗量小，通常液体样品体积为 1~50 μL，固体样品为 0.1~1 mg；绝对灵敏度比火焰法高约 100~1 000 倍，可达 10^{-9}~10^{-12} g，尤其适用于难挥发、难原子化元素和微量样品的分析。其缺点是测量精密度比火焰原子化法差，基体影响大，干扰较复杂，操作不如火焰原子化法简便。

（3）低温原子化器。低温原子化法是利用某些元素（如汞）本身或元素的氢化物（如砷化氢）在低温下的易挥发性，将其导入气体流动吸收池内进行原子化。目前，利用该原子化方式测定的元素有汞、砷、锑、锡、铋、铅等。生成氢化物是一个氧化还原过程，所生成的氢化物是共价分子型化合物，沸点低、易挥发分离分解。以砷为例，反应过程可表示如下：

$$AsCl_3+4NaBH_4+HCl+8H_2O=AsH_3+4NaCl+4HBO_2+13H_2$$

砷化氢在热力学上是不稳定的，在 900 ℃温度下就能分解析出自由砷原子，实现快速原子化。该法的一个显著特点是：形成氢化物气体的过程也是一个分离过程，因此基体干扰和化学干扰较少，具有较高的灵敏度，比火焰原子化法高约 3 个数量级。冷原子吸收法测汞选择适当的还原剂（如二氯化锡），在常温下将样品中汞离子还原为金属汞，然后用空气将汞蒸气带入具有石英窗口的气体吸收管中，测量汞蒸气对汞发射线 253.7 nm 的原子吸收。如果样品中含有机汞，则在还原前在酸性条件下，用高锰酸钾等强氧化剂将其破坏成汞离子，除去过量的高锰酸钾后，再用二氯化锡还原。该法设备简单，操作方便，干扰少，且灵敏度高（可检出 0.01 μg 的汞），是定量分析汞的较好方法。

3. 分光器

分光器由入射和出射狭缝、反射镜和色散元件组成，其作用是将所需要的共振吸收线分离出来。分光器的关键部件是色散元件，现在仪器使用光栅。原子吸收光谱仪对分光器的分辨率要求不高，曾以能分辨镍三线 Ni230.003、Ni231.603、Ni231.096 nm 为标准，后采用 Mn279.5 nm 和 Mn279.8 nm 代替 Ni 三线来检定分辨率。光栅放置在原子化器之后，以阻止来自原子化器内的所有不需要的辐射进入检测器。

4. 检测器

原子吸收光谱仪中广泛使用的检测器是光电倍增管，也有采用电荷耦合器件作为检测器。

四、分析条件

1. 仪器条件的选择

（1）分析线。通常选用待测元素的共振线作为分析线，这样可使测定具有较高的灵敏度。测定高含量元素时，可以选用灵敏度较低的非共振吸收线为分析线。砷、硒等元素的共振吸收线位于 200 nm 以下的远紫外区，火焰组分对其有明显吸收，故用火焰原子吸收法测定这些元素时，不宜选用共振吸收线作为分析线。

（2）空心阴极灯的工作电流。空心阴极灯一般需要预热 10~30 min 才能达到稳定输出。灯电流过小，放电不稳定，光谱输出不稳定，且光谱输出强度小；灯电流过大，发射谱线变宽，导致灵敏度下降，校正曲线弯曲，灯寿命缩短。选用灯电流的一般原则是：在保证有足够强且稳定的光强输出条件下，尽量使用较低的工作电流，通常以空心阴极灯上标明的最大电流的 1/2~2/3 作为工作电流，在具体的分析场合，最适宜的工作电流由实验确定。

（3）火焰类型和特性。在火焰原子化法中，火焰类型和特性是影响原子化效率的主要因素。对低、中温元素，使用空气–乙炔火焰；对高温元素，宜采用氧化亚氮–乙炔高温火焰；对分析线位于短波区（200 nm 以下）的元素，使用空气–氢火焰比较合适。对氧化物不十分稳定的元素如铜、镁、铁、钴、镍等，也可以用化学计量火焰（燃气与助燃气的比例与它们之间化学反应计量相近）或贫燃火焰（燃气量小于化学计量）。为了获得所需特性的火焰，需要调节燃气与助燃气的比例。

（4）燃烧器高度的选择。燃烧器高度是用来控制光源光束通过火焰区域。在火焰区内，自由原子的空间分布不均匀，且随火焰条件而改变，因此应调节燃烧器的高度，以使来自空心阴极灯的光束从自由原子浓度最大的火焰区域通过，以获得高灵敏度。

（5）程序升温条件的选择。在石墨炉原子化法中，合理选择干燥、灰化、原子化及除残温度与时间是十分重要的。干燥应在稍低于溶剂沸点的温度下进行，以防止试液飞溅；灰化的目的是除去基体和局外组分，在保证被测元素没有损失的前提下应尽可能使用较高的灰化温度；原子化温度的选择原则是：选用达到最大吸收信号的最低温度作为原子化温度，原子化时间的选择，应以保证完全原子化为准。原子化阶段停止通保护气，以延长自由原子在石墨炉内的平均停留时间；除残的目的是消除残留物产生的记忆效应，除残温度应高于原子化温度。

（6）狭缝宽度的选择。狭缝宽度影响光谱通带宽度与检测器接收的能量。原子吸收光谱分析中，光谱重叠干扰的概率小，可以允许使用较宽的狭缝。调节不同的狭缝宽度，测定吸光度随狭缝宽度而变化，当有其他的谱线或非吸收光进入光谱通带内，吸光度将立即减小。不引起吸光度减小的最大狭缝宽度，即为应选取的合适的狭缝宽度。

（7）进样量的选择。进样量过小，吸收信号弱，不便于测量；进样量过大，在火焰原子化法中会对火焰产生冷却效应，在石墨炉原子化法中会增加除残的困难。在实际工作中，应测定吸光度随进样量的变化，达到最满意的吸光度的进样量，即为应选择的进样量。

2. 定量分析方法

（1）标准曲线法。配制一系列标准溶液，在同样的测量条件下，测定标准溶液和样品溶液的吸光度，绘制吸光度与标准溶液浓度间的标准曲线，然后依据样品的吸光度计算待测元素的浓度或含量。该法简单、快速，适用于大批量、组成简单或组成相似样品的分析。为确保分析准确，应注意以下几点：

1）待测元素浓度高时，会出现标准曲线弯曲的现象，因此，所配制标准溶液的浓度范围应符合朗伯–比尔定律，最佳分析范围的吸光度应在 0.1~0.5 之间，绘制标准曲线的点应不少于 4 个。

2）标准溶液与样品溶液应该用相同的试剂处理，且应具有相似的组成。因此，在配制标准溶液时，应加入与样品组成相同的基体，使用与样品具有相同基体且不含待测元素的空白溶液将仪器调零，或从样品的吸光度中扣除空白值。

3）应使操作条件在整个分析过程中保持不变。

4）由于喷雾效率和火焰状态经常改变，标准曲线的斜率也随之改变，因此，每次测定前应用标准溶液对吸光度进行检查和校正。

（2）标准加入法。标准加入法，又称标准增量法或直线外推法，能够有效地校正基体、溶液中其他组分的表面张力和黏度对测定的干扰。将一定量已知浓度的标准溶液加入待测样品中，测定加入前后样品的浓度。加入标准溶液后的浓度将比加入前的高，其增加的量应等于加入的标准溶液中所含的待测物质的量。取相同体积的样品溶液两份，分别移入容量瓶 A 及 B 中，另取一定量的标准溶液加入 B 中，然后将两份溶液稀释至刻度，测出 A 及 B 两溶液的吸光度。设样品中待测元素（容量瓶 A 中）的浓度为 c_x，加入标准溶液（容量瓶 B 中）的浓度为 c_0，A 溶液的吸光度为 A_x，B 溶液的吸光度为 A_0，则可得：

$$A_x=kc_x \qquad A_0=k(c_0+c_x)$$

由上两式可得：

$$c_x=\frac{A_x}{A_0-A_x}\times c_0 \tag{4-18}$$

式中 c_x——待测元素（容量瓶 A 中）的浓度；

A_x——A 溶液的吸光度；

c_0——容量瓶 B 中的浓度；

A_0——B 溶液的吸光度。

实际测定中，取若干份（例如 4 份）体积相同的样品溶液，从第二份开始按比例加入不同量的待测元素的标准溶液，然后用溶剂稀释至一定体积（设样品中待测元素的浓度为 c_x，加入标准溶液后浓度分别为 c_x+c_0、c_x+2c_0、c_x+4c_0），分别测得其吸光度

（A_x、A_1、A_2及A_3），以A对加入量作图，得图4-4所示的直线。这时曲线并不通过原点。显然，相应的截距所反映的吸收值正是样品中待测元素所引起的效应。如果外延此曲线使之与横坐标相交，相应于原点与交点的距离，即为所求样品中待测元素的浓度c_x。

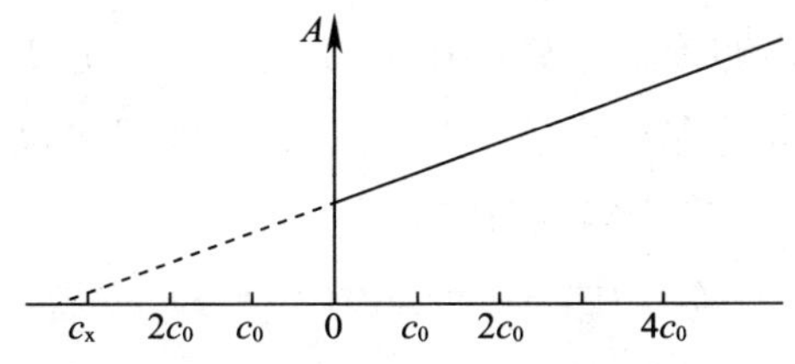

图4-4　标准加入法浓度-吸光度曲线

使用标准加入法应注意以下几点：

1）待测元素的浓度与其相应的吸光度应成直线关系。

2）为了得到较为精确的外推结果，最少应采用4个点（包括样品溶液本身）来作外推曲线，并且加入的标准溶液浓度必须与吸光度呈线性关系。

3）本法能消除基体效应带来的影响，但不能消除背景吸收的影响，这是因为相同的信号，既加到样品测定值上，也加到增量后的样品测定值上，因此，只有扣除了背景之后，才能得到待测元素的真实含量，否则将得到偏高结果。

4）对于斜率太小的曲线（灵敏度差），容易引起较大的误差。

五、灵敏度与检出限

1. 灵敏度

在分析工作中，用标准曲线来表示标准溶液浓度和吸光度之间的关系，泛指测试灵敏度是指工作曲线的斜率。若用A表示吸光度，用c表示标准溶液浓度，则灵敏度是指$\Delta A/\Delta c$。标准曲线的斜率越大，测试的灵敏度就越高。在火焰原子化法中常用特征浓度来表征灵敏度，所谓特征浓度是指能产生1%吸收或0.004 4吸光度值时溶液中待测元素的质量浓度（$\mu g \cdot mL^{-1}/1\%$）或质量分数（$\mu g \cdot g^{-1}/1\%$）。例如1 $\mu g \cdot g^{-1}$镁溶液，测得其吸光度为0.55，则镁的特征浓度为：

$$(1/0.55)\times 0.004\ 4=8\ ng \cdot g^{-1}/1\%$$

对于石墨炉原子化法，由于测定的灵敏度取决于加到原子化器中样品的质量，此时采用特征质量（以 g/1%表示）更为适宜。显然，特征浓度或特征质量愈小，测定的灵敏度愈高。

2. 检出限

检出限是指产生一个能够确证在样品中存在某元素的分析信号所需要的该元素的最小含量。即，只有待测元素的存在量达到这一最低浓度或更高时，才能将有效分析的信号与空白信号的波动、噪声信号可靠区分开。

国际纯粹与应用化学联合会（IUPAC）对检出限 D.L 按式（4–19）作了规定：

$$D.L=K'\frac{S_b}{K} \quad (4\text{–}19)$$

式中 K'——根据一定置信水平确定的系数（一般取值 3）；

S_b——空白测得多次的信息的标准偏差（测量次数不少于 20 次）；

K——方法的灵敏度（标准曲线的斜率）。

一般火焰原子吸收分光光度计不易测定到空白样的信号值，可采取在空白样品中加入极少量待测物来计算检出限 D.L：

$$D.L=C\frac{3\delta}{A} \quad (4\text{–}20)$$

式中 C——样品质量浓度，mg/L；

δ——空白测得多次的信息的标准偏差（测量次数不少于 10 次）；

A——试液平均吸光度值。

六、方法应用：铜及其化合物的酸消解–火焰原子吸收光谱法

1. 原理

空气中气溶胶态铜及其化合物（包括铜烟和铜尘等）用微孔滤膜采集，酸消解后，用乙炔–空气火焰原子吸收分光光度计，在 324.7 nm 波长下测定吸光度，进行定量。

2. 仪器试剂

（1）微孔滤膜。孔径 0.8 μm。

（2）采样夹、大采样夹，滤料直径为 37 mm 或 40 mm。小采样夹，滤料直径为 25 mm。

（3）空气采样器。流量范围为 0~2 L/min 和 0~10 L/min。

（4）控温电热器。

（5）具塞刻度试管，10 mL。

（6）原子吸收分光光度计，具乙炔-空气火焰燃烧器和铜空心阴极灯。

（7）试剂。去离子水，用酸为优级纯；消解液：高氯酸（ρ_{20}=1.67 g/mL）与硝酸（ρ_{20}=1.42 g/mL）按照体积比 1 ∶ 9 混合；硝酸溶液：1%（体积分数）；标准溶液：用硝酸溶液稀释国家认可的铜标准溶液成 10.0 μg/mL 铜标准应用液。

3. 样品的采集、运输和保存

（1）现场采样按照《工作场所空气中有害物质监测的采样规范》（GBZ 159—2004）执行。

（2）短时间采样。在采样点，用装好微孔滤膜的大采样夹，以 5.0 L/min 流量采集 15 min 空气样品。

（3）长时间采样。在采样点，用装好微孔滤膜的小采样夹，以 1.0 L/min 流量采集 2~8 h 空气样品。

（4）采样后。打开采样夹，取出微孔滤膜，接尘面朝里对折两次，放入清洁的塑料袋或纸袋中，置于清洁容器内运输和保存。样品在室温下可长期保存。

（5）样品空白。在采样点，打开装好微孔滤膜的采样夹，立即取出滤膜，放入清洁的塑料袋或纸袋中，然后同样品一起运输、保存和测定。每批次样品不少于 2 个样品空白。

4. 分析步骤

（1）样品处理。

1）湿式消解法。将采过样的微孔滤膜放入烧杯中，加入 5 mL 消解液，盖好表面皿，在控温电热器上以 200 ℃左右温度消解，待消解液基本挥发干时，立即取下；稍冷后，用硝酸溶液溶解残渣，并定量移入具塞刻度试管中，稀释至 10.0 mL，样品溶液供测定。

2）微波消解法。取已经恒温恒湿平衡至恒重的玻璃纤维圆形滤膜样品，用不锈钢剪刀将其剪碎并放入聚四氟乙烯的消解罐中，然后依次加入 5 mL 的浓硝酸、3 mL 的浓氢氟酸、2 mL 的过氧化氢溶液，盖上塞子，静置 10 min 左右，待初始反应趋于平静后，将消解罐放入外壳中。设定微波消解仪的参数。微波消解仪的消解分为两个阶段：第一阶段，温度为 120 ℃，压强为 2 个大气压，时间为 10 min；第二阶段，温度为 180 ℃，压强为 2 个大气压，时间为 20 min。消解完毕后，取出消解罐冷却。冷却至室温后，将消解罐中的溶液倒入聚四氟乙烯的坩埚中。将坩埚转移至有电热板的通风橱中，设置好电热板的温度，将坩埚放在电热板上加热，进行赶酸。溶液达到近干时，加入 10 mL 的 1%的硝酸溶液淋洗，然后加热至微沸，保持微沸 10 min，取下溶液冷却至室温。最后，用微孔滤纸过滤冷却后的溶液，将滤液移入 50 mL 的容量瓶中，用 1%的硝酸溶液定容，摇匀，待测。

（2）工作曲线的制备。取 5~8 只烧杯，各加 1 张微孔滤膜，分别加入 0.0~5.0 mL 铜标准应用液，各加 5 mL 消解液，然后同样品处理操作，定容至 10.0 mL，制成 0.0~5.0 g/mL 浓度范围的浓度系列。将原子吸收分光光度计调节至最佳测定状态，在 324.7 nm 波长下，用乙炔-空气贫燃气火焰分别测定工作系列各浓度的吸光度。以测得的吸光度对相应的铜质量浓度（μg/mL）绘制工作曲线或计算回归方程，其相关系数应≥ 0.999。

（3）样品测定。用测定工作系列的操作条件测定样品溶液和样品空白溶液，测得的吸光度值由工作曲线或回归方程得样品溶液中铜的质量浓度（μg/mL）。若样品溶液中铜质量浓度超过测定范围，用硝酸溶液稀释后测定，计算时乘以稀释倍数。

5. 计算

空气中铜的质量浓度可采用式（4–21）计算：

$$C=\frac{10C_0}{V_0} \tag{4–21}$$

式中 C——空气中铜的质量浓度，mg/m^3；

10——样品溶液的体积，mL；

C_0——测得的样品溶液中铜的质量浓度（减去样品空白），μg/mL；

V_0——标准采样体积，L。

空气中的时间加权平均接触浓度（C_{TWA}）按《工作场所空气中有害物质监测的采样规范》（GBZ 159—2004）规定计算。

6. 方法说明

（1）本法的检出限为0.01 μg/mL，定量下限为0.033 μg/mL，定量测定范围为0.033~5 μg/mL；以采集75 L空气样品计，最低检出质量浓度为0.001 mg/m^3，最低定量质量浓度为0.004 mg/m^3；平均相对标准偏差为1.2%，采样效率为96.4%~98.7%，平均消解回收率为99.2%。

（2）当样品溶液中Cu^{2+}质量浓度为2.0 μg/mL时，1 000 μgCo^{2+}、Fe^{3+}、Zn^{2+}、Mg^{2+}、Cd^{2+}等不产生干扰。

7. 方法不确定度来源

（1）标准物质。包括标准储备液的不确定度及稀释过程所引入的不确定度。

（2）样品制备过程。包括样品的采集过程、消解过程的回收率、定容体积校准等。

（3）最小二乘法拟合校准曲线，校准得出的C_0时所产生的不确定度。

（4）重复性实验（随机）变化。

总结：原子吸收光谱法具有选择性强、精准度高、分析范围广以及抗干扰能力强等特性，广泛用于工作场所金属元素的检测。

第三节　电感耦合等离子体发射光谱法

元素的分析检测同样也是职业卫生检测领域中的重要内容，常规的标准检测方法多集中于火焰原子吸收法或石墨炉原子吸收法，也是2017—2018年修订的国家职业卫生检测系列标准《工作场所空气有毒物质测定》（GBZ/T 300）中无机元素及其化合物的主要推荐检测方法。而电感耦合等离子体发射光谱法作为一种可定性定量检测多种元素的检测方法，在职业卫生检测领域也正逐渐显现其高通量、省时高效的优点，在国外职业卫生检测工作中应用极为普遍，美国国家职业安全与健康研究所（NIOSH）分析方法手册标准方法7300采用硝酸或高氯酸溶剂解吸样品，电感耦合等离子体发射光谱法测定铅、砷、铝、锂、镁、锰、钼、铍、镉、钙、铬、钴、铜、硒、银、碲、铊、钛、钒、钇、锌、锆等金属元素及其化合物；标准方法7303采用盐酸或硝酸溶剂解吸样品，电感耦合等离子体发射光谱法检测方法测定锑、钠、锡、铋、硼、镓、金、铟、铁等金属元素及其化合物。

一、原子光谱法

原子光谱法是测量游离态原子发射或吸收光的波长或强度的一种光谱学方法。在测量样品中原子发射光或吸收光之前需要将样品转化成原子态。由于氦及其他惰性气体都是以原子状态存在，因此不需要额外的原子化过程，汞的原子化也相对容易些，但是对于其他的元素来说，原子化过程是一个挑战。当原子化过程完成后，可利用特殊仪器来检测样品中待测元素原子的发射光或吸收光的波长或强度。原子光谱法分为原子发射光谱法（AES）和原子吸收光谱法（AAS），原子吸收光谱法已在前节介绍，在此不多做赘述。

分子光谱法要求待测样品以分子、多原子离子或其他形式存在，而原子光谱法则要求样品以自由原子形式存在。分子光谱法与原子光谱法的另一个区别是原子中存在电子能级跃迁，但是并不会发生振动与转动能级跃迁。这一特性使原子光谱比分子或多原子物质的光谱更简单，并且谱峰更尖锐。

人们将原子发射光谱法应用于化学分析要比原子吸收光谱法早将近一个世纪。在罗伯特·本生发明“本生灯”之后不久，他将各种不同的物质放到灯火焰中，发现不同的化学物质产生了不同颜色的火焰。本生很快就意识到，样品在火焰中产生的颜色反映了样品中存在的宏量元素（特别是钠），这掩盖了其他微量元素发出的光。本生的同事罗伯特·基尔霍夫通过棱镜将本生灯火焰发出的光分开，不同颜色的光出现在不同的位置。通过这个方法，可以在宏量元素存在的情况下观察到微量元素所发出的颜色较浅的光。他们利用照相底片将这些处于不同位置的光永久记录下来。照片中谱线的位置可用来鉴定产生这些光的元素的种类，谱线的黑度则反映了元素的含量。因此，可以使用原子发射光谱法进行元素的定性和定量分析。

在其后超过50年的时间里，人们无法解释有色火焰的产生原因。20世纪初，尼尔斯·玻尔证明，火焰中的原子吸收火焰能量后，其外层电子可被激发至能量较高的能级，在电子回到基态的过程中会以光子的形式释放过剩的能量。这种解释超出了本生时代人们的理解，因为在那个时代人们根本不知道电子、质子等亚原子粒子的存在。正是由于汤姆逊、爱因斯坦、玻尔和其他人的贡献，我们现在不仅知道了原子光谱法的基本原理，并且还可以解释原子光谱法中所观察到的各种谱带的光。

通过原子光谱法可解决以下两个问题：样品中某种元素的浓度为多少；样品中存在

哪些元素以及它们的浓度分别为多少。

第一个问题可以通过选择性检测样品中特定元素发出的光来解决，例如，使用像本生那样利用火焰来检测元素存在的方法。这种方法是原子光谱法的一种，现在称为火焰发射光谱法（FES）。原子吸收光谱法是另一种原子光谱法，也可以用来检测样品中的特定元素。

第二个问题已被一种同时检测多种元素的方法很好地解决。这种方法可以在事先不知道样品中含有哪些元素的情况下检测样品中所有可能存在的元素，本生和基尔霍夫通过分离样品发射的光谱并通过光谱确定样品中存在元素的种类与含量就利用了此种方法。现在，人们可以使用电感耦合等离子体原子发射光谱法（ICP-AES）来检测未知样品中多种元素的含量。

二、原子光谱法原理

应用原子光谱法进行化学分析时需要首先考虑以下几个因素：第一，样品的原子化，这是将化合物转化为其组成原子的过程；第二，样品原子发射光的检测方式。

1. 样品原子化

在原子光谱法中，通常用高温将样品离子或分子转化成原子来进行分析。在原子光谱分析中，样品溶液经过传输首先会通过一个狭窄的开口并形成小液滴，然后小液滴会继续前进并通过热源（如火焰），小液滴进入热源后会发生一系列的变化。首先，液滴中的溶剂会在高温或灼烧的作用下挥发，这个过程称为去溶剂化。样品溶液经过去溶剂化之后，会残留下含有分析物和非挥发性物质的颗粒。其次，热源对这些颗粒进一步加热促使其挥发，在这个过程中分析物变为气态。最后，热源提供更多热量并导致分析物中所有的化学键断裂产生自由原子，该过程称为解离（或“原子化”）。

在自由原子形成之后，其中的一些原子可吸收来自热源的能量，并导致这些原子进入能量较高的激发态。激发态原子不稳定，回到能量较低的基态过程中能够发射出光。一些气态原子在吸收过多的能量后甚至可以形成气态离子，产生电离。在原子光谱法中，通常不需要待测元素离子化，因为这将减少用于分析的原子数目。当样品通过热源时，只有快速完成样品的原子化过程，才可以检测来自样品的自由原子。在火焰中原子化过程通常要求少于 10^{-4} s。如果分析物在短时间内无法转化成原子，那么在它离开热源前将无法检测。

2. 样品激发

尽管有些元素的原子内电子的数量不多，但其电子能级也是非常复杂的。例如，基态钠原子的电子构型为 $1s^22s^22p^63s^1$，接收能量后基态钠原子的电子可跃迁至能量更高的能级，并且钠原子存在多种跃迁方式。当基态钠原子接收能量后，其 3s 电子可跃迁至 3p 能级，此时钠原子的电子构型为 $1s^22s^22p^63p^1$，而这是钠原子的一个重要的激发态。一般来说，处于激发态的原子寿命仅为几纳秒，随后它将回到基态，并以发出光子的形式释放所获得的能量。所发出的光子的能量与波长具有特征性，能够反映原子以及跃迁的类型。对于钠原子来说，3p 和 3s 能级间的能量差对应于波长为 589 nm 的光，这导致钠在火焰中呈黄色。

原子在火焰等热源中产生发射光的亮度由原子在热源中的浓度以及原子所处环境的温度决定。热源中原子浓度的增加将导致原子由激发态回到基态所发射光强度的直接增加。热源温度的提高将增加原子中激发态原子的比例，这也将增加发射光的强度。

与其他元素相比，一些元素可在非常低的浓度下被检测出来。这是由基态电子跃迁至激发态所需的能量决定的。如果激发态能量低，那么在温度不高的条件下就能激发大量这种元素的基态原子；如果激发态能量高，那么只有很少的原子会被激发，并且产生的发射光谱强度也不高。对于第二种类型的元素，需要更高的温度才可以激发更多的原子，以产生强度足以达到检测要求的发射光。

3. 火焰性质

最初本生和基尔霍夫进行原子发射光谱实验所使用的火焰是通过燃气产生的，现代火焰发射光谱仪仍使用燃气产生火焰。火焰中部和底部被称为初级燃烧区，样品在这里开始燃烧。初级燃烧区上面的是相对狭窄的层间区，这是火焰温度最高的区域，这个区域处在局部热平衡中。在层间区的外部是呈圆锥形的次级燃烧区，在这里来自周围空气的氧气会产生额外的燃烧。人们最近通过使用氩等惰性气体产生的等离子体，获得原子发射光谱研究中所需要的高温热源，氩等离子体产生的温度要远远高于火焰的温度。这种通过使用等离子体获得高温热源的技术称为电感耦合等离子体法。这种热源的温度可达到 6 000~10 000 K，同样存在类似于火焰的预热区、层间区和外部圆锥体区等温度不同的区域。

三、电感耦合等离子发射光谱法的原理

原子的特征发射需要激发态原子。发射强度与激发态原子数成正比。除非达到很高的温度，否则激发态原子数仍相对较少。除了一些易激发元素，例如，碱金属和碱土金属（可使用火焰光度法测定），二十多年来，其他激发源（电弧、火花、高温火焰等）与电感耦合等离子体相比逊色许多，只有电感耦合等离子体源温度可达到 10 000 K。如今的原子发射光谱（AES）专门采用电感耦合等离子体作为激发光源，因此被称为 ICP-AES 和 ICP-OES（optical emission spectrometry，发射光谱法）。20 世纪 60 年代，由爱荷华州立大学的 Velmer Fassel 和英国的 Stanley Greenfield 首先将 ICP 引入原子光谱中，直到 1974 年，商业化仪器才首次问世。

等离子体原子发射光谱仪使用高温等离子体而不是火焰来进行样品的原子化和激发，这种方法也被称为电感耦合等离子体原子发射光谱法（ICP-OES）。图 4-5 为电感耦合等离子光谱仪结构示意图。石英管周围的高频线圈激发流经的氩气，通常频率是 5~75 MHz，功率消耗为 1~2 kW。等离子体由一个特斯拉线圈或类似线圈的先导放电引发，然后开始生成氩离子并导电。交变磁场在导电气体中产生涡电流，产生的耗散能量将其加热至等离子体的温度。等离子体原子发射光谱仪具有两个主要的优点，即具有实现原子激发的高温以及同时检测多种元素的能力。大多数等离子体原子发射光谱仪使用氩气作为等离子体源并且在氩气流周围的铜线圈内通有射频交流电（AC）。电火花会使少量的气体电离并产生电子，这些电子在高频电流产生的感应磁场下得到加速，在与周围的氩原子发生碰撞后能够使其电离并产生更多的电子，当这种电离—碰撞—电离过程持续进行时，在 ICP 空间内的狭窄区域会产生温度非常高的稳定的等离子体。样品的气溶胶由第二层 ICP 矩管中的氩气流带入等离子体的中心。第三层 ICP 矩管中氩气流作为冷却气，以防止装置被周围的等离子体熔化。这种 3 层结构的氩气流对于产生稳定的等离子体是十分重要的。

样品以雾化气溶胶的形式引入火炬中央管，与样品进入火焰相同。氩气载流是用来雾化溶液的，高端仪器经常使用热电冷却雾化器以减少水蒸气的引入，防止冷却等离子体。更大流量的氩气通过炬管的外环以限制等离子体。通常 ICP 火炬总氩气消耗量较大，为 10~20 L/min。仪器的总功耗为 3~4 kW。一些仪器允许通过适当放置的相机观察等离子体图像以调整最佳测量条件。

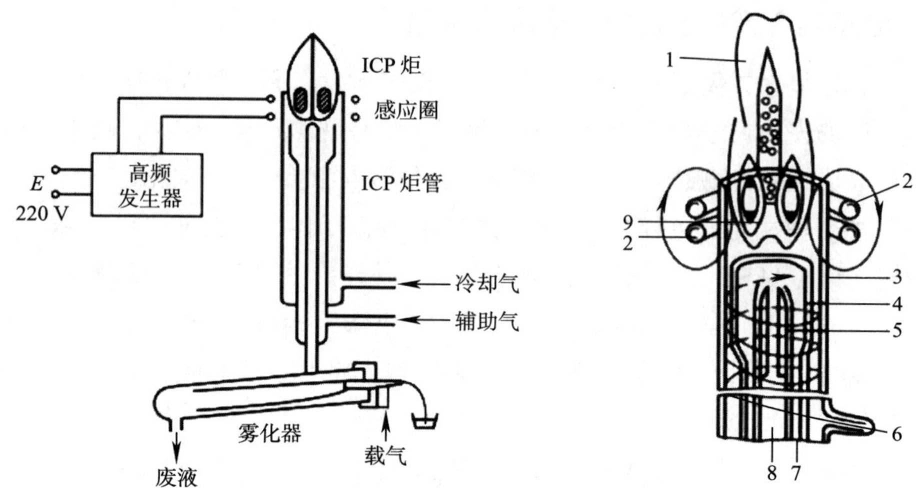

图 4-5 电感耦合等离子光谱仪结构示意图

1—ICP 炬 2—感应圈 3—外层管 4—中层管 5—内层管 6—冷却气 7—辅助气 8—载气 9—感应区

图 4-5 中显示的是从径向观察到的等离子体。早期的仪器使用就是此视图的构造。轴向构造（这种情况，按图 4-5 所示的结构看，是从等离子体的顶部进行俯视）很久之后才被发展起来。在轴向流结构中，通常需更深的气流来控制温度以保护轴向视图的光学系统。空气可以被用作“剪切流”。但是一些制造商选择使用氩气或氮气吹扫这个区域，这样可以延长 ICP 在远紫外区域的检测能力。166 nm 的短波，如果空气或氧气存在将会被完全吸收，长波长通常可大于 800 mm。无论是径向结构还是轴向结构，在所有方面都优于其他结构。径向结构更耐用，但与轴向结构相比其观察到的等离子体积更有限。所以轴向结构的检出限明显更好，但干扰也往往更大。在轴位，大浓度干扰元素谱线与待测元素临近时，准确地测定痕量待测元素的弱发射线变得特别困难。一些高端仪器允许在任何结构操作 ICP-OES 仪。

氩气的价格远远高于原子吸收光谱法中使用的甲烷、乙炔等燃气和空气、氧气等助燃气体，这使 ICP-OES 的运行成本很高。然而，氩气是一种惰性气体，样品在氩气中燃烧不会产生难熔性氧化物。此外，ICP-OES 的检测限是火焰原子发射光谱法检出限的 1/100~1/10。此外，应用 ICP-OES 可以很容易地同时分析测试多种元素。ICP-OES 光谱仪具有非常宽的线性动态范围，可进行超过 6 个数量级的浓度样品的分析。

ICP-OES 光谱仪的光路主要有 3 种设计，这些设计的不同之处在于如何进行多种元素的同时测定。在第一种设计中，仪器在出厂时在不同元素特征发射谱线位置设置狭缝和光电倍增管。修改光谱仪设置来测量仪器原始设计中没有考虑的元素是非常困难的。然而，这种光谱仪允许多达 40~50 种元素同时进行分析测试。

第二种设计允许连续测量多种元素。这种仪器利用控制程序将光学组件的可调节检测器移动至任何元素测试所需的最佳波长位置。但是采用第二种设计的光谱仪测量多种元素时要比第一种仪器花费更多的时间，但就可测量元素的范围而言要更加灵活。第三种设计是基于使用阵列检测器，能够同时测量多种元素或按操作者要求检测任意元素。

虽然早期的 ICP-OES 仪器使用一个或多个光电倍增管作为检测器，但阵列探测器或更常见的二维（2-D）成像检测器专门用于现代仪器二维成像检测器的使用，允许等离子体作为一个整体成像，测定等离子体中不同位置的不同元素，这样元素可以在其最佳温度被检测。常用的成像检测器有 CCD 和薄型背照式、背照式 CCD（这些能提供显著优越的灵敏度），还有厂家提供二维电荷注入检测器（charge injection detectors，CIDs）。

CIDs 最初是由通用电气公司开发的，第一个 CIDs 成像相机可追溯至 1972 年。与 CCDs 相比 CIDs 的不同之处在于每个像素都是与其他像素隔离开来的，每个像素都可单独寻址。而 CCD 一个像素的饱和会导致“高光溢出”，即电荷溢出到相邻像素。CIDs 对这样的“高光溢出”有较大的抗性。此外，现在的 CIDs 允许对不同像素采用不同的积分时间，可以快速读出主要成分在其相应的像素的强发射线，同时给痕量浓度的另一元素的弱发射线对应的另一像素更多的积分时间。ICP-OES 仪目前对至少 10 种元素的检出限可达 0.01 μg/L 以下，另 17 种元素检出限低于 0.1 μg/L，其他元素检出限不高于 1 μg/L，共计 66 种元素。虽然 ICP-MS 总体上可以提供更好的检出限，但 ICP-MS 对于低原子量元素的检出限往往不是很好。在半导体工业中，特别是微量硅，ICP-OES 比 ICP-MS 能更好地进行测定。样品中含有的硅通常溶解在氢氟酸里，对金属和玻璃 / 石英有极强的腐蚀性。专门的仪器可利用完全耐 HF 的惰性材料来处理样品。

ICP-OES 法可用于分析任何能制成溶液的样品，其应用领域很广，包括金属与合金的地质样品、环境样品、生物和医学临床样品、农业和食品样品、电子材料及高纯化学试剂等。它的主要限制是需要将样品制成溶液。对固体样品，其制备样品手续烦琐且费时，故固体样品分析一般选择火花或激光把固体消融成悬浮液进样，或直接插入固体到等离子体中。

目前，我国工作场所空气有毒物质检测标准规定了常见金属、类金属及其化合物共有 32 类。规定的检测分析方法主要为原子吸收光谱法、紫外–可见分光光度法，除此之外，还规定了铋、汞、硒、碲的原子荧光光谱测定方法，只有钡、钼和钇 3 种金属及其化合物规定了等离子体发射光谱检测方法。目前，ICP–OES 技术日趋成熟和完善，除了能够满足多元素同时分析以外，在样品的直接进样分析，仪器的分析精确度、灵敏度、自动化方面都已经取得了很大的进展。就我国目前情况来看，ICP–OES 技术在职业卫生检测工作中的应用尚有很大的发展空间。

第四节　紫外 – 可见分光光度法

一、紫外 – 可见分光光度法的原理

1. 紫外–可见吸收光谱

物质对光的吸收是物质与辐射能相互作用的一种形式，只有当入射光的能量与吸光物质分子从基态跃迁到某一激发态所需能量相等时才会被吸收。紫外–可见分子吸收光谱是分子对紫外–可见光光子选择性俘获的过程，本质上是分子内价电子跃迁的结果，分子中的某些基团吸收了紫外–可见光辐射后，发生了电子能级跃迁，从而产生了相应的吸收光谱，属于分子吸收光谱，根据被测物质在紫外–可见光的特定波长处或一定波长范围内对光的吸收特性而对该物质进行定性定量分析的方法称紫外–可见分光光度法。紫外–可见区可细分为：

（1）远紫外光区，10~200 nm。

（2）近紫外光区，200~400 nm。

（3）可见光区，400~800 nm。

2. 紫外–可见吸收曲线

在溶液浓度和液层厚度一定的条件下，测定溶液在不同波长处的吸光度，以波长 λ 为横坐标，吸光度 A 为纵坐标作图，即可得一条曲线，及吸收光谱，如图 4–6 所示。吸光度最大时，对应的波长为最大吸收波长（λ_{max}）。

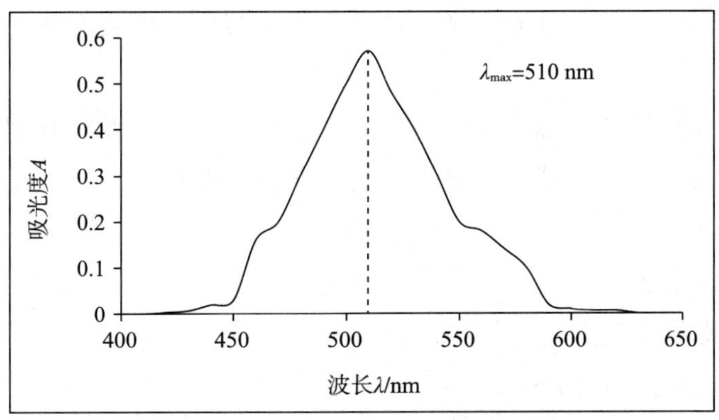

图 4-6 邻二氮菲亚铁溶液吸收曲线

（1）同一物质，对不同波长的吸光度不同，一般选择吸光度最大时对应的波长 λ_{max} 为测定波长。吸收曲线是选择入射光波长（λ_{max}）的重要依据。

（2）同一物质不同浓度，其吸收曲线形状相似，λ_{max} 不变，且在同一波长处吸光度随浓度降低而减小。

（3）不同物质，吸收曲线的形状和吸收波长不同。吸收曲线是特性的，可以提供物质的结构信息，作为物质的定性、定量分析依据。

3. 朗伯-比尔定律

如图 4-7 所示，吸光度 A：物质对光的吸收程度，数学表达式为：

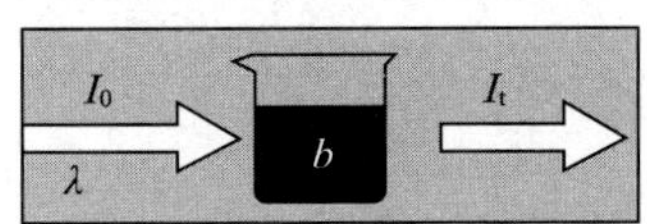

图 4-7 物质对光的吸收示意图

$$A=\lg\frac{I_0}{I_t} \tag{4-22}$$

式中 A——吸光度；

I_0——入射光强；

I_t——透射光强。

1760 年，朗伯（Lambert）阐明了光的吸收程度与吸收层厚度的关系：$A \propto b$。

1852 年，比尔（Beer）又提出了光的吸收程度和吸收物质浓度之间也有类似的关系：$A \propto c$。

两者结合为朗伯–比尔定律（Lambert–beer），即在一定条件下溶液对单色光吸收的强弱与吸光物质的浓度和厚度成正比关系。其数学表达式为：

$$A=Kbc \tag{4-23}$$

式中 A——溶液吸光度；

K——吸光常数（摩尔吸光常数）；

c——溶液浓度，mol/L；

b——液层厚度（比色皿厚度），mm。

吸光系数 K 在给定条件下（单色光波长、溶剂、温度等）是物质的特征常数，可作为定性依据。在吸光度与浓度之间的直线关系中，吸光系数 K 是斜率，是定量的依据，其数值越大则测定的灵敏度越高。

紫外–可见分光光度法具有灵敏度高、测量精度好、操作简便等优点，通常待测物质质量分数为 0.000 01%~1% 时，能够用分光光度法准确测定，所以它主要用于测定微量组分，几乎所有的无机离子和许多有机化合物均可以用分光光度法进行测定。若采用灵敏度高、选择性好的有机显色剂，并加入适当掩蔽剂，一般不经过分离即可直接进行分光光度法测定，其方法的相对误差为 5%~10%。紫外–可见分光光度法是工作场所职业病化学危害因素检测中的常用方法，主要用于非金属无机化合物及部分金属及其化合物、有机物的测定。

二、适用范围

在我国现有职业卫生检测标准中使用分光光度法检测的有害物质主要有无机含氮化合物、氧化物、含磷化合物、含硫化合物、有机肼、二月桂酸二丁基锡等。工作场所空气中有害物质的分光光度检测方法见表 4–2。

表 4–2 工作场所空气中有害物质的分光光度检测方法

元素种类	代表化合物	方法标准号	方法名称
铬	铬及其化合物	GBZ/T 300.9—2017	六价铬的溶液吸收–二苯碳酰二肼分光光度法

续表

元素种类	代表化合物	方法标准号	方法名称
钙	钙及其化合物	GBZ/T 300.7—2017	氰氨化钙的溶剂洗脱-氨基亚铁氰化钠分光光度法
铅	铅及其化合物	GBZ/T 300.15—2017	铅及其化合物的溶剂洗脱-双硫腙分光光度法
锰	锰及其化合物	GBZ/T 300.17—2017	锰及其化合物的酸消解-高碘酸钾分光光度法
钼	钼及其化合物	GBZ/T 300.19—2017	钼及其化合物的酸消解-硫氰酸盐分光光度法
钽	钽及其化合物	GBZ/T 300.24—2017	钽及其化合物的干灰化-碘绿分光光度法
锡	锡及其化合物	GBZ/T 300.26—2017	二氧化锡的干灰化-栎精分光光度法
锡	二月桂酸二丁基锡	GBZ/T 300.27—2017	二月桂酸二丁基锡的溶液吸收-双硫腙分光光度法
钨	钨及其化合物	GBZ/T 300.28—2017	钨及其化合物的酸消解-硫氰酸钾分光光度法
钒	钒及其化合物	GBZ/T 300.29—2017	钒及其化合物的酸消解-N-肉桂酰-邻甲苯羟胺分光光度法
锌	锌及其化合物	GBZ/T 300.31—2017	锌及其化合物的溶剂洗脱-双硫腙分光光度法
锆	锆及其化合物	GBZ/T 300.32—2017	锆及其化合物的酸消解-二甲酚橙分光光度法
硼	三氟化硼	GBZ/T 300.35—2017	三氟化硼的溶液吸收-苯羟乙酸分光光度法
砷	砷及其无机化合物	GBZ/T 300.47—2017	氧化砷的溶剂洗脱-二乙氨基二硫代甲酸银分光光度法、砷化氢的溶液吸收-二乙氨基二硫代甲酸银分光光度法
无机含氮化合物	一氧化氮、二氧化氮、氨、氰化氢、氢氰酸、氰化物、叠氮酸、叠氮化合物	GBZ/T 300.43—2017	叠氮酸和叠氮化钠的三氯化铁分光光度法
磷	五氧化二磷和五硫化二磷	GBZ/T 300.45—2017	五氧化二磷的溶液吸收-钼酸铵分光光度法、五硫化二磷的溶液吸收-对氨基二甲基苯胺分光光度法

续表

元素种类	代表化合物	方法标准号	方法名称
氧	臭氧、过氧化氢	GBZ/T 300.48—2017	臭氧的溶液吸收-丁子香酚分光光度法、过氧化氢的溶液吸收-硫酸氧钛分光光度法
硫化物	二氧化硫、三氧化硫、硫酸、硫化氢、氯化亚砜	GBZ/T 160.33—2004	二氧化硫的四氯汞钾-盐酸副玫瑰苯胺分光光度法、二氧化硫的甲醛缓冲液-盐酸副玫瑰苯胺分光光度法、三氧化硫和硫酸的氯化钡比浊法 硫化氢的硝酸银比色法、二硫化碳的二乙胺分光光度法、氯化亚砜的硫氰酸汞分光光度法
氯化物	氯气、氯化氢、盐酸、二氧化氯	GBZ/T 160.37—2004	氯气的甲酸橙分光光度法、氯化氢和盐酸的硫氰酸汞分光光度法、二氧化氯的酸性紫R分光光度法
醇类	二氯丙醇	GBZ/T 160.48—2004	二氯丙醇的变色酸分光光度法
硫醇	乙硫醇	GBZ/T 160.49—2004	乙硫醇的对氨基二甲基苯胺分光光度法
酚类	苯酚、间苯二酚	GBZ/T 160.51—2004	苯酚的4-氨基安替比林分光光度法、间苯二酚的碳酸钠分光光度法
脂肪族醛类	甲醛	GBZ/T 300.99—2017	甲醛的溶液吸收-酚试剂分光光度法
	糠醛	GBZ/T 300.100—2018	糠醛的溶液吸收-苯胺分光光度法
羧酸类	对苯二甲酸	GBZ/T 300.114—2017	对苯二甲酸的溶剂洗脱-紫外分光光度法
酰基卤类	光气	GBZ/T 160.61—2004	光气的紫外分光度法
腈类	丙酮氰醇	GBZ/T 300.134—2017	丙酮氰醇的溶液吸收-异烟酸钠-巴比妥酸钠分光光度法
芳香族胺类	对硝基苯胺	GBZ/T 300.143—2017	对硝基苯胺的溶剂解析-紫外分光光度法
硝基烷烃类	氯化苦	GBZ/T 160.73—2004	盐酸萘乙二胺分光光度法
有机磷农药	敌百虫	GBZ/T 160.76—2004	敌百虫的二硝基苯肼分光光度法
炸药类	硝化甘油、硝基胍、奥克托今和黑索金	GBZ/T 300.159—2017	奥克托今的溶剂洗脱-盐酸萘乙二胺分光光度法

三、仪器组成

常用紫外–可见分光光度计的工作波长范围为 190~900 mm，主要仪器构成包括光源、单色器、吸收池、检测器和信号显示系统 5 部分。紫外–可见分光光度计工作原理如图 4–8 所示。

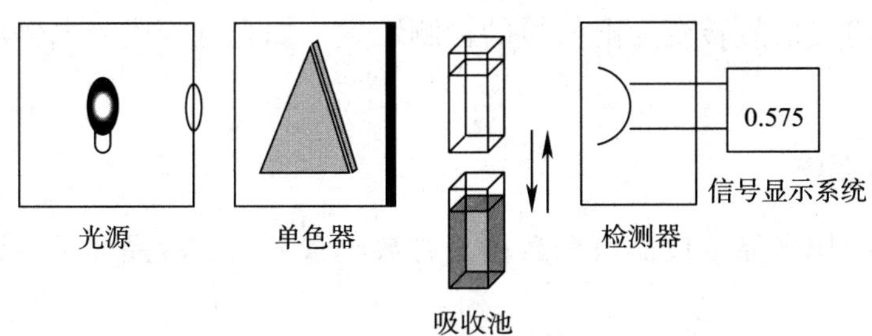

图 4–8　紫外–可见分光光度计工作原理图

1. 光源

提供能量并激发被测物质分子，使之产生电子光谱谱带（提供宽带辐射），即发射符合要求的入射光光源，如氘灯、氢灯（紫外区），钨丝灯、卤钨灯（可见光区）。

2. 单色器

单色器的作用是将光源发射的复合光分解成单色光，并可从中选出任一波长单色光的光学系统，包括狭缝、色散元件和透镜系统，其中色散元件是将复合光分解成单色光，有棱镜或光栅两种。

3. 吸收池

吸收池是指盛放分析试样（一般是液体）和对比样的分析池，又叫比色皿，是决定透光液层厚度的器件，主要有石英吸收池和玻璃吸收池两种。在紫外区须采用石英吸收池，可见区一般用玻璃吸收池。

比色皿的使用应注意以下要求：

（1）比色皿应配套使用（$\Delta T \leqslant 0.3\%$）。

（2）在使用和清洗过程中，严禁用手指触摸透光面，严禁用硬质纤维擦透光面，只能用擦镜纸擦拭透光面。

（3）使用前应先洗净并用待装液润洗 3 次。

（4）盛装溶液的高度为比色皿高度的 2/3~4/5，不能装满。

（5）使用完立即用清水洗净，倒扣。

4. 检测器

检测器是指将光信号转变为电信号的检测装置，如光电管或光电倍增管等组成的检测器。

5. 信号显示系统

信号显示系统用来显示仪器所测数据，有数码管显示、液晶显示、计算机显示及处理系统等。

四、常见紫外-可见分光光度计类型

紫外-可见分光光度计的仪器结构通常分为单波长和双波长两种类型。

1. 单波长分光光度计

单波长分光光度计分单光束和双光束两种。

（1）单光束紫外-可见分光光度计。单个光束指的是从光源发出的光，通过单色器等一系列光学元件穿过吸收单元，它只有一束光交替通过样品池和参比池。单光束分光光度计的特点是结构简单、价格低，主要适用于定量分析。测量结果受电源波动的影响很大，很容易给测量结果带来很大的误差。

（2）双光束紫外-可见分光光度计是一种具有两个单色光的紫外-可见分光光度计，其光路设计基本上类似于单光束分光光度计，不同之处在于在单色器和吸收池之间添加切割器。该功能是将一个光束分成两个相等强度的光，在一定频率下，一个通过参考溶液，另一个通过样品溶液。

2. 双波长紫外-可见分光光度计

由同一光源发出的光被分成两束，分别经过两个单色器，得到两束不同波长的单色光；利用切光器使两束光以一定的频率交替照射同一吸收池，然后经过光电倍增管和电子控制系统，最后由显示器显示出两个波长处的吸光度差值。该吸光度差值与被测物质的浓度成正比，这个方法称为双波长紫外-可见分光光度法。

五、分析条件的选择

1. 仪器条件的选择

（1）适宜的吸光度范围。当吸光度 A 在 0.3~0.7 范围内时，实验的测量误差较小。通常实验时，将吸光度的测量范围控制在 0.2~0.8 内。

（2）入射光波长的选择。通常根据被测组分的吸收光谱，选择最强吸收带的最大吸收波长为入射光波长。当最强吸收峰的峰形比较尖锐时，往往选用吸收稍低、峰形稍平坦的次强峰或肩峰进行测定。

（3）狭缝宽度的选择。狭缝的宽度会直接影响测定的灵敏度和校准曲线的线性范围。狭缝宽度过大时，入射光的单色性降低，校准曲线偏离比尔定律，灵敏度降低；狭缝宽度过窄时，光强变弱，势必要提高仪器的增益，随之而来的是仪器噪声增大，于测量不利。选择狭缝宽度的方法是：测量吸光度随狭缝宽度的变化。狭缝的宽度在一个范围内，吸光度是不变的，当狭缝宽度大到某一程度时，吸光度开始减小。因此，在不减小吸光度时的最大狭缝宽度，即所欲选取的合适的狭缝宽度。

2. 显色反应条件的选择

对多种物质进行测定，常利用显色反应将被测组分转变为在一定波长范围有吸收的物质。常见的显色反应有配位反应、氧化还原反应等。显色反应必须满足的反应条件为：

（1）如果待测组分本身没有颜色或本身颜色很浅，无法直接进行测定，需利用显色反应将待测组分转变为有色物质，然后进行测定。例如，Fe^{2+} 本身颜色很弱，如加入显色剂邻二氮菲，则生成稳定的橙红色络合物，该络合物吸光能力强，用于含量测定效果佳。

（2）显色反应灵敏度高，反应生成物须在紫外-可见光区有较强吸光能力，即摩尔吸光系数较大。

（3）反应有较高的选择性，显色剂应尽量只与待测组分反应，而不与溶液中其他共存组分反应，而且反应产物应足够稳定，以保证测量过程中溶液的吸光度不变。

（4）显色剂一般本身为弱酸或弱碱，溶液的 pH 值可显著影响显色剂的解离程度和显色反应的完成程度。可通过实验确定最合适的 pH 值。

（5）显色反应一般需要一定时间，显色程度会随着时间变化而变化。可作显色反应时间-吸光度曲线，最合适的时间为曲线中的平坦部分。

3. 参比溶液的选择

紫外-可见分光光度法需要参比溶液作空白以消除吸收池壁、溶剂对入射光的反射和吸收所带来的误差及其他一些干扰因素所带来的影响。

（1）当样品简单，无显色剂或显色剂无吸收，直接用溶剂作参比溶液。对于显色反应，显色剂如有吸收，可在溶剂中加入与样品溶液相同含量的显色剂的溶液作参比溶液。

（2）对于样品较为复杂的显色反应，可用不加显色剂的样品溶液为参比溶液。若显色剂、样品溶液中各组分均在设定波长下有吸收，则可采用显色剂与除待测组分外的其他共存组分混合作为参比溶液。

六、分析方法

1. 目视比色法

用眼睛观察，比较溶液颜色深度以确定物质含量的方法称为目视比色法。将一系列不同量的标准溶液依次加入各比色管中，再分别加入等量的显色剂和其他试剂，并控制其他实验条件相同，最后稀释至同样体积，配成一套颜色逐渐加深的标准色阶。将一定量的被测溶液置于另一比色管中，在同样条件下进行显色，并稀释至同样体积，从管口垂直向下（有时由侧面）观察颜色。如果被测溶液与标准系列中某溶液的颜色相近，则被测溶液的浓度就等于该标准溶液的浓度。如果被测溶液颜色介于相邻两种标准溶液之间，则溶液浓度就介于这两个标准溶液浓度之间。

2. 标准曲线法

根据朗伯-比尔定律，保持液层厚度，入射光波长和其他测量条件也不变，则在一定浓度范围内，所测得吸光度与溶液中待测物质浓度成正比。因此，配制一系列已知的、不同浓度的标准溶液，分别在选定波长处测其吸光度 A，然后以标准溶液的浓度 c 为横坐标，以相应的吸光度 A 为纵坐标，绘制出 A-c 关系曲线。如果符合朗伯-比尔定律，则可获得一条直线，称为标准曲线或称工作曲线。在相同条件下测量样品溶液吸光度就可以从标准曲线上查出样品浓度。

七、样品检测注意事项

在使用紫外-可见分光度法进行样品检测与分析的过程中，应注意以下几点：

（1）显色剂质量。注意其使用期限、保存方式（低温、避光、干燥），显色剂纯度的区别和要求，使用有效期和方法要求的试剂纯度。

（2）显色条件。遵照实验要求，注意反应温度和时间等控制条件；注意显色的稳定时间，并在其稳定时间内进行检测。

（3）吸光度范围。为减小测量误差，待测液最适宜的吸光度范围应在 0.2~0.8 之间。

（4）试剂。注意检测所用试剂的分级和质量，应按检测要求使用。

（5）比色皿。保持比色皿洁净，并注意配对使用，切勿用手拿捏透光面。保证每次测试时，比色皿不倾斜放置，比色皿架推拉到位。

（6）干扰。对被检样品的干扰物质和干扰因素，要进行排除，必要时进行复检。

八、方法应用——甲醛的溶液吸收-酚试剂分光光度法

1. 原理

空气中的蒸气态甲醛用装有水的大气泡吸收管采集，与酚试剂反应生成吖嗪，在酸性溶液中，吖嗪被铁离子氧化生成蓝色化合物，用分光光度计在 645 nm 波长下测量吸光度，进行定量。

2. 仪器与试剂

（1）大气泡吸收管。

（2）空气采样器。流量范围为 0~500 mL/min。

（3）具塞刻度试管。10 mL。

（4）分光光度计。具 1 cm 比色皿。

（5）酚试剂（3-甲基-2-苯并噻唑腙盐酸盐）溶液。1 g/L，置于棕色瓶中，冰箱内保存。此液无色透明，放置后，逐渐产生红色，并加深。可放置约 3 个月（呈淡红色），较长时间放置则出现细小棕红色沉淀，过滤后仍可使用，但吸光度本底值升高。

（6）吸收液。用水稀释 5 mL 酚试剂溶液至 100 mL。

（7）硫酸铁铵溶液。质量浓度 10 g/L。1 g 硫酸铁铵［$NH_4Fe(SO_4)_2 \cdot 12H_2O$，优级纯］溶于 0.1 mol/L 盐酸溶液中，并稀释至 100 mL。置于棕色瓶中，在冰箱内可保存约 6 个月。

（8）标准溶液。2.8 mL 甲醛溶液（体积分数为 36%~38%）用水稀释至 1 L（1 mL 此溶液约含 1 mg 甲醛）。溶液标定后为甲醛标准储备液，置于棕色瓶中常温放置可稳定 3 个月。临用前，在 100 mL 容量瓶中加入约 50 mL 水、5 mL 酚试剂溶液和一定体积的甲醛标准储备液，用水稀释成 1.0 μg/mL 甲醛标准溶液，放置 30 min 后用于配制标准系列。此溶液可稳定 24 h。或用国家认可的标准溶液配制。

3. 样品的采集、运输和保存

（1）短时间采样。在采样点，用装有 5 mL 吸收液的大气泡吸收管，以 200 mL/min 流量采集≤ 15 min。

空气样品采样后，立即封闭吸收管的进出气口，置于清洁容器内运输和保存。样品在室温下可保存 24 h，在 4 ℃冰箱内可保存 3 天。

（2）样品空白。在采样点打开装有 5 mL 吸收液的大气泡吸收管的进出气口，并立即封闭，然后同样品一起运输、保存和测定。每批次样品不少于 2 个样品空白。

4. 分析步骤

（1）样品处理。用吸收管中的样品溶液洗涤进气管内壁 3 次后，取 1.0 mL 样品溶液，置于具塞刻度试管中，加入 4.0 mL 吸收液，摇匀，供测定。

（2）标准曲线的制备。取 5~8 支具塞刻度试管，分别加入 0.00~1.50 mL 甲醛标准溶液，加吸收液至 5.0 mL，配成 0.00~1.50 μg 含量范围的甲醛标准系列。加入 0.4 mL 硫酸铁铵溶液，摇匀；放置 15 min（气温较低时适当延长反应时间，例如 15 ℃时反应 30 min）。用分光光度计在 645 nm 波长下，以水作参比，分别测定标准系列各浓度溶液的吸光度。以测得的吸光度（减去试剂空白）对相应的甲醛含量，绘制标准曲线或计算回归方程，其相关系数应≥ 0.999。

（3）样品测定。用测定标准系列的操作条件测定样品溶液和样品空白溶液，测得的吸光度值（减去试剂空白）由标准曲线或回归方程得样品溶液中甲醛的含量。若样品溶液中甲醛浓度超过测定范围，用吸收液稀释后测定，计算时乘以稀释倍数。

5. 计算

按照式（4–24）计算空气中甲醛浓度：

$$C=5M/V \tag{4–24}$$

式中　C——空气中甲醛的质量浓度，mg/m^3；

M——测得的 1.0 mL 样品溶液中甲醛的含量（减去样品空白），μg；

V——标准采样体积，L。

6. 注意事项

（1）本法的定量下限为0.04 μg，定量测定范围为0.04~1.50 μg；以采集3 L空气样品计，最低定量质量浓度为0.07 mg/m^3；相对标准偏差为1.4%~7.8%，采样效率为94%~96%。

（2）生成的颜色可稳定4 h。

（3）本法不是特异反应，其他脂肪醛也有甲醛类似的反应，但碳链越长，灵敏度越低。当甲醛含量为1.5 μg时，2 500 μg酚、1 000 μg甲醇或乙醇不干扰测定。

总结：紫外–可见分光光度法是根据物质在紫外–可见光的特定波长处或一定波长范围内对光的吸收特性而对该物质进行定性定量分析的方法，它具有操作简单、成本经济等优点，广泛用于作业场所有害物质检测。

第五节　气相色谱法

工作场所空气中的有害物质大多有一定的挥发性，因温度、气流、爆破、挖掘等因素常以气态、蒸气态或气溶胶态逸散并存在。气相色谱法适用于分析挥发性好、蒸气压低、沸点低、热稳定好的样品，在职业卫生检测中应用最多。在2017—2018年修订的国家职业卫生检测系列标准《工作场所空气有毒物质测定》（GBZ/T 300）中涉及的挥发性有害物质的检测方法绝大多数应用了气相色谱法，可以说在职业卫生检测领域气相色谱法无疑是非常重要且主要的检测手段。例如，在工作场所有害物质检测中最常见的烷烃类、芳香烃类、卤代烃类、醇类、酚类、脂肪酮类、环氧化合物等均需要气相色谱法进行检测。

一、色谱法原理概述

色谱法，又名色层法、层析法，是一种用以分离、分析多组分混合物的极有效的物理及物理化学分析方法。迄今为止，色谱法是最为有效的分离手段。目前，色谱法已广泛应用于许多领域，许多气体、液体和固体样品都能找到合适的色谱法进行分离和分析。

1903 年，俄国植物学家 Mikhail Tswett 在研究植物叶的色素成分时，将植物叶子的萃取物加入填有碳酸钙的直立玻璃柱顶端，然后加入石油醚淋洗，结果色素中各组分互相分离形成各种不同颜色的谱带，这种方法因此被称为色谱法 Chromatographic（希腊语中"chroma" =color，"graphein" =write）。以后，此法逐渐应用于无色物质的分离，"色谱"二字虽已失去原来的含义，但仍被人们沿用至今。1937—1972 年，15 年中有 12 个诺贝尔奖是有关色谱研究的。

不管属于哪一类色谱法，其共同的基本特点是具备两个相：不动的一相，称为固定相；另一相是携带样品流过固定相的流动体，称为流动相。当流动相中样品混合物经过固定相时，就会与固定相发生作用，由于各组分在性质和结构上的差异，与固定相相互作用的类型、强弱也有差异，因此，在同一推动力的作用下，不同组分在固定相滞留时间长短不同，从而按先后不同的次序从固定相中流出。

1. 色谱法的分类

总的来说，色谱法的形式有很多，因此，可分别根据流动相、固定相和载体对色谱法进行分类，其中最主要的是根据色谱法中的流动相的不同来进行分类，如果流动相为气体，则称之为"气相色谱法"（gas chromatography，GC）；如果流动相是液体，则称之为"液相色谱法"（liquid chromatography，LC）；如果流动相为超临界流体，则称之为"超临界流体色谱法"（supercritcial fluid chromatography，SFC）。所有这些色谱方法还可根据它们的分离机理以及固定相的不同进行进一步的分类。例如，对于气相色谱法来说，可根据使用的固定相不同，分为"气-固色谱法"和"气-液色谱法"。色谱法的基本类型见表 4-3。

另一种分类方法是根据载体的不同进行分类。使用封装了固定相与载体的色谱柱的色谱法称为柱色谱法。其中，如果色谱柱中紧密填充了载体颗粒，固定相附着在载体表面，那么这种方法称为填充柱色谱法；如果色谱柱中不存在载体，固定相附着在色谱柱内壁上，这种方法称为空心柱色谱法。载体与固定相也可以呈平面状，例如，纸、玻璃、塑料等，这种方法称为平面色谱法。

表 4–3 色谱法的基本类型

分类	方法	固定相	平衡类型
气相色谱	气液色谱	液体吸附于固体	气液间分配
	气固色谱	固体吸附剂	吸附
	气相键合色谱	有机组分键合于固体表面	液体和键合体表面间的分配
液相色谱	液液色谱	液体吸附于固体	不相容液体间的分配
	液固（吸附）色谱	固体吸附剂	吸附
	液相键合色谱	有机组分键合于固体表面	液体和键合体表面间的分配
	离子交换色谱	离子交换树脂	离子交换
	凝胶渗透（尺寸排阻）色谱	液体附于多孔聚合物	分配 / 筛析
超临界流体色谱		有机组分键合于固体表面	超临界流体和键合相间分配

2. 色谱法基本概念与原理

在分析化学中，最常见的色谱法就是柱色谱法，一般的操作过程是将体积较小的样品混合物溶液加入色谱柱顶端，然后在流动相存在的情况下，观察每种组分流出色谱柱的时间或者所需的流动相体积。溶质在色谱柱中的运动称为洗脱，用来携带溶质进行洗脱的流动相称为洗脱液。

色谱分析的结果一般以色谱流出曲线的形式给出。色谱流出曲线也称为色谱图，它综合体现了被分离组分在色谱分离过程中的热力学因素与动力学因素，是色谱定性、定量分析的基础与依据。在形式上，色谱图是被分离组分的检测信号随时间或流动相体积变化的曲线，单组分的标准色谱图如图 4–9 所示，其中包括一些重要的术语与关系式。当无组分通过检测器时，检测器所检测记录得到的信号即为基线，如图 4–9 所示的与横轴平行的直线。保留值是用来描述试样组分被固定相滞留程度的参数，如果保留值越大，说明组分被固定相滞留的时间越长，组分与固定相之间的作用也就越强，如果组分不被固定相滞留，那么它将以最短的时间流出色谱柱。保留值受色谱分离过程中的热力学因素控制，取决于流动相、固定相种类以及组分的分子结构，在数学上可以用时间或体积表示。用时间表示的保留值称为保留时间 t_R，它反映了从进样到柱后检测器出现最大信号响应值所需的时间。不被固定相滞留的组分的保留时间被称为死时间 t_m，在相同的操作条件下，保留时间的大小取决于组分的分子结构，这是色谱定性分析的基础。

同样，可以使用流动相体积表示保留值。组分流出色谱柱所需流动相的平均体积称为保留体积 V_R。同理，不被固定相保留的组分流出色谱柱消耗的流动相的体积称为死体积 V_m，t_R 和 V_R、t_m 和 V_m 的值与流动相的流速 F 有关，存在如下所示的关系：$V_R=t_RF$；$V_m=t_mF$。

由图 4–9 可以看出，色谱峰存在一定的宽度，其大小反映色谱分离过程中受到的动力学因素的影响。当样品流出色谱系统时，色谱图上每种组分所对应区域（称为色谱峰或色谱带）宽度都会逐渐变宽，这个过程称为谱带展宽，谱带展宽是一个普遍现象，即便对那些不与固定相作用的组分也会观察到。谱带展宽反映了在色谱分离过程中，组成每种组分内各个分子、原子或离子流出色谱系统的时间均不相同。即采用色谱法分析纯净物，其在色谱图中也是呈峰状分布的。流动相的流速、分子扩散等动力学因素能够引起谱带展宽。

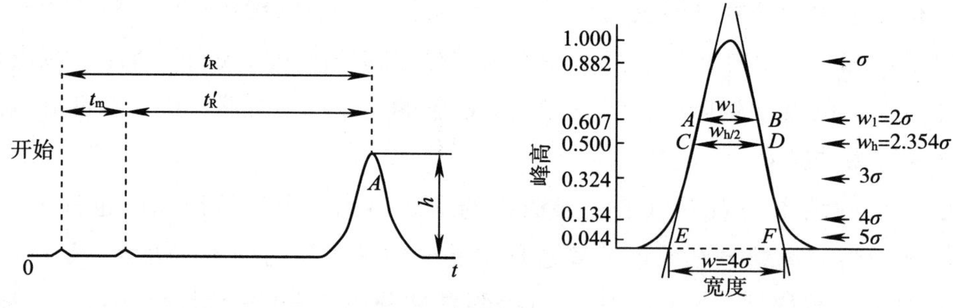

图 4–9　典型的色谱图

在色谱图上，可以通过手工方式测量峰底宽度（w）或半峰宽（$w_{h/2}$）等参数描述一个色谱峰的峰宽。由于理论上色谱峰轮廓呈高斯分布，因此可用标准偏差（σ）或标准方差（σ^2）来描述色谱峰的宽度。色谱峰的峰底宽度 w、半峰宽 $w_{h/2}$，与高斯分布标准偏差之间存在以下关系：$w=4\sigma$。

虽然可以使用峰宽作为首要因素评价谱带展宽和柱效，但是峰宽依然取决于组分的保留值（保留时间或保留体积），为了比较不同组分在不同保留值下的谱带展宽，需要引入一个参数——理论塔板数（N），N 的通用数学定义式为：$N=(t_R/\sigma)^2$。要求 t_R 和 σ 必须具有相同的单位，而 N 是没有单位的，在某些情况下，N 也被简称为“塔板数”。N 的数值取决于色谱柱的类型和分离采用的色谱方法。N 可以近似看作是组分在固定相与流动相间分配的次数，所以 N 值越大对同一种化合物来说分离效果越好。

二、气相色谱法概述

气相色谱法使用气体作为流动相，使 GC 技术可以分离像 VOCs 这样的气体样品或其他易于挥发的物质。依此特性，GC 方法可以用来检测环境、法庭化学分析以及石油工业中的许多挥发性物质。气相色谱技术是实验室中应用广泛、功能强的分析技术之一，其广泛运用于有机化合物的检测。气相色谱分离苯和环己烷（沸点分别是 80.1 ℃和 80.8 ℃）十分简单，但是用蒸馏的方法却无法实现分离。虽然马丁和辛格在 1941 年发明了液液色谱法，但十年后马丁和詹姆斯发明的气液相色谱法却在两个方面有更突出的影响。第一，与手动操作的液液色谱不同，气相色谱仪器的应用需要化学家、工程师和物理学家的合作，实验分析速度更快、规模更小。第二，随着气相色谱的发展，当时石油产业急需改善监测分析方法，因此立即采用气相色谱法。几年后，每一种类型的有机化合物检测几乎都使用 GC 法。气相色谱技术可分离极度复杂的样品，近年来发展的二维气相（或称 GC-GC）极大提高了气相色谱的应用范围。气相色谱分为两类：气固色谱和气液色谱，使用毛细管柱的气液色谱（gas liquid chromatography，GLC）应用更广泛。气相检测器和质谱联用组成了强大的分析系统，极大提高了所有分析化合物的灵敏度。

1. 气相色谱仪的结构

典型的气相色谱仪结构如图 4-10 所示，用来进行气相色谱分离的仪器系统称为气相色谱仪。载气系统是气相色谱仪中重要的部分。载气系统包括载气（流动相）的储气瓶以及用来控制载气流速的压力调节器。气相色谱仪的第二部分是进样器，包括一个加热线圈或可放置样品的小孔，固态或液态样品放置在小孔中后将被加热升华形成气体。气相色谱仪的第三部分是色谱柱。色谱柱中含有载体以及附着在载体之上的固定相，气相色谱分离发生在色谱柱内。色谱柱被密闭在一个温度控制系统内，这个系统主要负责维持色谱分离所需的温度。气相色谱仪的第四部分是检测器，此检测器用来检测离开色谱柱后流动相内的组分信息。

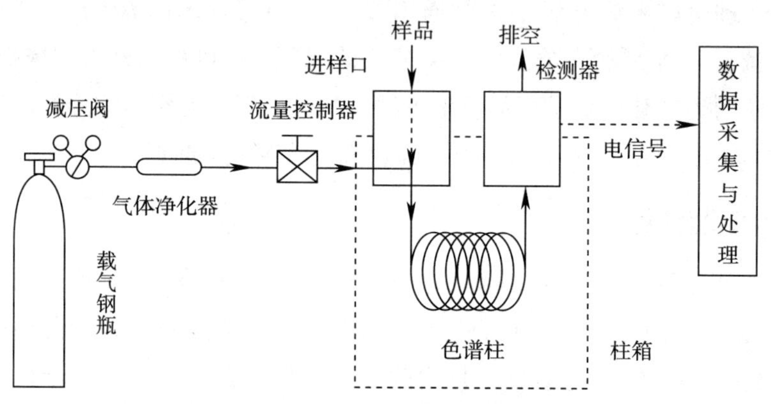

图 4–10 气相色谱仪结构图

样品通过隔膜注射或气体进样阀快速注射进入入口 / 入口衬管，然后通过载气运载到色谱柱（或分流，经常用毛细管柱来防止过载）。样品蒸气压最少 10 torr（1 torr=133.322 Pa）以上，所以进样口、色谱柱还有检测器的加热温度通常要比溶质的最高沸点高 50 ℃。进样阀和检测器的温度通常比色谱柱温度更高，以提高样品的汽化程度而避免样品在检测器中冷凝。对于填充柱，液体样品的进样体积是 0.1~10 μL，气体样品的进样体积是 1~1 mL，气体通过气密注射器或恒定体积的气体进样阀进样。对于毛细管柱，因其容量低（虽然分辨率高），进样体积约为填充柱的百分之一。样品分流器的设计目的是在使用毛细管分析柱时，将一小部分样品输送到分析柱，而其余样品流入废液。在使用填充柱时，也可实现完全进样而不分流。

2. 气相色谱法分离原理

气相色谱法分离的原理是气相组分在载气和固定相之间达到平衡。载气是纯化学性气体，如氩气、氦气或氮气等。高密度气体因其扩散小而效率更高，而低密度气体的运动速度更快。通常根据检测器类型决定选择何种气体。气相色谱法使用可自动检测洗脱分析物的检测流通池，大多数气相检测器是破坏性的。

样品以恒定流速流经色谱柱。各种检测器的响应取决于分析物。某些检测器包含基准端和采样端，载气通过基准端流过色谱柱再进入采样端。基准端和采样端之间的响应差异通过处理，输出分析信号，此信号即代表色谱峰，通过数据系统处理以时间函数形式输出。通过检测保留时间（从进样至出峰的时间）并对比其与标准品的保留时间，或许可以确定色谱峰归属（保留时间相同并不代表两种化合物是同一种化学物）。峰面积与浓度成正比，因此可定量测定物质含量。色谱峰通常是尖峰（时间宽度窄，要求检测器检测速度快），峰高可通过校准曲线比较得出。色谱数据处理系统通常可自动检测色谱峰，读出峰面积、峰高和保留时间的数据。气相色谱法分析高度复杂品的时间很短且样品分析量小，因此这项技术应用广泛。更重要的是，气相色谱法可将其他方法无法轻易分离的样品分离。分析物从分析柱上洗脱后，检测器对其检测非常快速便捷。保留时间可以用于定性鉴别，峰面积可以用于定量检测。

气相色谱法不能适用于所有类型化合物的检测，到目前为止还尚未有一种检测方法可适用于一切类型的化合物。如果使用气相色谱法分析一种物质，这种物质需要首先进入气体流动相才能够进入和通过色谱柱。这意味着样品必须具有一定挥发性或能够很容易变成气态分子。物质的挥发性与它的蒸气压和沸点相关。例如，属于 VOCs 的挥发性物质都有较高的蒸气压和较低的沸点，正是由于具有这种易挥发性，VOCs 能够进入大气层并与氮氧化合物反应形成臭氧。因此，利用气相色谱法可以很容易地分离与分析这些易挥发的物质。

可以利用一些信息去推测一种物质是否具有气相色谱法分析所需的足够的挥发性。第一条信息就是化合物的相对分子质量。一般来说，摩尔质量在 600 g/mol 以上的化合物所具有的挥发性对于气相色谱来说是不足的。虽然许多小分子量化合物能采用气相色谱法分析，但是气相色谱法很难检测具有极性官能团的小分子量化合物。因此，在判断能否通过气相色谱法研究一种化合物时，需要考虑这种化合物的沸点。1 atm 下沸点低于 500 ℃的化合物所具有的挥发性对于气相色谱法来说是足够的。在气相色谱仪中加入一些分析物，通过观察它的洗脱时间是否在合理的范围，可以判断这种物质是否可以使用气相色谱法分析。

除了良好的挥发性外，适于气相色谱法分析的物质同样需要具备良好的热稳定性。如果一种物质的热稳定性不好，在气相色谱法进样或分离过程中很可能由于高温的作用而发生分解，而样品分解将使其很难被检测与分析。在分析之前判断一种化合物对于气相色谱法分析来说是否足够稳定是困难的，只能通过在气相色谱仪中加入这种化合物，获得这种化合物产生的色谱图，观察其中是否只有一支峰形符合高斯分布、保留时间正常的色谱峰。如果样品的热稳定性不佳，有时可以通过选择一种合适的最大限度减少进样量的方法降低样品降解带来的影响，或采用化学衍生化法对样品进行衍生，提高其热稳定性。

尽管一些分析物可以通过直接进样的方式被引入气相色谱系统中，但那些挥发性不强或稳定性不高的化合物是无法通过这种方式进入气相色谱仪的。解决这个问题的一个通用方式就是改变这种化合物的结构，使其具有更好的化学挥发性或热稳定性。改变化合物化学结构的方法称为衍生化。在气相色谱法分析中，典型的衍生化方式是使用极性较差的基团取代分析物中的羟基或氨基等极性基团。这种改变将降低分析物分子间的相互作用，使它具有更大的挥发性而容易汽化进入气相色谱系统。同样，衍生化也能增强分析物的热稳定性。

三、气相色谱进样系统

1. 液体直接进样

液体样品在气相色谱分析中是十分常见的，例如，可使用气相色谱法分析长时间暴露于污染空气中的人的血液中的挥发性有机物（VOC），气相色谱法中常见的液体样品进样方式有直接进样、分流进样、不分流进样和冷柱上进样。当使用填充柱或宽孔空心柱分析体积较大的样品时（6~10 mL），可以采用直接进样的方式。直接进样一般采用一支经过校准的微量注射器将固定体积的液体样品通过一个气密性隔垫注入一个加热腔中。在加热腔内，液体样品将受热汽化变为蒸气，随后被载气携带进入色谱柱。直接进样方式基本上可将液体样品100%汽化转移至色谱柱中。但是直接进样方式并不适用于空心柱，这是由于空心柱需要的进样体积一般远远小于直接进样体积。

分流进样是解决空心柱进样问题的一种常见方式。分流进样中同样使用微量注射器将液体样品注入气相色谱仪。当液体样品在注射区域汽化之后，样品蒸气会经过分流，只有很少的一部分（0.01%~10%）会进入色谱柱，而其余部分则通过一个出口离开气相色谱仪，这种设计会大大减少进入色谱柱的样品体积，降低了色谱柱样品超载的可能性，尤其是对于窄孔或中孔的空心柱。分流进样特别适用于浓度较高的液体样品，但是由于绝大多数样品被分流掉，因此分流进样方式不适用于痕量分析。分流进样的另一个问题是由于混合物中各组分的挥发性不同，因此，进入色谱柱的比例可能与原液体样品中的比例不同，这将导致气相色谱法分析结果失真。

不分流进样也是一种直接进样方式，可在分流进样装置上直接使用。这种进样方式同样使用微量注射器和空心柱，但是进样系统侧面的分流出口被关闭了，所以大部分汽化的液体样品将被载气携带进入色谱柱中。当分析物进入色谱柱后，再打开分流出口将不需要的气体排出。由于在进样期间几乎没有样品损失，因此与分流进样相比，采用不分流进样方式进行痕量分析效果会更好。但是不分流进样无法解决色谱柱样品超载这个问题。

适用于气相色谱法的另一种液体样品进样方式是冷柱上进样。在这个方法中，装有液体样品的微量注射器通过注射口将样品直接加在色谱柱或无涂覆的预处理柱上。由于注射器周围的温度保持在一个很低的区间，因此加在柱上的样品也能保持在液膜状态。随后，对这个液膜加热使其汽化并由载气携带进入色谱柱。在冷柱上进样时，由于样品直接被加在色谱柱或预处理柱上，因此几乎 100% 的分析物都能进入色谱柱。但是如果样品中存在一些低挥发性组分，使用这种进样方式也会产生一些问题，例如，低挥发性组分易于聚集在色谱柱或预处理柱顶部，随着分析时间的延长会改变气相色谱系统的性质。在这种情况下应优先选择不分流进样方式，可消除低挥发性组分的影响。

在使用气相色谱法分析液体样品之前，经常会对样品进行预处理。常见的预处理方式是将分析物从原始样品中转移进入一种溶剂之后，采用注射的方式将其引入气相色谱系统中。此外，水或含水样品（例如血液）不可直接注射进大部分的气相色谱柱中，这是由于水与许多类型的气相色谱固定相之间存在非常强的相互作用，对于色谱柱的重复使用与长期使用都会产生影响。此外，水中可能溶有固体、盐或其他的非挥发性物质，这些物质均不适宜进入色谱柱中。

为了避免水对气相色谱分析的影响，在进行气相色谱分析之前需要对含水样品进行预处理，常见的预处理方法有液-液萃取、固相萃取或固相微萃取。通过液-液萃取和固相萃取，可将水中的分析物转移到有机溶剂中，并且有助于去除样品中的非挥发性物质。

与水相比，这些弱极性溶剂更易挥发并将促进萃取液体积减少，提高分析物的浓度，最终降低检测限。固相微萃取中使用一根具有涂层的纤维头从水溶液中萃取分析物，萃取完成后纤维头可作为直接进样器置入气相色谱仪内，通过加热或其他方式使附着在纤维头上的分析物解析进入色谱柱。固相微萃取可消除水或其他非挥发性物质对气相色谱分析的影响，并可有效减少色谱柱过载。

2. 顶空分析法进样

顶空分析法规避了挥发性分析物的溶剂萃取。顶空分析法是一种方便快捷的气相色谱分析挥发性样品的进样方法。样品密封于气相小瓶内，以恒定温度平衡，例如 10 min，收集样品上方的饱和蒸气并进样。一般 20 mL 玻璃小瓶的瓶盖是内衬聚四氟乙烯（PTFE）的硅橡胶隔膜。注射器针头可以插入抽取 1 mL 样品，或通过加压使蒸气进入大气压环境的 1 mL 进样环，辅助载气运载进样环内物质进入 GC 进样阀。固体或液体挥发性样品的检测水平一般小于等于 10^{-6} 级。

3. 热解吸法进样

在热解吸法中，挥发性分析物通过加热从样品解吸，直接进入气相色谱。热解吸（thermal desorption，TD）是一项固体或半固体样品在惰性气流下加热的技术。挥发性和半挥发性有机化合物从样品基质中被萃取，进入气流，进而进入气相色谱。样品放置于可更换 PTFE 管衬，可插入不锈钢管中进行加热。

热解吸温度必须低于样品基质中其他材料的分解温度点。固体材料应具有高比表面积（如粉末、颗粒、纤维）。块体材料在称重前需用冷却剂如固态二氧化碳研磨。该技术简化样品前处理步骤并避免溶解样品或溶剂萃取。热解吸法极适用于干或均相样品，如聚合物、蜡、粉末、药物制剂、固体食品、化妆品、软膏和面霜，几乎无须样品前处理。表 4–4 列举了常见气相色谱法进样口与进样技术的特点。

表 4–4　常见气相色谱法进样口与进样技术的特点

进样口和进样技术	特点
填充柱进样口	最简单的进样口。所有汽化的样品均进入色谱柱，可接玻璃和不锈钢填充柱，也可接大口径毛细管柱进行直接进样

续表

进样口和进样技术	特点
分流 / 不分流进样口	最常用的毛细管柱进样口。分流进样最为普遍，操作简单，但有分流歧视、样品可能分解的问题。不分流进样虽然操作复杂一些，但分析灵敏度高，常用于痕量分析
冷柱上进样口	样品以液体形态直接进入色谱柱，无分流歧视问题。分析精度高，重现性好。尤其适用于沸点范围宽或热不稳定的样品，也常用于痕量分析（可进行柱上浓缩）
程序升温汽化进样口	将分流 / 不分流进样和冷柱上进样结合起来，功能多，适用范围广，是较为理想的 GC 进样口
大体积进样	采用程序升温汽化或冷柱上进样口，配合以溶剂放空功能，进样量可达几百微升，甚至更高，可大大提高分析灵敏度，在环境分析中应用广泛，但操作较为复杂
阀进样	常用六通阀定量引入气体或液体样品，重现性好，容易实现自动化。但进样对峰展宽的影响大，常用于永久气体的分析，以及化工工艺过程中物料流的监测
顶空进样	只取复杂样品基体上方的气体部分进行分析，有静态顶空和动态顶空（吹扫–捕集）之分，适用于环境分析（如水中有机污染物）、食品分析（如气味分析）及固体材料中的可挥发物分析等
裂解进样	在严格控制的高温下将不能汽化或部分不能汽化的样品裂解成可汽化的小分子化合物，进而用 GC 分析，适用于聚合物样品或地矿样品等

四、气相色谱柱

气相色谱柱分为填充柱和毛细管柱两大类。填充柱发明较早并使用多年。目前，毛细管柱应用更广泛，但填充柱仍用于分辨率要求不高或分析样品量较大的应用中。

1. 填充柱

色谱柱可以以任何形状放置于柱温箱中，其形状包括盘管、U 形管和 W 形立方体，最常见的是线圈状。一般填充柱长度为 1~10 m，直径为 0.2~0.6 cm。性能优良的色谱柱理论塔板数可达 1 000 层 /m，常用的 3 m 色谱柱可具有 3 000 层塔板。短柱由玻璃或玻璃 / 二氧化硅内衬的不锈钢制成，而更长的色谱柱可由不锈钢或镍制成，以便装填时拉直柱管。色谱柱也可由聚四氟乙烯制成。就化学惰性而言，玻璃仍然是色谱柱材料的首选。

填充柱的分辨率随着柱长的平方根增大而增大。柱长增加则压力增大，分析时间也会增加，如非必要一般不推荐使用（只有当分析物是弱保留，需要更多的固定相以获得足够的保留时，才增加柱长）。分离通常会选择柱长为 3 的倍数，如 1 m 或 3 m。如果短柱分离效果不够好，则需要增加色谱柱长度。

填充柱宜分析大样品量样品，且操作便捷。填充柱中填充有本身作为固定相的小颗粒（吸附色谱法）或涂覆有不同极性的非挥发性非离子液相（分配色谱）。气固色谱法（gas–solid chromatography，GSC）利用高比表面积无机填料，如氧化铝（Al_2O_3）或多孔聚合物（如 PorapakQ 是具有刚性结构和不同孔径的多环芳烃交联树脂），可有效分离小分子气体，如 H_2、N_2、CO_2、CO、O_2、NH_3、CH_4 和挥发性烃。分子因大小不同而在固定相上吸附保留不同得以分离。气固色谱法宜分析液体样品。液相的固态担体（载体）比表面积大，化学惰性、可承载液相，且热稳定性好、颗粒大小均匀。最常用的担体是海绵状硅质材料的硅藻土型担体，品种繁多。

柱填料的担体材料与一定量的液相混合物溶于低沸点溶剂（如丙酮或戊烷）中进行涂层，约 5%~10% 涂层（质量分数），可涂覆薄层。涂层后，溶剂通过加热和搅拌蒸发，最后痕量的残留可在真空状态下除去。新制备的色谱柱在连接检测器或其他下游组件之前，需在高温下流经载气数小时。填料颗粒应尺寸均匀，大小适度，直径分布为 60~80 目（0.25~0.18 mm）、80~100 目（0.18~0.15 mm）或 100~120 目（0.15~0.12 mm），更小的填料颗粒因为系统会产生极高的压降，所以并不实用。

2. 毛细管柱——应用最广泛的气相色谱柱

毛细管柱比填充柱具有更高的分辨率。1957 年，马塞尔 · 格雷预测了内壁涂覆固定相的开管柱，柱管内径越小理论塔板数越大。涡流扩散消除色谱带宽。由于分子扩散距离很小，所以小内径开管柱的传质速度增大。由于压降减小故可使用大流速，减小分子扩散。格雷研究了各类开管柱，使现在的色谱柱达到了极高的分辨率，成为气相色谱分析的重要分支。毛细管柱用薄层聚酰亚胺聚合物涂覆在熔融二氧化硅（SiO_2）外管，增加毛细管柱的柔韧性以保护脆弱的石英毛细管，实现弯曲。毛细管柱中聚酰亚胺层是褐色的，使用中颜色往往会变暗。毛细管柱的内表面进行化学处理可以尽量减少与管材表面上具有硅烷醇基团（Si–OH）的样品的相互作用，像 Si–OH 基与硅烷型试剂反应（如 DMCS）。

毛细管柱也可用不锈钢或镍制成。不锈钢可与许多化合物相互作用，因此可通过 DMCS 处理表面制得固定相可结合的硅氧烷薄层。不锈钢毛细管柱虽不太常见，但在需要极高温度的应用中比熔融石英柱更有优势。

毛细管填充柱的内径为 0.10~0.53 mm，长度为 15~100 m，并且理论塔板数达几十万甚至上百万。绕成的线圈直径约为 0.2 m，毛细管柱可分析得到高分辨率窄峰，分析时间短，灵敏度高（使用专为毛细管柱气相色谱法设计的检测器），但是容易样品量过载，使用分流进样器可以大大减少过载的问题。随着色谱柱直径减小、分辨率增加，可在一定程度上减小毛细管色谱柱柱长。

开管柱有 3 种类型。涂层开口管柱（wall-coated open-tubular，WCOT）有薄层液膜涂覆至毛细管壁，液相稀释溶液缓缓通过色谱柱对管壁进行涂覆，随后通载气蒸发溶剂。涂覆过程中液相交联至柱壁。固定液相为 0.1~0.5 μm 厚。管壁涂层开管柱理论塔板数通常是 5 000 层 /m，所以 50 m 的色谱柱理论上具有 25 万塔板。

涂载体开口管柱（support coated open-tubular，SCOT）是涂有固定相（与填充柱相似）的固体微粒附着在毛细管管壁。较之 WCOT 柱，其比表面积更大且容量更大。柱直径为 0.5~1.5 mm，比 WCOT 柱大。虽因柱压小可用长柱，但柱容量接近于填充柱。流速更快，连接入口和检测器的死体积显得不重要。只要该样品体积小于等于 0.5 μL，很多情况下不必进行样品分流。如果分离需要的塔板数超过 10 000，那么应使用 SCOT 柱而非填充柱。

第三类多孔层开口管柱（porous layer open-tubular，PLOT）用于吸附色谱，其固相颗粒黏附于管壁，多为氧化铝颗粒或多孔聚合物（分子筛），与 GSC 填充柱一样，可有效分离永久性气体及挥发性烃。开口管柱的分离效率依次是 WCOT ＞ SCOT ＞ PLOT。大直径（0.5 mm）PLOT 已研究制备厚度达 5 μm 的固定液相，即接近 SCOT 和填充柱，但是这两类色谱柱的直径增大，分辨率会降低。许多大直径色谱柱仅可使用较厚的液膜。开口管柱的分离能力依次是 WCOT ＞ SCOT ＞ PLOT，SCOT 柱分离能力接近填充柱。色谱柱在过载前可耐受一定量的分析物，过载后保留时间改变，峰变形，展宽变大。进样量从内径 0.25 mm、液膜厚度 0.25 μm 色谱柱的 100 ng 到内径 0.53 mm、固定相厚度 5 μm 色谱柱的 5 μg 不等。表 4-5 列举了常见毛细管色谱柱的极性、规格型号与适用条件。

表 4-5 常见毛细管色谱柱的极性、规格型号与适用条件

极性	名称	型号	适用温度范围	规格	适用条件
非极性毛细管柱	100% 聚二甲基硅氧烷毛细管柱	AT-1，BP-1，CP-SlL-5，DB-1，DC-200，HP-1，MTX-1，007-1，MDN，OV-17，0-10l，Rtx-1，RSL-150，SE-30，SP-2100，SF-96	等温 -60~325 ℃；程序升温 -60~350 ℃	长度：5、10、12、15、20、25、30、40、50、60、105 m，内径：0.1、0.2、0.25、0.32、0.53 mm，膜厚：0.1、0.11、0.15、0.17、0.2、0.25、0.33、0.4、0.5、0.88、1.0、1.5、2.65、3.0、4.0、5.0 μm	胺类、烃类、酚类、杀虫剂、聚氯联苯、硫化物、香精和香料
	5% 二苯基、95% 二甲基硅氧烷毛细管柱	AT-5，BP-5，DB-5ht，CP-SIL BCB，DB-5，GC-5，HP-5，MTX-5，007-2，MDN-5，0V-5，PTE-5，Rx-5，RSL-150，SPB-5，SE-52，SE-54	等温 -60~325 ℃；程序升温 0~350 ℃	长度：5、10、12、15、20、25、30、40、50、60、105 m，内径：0.1、0.2、0.25、0.32、0.53 mm，膜厚：0.1、0.11、0.15、0.17、0.2、0.25、0.33、0.4、0.5、0.88、1.0、1.5、2、65、3.0、4.0、5.0、7.0 μm	生物碱、脂肪酸甲酯、卤代化合物、芳香化合物、药品
中等极性毛细管柱	6% 氰丙基苯基、94% 二甲基硅氧烷共聚物毛细管柱	AT-1301，DB-624，DB-1301，HP-1301，Rx-1301，Rx-624，007-502	等温 -20~280 ℃；程序升温 -20~300 ℃	长度：15、30、60、75、105 m，内径：0.25、0.32、0.53 mm，膜厚：0.1、0.25、0.5、1.0、1.5、3.0 μm	杀虫剂、醇类、氧化剂、亚老哥尔类（Aroclors）
	6% 氰丙基苯、94% 二甲基硅氧烷共聚物毛细管柱	AT-624，CP-624，CP-Select624CB，DB-VRX，Rx-624，Rtx-502，VOCOL，07-624	等温 -20~260 ℃；程序升温 -20~270 ℃	长度：25、30、60、75、105 m，内径：0.18、0.2、0.25、0.32、0.53 mm，膜厚：1.0、1.12、4、1.8、3.0 μm	挥发性卤代化合物
	35% 二苯基、65% 二甲基硅氧烷共聚物毛细管柱	AT-35，DB-35，HP-35，Rtx-35，SPB-3，SPB-608，Sup-Hetb	等温 -40~300 ℃；程序升温 -40~320 ℃	长度：10、15、20、30、40、50、60、105 m，内径：0.18、0.25、0.32、0.53 mm，膜厚：0.1、0.2、0.25、0.33、0.5、1.0、1.5、3.0 μm	胺类、杀虫剂、药品、亚老哥尔（Aroclor）

续表

极性	名称	型号	适用温度范围	规格	适用条件
中等极性毛细管柱	4% 氰丙基苯基、86% 二甲基硅氧烷共聚物毛细管柱	AT-1701，DB-1701，HP-1701，OV-1701，Rx-1701，SPB-1701，007-170l	等温-20~280 ℃；程序升温-20~300 ℃	长度：10、15、20、25、30、40、60、105 m，内径：0.18、0.2、0.25、0.32、0.53 mm，膜厚：0.1、2、0.25、0.4、0.5、1.0、1.5、3.0 μm	杀虫剂、药品、除草剂、TMS 糖、亚老哥尔类（Aroclors）
	50% 二苯基、50% 二苯基、50% 二甲基硅氧烷共聚物毛细管柱	AT-50，BPX-50，CP-Sil 19，CP-Sil 24 CBRSI-300，DB-17，DB-17 ht，HP-50，OV-17，Rx-50，SP-2250，SPB-50，007-17	等温 40~260 ℃；程序升温 40~280 ℃	长度：10、15、20、30、25、40、50、60 m，内径：0.18、0.2、0.25、0.32、0.53 mm，膜厚：0.1、0.16、0.20、0.25、0.3、0.4、0.5、1.0、1.5 μm	药品、乙二醇、杀虫剂、甾族化合物
	50% 三氟丙基、50% 甲基硅氧烷共聚物毛细管柱	AT-210，HP-210，DB-210，Rtx-200	等温-45~240 ℃；程序升温-45~260 ℃	长度：10、15、20、30、40、60、105 m，内径：0.18、0.25、0.32、0.4、0.53 mm，膜厚：0.1、0.2、0.25、0.5、1.0、1.5、3.0 μm	醛类、酮类、有机或有机磷、杀虫剂、除草剂
	50% 氰丙基苯基、50% 二甲基硅氧烷共聚物毛细管柱	AT-225，BP-225，CP-Sil43CB，DB-225，HP-225，OV-225，Rtx-225，RSL-500，SP-2330，007-225	等温 40~220 ℃；程序升温 40~240 ℃	长度：12、15、25、30、60 m，内径：0.2、0.25、0.32、0.53、0.75 mm，膜厚：0.1、0.2、0.25、0.5、1.0 μm	醛醇、乙酸酯类、中性甾醇、聚不饱和脂肪酸
	50% 氰丙基、50% 甲基硅氧烷共聚物	DB-23，HP-23，Rx-2330，SP-2330/2340/2380/2560，007-23	等温 40~250 ℃；程序升温 40~260 ℃	长度：15、25、30、50、60 m，内径：0.2、0.25、0.32、0.53 mm，膜厚：0.2、0.25、0.5 μm	顺 / 反脂肪酸异构体

续表

极性	名称	型号	适用温度范围	规格	适用条件
极性毛细管柱	INNOphase™ bondable PEG 毛细管柱	AT–WAX，BP–20，007–CW，CP wax52CB，Carbowax PEG 20M，DB– WAXetr，HP–INNOWax，Stabilwax，Supelcowax–10	等温 40~260 ℃；程序升温 40~270 ℃	长度：10、15、25、30、50、60 m，内径：0.2、0.25、0.32、0.53 mm，膜厚：0.1、0.2、0.25、0.4、0.5、1.0、1.5、2.0 μm	醇类、芳香族类、香精油、溶剂
	键合聚乙二醇毛细管柱	Carbowax，HP–Wax，Rtx–Wax	等温 20~250 ℃；程序升温 20~264 ℃	长度：10、15、20、25、30、40、50、60 m，内径：0.1、0.2、0.25、0.32、0.53 mm，膜厚：0.1、0.2、0.25、0.4、0.5、1.0 μm	醇类、芳香族类、香精油、溶剂、乙二醇类
	交联聚乙二醇毛细管柱	AT–1000，CP Wax 58CB，DB–FFAP，HP–FFAP，Nukol，OV–351，Stabilwax–DA，SP–1000，007–FFAP	等温 60~240 ℃；程序升温 60~250 ℃	长度：15、25、30、50、60 m，内径：0.2、0.25、0.32、0.53 mm，膜厚：0.1、0.25、0.3、0.5、1.0 μm	酸类、醇类、醛类、酮类、腈类、丙烯酸酯类
POLT毛细管柱	Al_2O_3 毛细管柱	Al_2O_3/KCl，Al_2O_3/Na_2SO_4，Alumina plot，CP–Al_2O_3/KCI–PLOTHP–PLOTAl_2O_3，AT–Alumina，GS–Alumina，Rt–Alumina plot	200 ℃	长度：15、30、50 m，内径：0.25、0.32、0.53 mm，膜厚：5.0、8.0、16 μm	C4~C6 烃、环丙烷、丙烯乙炔、丙二烯、1，3–丁二烯
	Molesieve 毛细管柱	AT– Mole sieve，CP–Molesieve5A，HP– PLOT Molesieve，Molsieve5A–PLOT，RT–Msieve 13K，WGS–Molesieve	300 ℃	长度：15、30 m，内径：0.32 mm，膜厚：12、25、50 μm	气体分析

3. 气相色谱法中温度的选择

气相色谱法中适当的温度选择需要综合考虑多个因素。进样器或进样阀温度应相对较高，与样品的热稳定性一致，保持最大蒸发速度，使样品以最小的体积进入色谱柱，从而降低谱带展宽，从而增加分辨率。不过，过高的进样温度会逐渐损坏进样隔膜，污染进样阀。柱温选择需综合考虑流速、灵敏度和分辨率。在柱温较高的情况下，样品组分大部分以气相形式存在，洗脱速度很快，但分辨率低。在柱温较低的情况下，样品组分在固定相中保留时间更长且洗脱缓慢，分辨率增加但因展宽增大而灵敏度降低。检测器温度必须足够高，以免样品物质冷凝。热导检测器的灵敏度随着温度的增加而降低，所以检测器温度应保持所需最低温度。

通过程序升温可以使分离更加便捷，并且大多数气相色谱都有程序升温功能。温度根据预设速度在色谱运行过程中自动增加，该速度可以是线性的、指数的、阶梯状的等。通过这种方式，强保留化合物可以在合理分析时间内洗脱，也无须迫使其他化合物太早洗脱。程序升温通过从低温上升至高温加速分离进程。强保留物质在高温下易洗脱。弱保留物质温度越低，分辨率越高。

4. 气相色谱法保留指数的确定

决定色谱分离能力的因素有保留值和柱效。对于任何一种色谱方法来说，化合物在色谱柱中的保留值是由这种物质在流动相与固定相内所花费的时间之比决定的。在气相色谱法中，样品的保留值受样品的挥发性、柱温、样品与固定相间相互作用程度的影响。

由于载气的密度较低，分析物在通过气相色谱柱时与流动相几乎不存在任何相互作用。因此，在气相色谱分离过程中，分析物能够在流动相保留的主要因素是它的挥发性。这也意味着混合物中挥发性最大的组分将在流动相停留最长的时间，并且将以最快的速度从气相色谱柱流出。对于像饱和烷烃等化合物有相同的结构通式，只是碳链长度不同，相差几个碳原子，这类化合物叫作同系物。随着同系物碳链长度的增加，组分的挥发性降低，保留时间增加。

温度会对许多与保留时间有关的物理量的测量值（如 t_R、V_M 和 k）产生影响。Kovats 保留指数（I）却受温度变化的影响很小。对于一种化合物来说，它的保留指数可以通过式（4–25）计算得到。

$$t'_{R(Z+1)} > t'_{R(X)} > t'_{R(Z)}$$

$$I_X=100\left(\frac{\lg t'_{R(X)}-\lg t'_{R(Z)}}{\lg t'_{R(Z+1)}-\lg t'_{R(Z)}}+Z\right) \tag{4-25}$$

在这个计算式中，一种化合物在某个色谱柱中的保留时间要与在相同色谱柱以及温度条件下的一系列作为标准的正构烷烃的保留时间进行比较，才会得到它的 Kovats 保留指数 I。

在式中，$t'_{R(X)}$ 成为分析物的调整保留时间，$t'_{R(Z)}$（在分析物之前流出色谱柱的碳原子数为 Z 的正构烷烃的调整保留时间）和 $t'_{R(Z+1)}$（在被分析物之后流出色谱柱的碳原子数为 Z+1 的正构烷烃的调整保留时间）进行比较。式中的 Z 和 Z+1 的值指的是烷烃中碳原子数量。因为这些烷烃彼此为同系物，含有 Z 个碳原子的烷烃应该比含有 Z+1 个碳原子的烷烃更快地流出色谱柱。

五、气相色谱检测器

从工作原理考虑，检测器是利用组分和载气在物理或化学性能上的差异，来检测组分的存在及其量的变化的。主要差异有：利用组分与载气物理常数，如热导系数、密度等的差异来检测，称为物理常数检测法；利用组分与载气的光发射、吸收等性能的差异来检测，称为光度学检测法等。这些方法中，不少都是分析化学中比较成熟的检测方法，如光度法、电化学法和质谱法，经过多年的发展，现已用于气相色谱法。表 4-6 为按检测方法分类的常见气相色谱检测器。气相色谱法最为常用的 4 种检测器有：热导检测器、火焰离子化检测器、氮磷检测器和电子捕获检测器。

表 4-6　按检测方法分类的常见气相色谱检测器

检测方法	工作原理	检测器		应用范围
		中文名称	符号	
1. 物理常数法	热导系数差异 密度差异	热导检测器 气体密度天平	TCD GDB	所有化合物 所有化合物
2. 气相电离法	火焰电离 热表面电离 化学电离 光电离 氦电离 氩电离 离子迁移率	火焰离子化检测器 氮磷检测器 电子捕获检测器 光电离检测器 氦电离检测器 氩电离检测器 离子迁移率检测器	FID NPD ECD PID HID AID IMD	有机物 氮、磷化合物 电负性化合物 所有化合物 电离能低于 19.8 eV 的化合物 电离能低于 11.8 eV 的化合物 所有有机物

续表

检测方法	工作原理	检测器		应用范围
		中文名称	符号	
3. 光度法	原子发射 原子吸收 原子荧光 分子发射 化学发光 分子荧光 火焰红外发射 分子吸收 分子吸收	原子发射检测器 原子吸收检测器 原子荧光检测器 火焰光度检测器 化学发光检测器 分子荧光检测器 火焰红外发射检测器 傅立叶变换红外光谱 紫外检测器	AED AAD AFD FPD CLD MFD FIRE FTIR UVD	多元素（也具选择性） 多元素（也具选择性） 某些有机金属化合物 硫、磷化合物 氮、硫、多氯烃和其他化合物 具荧光特性化合物 环境和工业污染物 红外吸收化合物（结构鉴定） 紫外吸收化合物
4. 电化学法	电导变化 电流变化 原电池电动势	电导检测器 库仑检测器 氧化锆检测器	ELCD CD ZD	卤、硫、氮化合物 无机物和烃类 氧化、还原性化合物或单质
5. 质谱法	电离和质量色散相结合	质量选择检测器	MSD	所有化合物（结构鉴定）

1. 热导检测器

热导检测器价格便宜而且具有通用型响应，但灵敏度不高。最早使用的气相色谱检测器是热导检测器或热金属丝检测器（therma conductivity，TCD），当气体通过一根热金属丝时，金属丝温度因气体热导率不同而有所差异，因而金属丝的电阻也会不同。通常此类检测器的结构是纯载气通过一根金属丝，携带样品组分的载气通过另一根金属丝，这两根金属丝位于惠斯通电桥电路的两臂，热敏性金属丝的电阻改变时会形成电压。若流出气体中只有载气，则金属丝电阻就不会发生变化。但当样品组分流出时，测量臂中的电阻会有细微变化。电阻的改变值和载气中样品的浓度成正比，通过数据系统记录。热导检测器对气体混合物以及永久性气体，如 CO_2 的检测特别有效。

热导检测器首选氢气和氦气作载气，因为相比其他多数气体，氢气和氦气的热导率非常高。所以当气体中存在样品组分时，电阻值能发生最大改变（氦气更安全），在 100 ℃时，氢气的热导率是 53.4×10^{-5} cal/（℃ · mol）（1 cal=4.186 8 J），氦气的热导率是 41.6×10^{-5} cal/（℃ · mol），氩气、氮气、二氧化碳以及大多数有机蒸气的热导系数只是这些值的十分之一。热导检测器的优势在于其结构简单，而且对大多数物质有近似相等的响应，而且重复性良好，但是热导检测器并不是最灵敏的检测器。

2. 火焰离子化检测器

大多数有机化合物在火焰中主要形成阳离子，如 CHO^{+}。这就是极高灵敏度检测器的基础，即火焰离子化检测器（flame otizain detector，FID）。用一对电性相反的电极检测（收集）离子，响应值的大小（收集的离子数）取决于样品中碳原子的数量以及碳原子的氧化状态。完全氧化的原子未发生电离，具有最多低氧化态碳原子的化合物能产生最强的信号。此类检测器灵敏度极高，能检测出浓度范围 10^{-9} 级水平的组分，火焰离子化检测器的灵敏度是热导检测器的 1 000 倍。然而，火焰离子化检测器的动态范围更有限，纯液体样品小于等于 0.1 μL。载气相对不太重要，氦气、氮气、氩气皆可使用。火焰离子化检测器对大多数无机化合物（包括水）灵敏度不高，所以可以进水溶液样品（确保使用兼容水溶液的色谱柱）。如果可用氧气取代空气作为助燃气体，则能检测出很多无机化合物，因为氧气可产生更高的火焰温度，从而电离无机化合物。火焰离子化检测器既是通用型检测器也是选择性检测器，应用最为广泛。火焰离子化检测器结构如图 4-11 所示。

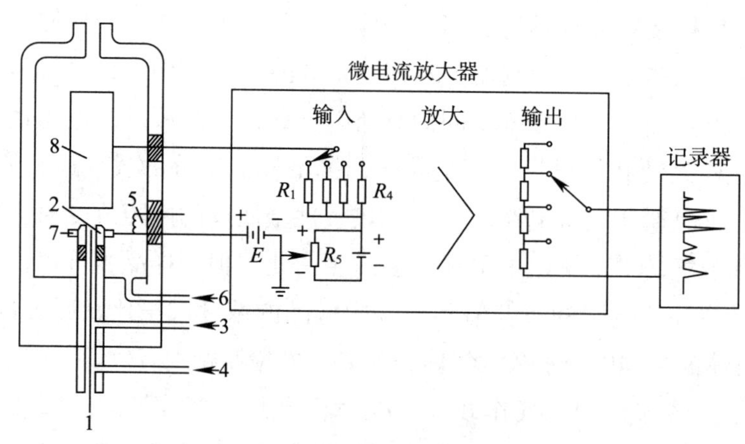

图 4-11 火焰离子化检测器结构

1—毛细管柱 2—喷嘴 3—氢气入口 4—尾收气入口 5—点火灯丝 6—空气入口 7—极化极 8—收集极

3. 氮磷检测器

火焰热离子检测器实际上是两步火焰离子化检测器，对含氮和含磷化合物有着更强的特征响应。第二个火焰离子化检测器固定在第一个火焰离子化检测器上，燃烧气体从第一个检测器通过进入第二个。两个检测器由表面涂覆强碱盐或碱（如氢氧化钠）的金属网筛分开。这类检测器也可称为氮磷检测器（nitrogen–phosphorus detector，NPD）。氮磷检测器结构如图 4–12 所示。

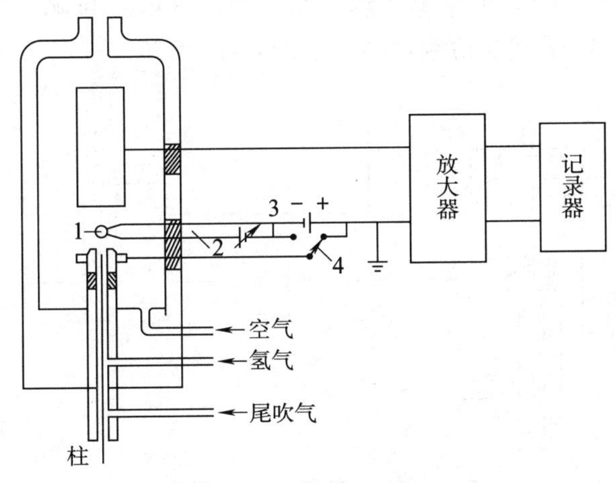

图 4–12　氮磷检测器结构

1—电离源　2—加热系统　3—极化电压　4—喷嘴极性转换开关

色谱柱流出物进入下层火焰层，与传统的火焰离子化检测器相同，记录其响应值。少量流出物会因蒸发以及金属筛上钠的离子化而进入第二层火焰。如果含氮和磷的物质在下层火焰燃烧，产生的离子会大大加强金属筛上强碱金属的蒸发，这导致响应值远大于（至少 100 倍）下层火焰氮或磷的响应。通过记录两层火焰的信号，从下层火焰获得常见的火焰离子化检测器色谱图，只有当含氮和含磷的化合物流出时，才能从上层通道（相对于下层通道）得到明显的响应。

4. 电子捕获检测器

1928 年，通用汽车公司的托马斯 · 米奇利首次制备得到氯氟烃。氯氟烃沸点低、毒性低而且与大部分物质不反应，故选择其为制冷剂。在 1930 年美国化学学会演讲中，米奇利华丽地展示了氯氟烃的这些特性——他吸入氯氟烃后用其将蜡烛吹灭。氯氟烃演变成气雾推进剂的首选。20 世纪 70 年代，每年超过 100 万吨的氯氟烃投入使用并释放到空气中。氯氟烃与大部分物质不反应，因此会永远存在于空气中，理论上可在空气中检测到，但 20 世纪 60 年代以来还没有一个检测器足够灵敏，能够检测出大气中微量的氯氟烃化合物。

电子捕获检测器（electron capture detector，ECD）对含有电负性原子的化合物极其灵敏，且对其具有选择性。电子捕获检测器的设计和 β-射线检测器相似，只是用含有氩气的氮气或者甲烷作载气。较之氩气，这些气体的激发能更低，只有电子亲和力强的化合物才能通过捕获电子而电离。很多电子捕获检测器工作时，将氩气作为载气，氮气作为检测器内的尾吹气体。电子捕获检测器结构如图 4-13 所示。

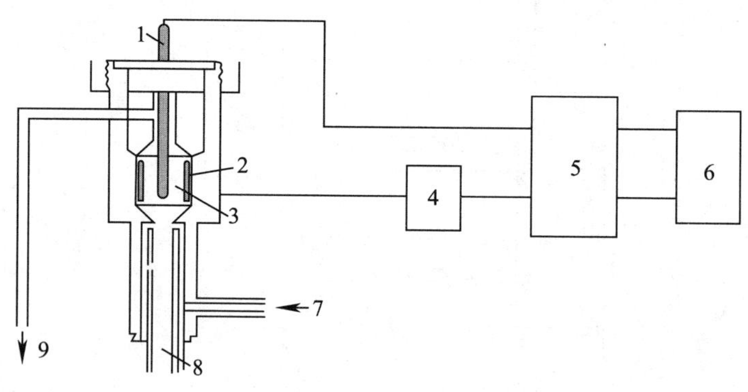

图 4-13　电子捕获检测器结构

1—阳极　2—放射源　3—阴极　4—直流或脉冲电源　5—微电流放大器　6—记录器或数据处理系统　7—吹扫气　8—色谱柱　9—气体出口

检测器的阴极是发射 β-射线的金属箔，通常是氚和镍-63，前者的同位素比后者的灵敏度更高，不过氚在高温下会损失，因而温度需限制在 220 ℃以下。镍-63 在高达 350 ℃下也能正常使用。同时，镍源比氚源更易清洗；放射源必须使用表面薄膜，降低 β-射线辐射强度，从而降低灵敏度。出于安全考虑，β-射线放射源在密封的情况下使用。

检测池通过施加一定电压极化，从阴极发射的电子（β-射线）轰击气体分子，使其释放电子。阳极吸引热电子，形成稳定的电流。具有电子亲和力的化合物进入检测池后，检测池就会捕获电子形成负离子。由于负离子比电子体积大，而且负离子在电场中的迁移率仅是电子的十万分之一。因此可根据稳定电流的差值，通过电子捕获检测器检测分析物的含量。电子捕获检测器对含卤素的化合物灵敏度极高，例如农药。

第六节　高效液相色谱法

高效液相色谱法（HPLC）适用于相对分子质量大、挥发性差、热稳定性差的物质的分析测定。美国职业安全与健康管理局（occupational safety and health administration，OSHA）颁布的采样及分析方法标准中，高效液相色谱仪配备紫外可见光检测器、荧光检测器、热能分析检测器，应用于106种有害物质的分析检测。这些物质主要为有机胺类、多环芳烃类、异氰酸酯类以及药物类等有毒物质，大多采用处理过的玻璃纤维过滤器、OSHA多用途采样管（OVS管）或离子交换树脂（XAD）等材料采样。目前，我国采用高效液相色谱法检测的仅有20种有害物质，还有较大的发展空间。

一、液相色谱法概述

早期液相色谱系统使用大粒径固定相装填在大内径柱管内，以重力为流动相驱动力，手工收集洗脱液馏分后离线检测。现在有些有机化学合成实验室或制备生化实验室仍使用该技术。1964年，在一篇色谱领域里程碑论文中，J. 卡尔文·吉丁斯预测在高压条件下使用小颗粒填料以克服流体阻力将有望显著提高柱效。不久之后，耶鲁大学的霍瓦特与利普斯基搭建了第一台高压液相色谱仪。用以提高柱效的小颗粒填料技术诞生于20世纪70年代。虽然如今HPLC这个词很大程度上意味着“高效液相色谱”而不是“高压液相色谱”，但更小填料持续使用将不得不使用越来越高的压力。一些商品化系统的泵可产生15 000~19 000 psi（1 psi=6 894.76 Pa）的压力，为区别于传统HPLC，这些系统可称为超高压液相色谱（uitra-high-pressure liquid chromatography，UHPLC）。

液相色谱仪的一般结构主要包含了装有载体和固定相的填充色谱柱和依靠泵传送至色谱柱的液体流动相。对于实际化学分析来说，样品可通过进样装置进入色谱柱，当样品离开色谱柱时，检测器用来检测和测量其中被分析物。有时，色谱柱后也可安装收集装置，用来收集随流动相流出色谱柱的被测组分。图4–14展示了运用液相色谱仪进行分析的实例，横坐标为流动相的时间或体积，纵坐标为检测器信号强度的图称为液相色谱图。图中色谱峰的保留时间或体积可用于鉴定分析物，峰面积大小或峰高则与分析物的含量有关。

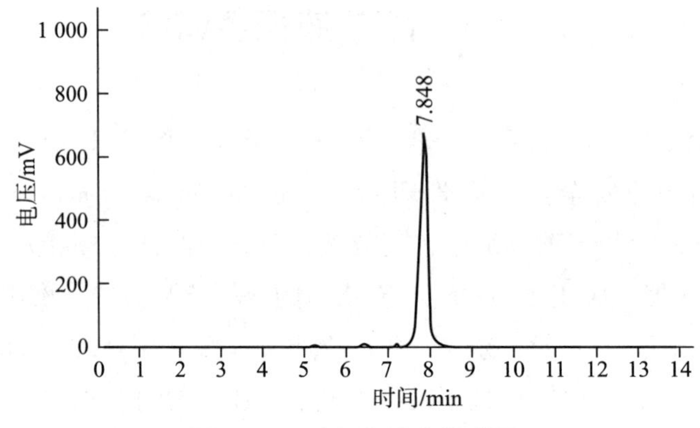

图 4–14 液相色谱分析谱图

二、液相色谱法的原理与分类

1. 液相色谱法基本原理

与多数 GC 仪器不同的是，这些 HPLC 仪器往往是以模块组合拼装而成的，以便于用户灵活更换不同组件。高效液相色谱法的分离原理是基于分析物在固体固定相与液体流动相中的作用力差异。溶质在固定相与流动相之间的分配动力学主要受扩散控制，液体中分析物的扩散系数仅是气体组分的千分之一到万分之一。为最大限度地减少组分在固定相和流动相之间的平衡时间，必须满足两个标准：第一，填料颗粒内径小，尽可能均匀致密。该标准成立的前提是使用粒径均一的球形颗粒，这会产生更小的涡流扩散。第二，固定相需是均匀的薄层膜且不含死孔，这会在大流速条件下要求两相间具有更快的传质速度。液体中的分子纵向扩散缓慢，可忽略不计。传质是高效液相色谱中“高”的首要决定因素。

当使用液相色谱法分析样品时，要求被分析物能够被液体流动相携带进入色谱柱中。绝大部分物质都可满足这个要求，因为许多化合物都可找到一种溶剂将它溶解，因此液相色谱法得到了广泛的应用，尤其是对于生物化合物、聚合物以及其他通过气相色谱法和其他方法无法分离的化合物。使用液体作为流动相比气相色谱法中的气体流动相操作温度要低得多，因此，液相色谱法更适用于热稳定性差的化合物。

液相色谱法对分析物的第二个要求就是分析物之间必须存在保留值差异。可通过调整操作温度和色谱柱中固定相的类型而改变分析物在气相色谱法中的保留值。而在液相色谱法中，可通过改变流动相而改变分析物的保留值。液相色谱法在改变分析物保留值上与气相色谱法不同，由于液体比气体的密度高，分析物的保留值将取决于其与流动相和固定相间共同的相互作用。由于可通过改变流动相而优化和控制保留值，因此液相色谱法比气相色谱法更灵活。

2. 液相色谱法的分类

（1）高效液相色谱法。高效液相色谱法通常分为正相色谱法（normal phase chromatography，NPC）和反相色谱法（reversed phase chromatography，RPC）。正相色谱法以亲水性的填料作固定相，以疏水性溶剂或混合物作流动相，如正己烷、四氢呋喃（THF）等。早期 HPLC 主要采用裸硅胶颗粒，分离机理基于样品在硅胶表面吸附的水层和流动相之间的分配。后来，引入键合型非极性相，如十八烷基硅胶（ODS 或 C_{18}），流动相使用极性有机相（多数为乙腈-水或甲醇-水）。固定相与流动相极性调换而成为当时广泛使用的色谱方法，即反相色谱，随着时间的推移，反相色谱日益受到欢迎。现在反相色谱的使用频率至少是正相色谱的 10 倍，但其名称依然如故。因此，需要补充说明的是正相色谱法并非通常使用的含义。

（2）离子交换色谱法。离子交换色谱法（ion exchange chromatography，IEC）作为一种水相操作的色谱模式起始于 20 世纪 30 年代离子交换树脂的问世。离子交换颗粒表面带有固定正电荷或负电荷。例如，磺酸类树脂带有 $SO_3^-H^+$ 基团，H^+ 可与其他阳离子进行交换，因此这一类树脂称为阳离子交换树脂。不同的阳离子，如金离子或带正离子的一些组分，比如胺，由于它们在固定相上亲和力不同而实现分离。离子交换分离在曼哈顿计划（制造第一颗原子弹）中铀浓缩过程中起到了举足轻重的作用。

离子交换分离的一个重要特点就是始终保持电中性。以分离阳离子为例，目标阳离子沿着分析柱移动，另一阳离子必须占据其位点，因此洗脱液须是可解离的。然而，静电作用不能解释为离子交换亲和能力的唯一主导因素，尽管通常情况下三价离子的确较二价离子保留强，二价离子较一价离子保留强，但疏水作用对分离也往往起着重要的作用。例如，卤素中的 Cl^-、Br^-、I^-，它们的离子半径依次增大，而电荷密度随之降低，因此与固定相的静电作用力依次减弱，即它们的保留顺序理论上为 $I^- < Br^- < Cl^-$。然而事实上，在几乎所有的阴离子交换固定相上由于疏水作用，它们的保留顺序为 $I^- > Br^- > Cl^-$。

虽然离子交换色谱可完成一些重要的分离需求，但其分离成功与否的关键在于固定相-洗脱液特定组合的选择性。传统离子交换色谱的柱效相对差，难以符合高效分离技术的要求。第一款商品化液相色谱就是以离子交换色谱作为分离基础的。该类型分析仪至今仍在使用中。

（3）离子色谱法。离子色谱法（ion chromatography，IC）是使用高效离子交换微球的一种特殊类型的离子交换色谱。最初，该词特指基于电导检测的离子分析，特别是在使用抑制器构成的独特配置后更是如此。现在，此词通常用于描述具有许多检测方法的高效离子交换色谱。美国职业安全与健康国家研究所（NIOSH）标准中，离子色谱仪配备电导检测器、安培检测器、紫外-可见分光光度检测器及荧光检测器，应用于工作场所中多种有毒物质的分析检测，例如，无机酸、氨、二氧化硫或硫化氢等。目前，国家职业卫生检测标准中采用 IC 检测的仅有 7 种有害物质，说明 IC 在我国职业卫生领域的应用还刚刚起步。离子色谱法更适用于磷及其化合物、氮及其化合物、硫及其化合物、羧酸和胺类等工作场所空气中有毒物质的检测。而对于一些其他有机物和金属离子的检测，离子色谱的研究进展也为其提供了解决问题的一种新的思路。随着离子色谱检测技术的发展与更新和职业卫生检测领域科研工作者的不断努力，离子色谱检测的技术会越来越成熟，在职业卫生检测工作中发挥的作用也会越来越大。

除此之外，液相色谱还有亲水作用色谱、空间排阻色谱、离子排斥色谱、亲和色谱等分类，但在职业卫生检测领域应用较少，故在此不多做介绍。

三、高效液相色谱

1. 高效液相色谱概述

与气相色谱法相比，液相色谱柱的理论塔板数较少，因此人们更加注重液相色谱柱的柱效或者液相色谱法的“性能”。20 世纪 60 年代初期，所有液相色谱法中的色谱柱都含有体积大且形状不规则的载体，这些载体与气相色谱法中填充色谱柱所使用的载体非常类似。虽然这些载体在分离某些物质时表现良好，但是在大多数情况下，液相色谱分析所得到的宽峰和较差的分离效果也与采用的这些载体有关。这些载体的机械稳定性有限，仅可以在重力流下或者低压下使用。人们通常将这种载体材料的液相色谱法称为“经典液相色谱法”。

20 世纪 60 年代，液相色谱法研究出现一个明显的趋势，即采用更高效和体积更小的载体，将更高效的载体和更先进的仪器装置组合在一起，就产生了被称为高效液相色谱法（HPLC）的现代液相色谱技术。在 HPLC 中，由于采用了更高效的载体，因此色谱峰更窄，此方法提供了更好的分离效果和更低的检测限。

由于高效液相色谱法中使用的载体颗粒体积很小，要求更大的压力才能使流动相通过色谱柱。大多数现代高效液相色谱柱要求几千磅 / 平方英寸（psi，1 atm=14.7 psi，1 atm=101.325 kPa）的操作压力，因此需要使用特殊的泵和系统组件才能在这么大的压力下工作。在高效液相色谱系统中，样品通过密闭系统（如进样阀）进入，检测器一般均为直通型。高效液相色谱法具有快速的分析时间、良好的检测限、易于自动化控制等特点，因此大多数化学分析应用首选高效液相色谱法进行分离。与经典液相色谱法相比，高效液相色谱法的缺点在于运行成本较高以及需要熟练的操作员。高效液相色谱柱的柱容量也比经典液相色谱法中的色谱柱低。

伴随着高效液相色谱法的不断发展，人们仍在不断努力开发更高效的载体材料。载体材料的变化趋势是载体颗粒体积越来越小，体积小的载体将导致快速的传质过程，以及较小的理论塔板高度、较高的理论塔板数量和较窄的色谱峰。由于缩小了载体尺寸，为了顺利通过色谱柱，流动相的压力则需要相应地增加。目前，大多数高效液相色谱系统能在 5 000~6 000 psi 下工作。能在更高压力下操作的高效液相色谱系统统称为超高效液相色谱法。

2. 高效液相色谱分离过程

任何 HPLC 系统至少要有 4 个组件：泵、进样器、分离柱和检测器。计算机系统采集数据并控制其他组件；自动进样器通常也是大工作量实验室的配件。分析级 HPLC 与制备级 HPLC 不仅在规模上有许多差异，而且分析级 HPLC 的毛细管直径 0.1 mm 至常用色谱柱直径 4.6 mm 的跨度也很大。由于流经色谱柱的线速度是衡量流量的主要因素，两根不同直径色谱柱间的最优流速需根据两者直径比的平方调整。4.6 mm 直径色谱柱的流量为 1~2 mL/min，转换至 0.1 mm 直径的色谱柱，流量为 0.48~0.96 μL/min，流量相差 2 000 倍。最优进样量按比例调整。没有任何单一系统可以涵盖如此大的最优范围。虽然有些系统称其可跨 3.7 个数量级，但很少有超过两个数量级跨度的系统能做到与正常系统相同的效果。开管液相柱，即柱内壁通过化学修饰的开管柱，现只在实验室研究中使用，其直径小于 20 μm，适宜流量范围是从小于 1 nL/min 至 99 nL/min，现有的泵在此流速范围内无法稳定工作。

不同仪器所采用的柱直径、柱长与颗粒粒径存在巨大的差异，这就自然地划分出不同类型的仪器系统。即便如此，现在多数分离依然使用压力低于 4×10^7 Pa 的标准 HPLC 仪器与装填粒径 3 μm 或 5 μm 的硅胶填料短柱。虽然在少数情况下，使用粒径小于 2 μm 颗粒填料的长柱（＞10 cm）时，压力也许需大于 4×10^7 Pa，有些 UHPLC 泵的压力极限可达 1.3×10^8 Pa。制药 / 生物科技行业必须使用法规规定的分析检验方法，使用特定的填料柱（粒径 5 μm），系统压力不得大于 4.1×10^7 Pa。

（1）溶剂输送系统。溶剂输送系统的基本组成部分是泵，其他重要的辅助组件是入口过滤器、溶剂脱气系统与脉冲阻尼器。颗粒进入泵腔可能会在活塞或泵壁上留下划痕，或造成单向阀故障，阻塞色谱柱等问题，因此必须过滤洗脱液流动相。入口过滤器通常是安装在 PTFE 或 PEEK 管末端的带有 0.2 μm 孔径微孔的不锈钢或聚合物过滤块，浸没于洗脱液中，另一端管路接入泵。另外，多数检测工作者都使用高纯度 HPLC 级溶剂。紫外吸收是 HPLC 最常用的检测方法之一，HPLC 级溶剂过滤后，其中具有紫外吸收的杂质含量更少。

洗脱液罐与空气接触后，洗脱液很容易融入空气。等度洗脱中，洗脱液罐置于泵上，在重力作用下洗脱液进入泵可不产生气泡。检测器后加载一定背压以防止检测器中产生气泡和其他的问题。然后，大部分 HPLC 的应用需要梯度洗脱。有机溶剂较之水或有机–水混合溶剂更易溶解空气以及常见的气体，而不是溶解能形成离子的气体，如 CO_2。当洗脱液的溶剂组成在线混合或改变时，向全水相洗脱液中加入有机溶剂可能会产生气泡。泵抽送和混合时产生的热进一步促进气泡的产生，温度升高，气体溶解度降低，产生的气泡会引起单向阀功能故障或泵和检测器的操作问题。在许多情况下，检测器通过升温并保持在一定温度下以降低检测器噪声，尤其是对于一些对温度变化敏感的检测器，如示差折光检测器、黏度检测器或电导检测器。

有许多种方式可除去溶解气体，其离线步骤包括加热搅拌、真空脱气，而在线步骤包括通过可透气性膜真空脱气和氦气鼓泡，其中后两种是常用方法。在线脱气装置安装于泵与洗脱液罐之间。膜真空脱气装置可以脱除 70%~95% 溶解的气体，升高流速，气体脱除率降低。因为氧气的紫外吸收波长低，流速梯度会在 190~220 mm 波长引起基线上升。在最佳的真空脱气器中，真空泵在短暂固定间隔内开启关闭。连续串联多条脱气线，即洗脱液多次流经脱气装置，可提高脱气效果。

HPLC 的溶剂输送泵是利用液体不可压缩性的容积式泵。在泵的压力极限范围内，泵可完美地提供无关柱压和溶剂黏度的恒定流速。最常用的 HPLC 泵是往复泵。其最简单的结构包括配有两个单向阀的小圆柱活塞室。进口单向阀连接到洗脱液罐，排气冲程时入口单向阀打开而出口单向阀关闭，液体充满泵腔；在泵抽送冲程时，出口单向阀打开而入口单向阀关闭（因此避免洗脱液逆流回储罐），溶剂流向下游组件。单向阀由蓝宝石、红宝石球和蓝宝石活塞组成（单向阀似乎是名副其实的珠宝盒，但其实红宝石和蓝宝石是工业大量生产的坚硬 Al_2O_3 材料）。虽然此类单向阀的渗漏率很低，但在极低流速或高压下，渗漏率也很高。两个或多个单向阀串联使用是很常见的，它们可能安装于同一位置。弹簧压在宝石球上使其固定在基座的弹簧设计也很常见。在此情况下，液流压力超过打开单向阀弹簧所需的力，允许流体流动。

在单活塞泵中，活塞驱动凸轮的设计使排气比泵送速度快得多，排气时流量停止的持续时间最小。然而，如果单活塞泵的脉冲严重就需要抑制，因此脉冲阻尼器必须与此类泵联用。在到达下游组件前，泵的输出需要流过一个柔韧的组件装置（常使用薄到足够弯曲而不会折断的不锈钢）。

如今主要的 HPLC 泵很少使用此类单活塞泵，通常使用双活塞泵头。洗脱液罐连接双活塞泵头各自的单向阀，单向阀各自的出口由三通连接。双活塞泵头彼此作用驱动流动相以恒定流速输出。计算机控制的凸轮驱动双活塞，相对于单活塞泵，脉冲明显减小。

另一种设计需要安装两个入口单向阀与一个出口单向阀，低压活塞灌满流体而高压头输送洗脱液至后续管路。低压活塞在小于 1% 泵送循环时间内极快灌满高压腔室，减小脉冲持续时间。还有一种双活塞泵的设计是：小活塞负责输送洗脱液而大活塞负责灌满洗脱液。大活塞配有一个入口单向阀与一个出口单向阀，出口单向阀直接连入小活塞腔室，不再需要其他单向阀。当活塞改变方向时，大活塞灌注小腔室，小腔室同时向系统中分配洗脱液。

活塞室一般是不锈钢材质的，但其与许多溶剂不相容，尤其当洗脱液未完全去氧时，低 pH 值的卤素与螯合剂会腐蚀不锈钢。离子色谱及许多金属敏感体质通常使用 PEEK 材料代替金属，PEEK材料具有很好的水相溶液耐受性（浓硝酸与浓硫酸除外），与包括甲醇与乙腈在内的许多有机溶剂兼容，但是在CH_2Cl_2、四氢呋喃（THF）和二甲基亚砜（DMSO）中会发生溶胀，压力超过最大压力极限。PEEK耐受压力小于4×10^7 Pa。高端UHPLC系统中，活塞室材料是医用钛合金。

梯度洗脱对HPLC分离至关重要，可运行四元梯度的泵已商品化。梯度泵从根本上而言就是无论给水（低压）端还是泵出口（高压）端的溶剂组成变化都不同。使用两个独立的泵形成二元高压梯度，如甲醇与磷酸缓冲液，泵A推送甲醇，泵B推送水相溶液，通过三通混合输出。亦可使用主动式搅拌混合室，被动式混合器也很常见（UHPLC常使用静态混合器）。色谱运行中，梯度程序控制双泵，缓慢提高泵A的流速同时降低泵B的流速，总流速恒定。流速梯度虽可使用但应用很少。因为它需要两个相同的泵，而高压梯度泵非常昂贵，很少配置大于二元的梯度系统。虽然其也有优势，高压端混合体积很小并可达到陡变梯度。

低压梯度系统形成n元梯度，使用n个置于同一位置的两位两通电磁阀。每个阀的进口分别连接到独立的加压洗脱液罐，所有阀的出口端连接给泵供水的公共端口。这些阀开启与关闭速度极快（驱动时间约为10~15 μs），在泵的进气冲程阶段，各阀快速打开和关闭。整个进气冲程中，如果连接溶剂A罐与溶剂B罐的阀各自打开50%的时间（多次打开与关闭阀），则名义上洗脱液的组成为50%A与50%B。注意在恒流溶剂梯度中，尤其是对水-甲醇梯度系统，泵压会显著改变，因为混合溶剂的黏度会比任一纯组分的黏度都高。

注射泵是由马达驱动的，体积较大，由能够满足色谱运行无须再次装满的注射器（通常是具有高度抛光孔的不锈钢）组成。开口端连接到三通阀的公共端。另外两个端口分别连接至下游组件，如进样器与洗脱液罐。根据排气与灌注的需要，打开阀连通洗脱液罐。主要制造商提供的泵流量为65~1 000 mL，流速范围根据泵的流量而变化，而最大压力极限与之成反比。注射泵的最大优点除了流速范围广，还有近乎零脉冲的操作，对泵脉冲极度灵敏的检测系统有利。其缺点是价格昂贵且梯度操作需要多台泵。

恒压泵通常由气动加压维持压力罐恒压，在如今的液相色谱中未广泛使用。

（2）样品进样系统。多数HPLC进样系统是6通阀进样器或类似的进样器。此类进样器由固定底座的“定子”与内部圆盘形的“转子”组成，图 4–15 是进样器后部的示意图。将进样器的端孔顺时针方向从上至下标号 1~6，端孔加工有螺纹，管路出口所有连接处都配有相应的螺母与垫圈。

1 号口与 4 号口连接固定体积的定量环。2 号口连入样品进样器（手工注射器或自动进样器，或通常是位于进样阀正中央的密封针道）。过量样品经 3 号口流出。5 号口与 6 号口分别连接色谱柱与泵。转子盘上没有任何端孔，转子表面的黑圈只为标识转子如何定位于定子之上。在对应端孔位置，转子上刻有三道交替的凹槽，转子紧压定子。载入时，样品由 2 号口进入，通过转子上的凹槽流入 1 号口后充满进样环，液体通过 4 号口，废液通过相应 3 号口流出。同时，泵输送的洗脱液进入 6 号口流经凹槽至相应 5 号口后直接流入色谱柱。端孔分别以 60° 间隔对称分布。转子具有两个挡位，旋拧至相应位置后无法再向外转动。转子转动 60° 后，进样阀处于进样挡位，通常使用电动马达、气动装置或手动转动转子。位于此挡位时，洗脱液通过相应转子凹槽冲洗样品进入色谱柱，完成进样过程。同时，样品进入端直接与废液端连通。此类进样器称为外置定量环进样器，进样体积根据调整定量环容积而改变。然而，当定量环容积很小时，端孔与凹槽的容积大小就会起到相对重要的作用。转子材料一般比定子材料软，PEEK 与增强 PTFE 材料是常见的转子材料，因为其具有良好的密封性与低摩擦力。设计巧妙的进样阀的流量在某种意义上提供流体压力以密封转子与定子。

定量环容积不小于微升级别，既因为连接定量环端口间管路最小长度的限制，也因为进样阀端口虽小但仍存在内部容积。刻有凹槽的小圆盘可以代替外置定量环作为内置进样环，带有 100 μm 钻孔连接通道为 4 nL 定量体积的内置定量环进样器商品名为毛细管柱（nanoLC）。内置定量环容积可达 5 μL，外置定量环容积无上限。进样体积与色谱柱横截面大小成正比（样品充满色谱柱的长度一致）：粒径为 5 μm，4.6 mm × 250 mm 色谱柱的进样体积是 10 μL，转换到孔径为 0.1 mm 毛细管填充柱，进样体积约为 5 nL。

完全装液法的进样体积的准确度和重复性通常优于仪器的其他部件，所以其并不是分析重现性的因素。部分装液法是在载入挡位，微量进样针打入样品使定量环充满一部分，或是在进样挡位，自动进样器在超短时间内进样以防止整个定量环充满。部分装液法与完全装液法的准确度和重复性相近。

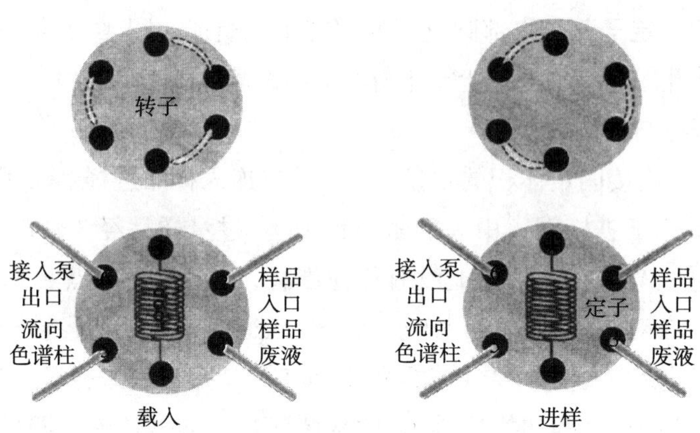

图 4-15　六通进样阀载入与进样示意图

（3）色谱柱。最常见的柱管是带有高度抛光（通过电抛光法，一般表面粗糙度低于 0.2 μm）内壁的不锈钢直管。标准柱柱径有 4.6 mm、4 mm 与 2.1 mm，其中 4.6 mm 柱较常用。一般将柱径小于等于 1 mm 的色谱柱称为毛细管柱，毛细管柱（nanoLC）一词用以描述柱径小于等于 0.1 mm 的色谱柱。PEEK 柱管用于离子色谱与其他对金属敏感的应用；市售毛细管柱通常使用熔融石英作为主要材料，PEEK 柱管的材料是 PEEK 或 PEEK 涂渍熔融石英。

色谱柱进出口端使用筛板，以阻挡颗粒，柱横截面流量分配均匀并为柱床提供支撑。筛板是不锈钢圆片块，包覆有聚合物（PEEK、PTFE、ETFE）环用以密封。流量分配片有时置于进口筛板下，尤其是那些制备色谱中用的大孔径柱。注意，不锈钢筛板比色谱柱的其他部分具有更大表面积，在铁敏感原料分离应用中不能使用不锈钢筛板，而需使用钛和聚合物筛板。

柱长有许多种，灌注填料亲和柱柱长 5 mm，而标准柱柱径 4.6 mm 的粒径 5 μm 颗粒填料柱柱长 250 mm。虽然对于某一特定颗粒，柱效与填料粒径成反比，但是生产商们却提供了许多不同粒径尺寸的填料。此外，没有一款分析柱可以有效分离所有分析物。

预柱是置于进样器与分析柱之间的装填有粒径 5 μm 颗粒的短柱（柱长 1~5 cm），其填料与分析柱填料一样。放置预柱的原因有以下两个：第一，可阻拦碎片（如泵-塞碎片）和样品中的杂质颗粒，以防堵塞分析柱、改变分析柱柱效与选择性；第二，可保留会死吸附或高度吸附于分析柱的化合物，因此预柱可延长分析柱使用寿命。预柱需再生或冲洗，或周期性更换。有些分析柱与预柱设计为一整体，降低因额外管路连接引起的峰展宽。然而，对于装填小颗粒的超高柱效分析柱，柱外效应的考量尤为重要，故不适用预柱。预柱能延长分析柱寿命，保留分析柱上死吸附的化合物与碎片以改善分离效果。装填 STM 颗粒填料柱前不适用预柱，因为连接会引起额外的柱外效应。

柱温箱于色谱柱控温其实并不是必要的，但可大大提高准确度和重复性。最高端 HPLC 系统包括柱温箱与略高于室温易恒定的操作温度，如 30 ℃。扩散速度随着温度与柱效上升而增大。范氏方程中塔板高度最小值变化促使速度更快，以达到理想的快速分离。温度升高后，压力随着洗脱液黏度降低而降低，易获得更大流速。升温的代价是加速色谱柱老化，尤其是硅胶柱与阴离子交换柱。此外，不同于 GC，柱温升高并不一定意味着保留因子减小。程序升温虽可用于 LC，但很少使用。有些检测器，尤其是示差折光检测器与电导检测器，对温度变化非常敏感。此类改良的检测器已使用一些恒温方式，色谱柱与检测器还是建议使用一致的温度。电导检测器的检测池可以拆卸，易置于柱温箱内。即使是无柱温箱的基本 HPLC 组件，将色谱柱置于气泡膜材料或绝缘泡沫塑料中可避免温度变化过快。

（4）检测器。所有检测器的理想指标是噪声小、灵敏度高，从而获得低检测限。由于复杂样品的单次色谱分析持续时间长（≥ 1 h），所以检测器基线不宜出现大幅度漂移。随着柱效增加，峰宽变小，检测器必须快速响应，在快速时间分辨率内获取生成数据。检测池体积需足够小且具有能克服宽带扩散的整体通路几何形状。如果未满足以上标准，那么得到的色谱图会显示比真实情况更差的分离效果。

根据经验，至少 20 个数据采集点才能代表一个完整色谱峰。如果整个出峰时间在 1 s 内，那么检测器响应时间不得大于 50 ms。检测器单一响应时间通常称为 e^- 折时间（e–folding time）。注意检测信号的上升时间与下降时间不一定总是相同的。响应时间一般至少为 3 倍，通常是 5 倍的 e^- 折时间（上升或下降信号有限制）。以现今的检测器举例，某检测器的 e^- 折响应时间为 10 ms，如检测器输出内部数字化，采集系统直接获取数据，最小数据传输需达 100 Hz。快速液相色谱的检测器测量值的传输数据达 200 Hz。

如果检测器模拟信号通过外部数字化获得，那么后续的考虑就有必要。获取数据的经验法则是如某事件 n Hz 内发生，那么取样与数据获取至少需要大于 $5n$ Hz 时间才能完成。因此，在检测器 e^- 折时间——10 ms 内如实记录数据，对应频率为 100 Hz，那么数据获取时间至少要大于 500 Hz。然而如果检测器本身响应时间较慢，那么快速数据获取会失真。

HPLC 检测器其他令人满意的特性是它对流速（或压力）和温度变化不敏感，易于操作，低分散无损失，可联用其他检测器。宽线性动态范围也是受欢迎的特性，宽浓度范围内易定量。在数据存储廉价（高分辨率的校正曲线可存储与恢复）与计算能力充裕的时期，若响应斜率（单位响应变化量比浓度变化量）保持足够高，那对线性的强调是需要质疑的。事实上，有些检测器响应（如多数依赖于形成气溶胶颗粒的气溶胶式检测器）在大范围内呈非线性，生产商经常在仪器固件中内置信号处理程序以使输出呈线性，而用户并不知此过程。未来此过程可能对用户透明，用户可以选择利用非线性校正曲线以定量。

检测器无论是对特定化合物还是对几乎所有化合物都有响应，这有利有弊。通用型响应可作为初步考察的首选。若分析特定类化合物，如药物样品的特定杂质，选取对该分析物有响应选择性的检测器最佳，尤其当目标分析物与其他物质共洗脱时，检测器只能特异性检测到目标分析物以排除干扰。特定离子碎片和检测模式的质谱使用匮乏是因为没有检测器只对特定分析物选择性响应。表 4–7 为常见液相色谱检测器。

表 4–7　常见液相色谱检测器

检测器	可检测物质	是否可以梯度洗脱	检测限
通用型检测器			
差示折光检测器	通用（所有化合物）	不可以	0.1~1 μg
紫外–可见吸收检测器	具有生色团的化合物	可以	0.1~1 ng
蒸发光散射检测器	非挥发性化合物	可以	10 μg
选择性检测器			
荧光检测器	荧光性化合物	可以	1~10 pg
电导检测器	离子型物质	不可以	0.5~1 ng
电化学检测器	电化学活性化合物	不可以	0.01~1 ng
结构特异性检测器			
质谱检测器	通用（全扫描模式） 部分（SIM 模式）	可以	0.1~1 ng

第七节　电化学分析法

一、电化学分析法概述

电化学分析法是利用物质的电学及电化学性质来进行分析的方法。它通常是使待分析的试样溶液构成一化学电池（电解池或原电池），然后根据所组成电池的某些物理量（如两电极间的电动势，通过电解池的电流或电荷量，电解质溶液的电阻等）与其化学量之间的内在联系来进行测定。因而电化学分析法可以分为3种类型。

第一类是通过试液的浓度在某一特定实验条件下与化学电池中某些物理量的关系来进行分析的。这些物理量包括电极电位（电位分析等）、电阻（电导分析等）、电荷量（库仑分析等）、电流–电压曲线（伏安分析等）。

第二类方法是以上述这些电物理量的突变作为滴定分析中终点的指示，所以又称为电容量分析法，主要有电位滴定、电流滴定、电导滴定等。

第三类方法是将试液中某一个待测组分通过电极反应转化为固相（金属或其氧化物），然后由工作电极上析出的金属或其氧化物的质量来确定该组分的量。这一类方法实质上是一种重量分析法，不过不使用化学沉淀剂而已。所以这类方法称为电重量分析法，也即通常所称的电解分析法。

电位分析法是电化学分析方法的重要分支，它的实质是通过在零电流条件下测定两电极间的电位差（所构成原电池的电动势）进行分析测定。电位分析法包括直接电位法（电位测定法）和电位滴定法。本书中仅介绍在职业卫生领域应用的直接电位法。

直接电位法是利用专用的指示电极测得的待测溶液的电极电位，然后根据能斯特方程，计算出被测物质的含量。其理论依据是能斯特方程。能斯特方程是指用以定量描述某种离子在 A、B 两体系间形成的扩散电位的方程表达式。在电化学中，能斯特方程用来计算电极上相对于标准电势而言的指定氧化还原对的平衡电压，表达式为：

$$E=E_0+\frac{RT}{nF}\ln\frac{a_{\text{氧化态}}}{a_{\text{还原态}}} \tag{4-26}$$

式中，E 是平衡电压，E_0 是标准电极电位，R 是摩尔气体常数（8.314 41 $J\cdot mol^{-1}\cdot K^{-1}$），$F$ 是法拉第常数（96 486.70 $C\cdot mol^{-1}$），T 是热力学温度，n 是电极反应中传递的电子数，$\alpha_{\text{氧化态}}$及 $\alpha_{\text{还原态}}$为氧化态及还原态离子的活度。

对于金属电极，还原态是纯金属，其活度是常数，定为1，则金属电极的平衡电压表达式如下：

$$E=E_0+\frac{RT}{nF}\ln\alpha_{M^{n+}} \quad (4-27)$$

式中 $\alpha_{M^{n+}}$——金属离子 M^{n+} 活度。

25 ℃时，式（4-27）表示成：

$$E=E_0+\frac{0.059}{n}\lg\alpha_{M^{n+}} \quad (4-28)$$

单个指示电极无法测量电极电位，使用直接电位法测量时，需要将指示电极与参比电极组成原电池，在零电流条件下测量原电池电动势，则：

$$\begin{aligned}E_{电池}&=E_{参}-E_{指}+E_{接}\\&=E_{参}-\left(E_0+\frac{0.059}{n}\lg\alpha_{M^{n+}}\right)+E_{接}\\&=E_{常}-\frac{0.059}{n}\lg\alpha_{M^{n+}}\end{aligned} \quad (4-29)$$

电池电动势是金属离子活度的函数，其值反映了金属离子活度的大小，这就是直接电位法的测量依据。

二、离子选择电极法

1. 离子选择电极法概述

直接电位法指示电极主要有两种类型：金属基电极和膜电极。金属基电极是利用氧化还原电对的电极电势与离子活度之间的定量关系，而膜电极则是通过某些离子在膜两侧的扩散、迁移和离子交换等作用，产生膜电势，而膜电势与离子活度之间存在定量关系。膜电位的产生不同于金属基电极电位，不存在电子的传递和转移，而是由于离子在膜与溶液两相界面上的交换与扩散的结果。因为膜电极对离子的选择性特性，膜电极也称离子选择电极。因为膜电极对特定离子的选择性，越来越多的离子选择性膜材料被应用于膜电极的制造，因此离子选择电极得到了迅速的发展。

2. 测量装置的构造

使用离子选择电极法直接测定离子浓度的仪器称为离子计，其主要构造如图4-16所示。

（1）指示电极。离子计的指示电极是离子选择电极，其构造如图 4–17 所示。电极因敏感膜的种类不同而对不同的离子具有显示电位的选择性。

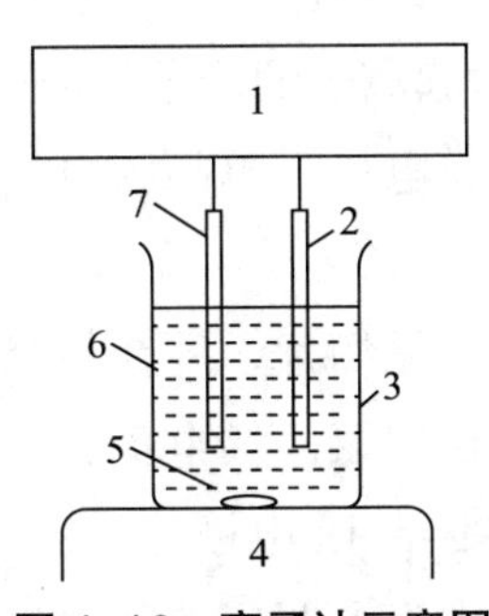

图 4–16 离子计示意图

1—电位测量仪 2—指示电极 3—试样溶液
4—电磁搅拌器 5—搅拌子 6—烧杯 7—参比电极

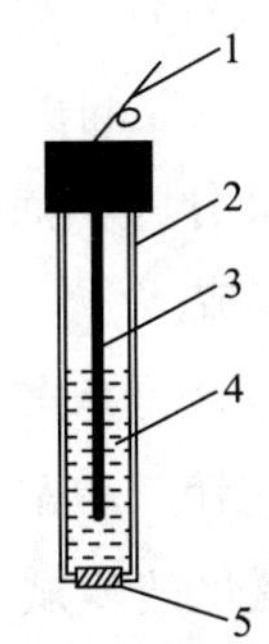

图 4–17 离子选择电极构造

1—导线 2—电极杆 3—内参比电极（Ag–AgCl）
4—内参比溶液 5—敏感膜

离子选择电极的种类繁多，且与日俱增，根据膜电位响应机理、膜的组成和结构，离子选择电极主要分类如图 4–18 所示。

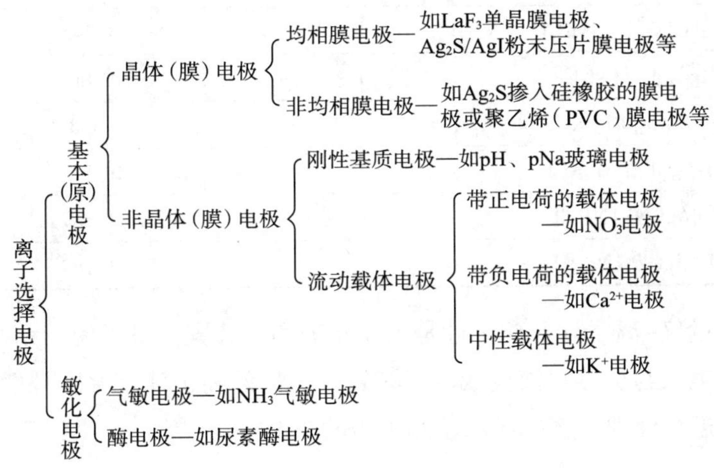

图 4–18 离子选择电极类型

离子选择电极除玻璃电极（在酸度计法中介绍）外，最典型的是氟离子选择电极。氟离子选择电极是晶体膜电极。

晶体膜一般都是由难溶盐经过加压或拉制成单晶、多晶或混晶的活性膜。由于制备敏感膜的方法不同，晶体膜又可分为均相膜和非均相膜两类。均相膜电极的敏感膜由一种或几种化合物的均匀混合物的晶体构成，而非均相膜则除了电活性物质外，还加入某种惰性材料，如硅橡胶、聚氯乙烯、聚苯乙烯、石蜡等，其中电活性物质对膜电极的功能起决定性作用。电极的机制是由于晶格缺陷（空穴）引起离子的传导作用。

均相膜电极又分为单晶膜电极、多晶膜电极或混晶膜电极。单晶膜电极的敏感膜由难溶盐的单晶片制成。

氟离子选择电极是单晶膜电极，其敏感膜为氟化镧单晶切片，并在单晶中加入微量导电性能强的氟化铕。单晶片经抛光后用环氧树脂粘接在聚氯乙烯电极管上，内参比溶液为一定浓度的氯化钠和氟化钠混合物，内参比电极为 Ag-AgCl 电极。

（2）参比电极。参比电极是指测量各种电极电势时作为参照比较的电极。在参比电极上进行的电极反应必须是单一的可逆反应，电极电势稳定和重现性好。通常多用微溶盐电极作为参比电极。常用参比电极及电极电势见表 4-8。

表 4-8 常用参比电极及电极电势（25 ℃）

参比电极	电极电势 /V
$Hg\|HgCl_2\|$ 饱和 KCl	0.245
$Hg\|HgCl_2\|1NKCl$	0.280 1
$Hg\|HgCl_2\|0.1NKCl$	0.333 7
$Ag\|AgCl\|$ 饱和 KCl	0.198 1
$Ag\|AgCl\|0.1NHCl$	0.287
$Hg\|HgO\|0.1NaOH$	0.164

（3）电位测量仪-离子计。离子计是电动势的测量装置，可以使用精密毫伏计。连接指示电极、参比电极与被测溶液构成测量装置。新型的离子计带温度补偿及对数转换器，可对电动势数据进行处理，直接显示待测离子的浓度。

3. 离子选择电极法测定的影响因素及分析技术

对离子选择性电极测量有影响而导致误差的因素较多，主要有以下几个方面：

（1）温度。工作电池的电动势在一定条件下与离子活度的对数值呈线性关系。温度不但影响直线的斜率，也影响直线的截距，$E_{常}$包括参比电极电位、液接电位等，这些电位数值都与温度有关。因此在整个测定过程中应保持温度恒定，以提高测定的准确度。

（2）电动势测量。电动势测量的准确度（亦即测量系统的误差）直接影响测定的准确度。因此对于直接电位测定法，要求测量电位的仪器必须具有高的灵敏度和相当的准确度。工作电池的电动势本身是否稳定影响测定的准确率。$E_{常}$不仅受温度的影响，也受试液的组成、搅拌速度等的影响。只有在严格的实验条件下才能基本上维持不变。

（3）干扰离子。共存离子之所以发生干扰作用有的是由于能直接与电极膜发生作用。干扰离子不仅给测定带来误差，并且使电极响应时间增加。为了消除干扰离子的作用，较方便的办法是加入掩蔽剂。

（4）溶液的 pH 值。因为 H^+ 或 OH^- 能影响某些测定，例如，在使用氟离子电极时，酸度过高或过低都将影响测定。必要时应使用缓冲液以维持一个恒定的 pH 值范围。

（5）被测离子的浓度。使用离子选择性电极可以检测的线性范围一般为 10^{-6}~10^{-1} mol·L^{-1}。检测下限主要取决于组成电极膜的活性物质的性质。测定的线性范围还与共存离子的干扰和 pH 值等因素有关。

（6）响应时间。这是指电极浸入试液后达到稳定的电位所需的时间。一般用达到稳定电位的 95% 所需时间表示，它与待测离子到达电极表面的速度、待测离子的活度、介质的离子强度、共存离子、膜的厚度及表面粗糙度等有关。

（7）迟滞效应。这是与电位响应时间相关的一个现象，即对同一活度值的离子试液，测出的电位值与电极在测定前接触的试液成分有关。此现象也称为电极存储效应，它是直接电位分析法的重要误差来源之一。减少此现象引起的误差的办法之一，是固定电极的测定前预处理条件。

4. 离子选择电极定量方法

（1）校准曲线法。校准曲线法是配制一系列标准溶液，分别测定电动势 E，用 E 对 $\lg C$ 作图，所得的曲线即为标准曲线。标准曲线法要求待测溶液的组成要和标准溶液的组成相近，溶液的离子强度相同。因此测定时需加入“总离子强度条件缓冲剂”，以确保试样溶液和标准溶液的离子强度基本一致，并起到控制溶液的 pH 值和掩蔽干扰离子的作用。

（2）标准加入法。标准加入法是将准确体积的标准溶液加入已知体积的试样溶液中，根据电动势 E 的变化求得被测离子的浓度。该方法操作简单、快速、准确性高。

（3）格氏作图法。格氏作图法也称连续标准加入法，它是在测量过程中连续多次加入标准溶液，根据一系列的 ΔE 所对应的加入体积 V_S 作图来求得待测离子浓度。

第八节　质谱法

一、质谱法概论

质谱法是使混合物或单体形成离子，按质荷比 m/z 进行分离，根据质荷比进行定性，根据特定质荷比的数量进行定量分析的一种技术手段。

1. 质谱仪的结构

质谱仪主要由真空系统、进样系统（单独使用时）、离子源、质量分析器、离子检测器和数据处理系统组成。质谱仪经常与其他仪器联用，作为其他仪器的检测器使用，如气相色谱质谱联用仪（GC-MS）、液相色谱质谱联用仪（LC-MS）等。

（1）真空系统。质谱仪的离子源、质量分析器及检测器必须处于高真空状态，若真空度低，则会产生以下危害：

1）大量氧会烧坏离子源的灯丝。

2）会使本底增高，干扰质谱图。

3）引起额外的离子-分子反应，改变裂解模型，使质谱解析复杂化。

4）干扰离子源中电子束的正常调节。

5）用作加速离子的几千伏高压会引起放电等。

（2）进样系统。质谱仪如果作为其他仪器，如气相色谱、液相色谱等的检测器，则不需要单独的进样系统，样品经过色谱柱分离后，依次进入质谱仪中进行相应的检测。质谱仪也可独立使用，直接将样品注入离子源中进行样品的检测，如电感耦合等离子体质谱仪。

（3）离子源。质谱离子源的主要功能是为样品离子化提供能量，将样品分子或者中性原子进行电离，形成具有不同质荷比的离子束。这些离子束经过透镜聚焦后，再转移到质量分析器中进行质荷比的筛选。

离子源的种类有许多，常用的离子源有电子轰击源（EI）、化学电离源（CI）、快原子轰击源（FAR）、电喷雾源（ESI）、大气压化学电离源（APCI）、大气压光学电离源（APPI）、基质辅助激光解析电离源（MALDI）和电感耦合等离子体离子源（ICP）几种。因样品状态、性质的不同，相应地选择不同的离子源。气相色谱质谱联用仪一般采用EI源或CI源；液相色谱质谱联用仪根据端口技术要求不同一般采用FAR、电喷雾源ESI、大气压化学电离源APCI、大气压光学电离源APPI、基质辅助激光解析电离源MALDI或粒子束技术；无机元素分析的电离源一般采用ICP技术。

（4）质量分析器。质量分析器是依据不同方式将离子源中生成的样品离子按质荷比*m*/*z*的大小分开的仪器，是质谱仪的重要组成部件。主要类型有：单聚焦质量分析器、双聚焦质量分析器、四极杆滤质器、离子阱和飞行时间质量分析器几种。

1）单聚焦质量分析器。单聚焦质量分析器主要部件是一个一定半径的圆形管道，在其垂直方向上装有扇形磁铁，产生均匀、稳定的磁场，离子束在磁场的作用下，由直线运动变成弧形运动。不同*m*/*z*的离子，运动半径*R*不同，被质量分析器分开。由于出射狭缝和离子检测器的位置固定，即*R*固定，故一般采取连续改变加速电压或磁场强度的方式，使不同*m*/*z*的离子依次通过出射狭缝，以半径*R*的弧形运动方式到达离子检测器，使离子从时间上被分开。单聚焦质量分析器结构简单、操作方便，但分辨率低。

2）双聚焦质量分析器。为了提高质量分析器的分辨率，通常在磁分析器前增加一个扇形电场，离子垂直进入扇形电场，受到与速度垂直方向的作用，改作圆周运动，当电场强度一定时，半径*R*取决于离子的速度和质荷比。因此扇形电场将质量相同而速度不同的离子分离聚焦，再经过狭缝进入磁分析器，进行*m*/*z*方向聚焦，这种同时实现速度和方向双聚焦的分析器，称为双聚焦质量分析器。

3）四极杆滤质器。四极杆滤质器由4根平行的圆柱形金属极杆组成，4个极杆对角连接，构成两组电极。在两极间加有数值相等方向相反的直流电压和射频交流电压。4根极杆内所包围的空间便产生双曲线型电场。从离子源入射的加速离子穿过四极杆双曲线型电场，会受到电场作用，只有选定的*m*/*z*离子以限定的频率稳定地通过四极杆滤质器，其他离子则碰到极杆上被吸滤掉，不能通过四极杆滤质器。碎片离子的共振频率与4支电极的频率相同时，才可通过电极孔隙到达检测器。改变扫描频率可使不同*m*/*z*的离子通过，实际上在一定条件下，被检测离子的质荷比（*m*/*z*）与电压呈线性关系。因此改变直流和射频交流电压可达到质量扫描的目的。四极杆滤质器是一种无磁分析器，其优点是体积小，质量轻，操作方便，扫描速度快，分辨率较高，是最常用的质量分析器之一。

4）离子阱。由两个端盖电极和位于它们之间的类似四极杆的环电极构成。端盖电极施加直流电压或接地，环电极施加射频电压，通过施加适当电压形成一个离子阱。根据射频电压的大小，离子阱就可捕捉某一质量范围的离子。离子阱可以储存离子，待离子累积到一定数目后，升高环电极上的射频电压，离子按质量从高到低的次序一次离开离子阱，被离子检测器检测。

5）飞行时间质量分析器。飞行时间质量分析器既不用电场也不用磁场，其核心是一个离子漂移管。离子源中的离子流被引入漂移管，离子在加速电压的作用下得到动能。然后离子进入长度为 L 的自由空间及漂移区，假定离子在漂移区移动的时间为 T，离子在漂移管中飞行的时间与离子质荷比（m/z）的平方根成正比，对于能量相同的离子，质荷比越大，到达检测器所需的时间越长。根据这一原则，可以把不同质荷比的离子因其飞行速度不同而分离。漂移管越长，分辨率越高。飞行时间质量分析器具有较大的质量分析范围和较高的质量分辨率，适合蛋白等生物大分子分析。

（5）离子检测器。离子检测器系统由各种不同类型的离子敏感器件（法拉第筒、倍增器及各种电荷敏感元件等）组成。按质荷比分开的离子束在检测器被收集、放大，并经数据处理系统把它们加工、处理而得到所需要的信息。

2. 质谱分析技术

（1）数据采集模式。质谱仪一般分为全扫描（SCAN）和选择离子扫描（SIM）两种数据采集模式。SCAN 模式是通过每固定时间（一般为 0.5 s）持续改变电极电压，使设定范围内质荷比的离子依次进入检测器，记录全部离子碎片信息的数据采集方式。该模式主要用于定性分析。SIM 模式是根据目标化合物选择合适的检测离子，选择性地设定电压，只有特定的质荷比的离子被检测。该模式主要用于定量分析，仅采集特征碎片，可以提高检测的灵敏度。

（2）定性分析。质谱图可提供有关分子结构的许多信息，因而定性能力强是质谱分析的重要特点。质谱主要可进行如下定性分析：

1）相对分子质量的测定。从分子离子峰可以准确地测定该物质的相对分子质量。关键是分子离子峰的判断，因为在质谱中最高质荷比的离子峰不一定是分子离子峰，这是由于存在同位素等原因，可能出现 M^{+1}、M^{+2} 峰；若分子离子不稳定，有时不出现分子离子峰。判断相对分子质量时首先应判断是否为分子离子峰。

2）分子式的确定。高分辨质谱仪可精确地测定分子离子或碎片离子的质荷比，故可利用元素的精确质量及丰度比求算其元素组成，进而推算出其分子式。对于复杂分子，在测定其精确质量值后，由计算机计算给出化合物的分子式。

3）根据裂解模型检定化合物和确定结构。各种化合物在一定能量的离子源中是按照一定规律进行裂解而形成各种碎片离子，形成质谱图。所以根据裂解后形成的各种离子峰检定物质的组成及结构。

4）谱图检索。用质谱确定化合物及其结构更为快捷、直观的方法是计算机谱图检索。将被测有机化合物试样的质谱图按一定的程序与计算机内存储的标准谱图库对比，计算出它们的相似性指数（或称匹配度），给出几种较相似的有机化合物名称、相对分子质量、分子式或结构式等。

（3）定量分析。因为质谱获得的一般是碎片离子，质谱定量不采用归一化法进行定量，一般采用内标法和内标标准曲线法进行定量分析。

二、气相色谱 - 质谱联用仪（GC-MS）

如前所述，气相色谱法虽具有分离效率高、定量分析简便的特点，但定性能力却比较差，而质谱法具有灵敏度高，定性能力强等特点，但对有机物的分析，进样要纯才能发挥其特长，因此气相色谱 - 质谱联用仪在有机物分析领域，特别是有机物未知组分定性方面得到了广泛的应用。有机混合物在气相色谱进样，色谱柱分离后经接口进入离子源被电离成离子，根据选定的 SCAN 或 SIM 采集模式绘制离子流强度与时间的曲线就是 GC-MS 的色谱图，其中采用 SCAN 模式绘制的色谱图，称为总离子流色谱图（TIC），对 TIC 图的每个峰，可同时给出对应的质谱图，由此可推测每个色谱峰的结构组成。

1. GC-MS 常用的离子源

GC-MS 最常用的离子源是电子轰击（EI）源，主要原理为电子由直热式阴极（多用铼丝制成）*f* 发射，在电离室（正极）和阴极（负极）之间施加直流电压，使电子得到加速而进入电离室中。当这些电子轰击电离室中的气体（或蒸气）中的原子或分子时，该原子或分子就失去电子成为正离子（分子离子），分子离子继续受到电子的轰击，使一些化学键断裂，或引起重排瞬间裂解成多种碎片离子（正离子），由此提供分子结构的一些重要的官能团信息。

2. GC-MS 分析技术

（1）载气的选择。气相色谱-质谱联用仪中一般用氦作载气，原因如下：

1）He 的电离电位 24.6 eV，是气体中最高的，难以电离，不会因气流不稳而影响色谱图的基线。

2）He 的相对分子质量只有 4，易于与其他组分分子分离，另一方面，它的质谱峰简单，主要在 *m/z*4 处出现，不干扰其他质谱峰。

（2）质谱传输线的温度控制。现在的 GC-MS 一般将气相色谱毛细管色谱柱的末端直接插入质谱离子源内，其接口（传输线）起保护插入段毛细管柱和控制温度的作用。质谱传输线的温度控制一般低于色谱柱最高使用温度 50~70 ℃，避免柱尾端固定液流失过多对基线的干扰。温度设置也不宜过低，防止高沸点待测组分在接口处的毛细管柱停留，造成定性定量错误。

（3）离子源的维护保养。经常用于复杂混合物分析的 GC-MS，应定期清洗离子源，避免污染的离子源对定性定量分析造成干扰。

（4）定性分析。GC-MS 定性分析时需根据出峰时间、质谱图及目标化合物存在的可能性综合判断检索出的化合物，不能把匹配度作为判断化合物的首要依据。

三、液相色谱-质谱联用仪（LC-MS）

随着新材料、新药物及生命科学的发展，人类创造出很多前所未有的新型高分子化合物，需要进行定性定量分析，甚至需要借助先进的分析手段对其进行分子结构的确定和解析，这时往往需要使用质谱进行检测。对于高极性、热不稳定、难挥发的大分子有机化合物，无法使用气相色谱进行分离，液相色谱的应用不受沸点的限制，并能对热稳定性差的试样进行分离、分析。但液相色谱的定性能力较弱。液相色谱法的定性需求推动了液相色谱 - 质谱联用仪的发展。

液相色谱 - 质谱与气相色谱 - 质谱最大的区别是流动相对质谱的影响。因为质谱为真空工作状态，而即使是高效液相色谱（HPLC）流动相的流量一般为1~2 mL/min，以流动相甲醇为例，其汽化体积膨胀倍数大约560倍，即1 mL/min流量的流动相汽化后换算成常压下的气体流量为560 mL/min，（水则为1 250 mL/min）。质谱仪抽气系统通常仅在进入离子源的气体流量低于10 mL/min时才能保持所要求的真空，另一方面，液相色谱的分析对象主要是难挥发和热不稳定物质，而与质谱仪常用的离子源，电子轰击离子源（EI）、化学电离源（CI）等经典方法要求试样汽化是不相适应的。因此LC-MS的进样接口和离子源种类与GC-MS有着显著的区别。

LC-MS主要的接口技术是：直接液体导入接口、移动带技术（MB）、热喷雾接口（TSP）、粒子束接口（PB）、动态快原子轰击接口（FAB）、激光解吸电离接口和基质辅助激光解吸电离接口（MALDI）、电喷雾电离接口、大气压化学电离接口几类。其中直接液体导入接口、移动带技术因其技术局限性，在商用LC-MS已被取代。目前，常用接口与电离技术从大的分类主要有大气压电离、基质辅助激光解析电离和快原子轰击电离以及粒子束接口技术。本节仅讨论现在应用较为广泛的两种接口电离技术。

1. 大气压离子源（API）

大气压离子源包括大气压电喷雾电离（ESI）、大气压化学电离（APCI）和大气压光电离（APPI）。其中主要以ESI和APCI源应用广泛。

（1）电喷雾电离源。电喷雾电离源是目前液相色谱应用最广的接口技术，ESI接口如图4-19所示。LC流出液流经金属毛细管喷嘴，在毛细管和对电极板之间施加3~8 kV电压，使流出液（试样溶液）形成高度分散的带电扇状喷雾。此在大气压条件下形成的离子，在电位差的驱使下通过N2气帘进入质谱仪真空区。

优点：可生成高度带电的离子而不发生碎裂，是迄今最为温和的电离方法，产生大量多电荷离子。通过检测带电状态，可计算离子的真实分子量。同时，解析分子离子的同位素峰也可确定带电数和分子量，最大相对分子质量可测到20万，可方便地与分离技术联用。

现在LC-ESI-MS已在生命科学、制药工业、临床诊断和医疗等领域成为重要而有效的分析工具之一，并已迅速延伸到工业聚合物、环境有害物质以及农业土壤等方面。但ESI技术一般不适用于非极性化合物的分析。

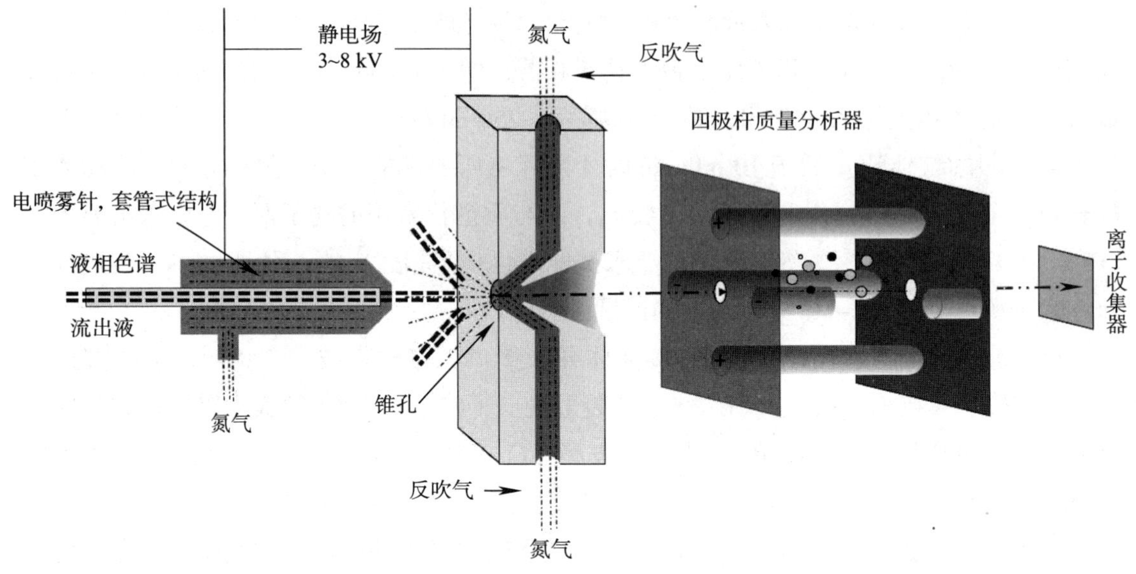

图 4-19 ESI 源结构示意图

（2）大气压化学电离接口。大气压化学电离（APCI）源与电喷雾电离（ESI）源的作用机理类似，区别是 ESI 通过加电压形成带电扇状喷雾，而 APCI 是通过加热器形成热启动喷雾，ESI 的电离方式是加电压，而 APCI 是在喷嘴的下端装有一个针状放电电极，通过尖端放电，电离中性分子（如水蒸气、氮气、氧气等）和流动相溶剂分子，这些离子再与待测组分分子发生离子-分子交换，最终使样品分子离子化。

由于物质结构以及电离源电离方式不同，当 ESI 不能产生满意的离子信号时，可以采用 APCI 方式增加离子化产物的产率，因此可以把 APCI 看作是 ESI 的补充。一般 ESI 主要用于中等以及大极性化合物的分析检测，APCI 一般用于极性以及极端非极性化合物的分析检测。

2. 粒子束（PB）

PB 接口是一种应用比较广泛的 LC-MS 接口，又称动量分离器。流动相及被分析物被喷雾成气溶胶，脱去溶剂后在动量分离器内产生动量分离，而后经一根加热的转移管进入质谱。由于溶剂和分析物的分子质量有较大的区别，两者之间会出现动量差；动量较大的分析物进入动量分离器，动量较小的溶剂和喷射气体（氦气）则被抽气泵抽走。

PB 的离子化仍由质谱的 EI 或 CI 方式进行，可以获得经典的质谱图，并可以使用谱库检索，为分析工作带来很大便利。但 PB 的电离方式仍以电子轰击为主，是一种“硬”电离方法，不适合热稳定性差的化合物的分析检测。

四、三重四极杆质谱仪简介

在液质、气质联用技术应用的基础上，为了提高仪器的灵敏度和抗干扰性，逐渐开发出质谱-质谱联用仪，其中最典型的质谱联用技术就是三重四极杆质谱。

第一段四极杆用于质量分离选出所研究的（母）离子，中间的第二极四极杆在其四极杆上仅加射频电压，用来进行碰撞活化，第三段四极杆和检测器用于质谱检测。选定的母离子经碰撞活化产生所有子离子，可得到子离子谱及母离子谱，若控制第一段四极杆和第三段四极杆，保持固定的质量差进行同步扫描，可得到中性丢失谱。三重四极质谱仪具有高速扫描、操作简便、灵敏度高的优点。

近年来，三重四极杆质谱与气相色谱或液相色谱联用技术在生命科学、环境安全、医药及法医痕量鉴定领域应用越来越广泛，相信未来在职业卫生领域生物代谢类产品的检测中也会得到发展。

五、电感耦合等离子体发射质谱法

如前所述，质谱法的原理主要是将物质电离，按质荷比 *m/z* 分离进行定性定量分析的一种技术手段。按分析对象区分，质谱又分为分子质谱法和原子质谱法，用于有机物分析的质谱产生的主要为分子离子峰，因此分子质谱法又叫有机质谱法；而原子质谱法是将单质离子按照质荷比的不同进行分离和检测，也叫无机质谱法，广泛应用于物质试样中元素的识别和浓度测定。无机质谱仪最常用的离子源是电感耦合等离子体（ICP）。

ICP-AES 测量的是光学光谱（165~800 nm），ICP-MS 测量的是离子质谱，提供在 3~250 amu 范围内每一个原子质量单位的信息，因此，ICP-MS 除了元素含量测定外，还可测量同位素。

ICP-MS 的分析技术在等离子体条件选择上参考 ICP-AES。与 ICP-AES 不同的是，ICP-MS 几乎没有光谱干扰，元素离子的干扰可通过选择同位素作为定量质量数的方式去除干扰。

第九节　现场快速检测技术

一、现场快速检测的目的及基本要求

1. 现场快速检测的目的和意义

现场快速检测通常是指在非实验室或现场条件下，采用快速检测手段，对场所、设施、产品、人员等目标因素进行检测，并在较短时间内（通常在 30 min 内）获得检测数据和结果的检测活动。在职业卫生领域，现场快速检测是指在工作场所，采用快速检测手段对现场职业病危害因素的种类、浓度或强度进行快速检测，并在短时间内获得检测结果的行为，常见于监督检测和安全预警监测。

现场快速检测是职业病危害因素识别、职业病危害因素日常监测、职业卫生监督、职业卫生突发事件处理中的常用技术之一，其能在较短时间内确定工作场所化学有害因素的种类是否超出规定限值，也是制定人群疏散方案和环境污染处理方案的重要依据，同时现场快速检测的结果可为现场样品采集和实验室检测工作提供方向。

近年来，由于现场快速检测技术的独特优势，各级卫生行政部门和卫生监督机构对现场检测技术也越来越重视，其在卫生监督执法领域的应用越来越普遍。现场快速检测技术的应用为卫生监督执法工作提供了可靠、方便、快捷的技术支撑，已成为日常监督执法、突发公共卫生事件现场处置和重大活动卫生保障工作中不可或缺的组成部分。因此，加强现场快速检测工作，对提高职业卫生监督执法技术水平和执法能力具有十分重要的作用和意义。

2. 快速检测应用范围

（1）符合性检测。我国工作场所空气有毒物质测定标准方法（GBZ/T 160、GBZ/T 300）中部分化合物的检测方法即为快速检测，例如，一氧化碳和二氧化碳的不分光红外线气体分析仪法。该法的精密度和准确度取决于校准气的不确定度和仪器稳定性，常见的不分光红外线气体分析仪基本能满足检测需要。

（2）应急检测。针对部分危险化学品事故的应急处理，快速检测方法因具备快速、半定量等独特的优势，得到广泛的应用。甚至有些抗干扰能力强、定性准确的方法也被应用于应急检测处理，例如，便携式气相色谱质谱仪便具备很好的快速定性定量的检测能力。

（3）监督检测。卫生监督执法在实际执行时，首先要考虑科学合理性，其次要考虑时效性，必须具备充分的证据证明存在职业病危害因素的用人单位工作场所中的浓度或强度符合限值要求。原卫生部已将数字式测尘仪、快速有毒有害气体检测仪，如便携式傅立叶红外光谱气体分析仪等性能相对稳定可靠的设备纳入《卫生监督机构装备标准（2011版）》。

（4）预警监测。对于具有特殊安全要求的工作场所，职业卫生现场调查人员、现场采样人员、现场工作人员、职业卫生执法人员等均需要配备报警装置，例如，便携式多气体复合式检测报警仪。

3. 现场快速检测技术的基本要求

现场快速检测技术的要求是应能根据检测目的对工作现场的职业病危害因素进行定性和定量分析，并能快速给出检测结果。现场快速检测技术需具备携带方便、样品前处理简单、检测判读直观、仪器操作方便的特点。具体可概括为快速、高效和便捷。

（1）快速。这是现场快速检测技术最核心的要求。现场快速检测技术应具备较短的检测周期，能使检测人员在现场几十分钟甚至几分钟内得到检测结果。在处理各类公共卫生突发事件中，快速得到检测结果对确定事件原因、制定人群疏散方案和患者救治方案具有重要作用，也是消除安全隐患的重要依据。

（2）高效。现场快速检测技术能将检测活动与现场监督检查进行有效结合。监督执法人员在监督执法的同时能及时发现职业病危害因素是否超出规定限值，这可以大大简化工作流程，降低了行政执法的成本，提高了行政执法的效率。

（3）便捷。相对于实验室检测，现场快速检测在实验过程中大大简化了前期准备、样品处理和实验操作等关键步骤。使用方无须投入大量人力、财力、物力进行实验室建设、设备购置和人员培训且耗材价格也较为低廉，从而大大降低了检测成本。

二、常见的现场检测方法

随着卫生监督及各类突发事件对现场快速检测技术需求的日益迫切，现场快速检测技术也相应得到了快速发展，根据检测技术的原理及形式不同，可将其分为感官检测法、试纸法、检气管法、滴定或反滴定法、化学比色法、便携式仪器分析法、免疫分析法及车载实验室法等。其中便携式仪器分析法包括便携式光学分析技术、便携式色谱分析技术、便携式色谱质谱联用分析技术、便携式电化学分析技术、便携式生物监测技术等。

在职业卫生应急监测初期进行污染物初筛时，可首先采用快速定性、半定量分析技术进行快速检测。如对于一般已知污染物种类的突发事件或日常监督执法，检气管法可发挥较大的作用。但对于那些污染物未知及污染物种类多，尤其是有机污染事件时，仅靠检气管已不能满足现场定性和定量分析的要求。此时可采用便携式色谱质谱联用仪及各种高性能便携式气体检测仪器（如袖珍式爆炸和有毒有害气体检测仪）等进行监测。本部分将对在职业卫生领域常用的现场快速检测技术分类进行阐述。

1. 工作场所空气中粉尘测定的光散射检测技术

激光光散射数字粉尘仪是测定工作场所中粉尘浓度的常用设备，其通过采气泵将待测气溶胶吸入检测舱，待测气溶胶在分支处分流成为两部分，一部分经过一个高效过滤器后被过滤为干净的空气，作为保护鞘气来保护传感器室的元器件不受待测气体污染。另一部分气溶胶作为待测样品直接进入传感器室。传感器室主要元器件为激光二极管、透镜组和光电检测器。检测时，由激光二极管发出的激光通过透镜组形成一个薄层面光源，薄层光照射在流经传感器室的待测气溶胶时会产生散射，通过光电探测器来检测光的散射光强度。散射光强度与空气中粉尘质量浓度成正比，并通过电路将光信号转换为电信号，从而直接显示出读数，就可以测量出空气中粉尘的相对质量浓度值。最后，通过使用已知的校正系数对测量结果进行校正，可计算出工作场所空气中的粉尘质量浓度。

光散射法测定工作场所中粉尘浓度具有快速、灵敏、稳定性好、体积小、质量轻、无噪声、操作简便、安全可靠等优点。一方面该方法具有较高灵敏度且需要的样品量少，并可省去或者简化样品处理步骤，因此采样时间和分析时间均可大大缩短；另一方面，该方法无须样品储存，从而避免或减少了分析方法中的各种可能的误差因素。

（1）校正系数。校正系数 Q 是指空气中粉尘质量浓度与光散射数字粉尘仪测定的质量浓度的比值。校正系数 Q 应采用滤膜采样–称重法与粉尘仪直读法两者比较确定。在确定校正系数时，粉尘仪传感器探头和滤膜粉尘采样器的粉尘吸入口，置于同测点、同高度、同方向、同路径进行同步采样。如需测定呼吸性粉尘的校正系数 Q_1，应连接粉尘预分离器并将光散射数字粉尘仪传感器探头和滤膜粉尘采样器的粉尘吸入口，置于同测点、同高度、同方向、同路径进行同步采样。校正系数由式（4–30）和式（4–31）计算确定。

$$Q=\frac{C}{R} \tag{4–30}$$

$$Q_1=\frac{C_1}{R_1} \tag{4–31}$$

式中　Q——总粉尘校正系数；

Q_1——呼吸性粉尘校正系数；

C——滤膜采样–称重法所测总粉尘质量浓度，mg/m^3；

C_1——滤膜采样–称重法所测呼吸性粉尘质量浓度，mg/m^3；

R——数字粉尘仪总粉尘质量浓度，mg/m^3；

R_1——数字粉尘仪呼吸性粉尘质量浓度，mg/m^3。

（2）仪器要求与测定

1）直读式数字粉尘仪应经法定质量检验部门检验并符合以下要求：

①采用光散射技术，测量范围 0~400 mg/m^3。

②测量准确度≤ ±10%（相对于校正粒子）。

③测量重复性≤ ±2%。

④能进行现场校准和调零操作。

⑤单机具有 STEL、TWA、最大值、最小值计算功能。

⑥具有数字存储功能。

2）测定。在测量前应正确安装仪器，并对直读粉尘仪进行现场校准，测量呼吸性粉尘时，需安装预分离器。在采样点，开启仪器，每一个采样点测试 15 min，数据记录间隔时间小于 5 s。

3）结果计算。在相似条件下，使用光散射粉尘浓度测量仪快速测量出工作场所的粉尘浓度之后，通过使用已知的校正系数对测量结果进行校正，可计算出工作场所空气中粉尘的质量浓度。

总粉尘质量浓度 C 和呼吸性粉尘质量浓度 C_1 分别按式（4–32）和式（4–33）进行计算。

$$C=Q\times R \tag{4–32}$$

$$C_1=Q_1 \times R_1 \tag{4-33}$$

式中 Q——总粉尘校正系数；

Q_1——呼吸性粉尘校正系数；

R——数字粉尘仪测出的总粉尘质量浓度 15 min 平均值，mg/m³；

R_1——数字粉尘仪测出的呼吸性粉尘质量浓度 15 min 平均值，mg/m³。

4）注意事项。检测环境相对湿度应小于 90%，平均风速小于 1 m/s，在测定前应确定与被测场所相应的校正系数 Q 值。当作业场所粉尘种类、性质、粒度、工艺过程、作业环境基本稳定不变时，所测 Q 与 Q_1 值可长期应用，否则要重新测定。

2. 工作场所中化学物质的快速测定

（1）检气管技术。检气管是一种使用简便、快速、经济、直读式的气体现场快速检测工具，可以定性、定量地检测有毒有害气体。检气管的基本结构是在一个固定长度和内径的玻璃管内，装填一定量的指示粉并用塞料加以固定，再将玻璃管的两端密封加工而成。当被测物质通过检气管时，管内指示粉与被测物质发生化学反应并产生颜色变化。根据变色环所示的刻度位置，就可以定性及定量地读出被测物质的浓度。

1）技术优势

①操作简便。检气管法无须复杂的样品处理及各种化学试剂和玻璃仪器，结果一般也无须进行计算，这大大简化了整个检测过程。这就为现场检测人员提供了极大方便，即使对没有检测经验的人，只要参照使用说明或对其稍加指导就可以应用。

②分析快速。由于整个操作过程只有采样和读取结果两步，可使每一次样品分析时间缩短至几分钟甚至几十秒，这是任何其他化学分析方法所不能比拟的。

③可信度高。检气管含量标度的确定是模拟了现场分析条件，采用不同浓度标准气标定的，因而克服了化学分析中易带入的方法误差。因为检气管是工业化生产，加之操作简单，使用时人为误差也易克服。

④适应性好。检气管产品种类多样，可检测的有害气体越来越多且其测定范围较宽。在实际应用时只要根据需要选择合适型号的检气管，即可对不同种类和含量的有害气体进行分析。检气管法特别适合现场检测的需要，尤其对不具备化学分析条件的地方更为适用。

⑤使用安全。由于用检气管进行测定时无须热源、电源，现场使用更安全。

⑥另外检气管使用时不需维护、价格低廉、携带方便。

2）缺点

①一种检气管能够检测的污染物种类有限，多数为一种检气管只能对一种污染物进行定性、半定量分析。

②检气管一般只能提供瞬间的浓度测量，不能连续检测。对化学性质相似的复杂物质，不能很好地区分，只能显示它们浓度的总和。

③检气管仅限于检测常见化合物，很多化合物还没有对应的检气管。

④各种检气管都有一定的有效期，超出期限将很难达到预期的检测效果。

⑤一些检气管对化合物的显色时间较长，难以达到快速定性定量的检测结果。

3）检气管的主要种类及应用范围。检气管可根据检测功能、测定方式及应用范围的不同分为定性检气管和定量检气管。从检测时间上看，检气管可分为短时检气管、长时检气管、直读式长时检气管，其中短时检气管常用于污染气体的现场快速检测。而从构造上讲检气管基本上分为 3 种类型：第一种只有一个指示层，用以测定组分单一或干扰因素小的气体样品；第二种是在指示层前加有净化层或者转化层，分别用以消除干扰物质对测定的影响，或使被测物质与转化层试剂反应，产生新物质后再在指示层中予以测定，净化层或转化层通称为检气管“前层”；第三种是当前物质易与指示层产生化学反应时，在制造中将这两部分分别装在两个玻璃管内，分别熔封，使用时用套管相连。

检气管根据采样工具不同可分为 4 种形式：

①强负压吸入法。其采样工具为手动采样器。它由铝合金和橡塑件组成，每冲程采气量为 100 mL 和 50 mL，具有操作简便、便于携带的优点。它的缺点是开始进气负压很大造成进样流速不均衡，有些检气管用它测量结果误差较大，量程扩展有局限性并需进行日常维护，否则会有漏气现象，适用于职业卫生领域空气检测。

②电动泵吸入法。这种采样器每分钟流速固定，用时间控制采样量，可连续数小时工作，可测瞬间含量值也可测时间加权平均值，缺点是价格高、构造复杂，需专人维护。

③注射器吸入法。这是较传统的方法。将已折断封口的检气管用短胶管与注射器相接，拉动活塞使气体样品先经过检气管，再计量采样体积，此方法对测量浓度小的气体样品的准确度影响不大，但对于被测组分浓度较大的气体样品，由于是先吸收后计量，会造成实际采样体积的计量不准确，影响了测量结果的准确性。

④注射器推入法。先用注射器采集一定体积的气体样品，然后将已采的样品匀速推入检气管。用注射器作采样器具具有易得、廉价、基本无须维护和调试的优点，尤其是它可以人为做到匀速进样，克服了手动采样器进气速度不匀的缺点，而且可以在 100 mL 内任意调整进样体积，以便于检气管量程的扩展，但在采样量大于 100 mL 时需要重复操作，稍有不便。

检气管可用于检测一氧化碳、二氧化氮、甲醛、氨气、硫化氢、二氧化碳、二氧化硫、氯气、氰化氢、氯化氢、二硫化碳、砷化氢等。

4）检气管的使用原则。检气管的正确使用是决定检测结果正确与否的关键因素，因此在使用检气管测定污染物时需要遵循以下原则：

①检气管应在使用期限内使用。一般检气管的有效期不小于 1 年，且通常检气管可使用到有效期月份的最后一天。检气管失效后会出现变色长度变长或变短、变色界限模糊、指示粉变色等。因此，检气管只能在有效期内使用，超出此范围，不管是否已经开封使用，都应该及时更换。

②应根据使用标准对检气管及其采样器进行保管与校订。检气管保存条件对检气管的有效期有较大影响，如低温保存能够明显延长检气管的有效期。因此，检气管必须根据相应的标准进行保存，并对其进行定期校订，以确保随时可用。

③需根据下面几条原则正确读取检气管显示值：测试后在规定时间内读数；利用检测背景读数；当变色终点偏流时，读数应为最长和最短的平均值。当偏流较为严重时，应重新测定；当检气管变色终点颜色较浅或模糊时，应以可见的最弱变色为准；测定过程中要注意观察检气管的变色情况，瞬间全部变色时，需更换大量程检气管。

总之，检气管的使用应该严格按照相应的国家或行业标准进行保管和使用，以保证其检测结果的可靠性。

（2）试剂盒技术。试剂盒是将检测某一成分所需的全部试剂和配套用品放在一起并盛放于盒子中，使用时按照说明书操作即可完成检测。按检测原理可分为化学显色试剂盒、酶抑制试剂盒、酶联免疫吸附剂测定（ELISA）试剂盒、微生物发光试剂盒等。

1）技术特点

①使用便捷。试剂盒的包装中包含了一次测定所需的全部准确剂量的化学试剂，避免了交叉污染及逸散，而且包装和配制好的试剂减少了复杂的混合标定过程，配上合适

的现场检测器具，无须多重准备即可快速进行分析工作。

②性价比高。试剂一般选用绿色环保、无毒、便于弃置的材料制成，使用更加经济。

③操作简便、反应较迅速、反应结果都能产生颜色或颜色变化、便于目视或利用便携式分光光度计进行定量测定、结果可直接读出、可进行多组分的现场分析、测定准确度较好。由于器材简单、检测成本低，所以易于推广使用。

④特异性较好。试剂盒中的检测试剂一般都是对某一种污染物具有特异性检测性能，可较好地排除其他污染物的干扰。

⑤扫描检测功能较差。试剂盒虽然一般能够特异性地对某一种污染物进行定性或定量分析，但很难一次性检测多种污染物的种类及其浓度。

2）试剂盒的主要种类及应用范围。目前，国内外已经开发出较多种类的污染物现场快速检测试剂盒，按检测试剂承载形式不同可分为试纸条、试剂包、测试卡、试剂瓶等；按检测原理则可分为化学显色试剂盒、酶抑制试剂盒、酶联免疫吸附剂测定（ELISA）试剂盒、微生物发光试剂盒等。以下按检测原理的不同介绍一下不同种类的试剂盒及应用范围。

①化学显色试剂盒。化学显色试剂盒的基本原理是将能够与某种污染物发生特效反应的分析试剂放入试剂盒中，当加入一定量的污染物样品时，通过特定的显色反应而产生相应的颜色变化，然后将显示的颜色深浅程度与标准色阶对比，从而得到待测污染物的种类及初步浓度值等信息。各种试剂盒里的试剂具有一定的专一性，其他污染物一般不会干扰检测结果。目前可用于实际检测中的化学试剂盒主要为重金属污染物检测试剂盒，用于有机污染物快速检测的化学试剂盒产品较少。

②酶抑制试剂盒。酶抑制试剂盒技术是根据酶抑制基本原理建立起来的一种试剂盒快速检测方法。在一定条件下，某些种类的污染物对特定生物酶的正常功能有抑制作用，其抑制率与污染物的浓度成正相关。据此在酶抑制反应中引入底物和显色剂，观察颜色变化或测定与某种特定化合物反应的物理化学信号变化，确定酶的抑制率，从而达到检测污染物的目的。酶抑制试剂盒一般需要分光光度计或电化学传感器等辅助设备完成检测任务。具体就是将酶制剂溶解于比色皿中或吸附在载体上（纸片或电极），当检测含有特定污染物的样品时，酶的活性被抑制，从比色皿（纸片）的颜色变化或电极的读数变化可定性/半定量检测此类特定污染物。酸抑制试剂盒技术的优点在于，操作简便、检测

速度快、不需要昂贵的仪器，适合现场检测以及大批量样品的筛选检测，易于推广普及。但该技术检测灵敏度比气质联用的仪器法要差一些。

③ELISA 试剂盒。ELISA 是酶联免疫吸附剂测定（enzyme-linked immunosorbent assay）的简称，它是继免疫荧光和放射免疫技术之后发展起来的一种免疫酶技术。ELISA 试剂盒是以免疫学反应为基础，将抗原、抗体的特异性反应与酶对底物的高效催化作用相结合起来的一种敏感性很高的检测技术。由于抗原、抗体的反应在一种固相载体聚苯乙烯微量滴定板的孔中进行，每加入一种试剂孵育后，可通过洗涤除去多余的游离反应物，从而保证试验结果的特异性与稳定性。

在实际应用中，通过不同的设计，具体的方法步骤可有多种，即用于检测抗体的间接法、用于检测抗原的双抗体夹心法以及用于检测小分子抗原或半抗原的抗原竞争法等。比较常用的是 ELISA 双抗体夹心法以及 ELISA 间接法。

（3）便携式傅立叶红外分析技术。傅立叶变换红外光谱（FT-IR）仪是综合了红外光谱原理、迈克尔逊干涉仪技术和傅立叶变换数学方法等技术的一种现代分析仪器。目前，它正被广泛应用到化工、商检、司法、地质和环保等众多领域。化合物分子中化学键或官能团，其振动能级从基态跃迁到激发态需要吸收特定波长的红外光。物理吸收不同的红外光，将在不同波长上出现吸收峰，红外光谱就是这样形成的。化学键振动所吸收的红外光的波长取决于化学键动力常数和连接在两端的原子折合质量，也就是取决于分子的结构特征。根据分子对红外光吸收后得到谱带频率的位置、强度、形状以及吸收谱带和温度、聚集状态等的关系便可以确定分子的空间构型，求出化学键的动力常数、键长和键角，红外光谱分析便是由特征吸收谱带频率的变化推测邻近的基团或键，进行混合物及化合物定性分析，由特征吸收谱带强度的改变对混合物及化合物进行定量分析。

傅立叶红外光谱仪由光源、干涉仪、样品室、检测器和计算机组成，由光源发出的光经过干涉仪转变成干涉光，干涉光中包含了光源发出的所有波长光的信息。当上述干涉光通过样品时某一些波长的光被样品吸收，成为含有样品信息的干涉光，由计算机采集得到样品干涉图，经过计算机快速傅立叶变换后得到吸光度或透光率随频率或波长变化的红外光谱图。

1）技术特点

①便携式傅立叶红外光谱仪灵敏度高，与传统色散型红外光谱仪相比，傅立叶红外

光谱仪没有狭缝的限制，光通量大，提高了光能的利用效率。

②便携式傅立叶红外光谱仪扫描速度快。傅立叶红外光谱仪采用干涉仪产生的干涉光照射样品可一次性获得全波段的光谱信息。色散型红外光谱仪扫描波段比较窄，要分几次扫描才可获得全波段的光谱信息。

③便携式傅立叶红外光谱仪波数准确性高。其采用激光测量技术，使测试中光谱波数准确性、重复性得到提高。

④便携式傅立叶红外光谱仪扫描波数范围大，具有多路通过的特点。

⑤便携式傅立叶红外光谱仪的结构简单，光学部件少，适合野外使用。

2）傅立叶红外光谱仪的应用。以 GASMET 便携式傅立叶分析红外光谱仪为例介绍此类仪器的应用。GASMET 将傅立叶分析原理运用到对现场样品的实时分析中，它具有牢固可靠的干涉仪、防腐蚀的样品池、多次反射的长光程，具有体积小、结构牢固、抗震性强、直接进样、快速分析等特点，是突发性污染事故的应急监测快速分析的理想工具。另外，其日常维护工作量很小、费用低，平均每 1~2 年进行一次样品池清洁维护和水分标定。使用过程中只需要纯氮气进行零点校准，没有其他的消耗材料。GASMET 便携式傅立叶红外光谱仪运用于应急现场，并能在尽可能短的时间内测量出污染物质的种类及浓度，该类仪器可以对 200 余种污染物进行定性分析以及对 50 余种污染物进行定量分析，监测物的浓度是 10^{-6} 级以上。该仪器可在突发性污染事故初期监测中，为应急事故处置提供准确可靠的监测数据。

（4）便携式电化学传感器有毒气体检测技术。电化学传感器通过与被测气体发生反应并产生与气体浓度成正比的电信号来工作。典型的电化学传感器由传感电极（或工作电极）和反电极组成，并由一个薄电解层隔开。气体首先通过微小的毛管型开孔与传感器发生反应，然后是憎水屏障，最终到达电极表面。采用这种方法可以允许适量气体与传感电极发生反应，以形成充分的电信号，同时防止电解质漏出传感器。穿过屏障扩散的气体与传感电极发生反应，传感电极可以采用氧化机理或还原机理。这些反应由针对被测气体而设计的电极材料进行催化。通过电极间连接的电阻器，与被测气体浓度成正比的电流会在正极与负极间流动，测量该电流即可确定气体浓度。由于该过程中会产生电流，电化学传感器又常被称为电流气体传感器或微型燃料电池。电化学传感器的制造方法多种多样，最终取决于要检测的气体和制造商。

1）传感器的主要特性

①在三电极传感器上，通常由一个跳线来连接工作电极和参考电极。如果在储存过程中将其移除，则传感器需要很长时间来保持稳定和准备才能使用。某些传感器要求电极之间存在偏压，而且在这种情况下，传感器在出厂时带有 9 V 电池供电的电子电路。传感器稳定需要 30 min 至 24 h，并需要 3 周时间来继续保持稳定。

②多数有毒气体传感器需要少量氧气来保持功能正常。传感器背面设有一个通气孔以达到该目的。建议在使用非氧气背景气应用场合中与制造商执行复检。

③传感器内电池的电解质是一种水溶剂，用憎水屏障予以隔离，憎水屏障具有防止水浴剂泄漏的作用。然而，和其他气体分子一样，水蒸气可以穿过憎水屏障。在大湿度条件下，长时间暴露可能导致过量水分蓄积并导致泄漏。在低潮湿条件下，传感器可能燥结。设计用于监控高浓度气体的传感器具有较低孔率屏障以限制通过的气体分子量，因此它不受湿度影响。与用于监控低浓度气体的传感器一样，这种传感器具有较高孔率屏障并允许气体分子自由流动。

2）主要仪器设备与应用范围。电化学气体传感器应用领域很广，可用于化工、采矿、军事等行业的安全检测、环保监测、生产过程控制等。这种电化学气体传感器具有体积小、检测速度快、准确、便于携带、可现场直接检测和连续检测等独特优点，优于过去在以上行业占主导地位的光学和光谱等气体检测方法。它对于改善人类的生活环境，保障人们身心健康有着重要的现实意义，因此具有良好的市场前景。

目前常见的电化学传感器可以检测一氧化碳、硫化氢、一氧化氮、二氧化氮、二氧化硫、氯气、氨气、氢氰酸等多种无机有毒有害气体。还有专门测量氧气在空气中含量的电化学传感器。由于电子技术的发展，这类仪器的实用程度大为提高，可以用于检测 10^{-6} 级的威胁人员安全的有毒有害无机气体。常见的电化学传感器气体检测仪有 PGM-7840 多功能测定仪、PortaSens I 检测仪等。前者为一款五合一的一体式气体检测仪，可以同时检测一氧化碳、硫化氢、二氧化氮、氯气和可燃气体 5 种气体；后者为即插即用的检测仪，通过更换相应传感器模块检测多种类型的气体，能够检测超过 40 种不同的气体和蒸气，无须再次校准。目前，提供的传感器主要有：溴气、氯气、二氧化氯、氟气、过氧化氢、碘气、臭氧、氨气、一氧化碳、氢气、氧气、一氧化氮、光气、氯化氢、氟化氢、氰化氢、硫化氢、二氧化氮、二氧化硫、酸气、砷化氢、乙硼烷、锗烷、硒化氢、磷化氢、硅烷、环氧乙烷、甲醛、乙醇、乙炔。

（5）便携式气相色谱技术。便携式气相色谱仪是一种多组分混合物的分离、分析工具，它是以气体为流动相，采用冲洗法的柱色谱技术。当多组分的分析物质进入色谱柱时，由于各组分在色谱柱中的气相和固定液相间的分配系数不同，因此各组分在色谱柱的运行速度也就不同，经过一定的柱长后，顺序离开色谱柱进入检测器，经检测后转换为电信号送至数据处理工作站，从而完成了对被测物质的定性定量分析。检测器是便携式气相色谱仪最重要的部件之一，决定了该仪器的主要性能。常见的检测器有热导检测器（TCD）、电子捕获检测器（ECD）、光离子化检测器（PID）和微氩离子检测器（MAID）等。

1）检测器分类

①热导检测器（thermal conductivity detector，TCD）是利用被测组分和载气热导系数不同而响应不同的浓度型检测器，各种组分和载气通过热导池时，气体组成及浓度如发生变化，就会从热敏元件上带走不同的热量，使热敏元件的阻值发生变化，从而改变了电桥的输出信号，该信号的大小与载气中组分的浓度成正比。热导检测器对所有的物质都有响应，结构简单，性能可靠，定量准确，价格低廉，经久耐用，是非破坏型检测器。

②电子捕获检测器（electron capture detector，ECD）内一端有一个多放射源作为负极，另一端为正极。两极间加适当电压。当载气进入检测器时，受多射线的辐照发生电离，生成的正离子和电子分别向负极和正极移动，形成恒定的基流。当有电负性的样品进入检测器后，就会捕获电子而生成稳定的负离子，生成的负离子又与载气正离子复合，结果导致基流下降，因此样品经过检测器，会产生一系列的倒峰。电子捕获检测器是一种高选择性、高灵敏度的浓度型检测器，它只对含有电负性元素（如卤素、硫、磷、氮、氧等）的物质有响应。电负性越高，灵敏度越高。

③光离子化检测器（photoionization detector，PID）由真空紫外灯和电离室构成。其工作原理是：待测气体吸收紫外灯发射的高于气体分子电离能的光子，被电离成正、负离子，在外加电场的作用下离子偏移形成微弱电流。由于被测气体浓度与光离子化电流呈线性关系，因此，通过检测电流值可得知被检测气体的浓度。光离子化检测器对大多数有机物可产生响应信号，灵敏度较高，且是一种非破坏性检测器，易于与其他设备联用。

其可在常压下进行操作，不需使用氢气、空气等，简化了设备，便于携带。

④微氩离子检测器（micro argon ionization detector，MAID）是以氩气作为载气，以镍（Ni-63）作为放射源，当氩气流过检测器时，某些氩原子赋能至激发态，称为exitons，与此同时其他氩原子被电离。氩的激发能约为11.7 eV。当样品分子进入检测器时，与exitons碰撞。在碰撞的过程中能量被释放给样品分子，exitons将它们电离产生检测信号。微氩离子检测器广泛用于其他气相色谱检测器难以检测的化合物（如无机气体、全氟碳、水、甲酸和甲醛等）的痕量检测，如某些芳香族化合物和空气中某些污染物的直接测定以及气相色谱裂解产物的分析等。

2）检测器性能指标与应用范围。各种检测器有不同的工作原理，为了便于比较其性能，通常以响应速度、灵敏度、稳定性和线性范围来考察各种检测器性能。一个理想的检测器应该是灵敏度高、检测限低、响应快、线性范围宽和稳定性好的。对通用型检测器，要求对各种组分均有响应，而对选择性检测器则要求仅对某类型化合物有响应。便携式气相色谱仪常用检测器的特点和应用范围见表4-9。

表4-9　便携式气相色谱仪常用检测器的特点和应用范围

检测器种类	特点	最低检测限	主要检测物质
热导检测器（TCD）	通用性	100 ppm	有机污染物
电子捕获检测器（ECD）	选择性	ppt	电负性化合物，如卤素
光离子化检测器（PID）	选择性	1 ppb	含碳挥发性有机物
微氩离子检测器（MAID）	选择性	1 ppb	烯、醇、醛、酯、苯系物、苯的衍生物等有机物

（6）便携式气相色谱质谱联用技术。气相色谱质谱联用技术是利用气相色谱和质谱两种技术来分离、鉴别和测量样品中的挥发性有机化合物。样品从取样口进入气相色谱系统，气相色谱仪对样品中的化合物进行色谱分离（化合物的分离次序主要基于递增的化合物沸点）。化合物经色谱分离后进入质谱系统后被高能量的电子（70 eV）轰击成为离子碎片，离子碎片经质谱分析器分析后按照质荷比及其丰度进行排列，依据化合物的图谱与标准谱库对比来识别鉴定化合物，同时可依据化合物的特征离子对化合物进行精确定量。该仪器由取样系统、气相色谱系统、质谱系统、真空系统和数据处理系统5部分

组成。

便携式气相色谱质谱联用仪（GC-MS）和台式气相色谱质谱联用仪的原理和结构是相同的，但其又具有特有的便携性，可在卫生监督现场或公共卫生事件现场进行直接检测。该设备结合了气相色谱技术和质谱技术两者的优点，拥有优异的检测灵敏度和强大的化合物鉴定能力，不仅能给出确定化合物的精确含量，而且能给出未知化合物的分子量、元素组成及分子结构信息。因此气相色谱和质谱的联用，可充分发挥气相色谱法高分离效率和质谱法强定性的能力，对卫生监督和突发公共事件的处理具有更大的优势。

1）技术特点。便携式气相色谱质谱联用技术应用的关键是设置合适的仪器条件，从而能够将工作现场样品中的组分进行有效分离，得到较好的总离子流图和质谱图。该技术除同时具有气相色谱技术和质谱技术的特点之外，还具有如下特有的联合技术特点：

①强大的化合物定性能力。气相色谱系统通过色谱柱对样品化合物进行分离后，可大大减少化合物进入质谱系统后的相互干扰，从而得到更为纯净的化合物质谱图，提高与NIST谱库的标准质谱图的匹配率。因此通过色谱保留时间和质谱的标准谱图的匹配两个维度对化合物进行鉴定，可大大提高化合物的定性能力。

②优异的检测灵敏度。与气相色谱仪相比，气质联用仪的检测灵敏度大幅度提升，这主要是由于质谱仪作为气质联用仪的检测器，其通过提取离子色谱图的方法进行定量，不仅可以排除基质和杂质峰的干扰，而且可大大降低背景干扰，信噪比更好，定量更准确。通过提取离子色谱方式可以分离出色谱不能分开的化合物，对具有不同特征离子的化合物还可进行分离定量。虽然质谱技术对同分异构体分离有难度，但利用同分异构体具有不同的沸点，因而在色谱柱有不同的保留时间这一特点也可实现分离定量。质谱仪的选择离子监测（SIM）扫描方式只需设定检测所需要的目标化合物的特征离子，该模式抗干扰能力强，背景干扰少，适合化合物的定量分析。因此，气相色谱与质谱技术联用很大程度上提高了检测灵敏度。

2）适用范围。便携式气相色谱质谱仪具有体积小、功耗低、分析速度快的优点，可在工作现场对空气中的挥发性有机污染物进行快速定性定量分析。目前该技术在应急监测、火灾事故调查及有毒工业化学品快速检测等领域应用广泛。

第十节 有机类化学危害因素检测质量控制及检测应用示例

一、实验室分析的质量控制

工作场所职业病危害因素检测的质量控制包括样品采集和实验室分析，每批次样品都应进行完整的质量控制，保证实际样品的报告结果无误，主要对实验人员（人）、实验设备（机）、实验试剂材料（料）、实验方法（法）、实验环境（环）等方面进行核查，这些检查应该是检测不可或缺的一部分。

1. 实验人员

工作场所空气中有机物的检测人员应具备相关专业知识，经专业的技术培训，能熟练地使用分析仪器，掌握一定的质控方法，满足职业卫生技术服务机构检测人员的任职条件，持证上岗。新上岗人员必须经监督员指导监督，通过能力验证后方可从事检测工作，进行检测分析时需两名实验员同时进行，以减少错误概率。检测人员每年需要进行在岗培训和能力资格确认，确保检测能力的持续性。

实验人员应能独立完成分析质量控制体系的工作，熟悉所使用的分析方法，对实验人员的考核可以通过以下几种方式：

（1）考试。将实验过程可能遇到的实验操作、安全防护、注意事项、质量控制措施、结果分析判断等内容以书面或者现场实操的方式进行。

（2）人员比对。2 名或 2 名以上的实验人员对同一样品进行分析，比对分析结果。

（3）盲样考核或实验室间比对。拟考核人员进行由第三方组织的实验室能力验证样品分析或参与实验室间比对实验，核查分析结果是否可接受。

（4）模拟样品，通过模拟分析与现场样品类似浓度和干扰物的加标样品，考核加标回收率是否满足要求。

2. 实验设备

实验室分析的基础是具备从事检测项目所需要的仪器设备，并在数量、灵敏度、量程、准确度方面满足检测的要求。用于工作场所职业病危害因素检测的实验设备应建立档案，档案内容包括购买日期、厂家、使用说明书、检定或校准证书等，大型/复杂的实验设备需要编制操作规程，细化使用和维护方法。实验设备应经检定 / 校准后方可投入使用，并在检定周期之内必要时进行期间核查，应及时记录使用、维护、维修过程及内容，配件耗材的名称及数量，记录和操作规程应放置在仪器附近易于取得的位置。

3. 实验试剂材料

实验过程使用的试剂 / 标准品应从正规有资质的厂家购买，并进行纯度验证，必要时采用异源（不同批号）进行验证。新购买的试剂 / 标准品需贴上标签，标签内容应包括试剂名称、批号、购买日期、预期失效日期、购买人、浓度描述等。对于已开瓶的标准品应尽快用完，当取用少量试剂时最好倒出部分取用，避免从大瓶中直接取用而污染，已倒出试剂切勿倒回。实验室常用的材料包括进样小瓶、进样针、纯化柱、活性炭管、硅胶管、采气袋、苏玛罐、载气、玻璃器皿等，使用前均应确保干净，对于一次性使用的材料，每批号应抽取部分进行空白检测。

4. 实验方法

在选择实验方法时，应优先采用国家标准、行业标准和地方标准，或者客户指定的国际、区域的有效标准方法，分析方法对质量控制而言是最重要的，分析方法确定后应细化到实验人员可操作的程度，形成标准操作规程（SOP）。实验室在进行样品检测之前，应对实验方法进行确认 / 验证，确保实验方法能满足本实验需求。方法确认 / 验证内容包括方法的准确性、精密度、检出限、定量限、解吸效率、选择性、线性范围、存储时间、回收率、不确定度等。

职业病危害因素检测主要采用外标法进行定量分析，外标法定量应绘制标准曲线，建议取至少 5 个浓度点，如果手动进样需要每个浓度测定 3 次取平均值。标准曲线在线性范围内应为直线，且真实样品的浓度应在标准曲线浓度范围内，避免样品浓度超出标准曲线。标准溶液浓度的选择应与检测目的相符，若要证明是否满足接触限值标准，则绘制出的标准曲线应包括接触限值附近的浓度。若要证明是否存在某化合物，则标准曲线应绘制在检出限较近的浓度，在测量过程中，标准曲线应在实际样品之前分析，同时利用质量控制样品进行仪器漂移的控制。

实验室需要采用质量控制样品（质控样）来控制整个实验的分析过程，质控样可以实验室自行配制或者直接购买有证书的标准物质。将一定浓度的标准物质注射到空白采样介质上（如活性炭管、硅胶管、金属采样膜）即制备质控样，质控样与样品的分析步骤完全相同，为了控制实验过程的重复性，需要制作两个相同浓度的质控样。质控样的分析需要在分析样品之前，质控样满足要求后方可进行样品分析。

实验室常采用质量控制图来实施质量控制，质量控制图有很多种，本文只介绍常用的均值–标准差控制图。均值–标准差控制图的绘制方法：结合日常实验，每次实验时测定一组质控样，累积 20 组（每组 2 个，共 40 个）质控样结果，计算所有质控样结果的平均值 $\bar{x}$ 和标准差 S，质控极差的平均值 $\bar{R}$ 和极差的标准差 S_R。然后，以测定顺序或日期为横坐标，测定结果为纵坐标，平行于横坐标画上下警告线 $\bar{x} \pm 2S$，上下控制线 $\bar{x} \pm 3S$，绘得均值–标准差控制图 $\bar{x}$—S。以测定顺序或日期为横坐标，每组内质控样极差为纵坐标，平行于横坐标画为 $\bar{R}+2S_R$ 警告线，$\bar{R}+3S_R$ 为控制线，绘得极差–标准差控制图 $\bar{R}$—S_R。将每次测定 2 个质控样结果的平均值标在 $\bar{x}$—S 质控图上，质控样结果的极差标在 $\bar{R}$—S_R 质控图上，进行质控结果评价。测定结果在警告线以内，表示测定过程和仪器设备正常，满足质控要求，检测结果可用；测定结果在控制线以外，表示测定过程或仪器设备不在控制范围内，测定结果不满足质控要求，检测结果不可用，应立即停止实验，检查问题来源，进行记录，待重测质控样满足要求后方可进行实验；测定结果在控制线以内，但在警告线以外，表示测定过程或仪器设备在控制范围内，但是误差较大，需要进行改进，测定结果满足质控要求，检测结果可用；测定结果虽然在警告线以内，但连续 7 次位于均值的一侧，说明存在系统误差，应查找误差来源，进行改进。利用质控图可以看出实验结果的整体趋势，结果误差越来越大还是越来越小。当再次累积到 20 组以上数据时需利用新数据重新计算平均值 $\bar{x}$、标准差 S、极差平均值 $\bar{R}$ 和极差的标准差 S_R，重新绘制质控图。常见的均值–标准差控制图如图 4–20 所示。

5. 实验环境

实验室的检测场所应与办公室分开，理化检测实验室要与生化检测实验室分开，理化检测实验室一般应设置天平室、色谱室、光谱室、高温室、理化室、样品前处理室等专用实验用房，以及样品室、试剂室、洗涤室、气瓶间、现场仪器室等辅助用房。理化实验室要有良好的防护设施。实验室应具备通风设施、危险化学品存放设施、事故喷淋和洗眼设施、灭火器材等。日常进行卫生打扫和安全检查，消除安全隐患。应有制冷保暖措施以确保实验室温度、湿度满足仪器的使用需求，并每天查看实验室环境条件，确保环境条件不会影响仪器设备。此外，实验室要有严格的实验室管理规章制度。

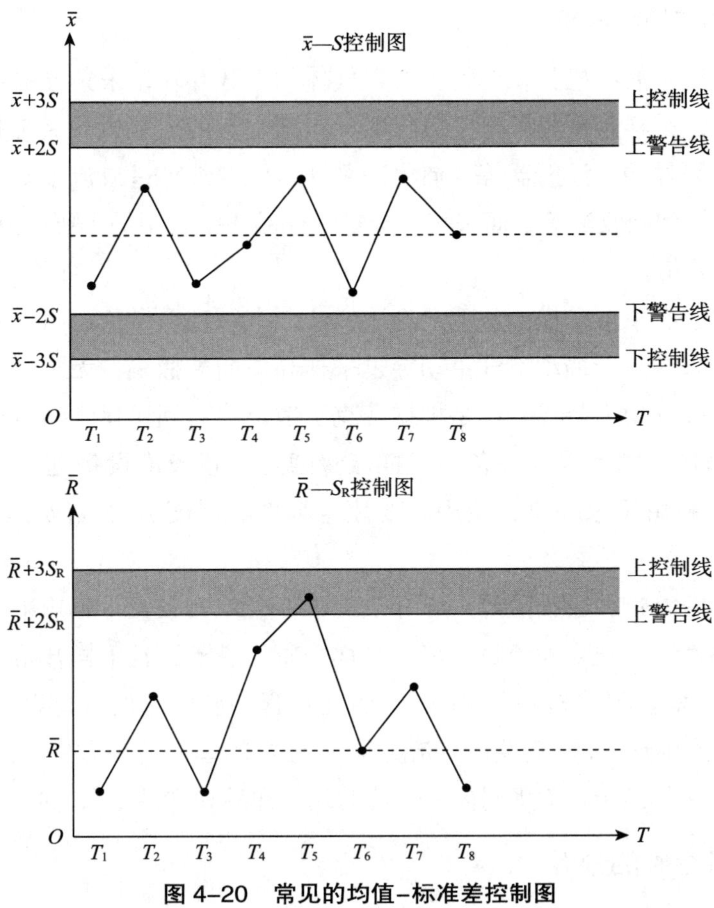

图 4-20 常见的均值-标准差控制图

二、有机类化合物检测质量控制

工作场所有机类化学危害因素按其结构可分为十大类，包括：芳香烃类、脂肪烃类、卤化烃类、醇类、醚类、酯类、酮类、脂环烃类、二醇衍生物及其他。有机试剂应用广泛，使用量大，如今工业有机溶剂的种类已达 30 000 余种。

工作场所空气中有机类化合物主要采用气相色谱法，气相色谱质谱联用法进行分析检测，少量采用高效液相色谱法及分光光度法，仪器及分析过程相对复杂，专业要求较高，对实验分析过程加强质量控制可以确保检测工作有序、操作无误、数据可靠、结论准确。

1. 有机类化合物的采集

工作场所空气中的有机类化合物主要以气体的形式存在，采集方法包括全空气法和捕集法。全空气法采样是采集整个空气样品，包括空气的主要成分氮气和氧气，采集容器包括苏玛罐、采样袋、注射器等；捕集法采样是使空气穿过或流过某些采样介质，如活性炭管、硅胶管和吸收液等，而采集部分空气样品，空气中的主要成分（氮气和氧气）穿过介质而不被采集。

捕集采样法分有泵型采样法和无泵型采样法。有泵型采样法也叫主动采样法，利用抽气动力装置（采样泵）抽动空气主动穿过采样介质而被捕集；无泵型采样法也叫扩散采样法，不需要抽气动力装置，而是根据费克扩散定律，利用化学物质分子在空气中的扩散作用完成采样。主动采样设备的采样流量通过流量校准设备进行校准，被动采样器的采样流量一般由厂家提供，使用时要注意温度、湿度、大气压、表面风速等环境条件。

活性炭管、硅胶管和吸收液等采样介质在采样时阻力较大，影响采样流量，为保证采样体积的准确性，校准采样流量应串联采样介质后进行，且采样开始和结束时均要进行流量校准，准确记录校准流量。采样时活性炭管和硅胶管的开口以直径的1/2为宜，避免开口过大而影响气流稳定性；气流方向应与采样管上箭头方向一致，采样流量为10~100 mL/min；采样结束后立即封闭采样管两端，样品和样品空白一起运输储存。

2. 有机类化合物的分析

（1）仪器设备。分析仪器要求在检定校准周期内且经期间核查合格，有条件的实验室可以自行进行仪器的核查，根据检定校准规程和方法要求，分析标准样品，查看响应值大小、信噪比、不同离子之间的相对丰度等；查看气相色谱进样口压力，基线响应，气相色谱质谱联用仪真空度，液相色谱压力等是否正常；查看气相色谱的载气，氢气发生器的液位，液相色谱的流动相等是否足够；查看色谱柱类型是否合适，仪器条件是否被修改等，确保仪器能够满足检测要求；所有玻璃量器在使用前进行清洗和体积校准。

（2）试剂选择与配制。对检测结果有影响的试剂主要是有机溶剂、标准溶液和内标标准溶液。有机溶剂在使用前要验证没有目标化合物，不干扰检测结果；有机化合物的标准溶液可以采用色谱纯或色标进行配制，也可直接从合格供应商处购买标准溶液。

（3）标准曲线的绘制。标准曲线的系列浓度应包含目标化合物的浓度范围，标准曲线的线性范围一般为 $0\sim10^3$；当采用内标法进行分析时，各标准系列中所含内标物浓度一致，标准曲线的线性相关系数应大于或等于 0.999。

（4）解吸效率的分析。每批次吸附管应对每种目标化合物进行解吸效率分析，一般分析低、中、高 3 个浓度，当不同浓度解吸效率相差不大时可用平均解吸效率，当不同解吸效率相差较大时需要建立解吸效率曲线，样品分析结果带入解吸效率曲线得到在分析浓度下的解吸效率。解吸效率应大于 75%，否则方法仅适用于定性或半定量。

（5）质量控制样品的分析。在样品分析之前和之后均应分析质量控制样品，确保整个分析过程受控，质量控制样品应与现场样品的处理方式相同，质量控制样品应不少于两个。质量控制样品分析结果与理论结果的相对偏差应小于 15%。

（6）样品分析。样品前处理应按照标准操作规程进行，样品和样品空白同时进行处理。对于内标法，内标物应在前处理过程中加入。当采样介质为两段时，应分别进行解吸，样品前处理过程中确保需解吸的采样介质没有撒落，样品浓度超出标准曲线范围时应进行稀释后测定，计算浓度时乘以稀释倍数。样品分析应由 2 名授权的实验人员进行。

（7）数据处理。数据处理包括解吸效率处理，样品浓度的计算，空白浓度的计算，空气采样体积的计算，空气中有机物浓度的计算。处理过程中应注意有效位数的修约，一般样品的分析结果保留 3 位有效数字，而当样品浓度在检出限附近时应保留 2 位有效数字。审核人员应对数据处理过程进行审核，包括计算过程、计算公式的应用以及有效数字的修约等。

三、有机类化合检测示例

受某化学合成实验室委托，对其职业病危害因素进行检测。通过对该化学合成实验室的现场调查，确认职业病危害因素的分布情况。该厂主要存在的职业病危害因素有正己烷、丙酮、三氯甲烷、乙酸乙酯、环己烷、苯等、采用《工作场所空气有毒物质测定　第 59 部分：挥发性有机化合物》（GBZ/T 300.59—2017），对空气中挥发性有机物进行测定。

1. 样品采集

根据现场调查情况，制定空气中挥发性有机物采样和检测方案，如图 4–21 所示。现场采样前准备好采样设备，校准设备，活性炭管，个体采样挂件等。

职业病危害因素采样及检测方案

受××化学合成实验室委托，对该实验室内职业病危害因素进行检测。为确保采样工作顺利进行，以及采集样品的真实性和代表性，检测结果准确可靠，根据我实验室的《质量手册》《程序文件》及国家标准和相关规范要求，制订如下现场采样及检测计划。

1.任务编号：ZYWS–2019–××××（日常检测）

2.采样地点：××化学合成实验室（××市××路××号）。

3.采样时间：2019年12月22日，计划1天。

4.采样项目：正己烷、丙酮、三氯甲烷、乙酸乙酯、环己烷、苯等。

5.采样对象：实验室共有实验人员4人，全部列为采样对象。

6.采样介质及数量：溶剂解吸型活性炭吸附管（100/50 mg），10根。

7.具体采样安排见附表。

附表：××化学合成实验室采样计划

序号	采样位置	采样项目	采样方式	采样流量	采样数量	采样介质	采样设备
1	阿张	挥发性有机物	个体采样	50 mL/min	1	活性炭管	CY-011
2	阿纪			50 mL/min	1	活性炭管	CY-012
3	阿舒			50 mL/min	1	活性炭管	CY-013
4	阿王			50 mL/min	1	活性炭管	CY-014

注：以上检测点仅供参考，具体采样位置和数量根据现场实际情况会有所变动。

8.执行标准：《工作场所空气有毒物质测定 第 59 部分：挥发性有机化合物，溶剂解吸气相色谱质谱法》（GBZ/T 300.59—2017）。

9.组织计划：

责任人：朱某，项目负责人；刘某，负责仪器和采样介质；李某、范某进行现场采样；夏某、陈某负责实验室分析，本采样及检测方案告知朱某、刘某、李某、范某、夏某和陈某等。

制定人：×××
日　期：××××年12月18日

审核人：×××
日　期：××××年12月18日

图 4–21　采样和检测方案

按照如下步骤进行作业场所空气中挥发性有机物的采集：①打开活性炭管两端，将溶剂解吸型活性炭、吸附管采样夹、采样设备连接好。②开启采样设备，待稳定记下流量校准仪读数，如果流量校准仪读数与 0.050 L/min 偏差超过 5%，则调节采样设备流量调节阀门至流量校准仪读数为（0.050 ± 0.002 5）L/min。③取下流量校准仪，将采样设备挂在被测试者身上，同时将吸附管采样夹放置在被测试者呼吸带附近，记录开始采样时间、采样温度、采样大气压。④采样过程中需要经常进行检查，避免发生采样异常中止。⑤采样结束前进行采样流量的再次确认，确认方法同采样开始时的流量校准过程，此时无须调节流量，只需直接读取采样泵采样流量，如果采样开始时和结束前的采样流量偏差超过 5%，则样品作废。采样体积按照平均采样流量进行计算。采样后，立即封闭活性炭管两端，置于清洁容器内运输和保存。样品置于冰箱内，在 4 ℃温度下可保存 5 天。⑥样品空白：将活性炭管带至采样地点，除不连接采样设备采集空气样品外，其余操作同样品，然后同样品一起运输、保存和测定。每批次样品不少于 3 个样品空白。

2. 样品分析

活性炭管中挥发性有机物的分析步骤如下：

①标准曲线的制备。取 1 只 10 mL 容量瓶，加约 5 mL 二硫化碳于容量瓶中，用微量注射器准确加入 10 μL 正己烷、丙酮、乙酸乙酯、环己烷、苯和 5 μL 三氯甲烷（20 ℃时，1 μL 正己烷、丙酮、三氯甲烷、乙酸乙酯、环己烷和苯质量分别为 0.692 mg、0.788 mg、1.50 mg、0.902 mg、0.779 mg、0.879 mg），用二硫化碳稀释至刻度，配成混合标准溶液（正己烷、丙酮、三氯甲烷、乙酸乙酯、环己烷和苯质量浓度分别为 692 μg/mL、788 μg/mL、750 μg/mL、902 μg/mL、779 μg/mL 和 879 μg/mL），取 5 只进样小瓶，用二硫化碳将混合标准溶液稀释至 0.0~250.0 μg/mL 浓度范围的待测物标准系列，并加入 2.0 μL 内标溶液（二硫化碳中氟苯 10.0 mg/mL），标准系列质量浓度见表 4–10。

②仪器操作条件。色谱柱：60 m × 0.20 mm × 1.12 μm，VOC 专用柱；柱温：初温 38 ℃，保持 3 min；以 5 ℃ /min 升至 80 ℃，保持 5 min；以 5 ℃ /min 升至 140 ℃，保持 1 min；以 40 ℃ /min 升至 270 ℃，保持 6 min；汽化室温度：270 ℃；载气（氦气）流量：1.0 mL/min；分流比：10∶1；离子源：EI；离子源能量：70 eV；离子源温度：230 ℃；四极杆温度：150 ℃；接口温度：270 ℃；扫描范围：35~350 amu；溶剂延迟：2 min；溶剂切除时间：9.32~10.40 min。

③将气相色谱–质谱仪调节至最佳测定状态，进样 1.0 μL，使用表 4–11 中的各待测物的特征离子及参考定量离子，分别测定标准系列各浓度的定量离子与内标定量离子的峰面积之比（R 值）。以测得的 R 值对相应的待测物质量浓度（μg/mL）计算回归方程，其相关系数应 ≥ 0.999。

表 4-10　待测组分标准曲线系列一览表

μg/mL

序号	物质名称	1	2	3	4	5
1	正己烷	13.8	34.6	69.2	138.4	277
2	丙酮	15.8	39.4	78.8	157.6	315
3	三氯甲烷	15.0	37.5	75.0	150.0	300
4	乙酸乙酯	18.0	45.1	90.2	180.4	361
5	环己烷	15.6	39.0	77.9	155.8	312
6	苯	15.8	39.5	78.9	157.8	316
7	内标	20.0	20.0	20.0	20.0	20.0

表 4-11　待测组分特征离子及定量离子

序号	物质名称	英文名称	CAS 号	特征离子	定量离子
1	正己烷	n-hexane	110-54-3	56，57，86	57
2	丙酮	acetone	67-64-1	42，43，58	43
3	三氯甲烷	trichloromethane	67-66-3	47，83，85	83
4	乙酸乙酯	ethyl acetate	141-78-6	43，61，88	43
5	环己烷	cyclohexane	110-82-7	56，69，84	84
6	苯	benzene	71-43-2	56，77，78	78
7	内标	fluorobenzene	462-06-6	70，96	96

④将前后段活性炭分别倒入两只进样小瓶中，各加入 1.0 mL 二硫化碳及 2.0 μL 内标溶液，盖紧瓶盖后，解吸 30 min，不时振摇。将上清液倒至另一干净小瓶中供测定。

⑤用测定标准系列的操作条件测定样品溶液和样品空白溶液。若样品溶液中待测物浓度超过测定范围，用每 1 mL 二硫化碳含 2.0 μL 内标溶液稀释后测定，计算时乘以稀释倍数。

⑥定性分析：应同时满足待测物的保留时间与其标准品的保留时间一致；测出的峰扣除适当的空白后，可采用直接计算机谱库 NIST 标准数据库检索定性，也可通过样品与标准品之特征离子图谱比较定性。定量分析：测得的各待测物的 R 值由标准曲线或回归方程得样品溶液中各待测物的浓度（μg/mL）。每批活性炭管需要进行解吸效率的分析，

解吸效率样品配制过程同质控样配制过程一致，每次配制 3 根活性炭管，测定值除以理论值即为解吸效率。

3. 浓度计算

空气中有机物的采样体积为两次校准流量平均值与采样时间的乘积，如式（4–34）所示，有些采样设备具备采样体积计算功能，当采样设备的显示流量与校准流量一致，采样时间与标准时间一致时，可以直接采用采样设备的计算体积。

$$V_t=\frac{F_0+F_t}{2}\times T \tag{4–34}$$

式中　V_t——在温度为 t ℃，大气压为 P 时的采样体积，L；

F_0——采样前采样设备的校准流量，L/min；

F_t——采样后采样设备的校准流量，L/min；

T——采样时间，min。

工作场所空气样品的采样体积，当采样点温度低于 5 ℃和高于 35 ℃或大气压低于 98.8 kPa 和高于 103.4 kPa 时应换算成标准采样体积，即换算为 20 ℃，101.3 kPa 下的体积，以 L 表示。换算式为：

$$V_0=V_t\times\frac{293}{273+t}\times\frac{P}{101.3} \tag{4–35}$$

式中　V_0——标准采样体积，L；

V_t——在温度为 t ℃，大气压为 P 时的采样体积，L；

t——采样点的气温，℃；

P——采样点的大气压，kPa。

按式（4–36）计算空气中正己烷、丙酮、三氯甲烷、乙酸乙酯、环己烷和苯的浓度。当采样体积无须进行换算时，可以用 V_t 代替 V_0 参与浓度计算。

$$C=\frac{(C_1+C_2-C_{01}-C_{02})\times v}{V_0\times D}\times\eta \tag{4–36}$$

式中　C——空气中待测物的质量浓度，mg/m^3；

C_1、C_2——测得样品前后段解吸液中待测物的质量浓度，μg/mL；

C_{01}、C_{02}——测得样品空白前后段解吸液待测物的质量浓度，μg/mL；

v——解吸液的体积，mL；

V_0——标准采样体积，L；

D——解吸效率，%；

η—稀释倍数。

第十一节　金属类化学因素检测质量控制及检测应用示例

金属是指原子结构中外层电子数目较少，容易放出电子形成带正电阳离子的一类元素，如铅、锰、铬、镉等。尽管锰、铜、锌等金属元素是生命活动所需要的微量元素，但是大部分重金属，如汞、铅、镉等并非生命活动所必须，即使是人们生命活动所需要的元素，超过一定浓度也会对人体健康造成影响。准确测定工作场所空气中金属类有害物质浓度对于正确评价工作场所空气质量、保护职业人群身体健康有着重要意义。

金属及其化合物在工业上的应用很广泛，特别是在建筑业、汽车、航空航天、油漆、电子、涂料、催化剂等生产上。很多行业都会接触到金属及其化合物，如金属的开采和冶炼、化工、电器的生产和维修、提取金银等贵金属、金属化合物生产和使用、电池的生产、电镀、制造工业颜料等行业。

《工作场所有害因素职业接触限值　第1部分：化学有害因素》（GBZ 2.1—2007）对工作场所空气中的32种金属、类金属及其化合物的职业接触限值进行了规定。目前，工作场所空气中金属及其化合物的检测方法主要有原子吸收光谱法、原子荧光光谱法、电感耦合等离子体发射光谱或电感耦合等离子体质谱联用技术、离子色谱法、紫外-可见分光光度法等。

一、金属类化学因素检测质量控制

1. 金属样品的采集

工作场所空气中金属样品主要以气溶胶态存在，包括烟和尘。采集方法主要有滤料采样法和液体吸收法，根据采样和前处理方法进行采样滤料的选择，常用的采样滤膜为醋酸纤维滤膜（也叫微孔滤膜）和特氟龙滤膜。醋酸纤维滤膜进行前处理过程时会溶解，而特氟龙滤膜不会。采样时应在滤膜后放置隔垫，以保证滤膜夹密封不漏气，采样流量为 1.0~5.0 L/min。采样前后需要进行采样流量的校准，采样结束后立即封闭滤膜夹两端，样品和样品空白一起低温运输储存。

2. 金属样品的分析

（1）仪器设备。分析仪器要求在检定校准周期内且经期间核查合格，有条件的实验室可以自行进行仪器的核查，根据检定校准规程和方法要求，分析标准样品，查看响应值大小、干扰元素的影响、仪器偏移等；查看氩气、乙炔等气体纯度是否合适，余量是否够用；查看仪器条件、进样速度、点火是否正常；废液桶是否够用；所有玻璃量器在使用前进行清洗和体积校准。

（2）试剂选择与配制。金属样品的分析过程的主要溶剂为水，一般使用去离子水，使用前进行验证电导率；标准溶液和内标溶液应从合格供应商处购买，购买不同批号或者不同厂家进行相互验证，确保浓度准确。

（3）标准曲线的绘制。标准曲线的系列浓度应包含目标化合物的浓度范围，标准曲线的线性范围为 $0\sim10^2$；当采用内标法进行分析时，各标准系列中所含内标物浓度一致，标准曲线的线性相关系数应≥ 0.999。

（4）回收率的分析。每个分析方法，每种物质均需要进行回收率分析，将已知含量的标准溶液打在采样介质表面，晾干后与样品操作步骤一致；大部分的金属及其化合物前处理方法为消解法，采集的样品组分能完全消解，回收率应接近 100%，当所得回收率不是 100%，计算时应进行回收率校正；当回收率低于 75%，方法仅适用于定性或半定量。

（5）质量控制样品的分析。在样品分析之前和之后均应分析质量控制样品，确保整个分析过程受控，质量控制样品应与现场样品的处理方式相同，质量控制样品应不少于两个。质量控制样品分析结果与理论结果的相对偏差应小于 15%。

（6）样品分析。样品前处理应按照标准操作规程进行，样品和样品空白同时进行处理。对于内标法，内标物应在前处理过程中加入；当样品浓度超出标准曲线范围时应进行稀释后测定，计算浓度时乘以稀释倍数；样品分析应由 2 名授权的实验人员进行。

（7）数据处理。数据处理包括回收率处理、样品浓度的计算、空白浓度的计算、空气采样体积的计算、空气中金属浓度的计算。处理过程中应注意有效位数的修约，一般样品的分析结果保留 3 位有效数字，而当样品浓度在检出限附近时应保留 2 位有效数字。审核人员应对数据处理过程进行审核，包括计算过程，计算公式的应用以及有效数字的修约等。

二、金属类化学因素检测示例

受某矿业有限公司委托，对其采矿过程的职业病危害因素进行检测。通过对公司采矿过程的现场调查，确认职业病危害因素的分布情况。该公司采矿过程主要存在的职业病危害因素有铅尘、氧化铅、氧化锌、总尘、噪声等。采用《工作场所空气有毒物质测定　第 33 部分：金属及其化合物》（GBZ/T 300.33—2017）对铅及其化合物，锌及其化合物含量进行测定。

1. 样品采集

根据现场调查情况，制定空气中铅及其化合物、锌及其化合物采样和检测方案，如图 4–22 所示。现场采样前准备好采样设备、校准设备、醋酸纤维滤膜、滤膜夹等。

按照如下步骤进行作业场所空气中金属及其化合物的采集：

①安装采样滤膜，隔垫至滤膜夹中，将滤膜夹与采样设备连接好。

②开启采样设备，待稳定后记下流量校准仪读数，如果流量校准仪读数与 1.00 L/min 偏差超过 5%，则调节采样设备流量调节阀门至流量校准仪读数为（1.00 ± 0.05）L/min。

③取下流量校准仪，将采样设备挂在被测试者身上，同时将滤膜夹进气口放置在被测试者呼吸带附近，记录开始采样时间、采样温度、采样大气压。

④采样过程中需要经常进行检查，避免发生采样异常中止。

⑤采样结束前进行采样流量的再次确认，确认方法同采样开始时的流量校准过程，此时无须调节流量，只需直接读取采样泵采样流量，如果采样开始时和结束前的采样流量偏差超过 5%，则样品作废。采样体积按照平均采样流量进行计算。采样后，立即封闭滤膜夹两端，置于清洁容器内运输和保存。样品在常温下可保存 7 天。

⑥样品空白。将采样滤膜带至采样地点，除不连接采样设备采集空气样品外，其余操作同样品，然后同样品一起运输、保存和测定。每批次样品不少于 3 个样品空白。

金属及其化合物现场采样计划如图 4–22 所示。

职业病危害因素现场采样方案

受某矿业有限公司委托，对其采矿选矿岗位的职业病危害因素进行检测。为确保采样工作顺利进行，确保采集样品的真实性和代表性，根据我实验室的《质量手册》《程序文件》及国家标准和相关规范要求，制订如下现场采样及检测计划。

1.任务编号：XYWS-2019-××××（日常检测）

2.采样地点：××矿业有限公司。（××市××路××号）。

3.采样时间：××××年12月25日，计划1天。

4.采样项目：铅及其化合物、锌及其化合物、总尘等。

5.采样对象：出矿区域共有工人3人，提升岗位共有工人2人，全部列为采样对象。

6.采样介质及数量：醋酸纤维滤膜（ϕ37 mm），10张。

7.具体采样安排见附表。

附表：某矿业有限公司采矿选矿岗位采样计划

序号	采样位置	采样项目	采样方式	采样流量	采样数量	采样介质	采样设备
1	小明	铅及其化合物、锌及其化合物、总尘	个体采样	1.0 L/min	1	醋酸纤维滤膜	CY-101
2	小李				1	醋酸纤维滤膜	CY-102
3	小红				1	醋酸纤维滤膜	CY-103
4	小军				1	醋酸纤维滤膜	CY-104
5	小爱				1	醋酸纤维滤膜	CY-105

注：以上检测点仅供参考，具体采样位置和数量根据现场实际情况会有所变动。

8.执行标准：《电感耦合等离子体发射光谱法》（GBZ 300.33—2017）。

9.组织计划：

责任人：朱某，项目负责人；刘某，负责仪器和采样介质；李某、范某进行现场采样。

本采样方案告知朱某、刘某、李某、范某等。

制定人：×××　　　　审核人：×××

日　期：××××年12月22日　　　　日　期：××××年12月22日

图 4–22　金属及其化合物现场采样计划

2. 样品分析

滤膜中铅及其化合物、锌及其化合物的分析步骤如下：

①标准曲线的制备。取 5 只容量瓶，根据测定需要，按照表 4–12 所列标准系列浓度范围，配制 2 种待测金属元素的标准系列。

②仪器操作条件。入射功率：1 300 W；冷却气流量：15 L/min；载气流量：0.8 L/min；辅助气流量：0.2 L/min；泵流量：1.5 mL/min。

③将电感耦合等离子体发射光谱仪调节至最佳测定状态，用表 4–12 所列的金属分析

线，分别测定各标准系列各浓度的发射光强度，以测得的发射光强度对相应的金属质量浓度（μg/mL）绘制标准曲线或计算回归方程，其相关系数应≥ 0.999。

④将微孔滤膜放入微波消解仪的消解罐中，依次加入 2.5 mL 硝酸和 1 mL 过氧化氢，加盖封闭后，放入微波消解仪中消解，消解仪功率为 1 000 W，由室内升至 180 ℃，保持 10 min。待消解结束，消解罐冷却后，将消解液转移至具塞刻度试管中，并用 5% 硝酸溶液定容至 10.0 mL 刻度，样品溶液供测定。

⑤用测定标准系列的操作条件测定样品溶液和样品空白溶液。若样品溶液中待测物浓度超过测定范围，用每 5% 硝酸溶液稀释后测定，计算时乘以稀释倍数。

表 4–12　待测组分标准曲线系列一览表　　μg/mL

序号	物质名称	1	2	3	4	5
1	铅	0.020	0.050	0.100	0.500	1.00
2	锌	0.20	0.50	1.00	5.00	10.0

3. 浓度计算

空气中金属及其化合物的采样体积为两次校准流量平均值与采样时间的乘积，用式（4–37）计算，有些采样设备具备采样体积计算功能，当采样设备的显示流量与校准流量一致，采样时间与标准时间一致时，可以直接采用采样设备的计算体积。

$$V_t=\frac{F_0+F_t}{2}\times T \tag{4–37}$$

式中　V_t——在温度为 t ℃，大气压为 P 时的采样体积，L；

F_0——采样前采样设备的校准流量，L/min；

F_t——采样后采样设备的校准流量，L/min；

T——采样时间，min。

工作场所空气样品的采样体积，当采样点温度低于 5 ℃和高于 35 ℃或大气压低于 98.8 kPa 和高于 103.4 kPa 时应换算成标准采样体积，即换算为 20 ℃、101.3 kPa 下的体积，以 L 表示。换算式为：

$$V_0=V_t\times\frac{293}{273+t}\times\frac{P}{101.3} \tag{4–38}$$

式中　V_0——标准采样体积，L；

V_t——在温度为 t ℃，大气压为 P 时的采样体积，L；

t——采样点的气温，℃；

P——采样点的大气压，kPa。

ICP-AES 测出的浓度为金属元素浓度，当需要进行金属化合物浓度测定时，需要进行系数转化，按式（4-39）计算空气中铅及其化合物（以铅计）、锌及其化合物（以锌计）的浓度。当采样体积无须进行换算时，可以用 V_t 代替 V_0 参与浓度计算。

$$C=\frac{(C_1-C_{01})v}{V_0}\times K \tag{4-39}$$

式中　C——空气中金属及其化合物的质量浓度，mg/m^3；

C_1——测得样品溶液中金属的质量浓度，μg/mL；

C_{01}——测得样品空白溶液中金属的质量浓度，μg/mL；

v——样品定容体积，mL；

V_0——标准采样体积，L；

K——金属与金属化合物的换算系数，以金属计，K=1；以金属化合物计，K= 金属化合物的分子量 / 金属元素的原子量。

本章小结

本章主要介绍了化学因素检测方法的验证与确认的基本概念、一般性要求及具体的确认指标。常用的仪器原理、组成、适用范围等。具体包括标准曲线、检出限（MDL）、定量下限、最低检出浓度和最低定量浓度、精密度、正确度、采样效率的确认；原子吸收光谱法、电感耦合等离子体发射光谱法、紫外可见分光光度法、气相色谱法、液相色谱法、电分析化学法的原理、适用范围、仪器组成及定量分析方法；现场快速检测的要求及常见的检测方法；有机类化学危害因素、金属类检测质量控制方法。

复习思考题

1. 如何做出一条标准曲线？
2. 精密度如何确认？
3. 指出气相色谱仪每一个主要组成部分的名称并说明其功能。

a）名词解释：①气相色谱图；②气相色谱仪；③柱箱。

b）在气相色谱法中如何应用它们？

c）适于使用气相色谱法分析的化合物应该具有哪些特点？

4. 原子光谱法中原子化的含义是什么？为什么原子化对于原子光谱法非常重要？

5. 比较火焰原子发射光谱法与火焰原子吸收光谱法中的火焰仪的结构与设计。这两种仪器的哪些组成部分是相同的？哪些是不同的？

6. 简述可应用在液相色谱法中的三种类型的光吸收检测器。它们各有什么优缺点？

7. 请说明现场快速检测的特点和适用情况。

第五章　工作场所物理因素的检测及应用示例

学习目标

1. 掌握高温的测量参数和测量方法。

2. 掌握声压级、A 声级和等效连续 A 声级等基本概念；了解生产性噪声的分类；掌握噪声的测量方法。

3. 掌握手传振动的基本概念和测量方法。

4. 理解电离辐射和非电离辐射的分类、相关基本概念及测量方法。

5. 掌握物理因素检测的质量控制方法。

第一节　高温检测

一、高温作业的类型

高温作业是指在生产劳动过程中，工作地点湿球黑球温度（WBGT）指数≥ 25 ℃的作业。湿球黑球温度指数是指湿球、黑球和干球温度的加权值，也是综合性的热负荷指数。

按照气象条件的特点，可将高温作业分为下面三个基本类型。

1. 高温、强热辐射作业

工作环境的气象特点为气温高、热辐射强度大，相对湿度较低，形成干热环境。例如，冶金工业的炼焦、炼铁、轧钢等车间；机械工业的铸造、锻造、热处理等车间；陶瓷、玻璃、搪瓷、砖瓦等工艺的炉窖车间；火力发电厂和轮船的锅炉间等。

2. 高温、高湿作业

工作环境的气象特点为高气温、气湿，而热辐射强度不大。高湿环境的形成，主要是由于生产过程中产生大量的水蒸气或生产工艺要求车间内保持较高的相对湿度所致。例如，印染、缫丝、造纸等工艺，车间气温可达 35 ℃以上，相对湿度达 90% 以上；有些潮湿的深矿井中气温在 30 ℃以上，相对湿度可达 95% 以上，也形成了高温、高湿环境。

3. 夏季露天作业

夏季气温较高时，从事室外作业，如农田劳动、建筑、搬运等露天作业，人体除受太阳的直接辐射作用外，还受到加热的地面和周围物体的二次辐射，且持续时间较长，形成温度高、强热辐射的工作环境。

二、高温的测量

1. 测量参数

高温测量的参数有 WBGT 指数、接触时间率、体力劳动强度等。其中湿球黑球温度（WBGT）指数是评价高温作业的主要参数，它综合考虑了气温、气湿、气流和辐射热四个因素。

2. 测量方法

（1）仪器使用方法

1）WBGT 指数测定仪，通常 WBGT 指数测定仪的测量范围为 21~49 ℃，可用于直接测量。

2）通风干湿球温度计、风速仪、定向辐射热计等。使用干球温度计（测量范围为 10~60 ℃）、自然湿球温度计（测量范围为 5~40 ℃）、黑球温度计（直径 150 mm 或 50 mm 的黑球，测量范围为 20~120 ℃）。将三个温度计呈同一平面固定在三脚架上，等腰形夹角 60°，每个温度计间距小于 30 cm，分别测量三种温度，通过下列公式计算得到

WBGT 指数。

室外：WBGT= 湿球温度（℃）×0.7+ 黑球温度（℃）×0.2+ 干球温度（℃）×0.1

室内：WBGT= 湿球温度（℃）×0.7+ 黑球温度（℃）×0.3

3）辅助器材包括三脚架、线缆、蒸馏水、吸管。

3. 测量方法

参见《工作场所物理因素测量　第 7 部分：高温》（GBZ/T 189.7—2007）。

（1）现场调查

1）了解每年或工期内最热月份工作环境温度变化幅度和规律。

2）了解工作场所的面积、空间、作业和休息区域划分以及隔热设施、热源分布等一般情况，绘制简图。

3）工作流程包括生产工艺、加热温度和时间、生产及作业方式等。

4）进行工时记录，包括工作路线、在工作地点停留时间、频度及持续时间等。

（2）测量前准备

1）测量前应按照仪器使用说明书进行校正，并检查电量是否充足。

2）确定湿球温度计的储水槽注入蒸馏水，确保棉芯干净并且充分浸湿，注意不能加自来水。保证棉芯浸入水槽中，棉芯不得与其周边接触。

3）读数前或者加水后，需要 10 min 稳定时间。

（3）测点数量确定

1）工作场所无生产性热源，选择 3 个测点，取平均值；存在生产性热源，选择 3~5 个测点，取平均值。

2）工作场所被隔离为不同热环境或通风环境，每个区域内设置 2 个测点。取平均值。

（4）测点位置确定

1）测量应包括作业温度最高和通风最差的作业岗位和操作工人的高温接触情况。

2）劳动者工作是流动的，在流动范围内，相对固定工作地点分别进行测量，计算时间加权 WBGT 指数。

（5）测量高度。立姿作业为 1.5 m；坐姿作业为 1.1 m。作业人员实际受热不均匀时，应分别测量头部、腹部和踝部。立姿作业为 1.7、1.1 和 0.1 m 处；坐姿作业为 1.1、0.6 和

0.1 m。WBGT 指数的平均值计算式如下：

$$WBGT=\frac{WBGT_{头}+2\times WBGT_{腹}+WBGT_{踝}}{4} \quad (5-1)$$

式中 WBGT——WBGT 指数平均值；

$WBGT_{头}$——测得头部的 WBGT 指数；

$WBGT_{腹}$——测得腹部的 WBGT 指数；

$WBGT_{踝}$——测得踝部的 WBGT 指数。

（6）测量时间

1）原则上应在室外温度达到或超过夏季通风室外计算温度时进行测量。常年从事高温作业，在夏季最热季节测量；不定期接触高温作业，在工期内最热月测量；从事室外作业，在最热月晴天有太阳辐射时测量。

2）作业环境热源稳定时，每天测 3 次，工作开始后及结束前 0.5 h 分别测 1 次，工作中测 1 次，取平均值。如在规定时间内停产，测定时间可提前或推后。

3）工作日内作业环境热源不稳定，热强度随时间变化较大时，分别测量并计算时间加权平均 WBGT 指数。

4）测量持续时间取决于测量仪器的反应时间。

（7）测量条件

1）测量应在正常生产情况下进行。

2）测量期间避免受到人为气流影响。

3）WBGT 指数测定仪应固定在三脚架上，同时避免物体阻挡辐射热或者人为气流干扰，测量时不要站立在靠近设备的地方。

4）环境温度超过 60 ℃，可使用遥测方式，将主机与温度传感器分离。

（8）时间加权 WBGT 指数计算。在热强度变化较大的工作场所，或工人在热强度不同的区域流动作业时，应按式（5-2）计算时间加权平均 WBGT 指数：

$$\overline{WBGT}=\frac{WBGT_1\times t_1+WBGT_2\times t_2+\cdots\cdots+WBGT_n\times t_n}{t_1+t_2+\cdots\cdots+t_n} \quad (5-2)$$

式中 $\overline{WBGT}$——时间加权平均 WBGT 指数；

t_1、t_2……t_n——工作人员在第 1、2……n 个工作地点实际停留的时间；

$WBGT_1$、$WBGT_2$……$WBGT_n$——时间 t_1、t_2……t_n 时的测量值。

（9）测量记录。测量记录应该包括：测量日期、测量时间、气象条件（温度、相对湿度）、测量地点（单位、厂矿名称、车间和具体测量位置）、测量仪器型号、测量数据、测量人员等。

4. 职业接触限值

工作场所不同体力劳动强度 WBGT 限值，按照《工作场所有害因素职业接触限值 第 2 部分：物理因素》（GBZ 2.2—2007）执行，具体见表 5-1。

表 5-1 工作场所不同体力劳动强度 WBGT 限值 ℃

接触时间率	体力劳动强度			
	Ⅰ	Ⅱ	Ⅲ	Ⅳ
100%	30	28	26	25
75%	31	29	28	26
50%	32	30	29	28
25%	33	32	31	30

注：体力劳动强度分级按本标准执行，实际工作中可参考附录 B。

5. 高温检测注意事项

（1）测点选择。室外的 WBGT 指数与室内的 WBGT 指数来源不同，直接使用 WBGT 指数仪时要注意室内与室外的区别，若不是直接使用 WBGT 指数仪，只要注意严格按照公式计算。

（2）现场调查是测量的关键。掌握最热月份工作环境温度变化幅度和规律，工作场所的面积、空间、作业和休息区域划分以及隔热设施、热源分布、作业方式等一般情况，以及生产工艺、加热温度和时间和生产方式。

（3）工作人员的数量、工作路线、在工作地点停留时间、频度及持续时间等对检测起决定性作用，不容忽视。

（4）湿球温度计的储水槽只能注入蒸馏水，确保棉芯干净并且充分浸湿，绝对不能添加自来水。加水后，需要 10 min 的稳定时间。

（5）传感器安放在被测点后，不能马上读数，要等候 20 min 后测量。

（6）时间加权平均 WBGT 指数，适用于两种情况：

1）劳动者工作是流动的，在流动范围内，相对固定工作地点分别进行测量，计算时间加权 WBGT 指数。

2）作业环境热源不稳定，生产工艺周期变化较大时，分别测量并计算时间加权平均 WBGT 指数。

（7）严格按照“作业环境热源稳定时，每天测 3 次，工作班开始后及结束前 0.5 h 分别测 1 次，工中测 1 次，取平均值”的要求执行。

（8）高温的限值标准与工人的接触时间率和体力劳动分级有关，需做好调查。

第二节　噪声检测

声音与水和空气一样也是人类生存和发展的一个重要环境因素。人类的生活、生产活动离不开声音，一个和谐的声环境是保障人类生存质量和劳动者职业健康的一个基本条件。从物理学的角度讲，声音可以分为乐音和噪声两种。当物体以某一固定频率振动时，耳朵听到的是单一音调的声音，称为纯音。但是，实际上物体产生的振动是很复杂的，是由各种不同频率的简谐振动所组成的，其中最低的频率称为基音。如果其他频率是基音的整数倍，这些频率叠加起来组成的复合音听起来很悦耳，这种声音称为乐音。如果各频率之间彼此不成简单的整数比，振幅和频率杂乱、断续或统计上无规则的声振动，称为噪声。从生理学和心理学的角度看，令人不愉快的、使人讨厌和烦躁的、过响的、干扰妨碍人们生活工作学习的，以致对人们健康有影响或危害的声音都是噪声。

在所有的职业病危害因素中，噪声危害显然是分布范围最广的一种，它广泛存在于各行各业的生产过程中。据国家卫生健康委对全国工业企业开展的职业病危害现状统计调查数据显示，存在职业病危害因素的企业中，存在噪声危害的企业最多，占 88.81%；接触职业病危害因素的劳动者中，接触噪声危害的劳动者最多，占 71.95%。根据 2021 年全国职业病报告，除尘肺病外，职业性耳鼻喉疾病占比约 60%，而其中绝大多数都是因接触噪声引起的噪声聋。因此噪声控制及其检测与评价应引起更多的关注。

一、声音基础知识

1. 声压

声压是垂直于声波传播方向上单位面积所承受的压力，以 P 表示，单位为 Pa。声波在空气中传播时，引起介质质点振动，使空气产生疏密变化，从而对介质（空气）产生了声压。由于声压的测量比较容易实现，而且，通过声压的测量也可以间接求得质点的振速等其他声学参量，因此，声压已成为人们最为普遍采用的定量描述声波性质的物理量。声场中某一瞬时的声压值称为瞬时声压，在一定的时间间隔内，最大的瞬时声压为峰值声压。人耳不能感觉声压的瞬时起伏，只能感受声压的有效值，即一定时间间隔内，瞬时声压对时间取均方根值。计算式如下：

$$P_e = \sqrt{\frac{1}{T}\int_0^T P^2 \mathrm{d}t} \tag{5-3}$$

式中　P_e——有效声压；

P——瞬时声压；

t——时间；

T——声波完成一个振动周期所用的时间。

声学所指的声压一般是有效声压。正常人耳能听到的最弱声压为 2×10^{-5} Pa，称为听阈声压。当声压达到 20 Pa，人耳就会产生痛觉，称为痛阈声压。

2. 声压级

由于人耳能听到的最弱的声压与能使人耳感到疼痛的声压大小之间相差约 100 万倍，因此用声压表示声音的强弱是很不方便的。同时，人耳对声音大小的感受也不是线性的，不是正比于声压的大小，而是同它的对数近似成比例。因此，将两个声音的声压之比用对数的标度来表示，这样不仅应用简单，而且接近人耳的听觉特性。这种用对数标度来表示的声压称为声压级，它用分贝来表示，其定义是：将待测声压的有效值与参考声压的比值取以 10 为底的常用对数，再乘以 20，即：

$$L_p=20\lg\frac{P_e}{P_0} \tag{5-4}$$

式中　L_p——声压级，dB；

P_e——有效声压，Pa；

P_0——参考声压，国际上规定 $P_0=2\times10^{-5}$ Pa，这是正常人耳对 1 000 Hz 声音刚刚能够察觉到的最低声压值，其对应的声压级为 0 分贝。

采用声压级后，听阈与痛阈从声压 100 万倍的变化范围缩小为 0~120 dB 的变化范围。

由式（5–4）可知，一个声音比另一个声音的声压大一倍时，声压级约增加 6 dB，一般人耳对声音强弱的分辨能力为 0.5 dB。

3. 倍频程

人耳可以听到的声音频率范围为 20~20 000 Hz，为了便于测量和分析，把这一很宽的频谱带划分为若干频段，称为频程或频带。划分方法常有等带宽、等比带宽等。在噪声研究中，常用等比带宽的方法划分频程，即令：

$$\frac{f_{上限}}{f_{下限}}=2^n \tag{5–5}$$

式中 $f_{下限}$——任一频程的下限截止频率，Hz；

$f_{上限}$——任一频程的上限截止频率，Hz。

当 n=1 时，称为 1 倍频程，简称倍频程；当 n=1/3 时，称之为 1/3 倍频程。每个频程都以一个中心频率 f_0 来表示：

$$f_0=\sqrt{f_{上限}f_{下限}} \tag{5–6}$$

当 n=1 时，倍频程将可听声范围分为 10 个频程（见表 5–2），常用的有 6~8 个，中心频率分别为 63、125、250、500、1 000、2 000、4 000、8 000 Hz。

表 5–2 倍频程频率范围表 Hz

$f_{下限}$	22	44	88	177	354	707	1 414	2 828	5 656	11 312
f_0	31.5	63	125	250	500	1 000	2 000	4 000	8 000	16 000
$f_{上限}$	44	88	177	354	707	1 414	2 828	5 656	11 312	22 624

4. 声级计算

（1）声级加法（叠加）。当要计算多个声源混合后的总声级或多个频程的总声级时，需要进行声压的叠加计算。声压的叠加计算可以用公式法或查表法。

1）公式法。n 个不同的声源同时发生时，总声压级为：

$$L = 10\lg \sum_{i=1}^{n} 10^{0.1L_i} \tag{5-7}$$

式中　L——总声压级，dB；

L_i——第 i 个声压级，dB；

n——测点个数。

2）查表法。两个声级 L_1、L_2（设 $L_1 \geqslant L_2$）叠加的结果 L 可看成是较大声级 L_1 加上一个修正量 $\Delta L'$，而修正量 $\Delta L'$ 与两个声级的差 $\Delta L=L_1-L_2$ 有固定关系，将二者的固定关系列表（见表 5–3），并在叠加声级时查用。

表 5–3　修正量 $\Delta L'$ 与声级差 ΔL 的对应关系

ΔL（dB）	0	1	2	3	4	5	6	7	8	9	10
$\Delta L'$（dB）	3.0	2.5	2.1	1.8	1.5	1.2	1.0	0.8	0.6	0.5	0.4

（2）平均声压级计算。当对多个不同的声压级取平均值时，例如对某采样点进行多次测量，需要计算出该点的平均声压级；或者在不同采样点同时测量，需要计算该环境噪声的平均值，这些情况均需计算平均声压级。

平均声压级计算式为：

$$L = 10\lg \frac{1}{n} \sum_{i=1}^{n} 10^{0.1L_i} \tag{5-8}$$

式中　L——平均声压级，dB；

L_i——第 i 个声压级，dB；

n——测点个数。

5. A 声级和等效连续 A 声级

（1）A 声级。由等响曲线可知，人耳对高频声音，特别是 3 000~4 000 Hz 的声音比较敏感，而对低频声音不敏感。即声压级相同的声音由于频率不同所产生的主观感觉不一样。为了使声音的客观量度和人耳听觉主观感受近似取得一致，在测量声音的声级计上装置了对频率的计权网络。目前有 A、B、C 三种计权网络，分别模拟人耳对 40、70、100 phon（phon 是响度级的单位）纯音的响应。三种计权网络对低频噪声有不同程度的衰减，A 衰减最强，B 次之，C 最弱。其中，A 计权网络除对低频噪声衰减最强外，对高频噪声反应最为敏感，这正与人耳对噪声的感觉相接近。故在对人耳有害的噪声测量中，都采用 A 计权网络。用 A 计权网络测得的声级就是 A 计权声级，简称 A 声级，单位记作 dB（A）。

（2）等效连续 A 声级。对于非稳态的、随时间起伏变化较大的或不连续的噪声，A 声级难以正确地反映噪声的影响，因此寻求一个等效的声级来表达，它等效于同一时间段内的稳态噪声，等效量为声能；采用声能在同一时间段（T）内平均的方法求得该等效声级，称为等效连续 A 声级，又称等能量 A 计权声级，简称等效声级；记作 L_{Aeq}，单位为 dB（A）。

对于连续变化的噪声：

$$L_{Aeq} = 10\lg\left(\frac{1}{t_2 - t_1}\int_{t_1}^{t_2} 10^{0.1L_{A(t)}}\,dt\right)\ [\mathrm{dB(A)}] \tag{5-9}$$

式中　t_1、t_2——测量的起始时间；

$L_{A(t)}$——瞬时 A 声级。

对于非连续的离散值：

$$L_{Aeq} = 10\lg\left(\frac{1}{T}\sum_{i=1}^{n} 10^{0.1L_{Ai}} \cdot \tau_i\right)\ [\mathrm{dB(A)}] \tag{5-10}$$

式中　$T = \sum_{i=1}^{n} \tau_i$——$n$ 次测量的总时间；

τ_i——第 i 个声级的持续时间；

L_{Ai}——第 i 个 A 声级。

例：对车间进行 8 h 噪声监测，有 4 h 为 82 dB（A），3 h 为 75 dB（A），1 h 为 90 dB（A），求该工作日内等效连续 A 声级。

解：$L_{Aeq} = 10\lg\left(\frac{1}{T}\sum_{i=1}^{3} 10^{0.1L_{Ai}} \cdot \tau_i\right)$

$= 10\lg\left[\frac{1}{8} \times (10^{0.1\times82} \times 4 + 10^{0.1\times75} \times 3 + 10^{0.1\times90} \times 1)\right] = 83.3\ [\mathrm{dB(A)}]$

6. 声级计

声级计是最基本、最广泛的噪声测量仪器，伴随噪声分析功能的数字化和程序化，声级计主要由传声器、前置放大器、主机系统（包括中央处理器、内存、记录元件、显示器等）及电源等组成。声级计的工作原理是：由传声器将声音转换成电信号，该信号经放大器增强和阻抗变换，再经过频率计权、统计分析等信号处理后，在显示器上给出噪声声级的数值。

声级计按其用途分为一般声级计、脉冲声级计、积分声级计和噪声暴露计（噪声计量计）等。原 IEC651 标准按测量精度和稳定性把声级计分为 0、Ⅰ、Ⅱ、Ⅲ 4 种类型，精度要求见表 5–4。0 型声级计用作实验室参考标准；Ⅰ型声级计除供实验室使用外，还可供在符合规定的声学环境或严格控制的场合使用；Ⅱ型声级计适合一般用途的使用；Ⅲ型声级计主要用于室外噪声调查。按习惯称 0 和Ⅰ型声级计为精密声级计，Ⅱ和Ⅲ型声级计为普通声级计。国家标准《电声学　声级计　第 1 部分：规范》（GB/T 3785.1—2023）中按声级计性能将声级计分为 1 级和 2 级两类。

表 5–4　声级计按精度划分

类型	0 型	Ⅰ型	Ⅱ型	Ⅲ型
精度	± 0.3 dB	± 0.5 dB	± 0.7 dB	± 1.5 dB

目前，测量噪声用的声级计，表头响应按灵敏度可分为四挡：“S（慢）”挡，时间常数为 1 000 ms，一般用于测量稳态噪声，测得的数值为有效值；“F（快）”挡，时间常数为 125 ms，一般用于测量波动较大的不稳态噪声和交通运输噪声等，快挡接近人耳对声音的反应；“I（脉冲）”挡，上升时间为 35 ms，用于测量持续时间较长的脉冲噪声，如冲床等，测得的数值为最大有效值；“Peak（峰值）”挡，上升时间小于 20 ms，用于测量持续时间很短的脉冲声，如枪、炮和爆炸声，测得的数值是峰值，即最大值。

在普通声级计线路内加上积分设备即为积分声级计，它可以直接测量出一定时间内的等效连续 A 声级。大多数积分声级计的测量时间可以预设，并可选择 10 s、1 min、5 min、10 min、1 h 和 8 h，到达预设时间时测量便自动停止。也可以由人工控制，随时启动和停止，可测量出任意时间内的等效声级。积分声级计一般适用于定点测量，所以常用于区域或噪声时间段明显区分的场合。

二、生产性噪声的分类

按照噪声源头的不同可以分为很多种类，既有来源于自然界的，如地震、刮风、雷电等自然现象；又有来源于人类活动的，如工业生产、建筑施工、交通运输、社会生活等。

生产过程中产生的噪声称为生产性噪声，也称工业噪声。

按时间分布，噪声分为连续声（continuous noise）和间断声（intermittent noise）；声级波动< 3 dB（A）的噪声为稳态噪声（steady noise），声级波动≥ 3 dB（A）的噪声为非稳态噪声；持续时间≤ 0.5 s，间隔时间> 1 s，声压有效值变化≥ 40 dB（A）的噪声为脉冲噪声（impulsive noise）。稳态噪声和脉冲噪声对人耳的作用不同，在测量中有不同的要求。

按照来源，生产性噪声又分为机械性噪声、流体动力性噪声、电磁性噪声。机械性噪声是由固体振动产生的，在冲击、摩擦、交变应力或磁性应力等作用下，机械设备中的构件（杆、板、块）及部件（轴承、齿轮）发生碰撞、摩擦、振动而产生。它是工作场所中最常见的噪声，机械加工、金属制造、汽车制造等大部分行业均会因使用冲压机、打磨工具、切割机、裁剪机等设备而产生机械性噪声。流体动力性噪声是指气体压力或体积的突然变化或流体流动所产生的声音，如空压机、通风机、喷射器、汽笛、冲刷声音等。电磁性噪声由电磁场交替变化引起某些机械部件或空间容积振动而产生的噪声，如变压器发出的声音。

按照频谱特性，噪声又可分为低频噪声（主频率在 300 Hz 以下）、中频噪声（主频率在 300~800 Hz 之间）和高频噪声（主频率在 800 Hz 以上）。此外，还可以根据频率范围大小分为窄频带噪声和宽频带噪声。

三、噪声测量

参见《工作场所物理因素测量　第 8 部分：噪声》（GBZ/T 189.8—2007）。

1. 测量仪器

（1）声级计。Ⅱ型或以上，具有 A 计权，“S（慢）”挡。

（2）积分声级计或个人噪声剂量计。Ⅱ型或以上，具有 A 计权、“S（慢）”挡和“Peak（峰值）”挡。

2. 测量方法

（1）现场调查。为正确选择测量点、测量方法和测量时间等，必须在测量前对工作场所进行现场调查。调查内容主要包括：

1）工作场所的面积、空间、工艺区划、噪声设备布局等，绘制略图。

2）工作流程的划分、各生产程序的噪声特征、噪声变化规律等。

3）预测量，判定噪声是否稳态、分布是否均匀。

4）工作人员的数量、工作路线、工作方式、停留时间等。

（2）测量仪器的准备

1）测量仪器选择。固定的工作岗位选用声级计；流动的工作岗位优先选用个体噪声剂量计，或对不同的工作地点使用声级计分别测量，并计算等效声级。

2）测量前应根据仪器校正要求对测量仪器校正。

3）积分声级计或个体噪声剂量计设置为 A 计权、“S（慢）”挡，取值为声级 L_{PA} 或等效声级 L_{Aeq}；测量脉冲噪声时使用“Peak（峰值）”挡。

（3）测点选择

1）工作场所声场分布均匀［测量范围内 A 声级差别＜ 3 dB（A）］，选择 3 个测点，取平均值。

2）工作场所声场分布不均匀时，应将其划分若干声级区，同一声级区内声级差＜ 3 dB（A）。每个区域内，选择 2 个测点，取平均值。

3）劳动者工作是流动的，在流动范围内，对工作地点分别进行测量，计算等效声级。

（4）抽样对象的选择

1）抽样原则。在现场调查的基础上，根据检测的目的和要求，选择抽样对象。

2）抽样对象的选定。在工作过程中，凡接触噪声危害的劳动者都列为抽样对象范围。抽样对象中应包括不同工作岗位的、接触噪声危害最高和接触时间最长的劳动者，其余的抽样对象随机选择。

3）抽样对象数量的确定。每种工作岗位劳动者数不足 3 名时，全部选为抽样对象，劳动者大于 3 名按表 5–5 选择，测量结果取平均值。

表 5–5　抽样对象及数量

劳动者数	采样对象数
3~5	2
6~10	3
＞ 10	4

（5）测量

1）传声器应放置在劳动者工作时耳部的高度，站姿为 1.50 m，坐姿为 1.10 m。

2）传声器的指向为声源的方向。

3）测量仪器固定在三脚架上，置于测点；若现场不适合放置三脚架，可手持声级计，但应保持测试者与传声器的间距＞ 0.5 m。

4）稳态噪声的工作场所，每个测点测量 3 次，取平均值。

5）非稳态噪声的工作场所，根据声级变化（声级波动≥ 3 dB）确定时间段，测量各时间段的等效声级，并记录各时间段的持续时间。

6）脉冲噪声测量时，应测量脉冲噪声的峰值和工作日内脉冲次数。

7）测量应在正常生产情况下进行。工作场所风速超过 3 m/s 时，传声器应戴风罩。应尽量避免电磁场的干扰。

（6）测量声级的计算

1）非稳态噪声的工作场所，按声级相近的原则把一天的工作时间分为 n 个时间段，用积分声级计测量每个时间段的等效声级 $L_{\mathrm{Aeq,T}_i}$，按照式（5–11）计算全天的等效声级：

$$L_{\mathrm{Aeq,T}} = 10\lg\left(\frac{1}{T}\sum_{i=1}^{n} T_i 10^{0.1L_{\mathrm{Aeq,T}_i}}\right)[\mathrm{dB(A)}] \quad (5\text{–}11)$$

式中 $L_{\mathrm{Aeq,T}}$——全天的等效声级；

$L_{\mathrm{Aeq,T}_i}$——时间段 T_i 内等效声级；

T——这些时间段的总时间；

T_i——i 时间段的时间；

n——总的时间段的个数。

2）8 h 等效声级（$L_{\mathrm{EX,8h}}$）的计算。根据等能量原理将一天实际工作时间内接触噪声强度规格化到工作 8 h 的等效声级，按式（5–12）计算：

$$L_{\mathrm{EX,8h}} = L_{\mathrm{Aeq,Te}} + 10\lg\frac{T_e}{T_0}[\mathrm{dB(A)}] \quad (5\text{–}12)$$

式中 $L_{\mathrm{EX,8h}}$——一天实际工作时间内接触噪声强度规格化到工作 8 h 的等效声级；

T_e——实际工作日的工作时间；

$L_{\mathrm{Aeq,Te}}$——实际工作日的等效声级；

T_0——标准工作日时间，8 h。

3）每周 40 h 的等效声级。通过 $L_{\mathrm{EX,8h}}$ 计算规格化每周工作 5 天（40 h）接触的噪声强度的等效连续 A 计权声级用式（5–13）计算：

$$L_{EX,W}=10\lg\left(\frac{1}{5}\sum_{i=1}^{n}10^{0.1(L_{EX,8h})_i}\right)[dB(A)] \quad (5-13)$$

式中 $L_{EX,W}$——每周平均接触值；

$L_{EX,8h}$——一天实际工作时间内接触噪声强度规格化到工作 8 h 的等效声级；

n——每周实际工作天数。

4）脉冲噪声。使用积分声级计，“Peak（峰值）”挡，可直接读声级峰值 L_{peak}。

3. 测量记录

测量记录应该包括以下内容：测量日期、测量时间、气象条件（温度、相对湿度）、测量地点（单位、厂矿名称、车间和具体测量位置）、被测仪器设备型号和参数、测量仪器型号、测量数据、测量人员及工时记录等。

4. 注意事项

（1）在进行现场测量时，测量人员应注意个体防护。

（2）实际工作中，对于每天接触噪声不足 8 h 的工作场所，也可根据实际接触噪声的时间和测量（或计算）的等效声级，按照接触时间减半噪声接触限值增加 3 dB（A）的原则，根据表 5-6 确定噪声接触限值。

表 5-6 工作场所噪声等效声级接触限值

日接触时间 /h	接触限值 /dB（A）
8	85
4	88
2	91
1	94
0.5	97

第三节 手传振动检测

振动是指一个质点或物体在外力作用下沿直线或弧线围绕平衡位置来回重复的运动。

在生产过程中，按作用于人体的方式不同，振动分为手传振动和全身振动。手传振动，又称手臂振动或局部振动，是指生产中使用振动工具或接触受振动工件时，直接作用或传递到人手臂的机械振动或冲击；全身振动是指人体足部或臀部接触并通过下肢或躯干传导到全身的振动。本部分内容适用于生产中使用手持振动工具或手接触受振工件时手传振动的测量。

一、基本概念

1. 日接振时间

工作日中使用手持振动工具或接触受振工件的累积接振时间。

2. 振动感觉阈

刚能引起人有振动感觉的最小值。

3. 加速度级

振动加速度与基准加速度之比的以 10 为底的对数乘以 20，以 L_h 表示。

$$L_h=20\lg\frac{a}{a_0} \text{或} a=10^{(L_h/20)}\cdot a_0 \tag{5-14}$$

式中 L_h——加速度级，dB；

a——振动加速度有效值，m/s^2；

a_0——振动加速度基准值，$a_0=10^{-6}$ m/s^2。

4. 频率计权振动加速度

人体能感觉到的振动频率范围为 1~1 500 Hz，对于相同强度的振动，当振动频率不同时，人对其感觉和反应程度也不同。如同噪声一样，为了便于测量和分析，将人体能够感觉到的频率范围划分为 1/1 倍频程（中心频率范围是 8~1 000 Hz）或 1/3 倍频程（中心频率范围是 6.3~1 250 Hz）。根据人对不同手传振动频率的敏感度，国际上统一规定了不同频率的振动加速度的计权系数（见表 5-7），按不同频率振动的人体生理效应规律计权后的振动加速度称为频率计权振动加速度，以 a_{hw} 表示，单位为 m/s^2。

$$a_{hw}=\sqrt{\sum_{i=1}^{n}(K_i a_{hi})^2} \tag{5-15}$$

式中　a_{hw}——频率计权振动加速度，m/s^2；

a_{hi}——1/1 或 1/3 倍频程第 i 频段实测的加速度均方根值，m/s^2；

K_i——1/1 或 1/3 倍频程第 i 频段相应的计权系数，见表 5–7；

n——1/1 或 1/3 倍频程总频段数。

5. 频率计权加速度级

用对数形式表示的频率计权加速度，以 L_{hw} 表示，单位为 dB。

$$L_{hw} = 20\lg\sqrt{\sum_{i=1}^{n}(K_i \cdot 10^{L_{ki}}/20)^2} \tag{5-16}$$

式中　L_{hw}——频率计权加速度级，dB；

L_{ki}——1/1 或 1/3 倍频程第 i 频段实测的加速度级均方根值，dB；

K_i 及 n——同式 5–15。

表 5–7　1/1 与 1/3 倍频程的计权系数 K_i

中心频率	1/3 倍频程 K_i	1/1 倍频程 K_i
6.3	1.0	
8.0	1.0	1.0
10.0	1.0	
12.5	1.0	
16	1.0	1.0
20	0.8	
25	0.63	
31.5	0.5	0.5
40	0.4	
50	0.3	
63	0.25	0.25
80	0.2	
100	0.16	
125	0.125	0.125

续表

中心频率	1/3 倍频程 K_i	1/1 倍频程 K_i
160	0.1	
200	0.08	
250	0.063	0.063
315	0.05	
400	0.04	
500	0.03	0.03
630	0.025	
800	0.02	
1000	0.016	0.016
1250	0.0126	

6. 生物动力学坐标系

以第三掌骨头作为坐标原点，*Z* 轴（Z_h）由该骨的纵轴方向确定。当手处于正常解剖位置时（手掌朝前），*X* 轴垂直于掌面，以离开掌心方向为正向。*Y* 轴通过原点并垂直于 *X* 轴。手坐标系中各个方向的振动均应以"h"作下标表示（*Z* 轴方向的加速度记为 a_{Z_h}，*X* 轴、*Y* 轴方向的振动依次类推），如图 5–1 所示。

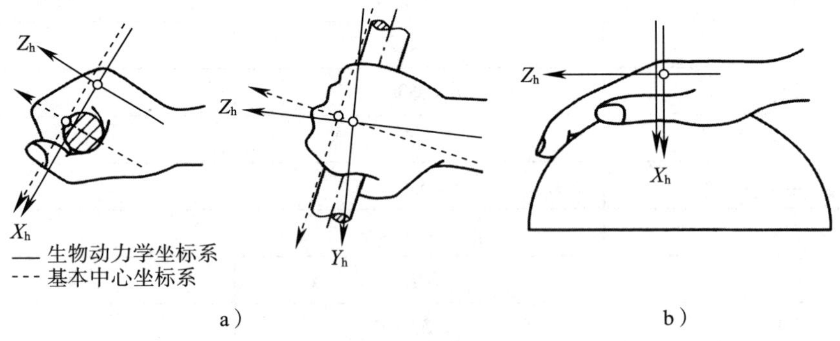

图 5–1 生物动力学坐标系

a）手握姿势（手以标准握法握住半径为 2 cm 的圆棒） b）伸掌姿势（手压在半径为 10 cm 的球面上）

二、手传振动的测量

1. 测量仪器

（1）振动测量仪器。采用设有计权网络的手传振动专用测量仪，直接读取计权加速度或计权加速度级。

（2）测量仪器覆盖的频率范围至少为5~1 500 Hz，其频率响应特性允许误差在10~800 Hz范围内为 ±1 dB；4~10 Hz及800~2 000 Hz范围内为 ±2 dB。

（3）振动传感器选用压电式或电荷式加速度计，其横向灵敏度应小于10%。

（4）指示器应能读取振动加速度或加速度级的均方根值。

（5）对振动信号进行1/1或1/3倍频程频谱分析时，其滤波特性应符合GB/T 7861的相关规定。

（6）测量仪器校准。测量前应按仪器使用说明进行校准。

2. 测量方法

按照生物力学坐标系，分别测量三个轴向振动的频率计权加速度，取三个轴向中的最大值作为被测工具或工件的手传振动值。

3. 取值方法

（1）使用手传振动专用测量仪时，可直接读取计权加速度值（m/s^2）；若测量仪器以计权加速度级（dB）表示振动幅值，则可通过式（5–14）换算成计权加速度。

（2）如果只获得1/1或1/3倍频程各中心频带加速度均方根值，可采用式（5–15）换算成频率计权加速度。当各中心频带为加速度级均方根值时，先换算为频率计权加速度级，然后再利用式（5–14）换算成频率计权振动加速度。

（3）测得工人工作日中所使用振动工具的频率计权加速度值和相应的接振时间后，应进行下列计算。

1）计算工作日中接振的频率计权加速度：

$$a_{hw(T)}=\sqrt{\frac{\sum a_{hw}^{2}\times t_i}{\sum t_i}} \quad (5\text{–}17)$$

式中　$a_{hw(T)}$——工作日中的频率计权加速度的平均值，m/s^2；

a_{hw}——t_i 时间段内的频率计权加速度；

t_i——每次接触振动时间，s。

2）在日接振时间不足或超过 4 h 时，要将其换算为相当于接振 4 h 等能量频率计权振动加速度：

$$a_{hw(4)}=\sqrt{\frac{T}{4}}a_{hw(T)} \tag{5-18}$$

式中 $a_{hw(4)}$——4 h 等能量频率计权振动加速度，m/s^2。

4. 测量记录

测量记录应该包括以下内容：测量日期、测量时间、气象条件（温度、相对湿度）、测量地点（单位、厂矿名称、车间和具体测量位置）、被测仪器设备型号和参数、测量仪器型号、测量数据、测量人员等。

5. 注意事项

在进行现场测量时，测量人员应注意个体防护。

第四节 非电离辐射

按照辐射粒子能否引起传播介质的电离，把辐射分为两大类：电离辐射和非电离辐射。电离辐射是指一切能引起物质电离的辐射总称，包括 α 射线、β 射线、γ 射线、X 射线、中子射线等，如生产上测料位用的料位仪、X 射线探伤及测厚仪、测水分用的中子射线、医学上用的 X 射线诊断机、γ 射线治疗机、核医学用的放射性同位素试剂等。

非电离辐射是指能量比较低，并不能使物质原子或分子产生电离的辐射，通常也称为电磁辐射。电磁辐射是指电场和磁场的交互变化产生的电磁波，向空中发射或泄漏的现象，主要有紫外线、可见光、红外线、微波及无线电波等。它们的能量不高，只会令物质内的粒子震动，温度上升。我们常说的非电离性的电磁波是指频率在 30~3 000 MHz 的射频和微波段的电磁波，由于其光子的能量不足以令中性分子及原子电离，故有非电离性称谓。非电离辐射之能量较电离辐射弱。非电离辐射不会电离物质，而会改变分子或原子的旋转、振动或价层电子轨态。

非电离辐射的分类如图 5-2 所示。

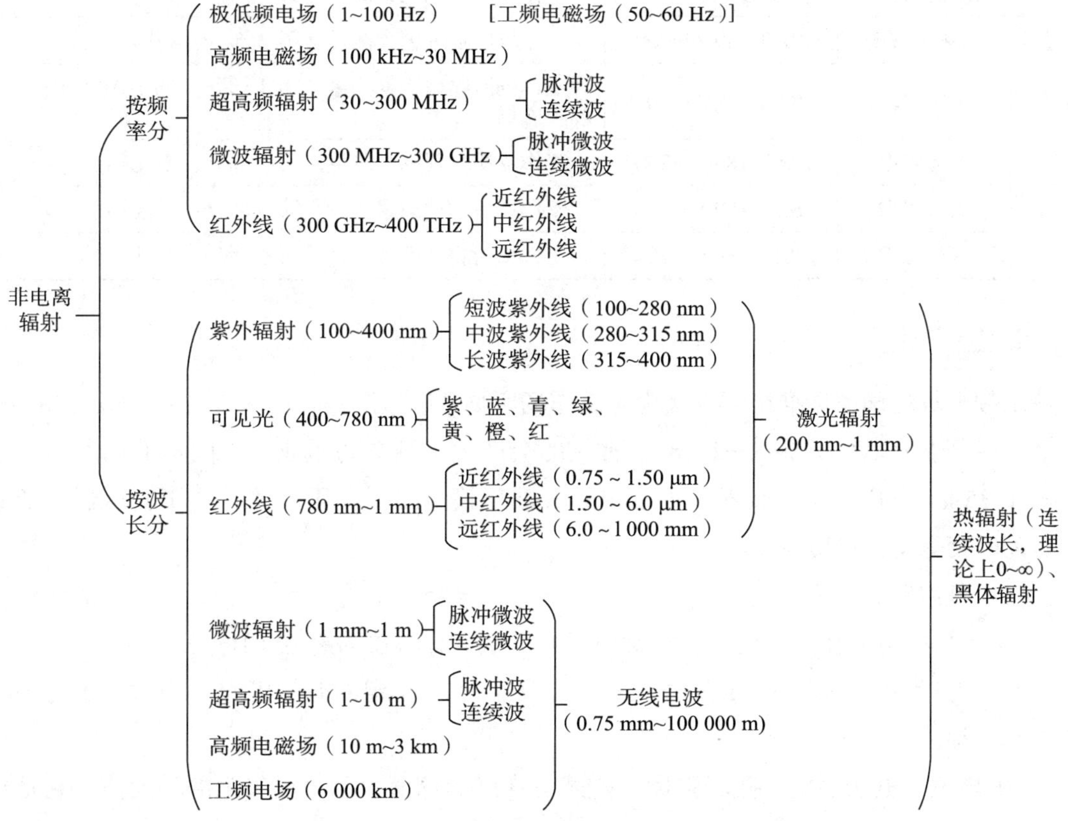

图 5-2　非电离辐射的分类

一、非电离辐射

目前我国只规定了部分非电离辐射的职业接触限值和相应的检测方法，按照频率分类，从低频率到高频率，包括工频电场、射频（微波辐射、超高频辐射、高频电磁场）、激光辐射、紫外辐射等。限值和方法的分类见表 5-8。

表 5–8 非电离辐射职业接触限值和检测方法标准

序号	项目	标准号	标准名称
1	职业接触限值	GBZ 2.2—2007	工作场所有害因素职业接触限值 第 2 部分：物理因素
2	超高频辐射	GBZ/T 189.1—2007	工作场所物理因素测量 第 1 部分：超高频辐射
3	高频电磁场	GBZ/T 189.2—2007	工业场所物理因素测量 第 2 部分：高频电磁场
4	工频电场	GBZ/T 189.3—2018	工作场所物理因素测量 第 3 部分：1 Hz~100 kHz 电场和磁场
5	激光辐射	GBZ/T 189.4—2007	工作场所物理因素测量 第 4 部分：激光辐射
6	微波辐射	GBZ/T 189.5—2007	工作场所物理因素测量 第 5 部分：微波辐射
7	紫外辐射	GBZ/T 189.6—2007	工作场所物理因素测量 第 6 部分：紫外辐射

1. 工频电场

工频电场的国家标准检测方法为《工作场所物理因素测量 第 3 部分：1 Hz~100 kHz 电场和磁场》（GBZ/T 189.3—2018）。常见的会产生工频电场职业危害因素的场所为大于或等于 35 kV 电压的生产场所，如变电站、高压输电线、高压开关、高压变压器、断路器、配电柜等交流供变电设施

（1）基本概念

1）频率。电流在导体内每一秒钟所振动的次数，单位为赫兹（Hz）。

2）均方根值。电场和 / 或磁场时变函数 F（t）在指定的时间区间 t_1 到 t_2 内平方平均值的平方根。

3）峰值。电场强度、磁场强度、磁感应强度的峰值表示为场矢量的最大值。它是建立在电场或磁场强度或磁通密度的 3 个相互垂直方向的瞬时值。

电场辐射频率 1~100 Hz 的为极低频电场，频率为 50~60 Hz 的为工频电场。主要测量其电场强度，以 V/m 或 kV/m 表示。

4）工频电场。频率为 35 kV 的电场。输电电压范围在 35~220 kV 的称为高压；330~750（765）kV 的称为超高压；1 000 kV 及以上的称为特高压。

（2）测量仪器

1）仪器响应的频率应覆盖被测设备的频率，如测量工频时测量仪器应能够响应 50 Hz。仪器量程根据被测频率的接触限值，应至少达到限值 0.01~10 倍的要求。

2）仪器首选能响应均方根值的配置三相式感应器的仪器。单相的仪器和个体磁场计如满足现场测量的要求也可使用。

3）仪器应注明温度和相对湿度的适用范围。

4）仪器要求定期进行校准，校准结果需符合相关校准要求方可使用。

（3）测量方法

1）现场调查。应在测量前对工作场所进行现场调查。调查内容主要包括：电磁场源的位置、体积、频率、功率、电流、电压等；生产工艺流程；接触作业人员工作班制度、作业方式（固定作业或巡检作业）、作业姿势（站姿作业或坐姿作业）、接触情况（接触时间和频次）、防护情况等。

2）测量点选择。测量点应布置在存在电场和磁场的有代表性的作业点。作业人员为巡检作业时选择其规定的巡检点和巡检过程中靠近电磁场源最近的位置；作业人员为固定岗位作业时选择其固定的操作位。相同或类似的测点可按电磁场源进行抽样，相同型号、相同防护、相同电流电压的低频电磁场设备，数量为 1~3 台时至少测量 1 台，4~10 台时至少测量 2 台，10 台以上至少测量 3 台。不同型号、防护或不同电流电压的设备应分别测量。

3）测量高度。电磁场的检测以作业人员操作位置或巡检位置为依据，测量头、胸或腹部离电磁场源最近的部位，如无法判断，应对头、胸、腹 3 个部位分别进行测量。

4）测量读数。现场环境电磁场较稳定，如电厂或变电站中的变压器、配电柜及变压开关等设备作业点，每个测点连续测量 3 次，每次测量时间不少于 15 s，并读取稳定状态的均方根值，取平均值。

现场环境电磁场不稳定，如电阻焊作业等，应在预期电场和 / 或磁场强度最高的时间段测量，读取电磁场峰值及最高时间段的均方根值，每次测量时间一般不超过 5 min，劳动者接触时间不足 5 min 按实际接触时间进行测量，每个测点连续测量 3 次，取最大值。

（4）测量记录。测量记录应该包括以下内容：测量日期、测量时间、气象条件（温度、相对湿度）、测量岗位、地点（单位、厂矿名称、车间和具体测量位置）、测量部位（头、胸或腹部）、测点与电磁场源的距离、场源类型、电流电压、场源的频率、特征、测量仪器型号、测量数据、测量人员等。

（5）注意事项

1）测量应在电磁场源正常运行状态下进行。

2）为减小误差，测量仪器应选择没有电传导的材质支架（如塑料支架等）进行固定。

3）测量电场时测量者和其他人宜距离测量探头 2.5 m 以外。

4）测量地点应比较平坦，且无多余的物体。对不能移开的物体应记录其尺寸及其与探头的相对位置，以及该物体的物理性质并应补充测量离物体不同距离处的场强。

5）测量时环境温度和相对湿度应符合仪器规定的要求。

6）测量仪器有挡位设置的，应先将测试仪器调至最高挡位，然后进行测试，避免超过仪器挡位量程，造成仪器失灵。

7）评估作业人员接触的 8 h 工频电场强度时，需调查作业人员在各作业点的停留时间。

8）佩戴心脏起搏器或类似医疗电子设备者不宜从事该项测量工作。

9）在进行现场测量时，测量人员应注意个体防护。

（6）职业接触限值。8 h 工作场所工频电场职业接触限值见表 5–9。

表 5–9　8 h 工作场所工频电场职业接触限值

频率 /Hz	电场强度 /（V/m）
50	5 000

2. 射频辐射

射频分类见表 5–10。

表 5–10　射频分类

	高频电磁场			超高频	微波		
	长波	中波	短波	超短波	分米波	厘米波	毫米波
波长	1~3 km	0.1~1 km	10~100 m	1~10 m	0.1~1 m	1~10 cm	1~10 mm
频率	100~300 kHz	0.3~3 MHz	3~30 MHz	30~300 MHz	0.3~3 GHz	3~30 GHz	30~300 GHz

3. 高频电磁场

（1）基本概念。高频电磁场，或称高频辐射，指频率为 100 kHz~30 MHz，相应波长为 10 m~3 km 范围的电磁场（或波）。

（2）测量仪器。选择量程和频率适合于所测量对象的测量仪器，即量程范围能够覆盖 10~1 000 V/m 和 0.5~50 A/m，频率能够覆盖 0.1~30 MHz 的高频场强仪。

（3）测量对象

1）相同型号、相同防护的高频设备选择有代表性的设备及其接触人员进行测量。

2）不同型号或相同型号不同防护的高频设备及其接触人员应分别测量。

3）接触人员的各操作位应分别进行测量。

（4）测量方法

1）测量前应按照仪器使用说明书进行校准。

2）测量操作位场强时，一般测量头部和胸部位置。当操作中其他部位可能受更强烈照射时，应在该位置予以加测。

3）测量高频设备场强时，由远及近，仪器天线探头距离设备不得小于 5 cm，当发现场强接近最大量程或仪器报警时，应立刻停止前进。

4）手持测量仪器，将检测探头置于所要测量的位置，并旋转探头至读数最大值方向，探头周围 1 m 以内不应有人或临时性地放置其他金属物件。磁场测量不受此限制。每个测点连续测量 3 次，每次测量时间不应小于 15 s，并读取稳定状态的最大值。若测量读数起伏较大时，应适当延长测量时间，取三次值的平均数作为该点的场强值。

（5）测量记录。测量记录应包括以下内容：测量日期、测量时间、气象条件（温度、相对湿度）、测量地点（单位、厂矿名称、车间和具体测量位置）、高频设备型号和参数、测量仪器型号、测量数据、测量人员等。

（6）注意事项

1）在进行现场测量时，测量人员应注意做好个体防护。

2）不同操作岗位的测量结果应分别计算和评价。

（7）职业接触限值。8 h 工作场所高频电磁场职业接触限值见表 5-11。

表 5–11 8 h 工作场所高频电磁场职业接触限值

频率（f）/MHz	电场强度 /（V/m）	磁场强度 /（A/m）
0.1 ≤ f ≤ 3.0	50	5
3.0 ≤ f ≤ 30	25	—

4. 超高频辐射

（1）基本概念

1）超高频辐射（ultra high frequency radiation）。又称超短波，指频率为 30~300 MHz 或波长为 10~1 m 的电磁辐射，包括脉冲波和连续波。

2）脉冲波（pulse wave）。以脉冲调制所产生的超高频辐射。

3）连续波（continuous wave）。以连续振荡所产生的超高频辐射。

（2）测量仪器。选择量程和频率适合于所检测对象的测量仪器。

（3）测量对象

1）相同型号、相同防护的超高频设备，选择有代表性的设备及接触人员进行测量。

2）不同型号或相同型号不同防护的超高频设备及接触人员应分别测量。

3）接触人员的各操作位应分别进行测量，并记录接触时间。

（4）测量方法

1）测量前应按照仪器使用说明书进行校准。

2）测量操作者接触强度时，应分别测量其头、胸、腹各部位。立姿操作，测量点高度分别取 1.5~1.7 m、1.1~1.3 m、0.7~0.9 m；坐姿操作，测量点分别取 1.1~1.3 m、0.8~1.0 m、0.5~0.7 m。

3）测量超高频设备场强时，将仪器天线探头置于距设备 5 cm 处。

4）测量时将偶极子天线对准电场矢量，旋转探头，读出最大值。测量时，手握探头下部，手臂尽量伸直，测量者身体应避开天线杆的延伸线方向，探头 1 m 内不应站人或放置其他物品，探头与发射源设备及馈线应保持一定距离（至少 0.3 m）。每个测点应重复测量 3 次，取平均值。

（5）测量记录。测量记录应包括测量日期、测量时间、气象条件（温度、相对湿度）、测量地点（单位、厂矿名称、车间和具体测量位置）、超高频设备型号和参数、测量仪器型号、测量数据、测量人员等信息。

（6）注意事项

1）测量结果处理。测量结果用功率密度或电场强度表示。在远区场，功率密度与电场强度 E（V/m）按式（5–19）计算：

$$P=E^2/3\ 770 \qquad (5\text{–}19)$$

式中　P——功率密度，mW/cm^2；

E——电场强度，V/m。

2）不同操作岗位的测量结果应分别计算和评价。

3）接触时间不足 4 h 的，按 4 h 计；接触时间超过 4 h，不足 8 h 的，按 8 h 计。

（7）职业接触限值。一个工作日工作场所超高频辐射职业接触限值见表 5–12。

表 5–12　工作场所超高频辐射职业接触限值

接触时间	连续波		脉冲波	
	功率密度 /（mW/cm^2）	电场强度 /（V/m）	功率密度 /（mW/cm^2）	电场强度 /（V/m）
8 h	0.05	14	0.025	10
4 h	0.1	19	0.05	14

5. 微波辐射

（1）基本概念

1）微波。频率为 300 MHz~300 GHz、波长为 1 m~1 mm 范围内的电磁波，包括脉冲微波和连续微波。脉冲微波：指以脉冲调制的微波。连续微波：指不用脉冲调制的连续振荡的微波。

2）平均功率密度。表示单位面积上一个工作日内的平均辐射功率。

3）日剂量。表示一日接收辐射的总能量，等于平均功率密度与受辐射时间（按 8 h 计算）的乘积，单位为 $\mu W \cdot h/cm^2$ 或 $MW \cdot h/cm^2$。

（2）测量仪器。选择量程和频率适合于所检验对象的测量仪器。

（3）测量对象

1）应在各操作位分别予以测量。一般测量头部和胸部位置。

2）当操作中某些部位可能受更强辐射时，应予以加测。如需眼睛观察波导口或天线向下腹部辐射时，应分别加测眼部或下腹部。

3）当需要查找主要辐射源，了解设备泄漏情况时，可紧靠设备测量，所测值可供防护时参考。

（4）测量方法

1）测量前应按照仪器使用说明书进行校准。

2）应在微波设备处于正常工作状态时进行测量，测量中仪器探头应避免红外线及阳光的直接照射及其他干扰。

3）在使用非各向同性探头的仪器测量时，将探头对着辐射方向，旋转探头至最大值。

4）各测量点均需重复测量 3 次，取其平均值。

5）测量值的取舍：全身辐射取头、胸、腹等处的最高值；肢体局部辐射取肢体某点的最高值；既有全身，又有局部的辐射，取除肢体外所测的最高值。

（5）职业接触限值。工作场所微波职业接触限值见表 5–13。

表 5–13　工作场所微波职业接触限值

类型		日剂量 /（μW·h/cm²）	8 h 平均功率密度 /（μW/cm²）	非 8 h 平均功率密度 /（μW/cm²）	短时间接触功率密度 /（mW/cm²）
全身辐射	连续微波	400	50	400/*t*	5
	脉冲微波	200	25	200/*t*	5
肢体局部辐射	连续微波或脉冲微波	4 000	500	4 000/*t*	5

6. 激光

物质受到外界光子的作用下，原子从激发态向低能级跃迁而发出光子的发光过程，称为受激辐射。受激辐射产生的光子与入射光子是完全相同的，光受到激活使光增强了，因此受激辐射可使入射光放大，得到波长相同、方向一致和相位恒定的相干光速，此种光即称为激光。

激光和普通光都是电磁波，均具有光的一切特性。但激光与普通光的发光原理不同，它具有方向性强（定向性好）、高亮度、高单色性、高相干性（频率相同、振动方向相同）等独特的优良特性，因此具有强大的生命力。

（1）基本概念

1）激光。指波长为 200 nm~1 mm 之间的相干光辐射。

2）激光器。通过受激发射过程产生和放大光辐射的装置。

3）照射量。受照面积上光能的面密度，单位为 J/cm^2。

4）辐照度。单位面积照射的辐射通量，单位为 W/m^2。

5）照射时间。激光照射人体的持续时间，用 t 表示。

（2）测量仪器。激光测量仪器为激光测量仪，需要根据激光器的输出功率大小和输出波长范围来选择合适的测试仪器。测量仪器应经过国家计量部门标定，测量误差不得超过 ±10%。用 1 mm 极限孔径测量辐射水平时，测量仪器接收头的灵敏度必须均匀。测量时，中小功率的激光器选用锤形热电式的功率计，小功率激光器选用光电型的能量计，大功率的激光器选用流水量热式功率计。

（3）测量方法

1）测量应在产品工作状态下进行，激光器需要调至最高输出水平，要避免非测量的杂散光波的干扰。

2）测量应考虑设备在工作、维护、维修过程中的可达发射水平，取其严格值。作为验证性检测，应打开机壳或挡板后测量，以验证其标记的正确性。

3）测量激光器或激光器系统对眼和皮肤的最大容许照射量时，应在激光工作人员工作区进行。测量仪器的接头应置于光束中，以光束截面中最强的辐射水平为准。

4）要可靠地测量激光的辐照度和辐照量，确定其危害程度，需要使用规定的测量孔径。其中测量眼的最大容许照射量时，波长为 200~400 nm 和 1 400~10^6 nm 的用 1 mm 孔径，波长为 400~1 400 nm 的用 7 mm（人眼最大瞳孔直径）孔径；测量皮肤的最大容许照射量时，用 1 mm 孔径。

（4）测量记录。测量后应记录测量日期、时间、气象条件、测量地点、激光器型号和参数、测量仪器型号、测量结果、测量人员等信息。

（5）注意事项。在进行测量时，测量人员应做好个人防护。

（6）职业接触限值。8 h 眼直视激光束的职业接触限值见表 5–14。

表 5–14 眼直视激光束的职业接触限值

光谱范围	波长 /nm	照射时间 /s	照射量 /（J/cm^2）	辐照度 /（W/cm^2）
紫外线	200~308	10^{-9}~3×10^{4}	3×10^{-3}	
	309~314	10^{-9}~3×10^{4}	6.3×10^{-2}	
	315~400	10^{-9}~10	$0.56t^{1/4}$	
	315~400	10~10^{3}	1.0	
	315~400	10^{3}~3×10^{4}		1×10^{-3}
可见光	400~700	10^{-9}~1.2×10^{-5}	5×10^{-7}	
	400~700	1.2×10^{-5}~10	$2.5t^{3/4}\times10^{-3}$	
	400~700	10~10^{4}	$1.4C_B\times10^{-2}$	
	400~700	10^{4}~3×10^{4}		$1.4C_B\times10^{-6}$
红外线	700~1 050	10^{-9}~1.2×10^{-5}	5×10^{-7}	
	700~1 050	1.2×10^{-5}~10^{3}	$5C_A\times10^{-7}$	
	1 050~1 400	10^{-9}~3×10^{-5}	$2.5C_At^{3/4}\times10^{-3}$	
	1 050~1 400	3×10^{-5}~10^{3}	$12.5t^{3/4}\times10^{-3}$	
	700~1 400	10^{4}~3×10^{4}		$4.4C_A\times10^{-4}$
远红外线	1 400~10^{6}	10^{-9}~10^{-7}	0.01	
	1 400~10^{6}	10^{-7}~10	$0.56t^{1/4}$	
	1 400~10^{6}	>10		0.1

注：t 为照射时间。

8 h 激光照射皮肤的职业接触限值见表 5–15。

表 5–15 激光照射皮肤的职业接触限值

光谱范围	波长 /nm	照射时间 /s	照射量 /（J/cm^2）	辐照度 /（W/cm^2）
紫外线	200~400	10^{-9}~3×10^{4}	同表 4	
可见光与红外线	400~1 400	10^{-9}~1.2×10^{-7}	$2C_A\times10^{-2}$	
		10^{-7}~10	$1.1C_At^{1/4}$	$0.2C_A$
		10~3×10^{4}		
远红外线	1 400~10^{6}	10^{-9}~3×10^{4}	同表 4	

注：t 为照射时间。

波长（λ）与校准因子的关系为：波长 400~700 nm，C_A=1；波长 700~1 050 nm，C_A=100.002（λ–700）；波长 1 050~1 400 nm，C_A=5；波长 400~550 nm，C_B=1；波长 550~700 nm，C_B=100.015（λ–550）。

7. 紫外辐射

（1）基本概念

1）紫外辐射。紫外辐射又称紫外线，是波长为 100~400 nm 的电磁辐射。

2）长波紫外线（UVA）。波长为 400~315 nm 的紫外线，具有光毒性和光敏性作用，又称黑斑区。

3）中波紫外线（UVB）。波长为 315~280 nm 的紫外线，具有致红斑、角膜结膜炎效应，又称红斑区。

4）短波紫外线（UVC）。波长为 280~100 nm 的紫外线，具有杀菌、微致红斑作用，又称杀菌区。

5）辐照度。照射到表面一点处的面元上的辐射通量除以该面元的面积即为辐射度，单位是 W/cm^2、mW/cm^2、$\mu W/cm^2$。

6）紫外线混和光源。包括各段波长紫外线的光源，如电焊弧光。

（2）测量仪器。紫外辐射测量仪器为紫外照度计。

（3）测量方法

1）应测量操作人员面、眼、肢体及其他暴露部位的辐照度或照射量。

2）当使用防护用品如防护面罩时，应测量罩内辐照度或照射量。具体部位是测定被测者面罩内眼面部。

3）测量前应按照仪器使用说明书进行校准。

4）为保护仪器不受损害，应从最大量程开始测量，测量值不应超过仪器的测量范围。

5）计算混合光源（如电焊弧光）的有效辐照度方法：混合光源需分别测量长波紫外线、中波紫外线、短波紫外线的辐照度，然后将测量结果加以计算。

电焊弧光的主频率分别为 254 nm、290 nm 以及 365 nm，其相应的加权因子 S，分别为 0.5、0.64 以及 0.000 11，具体计算方法如下：

$$E_{eff}=0.000\,11\times E_A+0.64\times E_B+0.5\times E_C\cdots \quad (5\text{-}20)$$

式中 E_{eff}——有效辐照度；

E_A——所测 UVA 的辐照度；

E_B——所测 UVB 的辐照度；

E_C——所测 UVC 的辐照度。

（4）测量记录。测量记录应该包括以下内容：测量日期、测量时间、气象条件（温度、相对湿度）、测量地点（单位、厂矿名称、车间和具体测量位置）、被测仪器设备型号和参数、测量仪器型号、测量数据、测量人员等。

（5）注意事项。在进行现场测量时，测量人员应注意做好个体防护。

（6）职业接触限值。8 h 工作场所紫外辐射职业接触限值见表 5–16。

表 5–16 工作场所紫外辐射职业接触限值

紫外光谱分类	8 h 职业接触限值	
	辐照度 /（μW/cm^2）	照射量 /（mJ/cm^2）
中波紫外线（280~315 nm）	0.26	3.7
短波紫外线（100~280 nm）	0.13	1.8
电焊弧光	0.24	3.5

二、示例

以高频电磁场案例进行举例说明：

对某鞋厂油印车间的高周波机进行检测。

（1）生产情况调研。油印车间有 5 台高周波机，其中 30 kW 高功率的有 3 台，10 kW 低功率的有 2 台，其频率均为 27.12 MHz。每台机 1 名操作工，其固定在设备前操作，每天工作 8 h，每周工作 5 天。

确定检测时间，选择量程和频率适合于所测量对象的高频场强仪。

（2）测量布点。根据选点原则，高功率和低功率高周波机各选 1 台为检测对象。测量其操作位头胸腹 3 个部位。同时为了解主要电磁场源和周围环境，从操作位后过道开始测量，由远及近，至机头前 5 cm 处。

（3）测量参数。根据工作场所高频辐射职业接触限值所知，频率为 27.12 MHz，因此只需测量电场强度。

（4）测量读数。操作时产生高频，不操作时不产生，因此测量 6 min 的均方根值。

（5）检测结果。检测结果见表 5–17。

（6）结果分析。根据 8 h 工作场所高频辐射职业接触限值，对各点检测结果进行评价，并撰写正式检测报告。

表 5-17　某鞋厂高周波机高频电场检测结果

测点	距离 / m	电场强度 / (V/m)		
		头	胸	腹
油印高周波低功率 1 号机				
操作位	0.6	84.34	44.53	21.06
机头	0.05	176.6	—	—
操作位后过道	1.5	18.02	12.43	11.51
油印高周波低功率 3 号机				
操作位	0.6	167.1	159.7	119.4
机头	0.05	287.0	—	—
操作位后过道	1.5	55.83	61.20	49.33

第五节　电离辐射监测

辐射按辐射粒子携带的能量可分为非电离辐射和电离辐射两种。远紫外辐射以及波长更长紫外线、可见光、红外线、微波、无线电波等均属于非电离辐射（见第五节）。而宇宙射线、阿尔法射线（α）、贝塔射线（β）、伽马射线（γ）、X 射线、中子等均属于电离辐射。辐射分类如图 5-3 所示。

一、电磁辐射的基本概念

1. 电离辐射

电离辐射是指通过与物质的相互作用能够直接或间接地使物质的原子、分子电离的辐射；是一切能引起物质电离的辐射的总称，主要可分为 α 射线、β 射线、中子以及 X 射线、γ 射线等。

电离是从一个原子、分子或其他束缚状态放出一个或几个电子的过程。

α 粒子、β 粒子（电子）、中子都是具有质量的基本粒子，所以 α 射线、β 射线、中子射线的本质是这些基本粒子的高速流动现象。γ 射线和 X 射线的本质与可见光相同，是一种能量的传播方式，只不过它们的波长及能量不同。

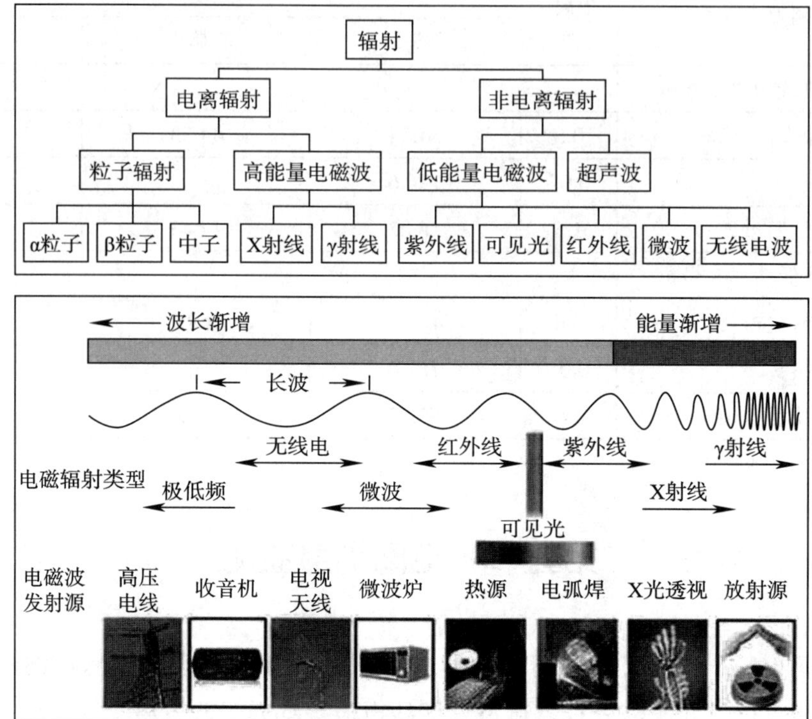

图 5–3 辐射分类

2. 辐射源

可以通过发射电离辐射或者释放放射性物质而引起辐射照射的一切物质或实体。如：可以产生辐射的射线装置（X 射线管、电子加速器等）及放射性物质（放射源、核废料等）。

3. 周围剂量当量

由相应的齐向扩展场在 ICRU 球内逆向齐向场的半径上深度 *d* 处产生的剂量，用以表达关注位置的辐射水平，单位为希沃特（Sv）。

4. 个人剂量当量

是指身体上指定点下面软组织中的适当深度 *d* 处的剂量当量，单位为希沃特（Sv）。

5. 表面活度浓度（α_F）

某一表面上放射性活度 A 除以表面积 F 所得的商，用以表征关注位置的表面污染水平，单位为 Bq/cm^2。

二、电离辐射监测类型

1. 常规监测

为确定工作条件是否适合继续进行操作，在规定场所按预先规定的时间间隔所进行的监测。

2. 特殊监测

为说明某一特殊问题而在一个有限期间内进行的监测。

3. 任务相关监测

用于特定操作，旨在为有关运行管理的当前决定提供数据资料，也可用于支持防护最优化。

三、电离辐射监测对象

根据监测对象不同，电离辐射监测分为工作场所监测、个人监测、环境监测、流出物监测和辐射设备性能监测。其中环境监测和流出物监测属于环保监测范畴，辐射设备性能监测属于医疗辐射监测范畴，在此不做介绍。

1. 工作场所监测

为工作人员提供工作环境和与其从事的操作有关的辐射水平的数据而进行的监测，主要分为外照射辐射场所监测、表面污染监测和空气污染监测。

（1）外照射辐射场所监测。使用直读式仪器对工作场所的剂量当量率水平进行监测。

1）测量仪器。应根据能量响应，剂量响应和时间响应等指标选择合适的仪器。

2）测量对象。放射性工作场所中由射线装置或放射性核素产生的各种射线，剂量当量率测量主要包括中子射线、X 射线及 γ 射线。

3）测量方法。进行现场检测时，应根据辐射源的不同参照相应的国家标准进行检测。

主要选取辐射源屏蔽体外侧，5 cm、30 cm 及 1 m 处作为测量位置，原则上应对三维坐标轴 6 个方向均进行测量，测量时应先进行巡测，寻找特异点，再对特异点进行进一步测量，应特别关注屏蔽体接缝处（门缝、电缆口和窗户等），此外还应对工作人员操作位、巡检位进行测量。

4）测量结果的记录

①测量记录。测量记录应包括测量日期、测量地点（单位、厂区、车间及具体检测位置）、受检源的基本信息、检测设备信息及检测人员信息等。

②对于受检源项的基本信息。如为射线设备，应记录生产厂家，设备型号，运行参数等信息；如为放射源，应记录生产厂家，放射源编码，放射源核素，出厂活度，出厂日期等信息。

③每个检测点建议记录 5 个测量数据。

5）测量结果的处理。对各个检测点的记录数据使用检定证书给出的校准因子进行校准，并计算其平均值及样品标准偏差或不确定度。

对于应给出工作人员年剂量参考水平的应按式（5–21）计算：

$$D_p=H_{max}\times T \qquad (5\text{–}21)$$

式中 D_p——年剂量参考水平，mSv/a；

H_{max}——关注点最高校准值，mSv/h；

T——年有效接触时间，h/a。

对于不同的辐射源，因参照不同标准进行评价，并给出评价结果。

6）注意事项。进行现场检测时应注意个人防护，佩戴个人剂量计，携带个人剂量报警仪；接近辐射源时，因保证测量设备开启并位于人员前端，随时关注仪器示数，如出现示数异常应立即撤离。

（2）表面污染监测。使用直读式仪器对工作场所表面污染水平进行监测。

1）测量仪器。应根据污染种类选择相应的设备，并根据现场剂量场对表面污染测量的干扰情况选择直接测量法或擦拭法进行测量。

2）测量对象。放射性工作场所中由射线装置或放射性核素产生的各种射线，表面污染测量主要包括 α 射线及 β 射线。

3）测量方法。主要选取操作台、实验仪器表面等可能被沾污的位置进行检测，检测前应相对场所的周围剂量当量率测量，如场所 X、γ 辐射水平较高，则应采取擦拭法测量，反之可使用直接测量法测量。使用直接测量法时典型的检测条件为：

检测 α 表面污染时探头距被测表面 5 mm

检测 β 表面污染时探头距被测表面 10 mm

4）测量结果的记录。测量记录应包括：测量日期、测量地点（单位、厂区、车间及具体检测位置）、受检源的基本信息、检测设备信息及检测人员信息等。

对于受检源项的基本信息：如为射线装置，应记录生产厂家、设备型号、运行参数等信息；如为放射源，应记录生产厂家、放射源编码、放射源核素、出厂活度、出厂日期等信息。

每个检测点建议记录 5 个测量数据。

5）测量结果的处理。对各个检测点的记录数据使用检定证书给出的表面活度响应进行校准，并计算其平均值及样品标准偏差或不确定度。

6）注意事项。进行现场检测时应注意个人防护，如场所存在吸入放射性核素风险，则应佩戴口罩、手套等防护用品。

（3）空气污染监测。在辐射工作场所采集气溶胶、水等样品后，使用能谱仪器等实验室监测设备实现放射性核素活度浓度的测定。

1）测量仪器。α/β 计数器、γ 能谱及质谱等大型实验设备。

2）测量对象。辐射工作场所中的空气、水、土壤等可能含有放射性的样品。

3）样品处理及测量。对取回的样品进行化学处理（蒸发减容、灼烧灰化及萃取分离等）以满足测量设备的进样需求后进样测量，具体处理和测量过程应参照相关国家标准进行。

4）注意事项。取样过程应注意样品的代表性并完善样品的分装管理，防止样品交叉污染。取样过程中应加强个人防护，防止误吸误食。

2. 个人监测

利用工作人员佩戴的个人剂量计进行的监测，或对其体内及排泄物中放射性核素种类和活度进行的监测，或对其体表放射性污染的监测。主要分为外照射个人监测、体内污染监测和皮肤污染监测等监测内容。本节主要介绍外照射个人监测。

外照射个人监测：使用个人剂量计对工作人员工作期间受到的辐射剂量进行监测。

（1）测量仪器。个人剂量计及其读出装置，个人剂量计包括胶片剂量计和热释光剂量计等。

（2）测量对象。辐射区工作人员。

（3）测量及数据处理方法。要求受监测人员在从事工作时正确佩戴个人剂量计（通常佩戴于左胸），佩戴固定后（通常3个月为一个周期）将剂量计回收读数。为便于回收和记录，可为个人剂量计配备标签，标签内容应包括受监测人员的单位、姓名，监测周期以及具有唯一性的身份识别码。

将受监测人员当年全部周期的读数累加，即为该工作人员当年的个人剂量。如单个监测周期内剂量计读数小于设备的检测限（MDL），累加时可按照1/2MDL计算。

（4）注意事项。监测过程中，应要求受监测人员妥善保管个人剂量计，避免进水、误照射、遗失等意外情况的发生。

四、电离辐射检测示例

以生活中最为常见的X射线行李包检查系统为例进行举例说明。

1. 在接到检测任务后，应首先查阅相关标准《X射线行李包检查系统卫生防护标准》（GBZ 127—2002）。根据标准的相关要求，检测点位为外表面5 cm处（包括进出口铅帘外），此外为了对工作人员的接触情况进行评价，还应对设备操作位及引导人员工作位进行布点。

2. 记录受检设备的相关信息，包括设备型号、生产厂家、设备编号、射束方向以及检测时使用的管电压、管电流。记录受检场所信息，包括受检单位及设备所在场所名称等。

3. 画出受检设备及检测位置的示意图，如图5–4所示。

4. 要求现场操作人员将设备开机，调整至正常出束状态，使用检测设备对受检设备周围进行巡测，寻找特异点，如存在特异点，应在示意图中增加该点，如不存在，则按照示意图对各个测量点进行5次读数。

5. 在检测记录中记录使用的检测设备及各个检测点的位置描述和测量数据，选择设备关机时，或远离设备的场所测量本底并记录，见表5–18。

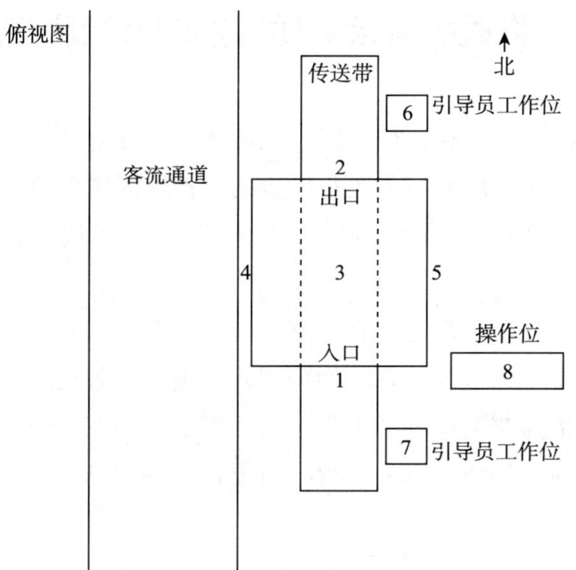

图 5-4 安检仪布点俯视图

表 5-18 检测结果

序号	检测位置	周围剂量当量率 / (μSv/h)				
0	本底	0.10	0.11	0.12	0.11	0.12
1	入口铅帘外 5 cm	0.34	0.32	0.35	0.35	0.36
2	出口铅帘外 5 cm	0.54	0.56	0.54	0.56	0.54
3	设备顶部表面外 5 cm	0.13	0.13	0.12	0.11	0.14
4	设备西侧表面外 5 cm	0.13	0.12	0.14	0.15	0.14
5	设备东侧表面外 5 cm	0.13	0.12	0.13	0.14	0.15
6	北侧引导员工作位	0.21	0.23	0.21	0.19	0.18
7	南侧引导员工作位	0.13	0.12	0.14	0.12	0.13
8	操作位	0.11	0.12	0.13	0.12	0.11

6. 查阅检测设备的检定证书，根据设备的校准值给出各个点位检测结果的校准值，并计算出平均值和不确定度。

7. 查阅参考标准中对剂量率的要求，对各点检测结果进行评价，并撰写正式检测报告。

第六节 物理因素检测质量控制及检测应用示例

物理因素多以场的形式存在，如声场、电磁场、热辐射场等。除高温外，物理因素的产生和消失与生产设备的启动与关闭是同步的。物理因素测量和其他危害因素检测一样，检测的目的是得到客观真实的劳动者“暴露剂量”，所以其检测应包括强度和接触时间。

物理因素在空间上分布不均匀，有一定方向性，随距离衰减显著。物理因素的测量值与其对人体危害程度不成直线关系。物理因素的测量一般使用特定的检测仪器，可在工作场所直接进行测量并获取检测结果，一般不需要实验室分析。测量结果易受各种因素的影响，有代表性的检测结果不易获得。需要在做好现场调查的基础上，制定完善的检测方案和策略。

一、物理因素检测的质量控制

工作场所物理因素检测的质量控制常被职业卫生技术服务机构所忽视，物理因素由于其检测的特殊性，往往无法重复测量，这就要求现场检测需要更加严格的质量控制，确保数据的准确可靠。物理因素测量仪器的功能和实验室仪器功能相同，都是根据响应信号转换成浓度或强度，现场直读仪器应该遵从和实验室相同的质量控制原则。

物理因素测量仪器可以提供很多现场物理因素信息，职业卫生工作者可在短时间内直接获得相关信息。物理因素检测主要从测量仪器、检测人员、现场检测、记录等方面进行质量控制。

1. 测量仪器

物理因素测量仪器能现场得到即时暴露浓度，在工作场所可用作教育和激励工具。也可以用于测量工作方式改变时对暴露的影响，当测量仪器结合摄像机使用时，工人和管理人员可以将这些信息用于培训、存档，从根本上减少风险。

（1）仪器购置。物理因素测量仪器从小型的个体监测仪到手持式监测仪，再到具备多点监控能力的复杂的固定装置，通常选择质量轻，携带方便，坚固耐用，操作及维护简单的测量仪器。仪器需要有结实的外包装，尤其需要保护好仪器的显示屏和按键。仪器的电池和防爆性能在购置时需要与用途进行匹配，如进行个体噪声暴露测量，需要仪器能连续工作 8 h 以上，在防爆场合进行测量时需要使用防爆仪器。工作条件也需要考虑，北方冬季室外温度很低，南方湿度很大，高原空气稀薄等，仪器需要能满足这些特殊的工作环境。仪器的配件齐全，常用耗材满足使用。

（2）仪器资料。建立仪器档案，档案资料包括购置厂商、购置发票、仪器说明书、仪器的使用及维护记录、检定校准证书、授权使用人等。编制详细的仪器操作手册，简单易懂，放置于仪器旁边，方便现场快速取用。仪器的操作培训，确保 2 人以上能熟练操作仪器，最好能熟悉仪器结构及其工作原理，以便在需要的时候进行简单的维修保养。

（3）仪器检定 / 校准。仪器在使用之前一定要进行检定 / 校准，以确保仪器的状态及数值的准确性，检定 / 校准一般送至有资质的第三方机构进行，对于检定校准结果要进行核查，核查内容包括测量范围、测量精度、不确定度、检定 / 校准周期等。每一款仪器均有使用条件和测量范围，切勿超范围使用。有些仪器在使用前后需要进行校准，如声级计。在仪器的检定 / 校准周期内，需要对仪器进行期间核查，以确保仪器仍处于可用状态，进行维修后的仪器需要进行重新检定 / 校准。

（4）仪器的使用。测量仪器按要求进行存放，现场使用时要进行登记，去现场之前要进行通电测试，仪器的使用地点、使用人、使用时间等都需要记录，使用过程中的任何异常都需要报告仪器管理员。仪器应进行阶段性维护和定期监测，保证其准确性和精密度。

2. 检测人员

物理因素的检测人员需要进行培训，培训仪器的操作，培训现场测量的注意事项等。充分掌握了解仪器的使用、功能和限制因素，掌握现场测量的布点规则、仪器的朝向、测量高度、测量时间等。通过培训的实验人员进行考核，考核方式可以采用试卷、人员比对、仪器比对等方式，考核合格进行上岗授权，新授权的人员需要经验丰富的人员传授经验，现场指导。

3. 现场检测

测量前调查。为正确选择测量点、测量方法和测量时间等必须在测量前对工作场所进行现场调查，如工作场所的面积、空间结构、工艺区别、设备布局、热源分布、隔热设施等，绘制简图。工作人员的数量、工作方式、工作路线、停留时间等；每年或工期内最热月工作环境温度变化幅度、规律等；工作流程的划分、各生产工序的噪声特征、噪声变化规律等；预测量，判定噪声是否稳态，分布是否均匀。调查后需要制定完善的检测方案和策略。

现场检测。测点选择，噪声、高温、辐射等测量位置的高低和距离源的远近，将直接影响测量结果，因此正确选择测点是物理因素检测中极为重要的一环。要求选择的测点能切实反映车间各个操作岗位的接触水平。劳动者是流动工作时，应在流动范围内对各工作地点分别进行测量，并记录累计作业时间，计算等效结果，或使用个体设备进行测量。进行现场检测前的准备工作，声级计校准，WGBT 指数仪加水，手传振动仪传感器布置等。物理因素的测量应在正常生产情况下进行，测量对准源方向，应测量操作人员面、眼、耳、肢体及其他暴露部位，及时记录测量结果。

二、物理因素检测的示例

受某机械加工企业委托，对其职业病危害因素噪声进行检测。通过对该机械加工企业的现场调查，确认噪声的分布情况。采用《工作场所物理因素测量　噪声》（GBZ/T 189.8—2007）对加工车间噪声进行测定。

1. 现场调查

根据现场调查情况，绘制厂房布置简图，如图 5–5 所示。整个厂房主要分为 3 个区域，即货架区、传送线区、机械设备区。其中货架区没有工人作业，无噪声源；传送线区前后各一名工人，传送线区有履带持续转动，预测量噪声为 78 dB，均匀分布；机械设备区有三台机械设备，各配备一名操作工，机械设备产生持续稳态噪声，预测量操作岗位噪声为 86 dB，区域噪声分布不均匀。所有工人的工作岗位均固定不变，机械设备操作区工人佩戴有降噪耳塞。

2. 现场检测

（1）仪器的选用。根据现场调查结果，各区域噪声均为稳态噪声，人员为固定岗位，选用声级计进行测量，提前一天进行仪器准备，查看仪器检定状态，电池电量及开机试用。

（2）仪器校准。仪器进行现场校准，用 94 dB 声校准器进行校准。

（3）选择点位。选择 5 位工人所在岗位为待测点，将声级计固定在三脚架上，置于测点，调整传声器高度和角度至工人耳部位置，声级计指向声源方向。

（4）噪声测量。声级计应置于 A 计权挡，选“慢”挡，调好量程，测量 5 min，读取并记录数字显示的值，测量过程中查看读数是否波动超过 3 dB，每个岗位测试 3 次，求平均值。

（5）测量记录。应该包括测量日期、测量时间、气象条件（温度、相对湿度）、测量地点（单位、厂址、车间和具体测量位置）、被测仪器设备型号和参数、测量仪器型号、测量数据、测量人员及工时记录等。

（6）再次核查。测量结束后再次核查声级计，前后校准结果应小于 0.5 dB。

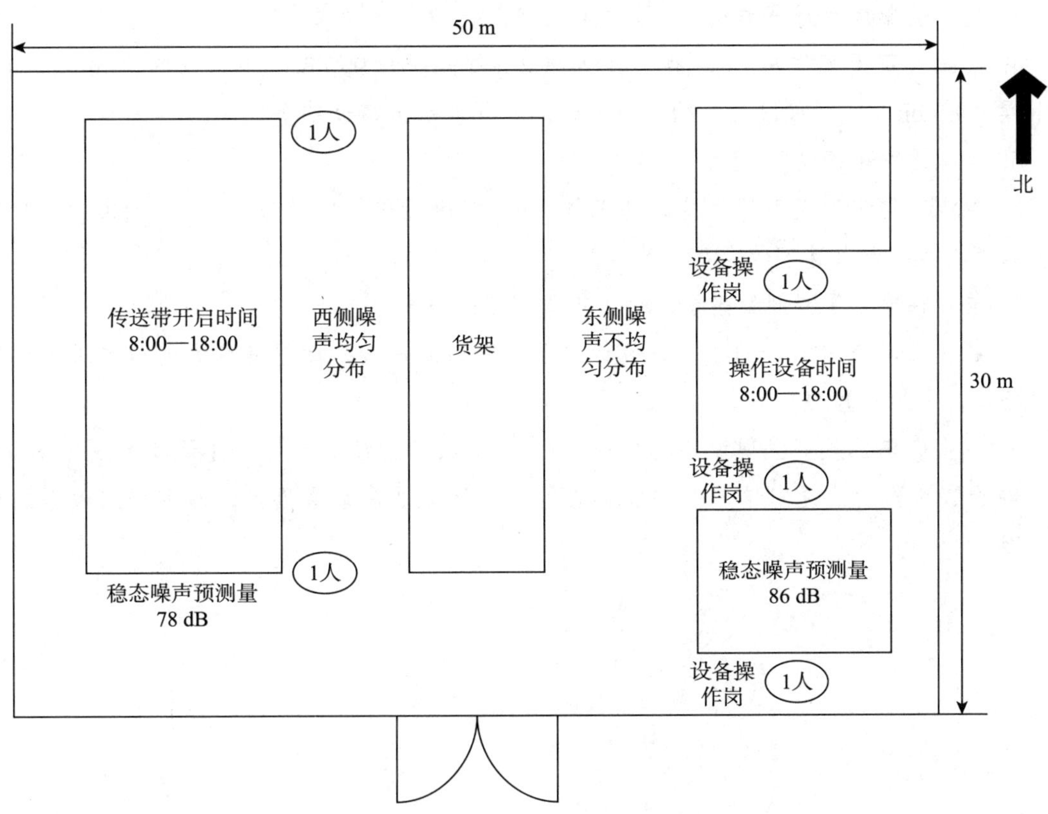

图 5-5 现场调查绘制简图

本章小结

本章主要介绍了高温、噪声、振动、辐射的检测。具体包括：物理因素相关的基本概念；高温的测量参数和测量方法；生产性噪声的分类和噪声检测的基本方法；手传振动检测的基本概念和手传振动检测的基本方法；电离辐射和非电离辐射的分类及测量方法；物理因素检测的质量控制方法等。

复习与思考题

1. 高温的测量参数有哪些？

2. 分析声压级、A 声级和等效连续 A 声级概念有何差别？

3. 生产性噪声如何分类？

4. 某工人每天工作 8 h，测得该工人有 3 h 接触噪声 93 dB，4 h 接触噪声 89 dB，1 h 接触噪声 80 dB。试计算该工人的噪声剂量，并评价是否超过安全标准。

5. 什么是手传振动？

6. 某煤矿掘进工人每日手持风锤工作 3 h，频率计权加速度为 6 m/s^2，计算其 4 h 等能量频率计权振动加速度值。

7. 电离辐射、周围剂量当量、个人剂量当量的概念。

8. 某化工厂使用的Co-60 核料位计属于含密封源仪表，请思考应如何对其进行现场危害检测，并给出检测计划。

9. 某生产单位从事医用设备的生产，产品包括：X 射线拍片机、CT 诊断系统、18 MeV 医用电子加速器。请说出该单位可能存在的放射性职业病危害因素，并列出应参考的检测标准。

第六章 工作场所生物因素的检测及应用示例

学习目标

1. 了解工作场所生物因素的概念。
2. 了解工作场所空气中微生物的采样及检测方法。

第一节 职业危害生物因素概述

根据《中华人民共和国职业病防治法》的规定，职业病危害因素包括职业活动中存在的各种有害的化学、物理、生物因素以及在作业过程中产生的其他职业有害因素。生物性有害因素，是生产原料和生产环境中存在的对职业人群健康有害的致病微生物、寄生虫及动植物、昆虫等及其所产生的生物活性物质的统称。例如，附着于动物皮毛上的人类致病菌和病毒，某些动植物产生的刺激性、毒性或变态反应性生物活性物质（鳞片、粉末、毛发、粪便、花粉等），以及禽畜血吸虫尾蚴、钩蚴、蚕丝、蚕蛹和松毛虫等。

生物因素所致职业病是指劳动者在生产条件下，接触生物性危害因素而发生的职业病。在《职业病危害因素分类目录》中，职业性有害生物因素主要指病原微生物和致病寄生虫，如布鲁氏菌、炭疽杆菌、森林脑炎病毒等。2017 年，在《职业病防治法》基础上修订了职业性传染病的诊断标准，除了布鲁氏菌病、森林脑炎和炭疽病外，将职业性莱姆病和职业性艾滋病也增列为新的职业性传染病。除此之外，职业人群暴露于生物因素危害之下，也是引起职业性哮喘、过敏性肺炎和职业性皮肤病等法定非传染性职业病的致病因素之一。因此，职业危害因素中生物因素还包括以上未提及的可导致职业病的其他生物因素。除上述疾病以外，鼠疫、口蹄疫、鸟疫、禽流感、狂犬病、钩端螺旋体病、寄生虫病等也都为生物性有害因素所致。尤其近年来流行的严重急性呼吸综合征（非典、SARS）、新型冠状病毒肺炎（新冠肺炎、COVID-19）、人类禽流感和猪链球菌病等新型传染性疾病，对畜牧业相关职业人群和医务工作者的身体健康造成了较大的影响。

一般来讲，常见的生物性有害因素作业主要见于畜牧业、病原微生物实验研究、医疗卫生技术服务、生物高科技产业、动物饲养与屠宰以及植物种植等相关行业。由于我国经济的迅速发展和科学技术的进步，畜牧业、养殖业、食品加工业和生物制药产业企业数目得到井喷式增长，造成职业性和非职业性接触生物性有害因素的机会大增，接触和患病人数也进一步增加。生命科学以及生物基因工程技术在为我国人民创造巨大财富和经济价值的同时，涉及基因重组和基因突变的生产方式具有产生新的生物致病因素的潜在职业风险，因此，生物制品本身和生产企业经营活动对我国国民产生的生物安全问题也是国家安全的重要组成部分。总之，生物性有害因素对职业人群的健康危害风险和损伤程度不容忽视，必须高度重视。

第二节　工作场所生物危害因素的检测

一、工作场所空气中生物危害因素检测

生物因素是职业病危害因素的一类。病原微生物的显著特点之一是种类繁多并且基因变异快，微生物随着环境条件的改变发生变异而衍生出新物种。一般认为，空气传播是医院等高危职业场所病原感染传播的主要途径。在室内空气中有各种病原微生物存在，尤其在医院和患者的居室。医务工作者在对有关疾病的统计中发现，由生物因子所引起的疾病占 33.5%，其中微生物因子为主要因素，因此，对工作场所空气中微生物致病性的研究具有非常重要的现实意义。空气微生物没有固定的类群，在空气中存活时间较长的微生物主要是有芽孢的细菌、有孢子的酵母菌、霉菌、放线菌及原生动物等。人类多种疾病是从空气中直接传染的，病原菌包括结核杆菌、白喉杆菌、炭疽杆菌、溶血性链球菌、金黄色葡萄球菌、脑膜炎球菌、感冒病毒和麻疹病毒等。空气中污染物多以气溶胶

形式存在，微生物气溶胶也可以污染食品和水源。

1. 空气中微生物的采样方法

国家标准《室内空气质量标准》（GB/T 18883—2022）规定，室内空气中细菌总数限值为 1 500 CFU/m^3，CFU 是细菌菌落的单位（colony forming units）。采样方法为撞击法，工作场所空气中微生物采样方法基本参照《公共场所卫生检验方法 第 3 部分：空气微生物》（GB/T 18204.3—2013）。该标准包含撞击法和自然沉降法两种检测方法。空气微生物的卫生标准可以浮游细菌数或以降落细菌数为指标。评价空气的清洁程度，需要测定空气中的微生物数量和种类，通常测定的是细菌总数和绿色链球菌，在必要时应测病原微生物。具体操作实验步骤如下：

（1）菌落沉降法。取营养琼脂平板 5 块，分别置于室内中央及四周离地面 1 m 处，打开平皿盖，让培养基表面暴露于空气中，15 min 后盖上平皿盖，用记号笔在平皿底部做好标记。将平板底部朝上放置于 37 ℃恒温培养箱，培养 24 h 后取出，观察菌落生长情况并记录菌落数量。

根据 5 块平板的菌落数计算每块平板的平均菌落数 N；推算 100 cm^2 面积的培养基表面应长出的菌落数（$N/\pi r^2 \times 100$，r 为平板半径）；根据奥梅梁斯基公式，面积为 100 cm^2 的平板暴露于空气中 5 min，经过培养长出的菌落数相当于 10 L 空气中细菌数。因此，暴露 15 min 相当于 30 L 空气中的细菌数。据此推算出 1 m^3 空气中的活菌数 CFU（100 cm^2 培养基上的菌落数 /30 × 1 000）。

（2）撞击法采样。该方法需要使用专门的空气采样器，以缝隙采样器为例，用真空泵将待测空气以一定的流速通过狭缝（0.15 mm、0.33 mm 或 1 mm 宽）而被抽吸到营养琼脂平板上。狭缝长度为平皿的半径，含菌空气以合适的流量（一般为 25 mL/min）被撞击到转动的平板上。通常当平板转动一周后取出，采样量在 30~150 L 范围，在 37 ℃下培养 48 h，确定平板生长的菌落数。根据取样时间和空气流量计算出每立方米空气体积中的菌落数目，以 CFU/m^3 报告结果。

撞击法采样最主要用的是 Anderson 采样器。它的原理是：多级筛孔型采样器，六级多孔采样器分 6 级，每级 400 个孔，空气流速介于 1.08~23.29 m/s 之间，通过惯性撞击将空气中不同粒径大小的微生物气溶胶粒子分别捕获在相应固体培养基上。接种到平皿进行菌落计数，通过称量各级滤纸所增加的质量来判断各级微粒所占比例。

Anderson 采样器平皿计数：空气含菌数（CFU/m^3）= 六级采样板的总菌数（CFU）/ 28.3（L · min）× 采样时间（min）× 1 000。计算空气中微生物大小分布：各级微生物粒子数 / 六级总菌数。

此方法采集颗粒谱的范围广，基本不受气流影响，采集效率高，逃逸少，很好地模拟了呼吸道的解剖学结构和空气动力学特征，但对于清洁度较高的地方，不适宜进行长时间采集。

（3）液体冲击法采样。液体冲击法中，空气通过一个狭窄的进口管被吸入，一旦空气冲击到培养基液体表面，悬浮的颗粒物就会接触到液体培养基从而被收集起来。适用于高浓度的空气微生物采样，捕获率高，对于小粒子微生物尤为敏感。采样液有保护作用，对颗粒较小的微生物（如病毒、立克次体）也能采样。检测结果较准确，液体撞击式采样器结构简单、使用方便、易消毒，可反复使用。

主要步骤为：抽取一定量空气通过无菌蒸馏水或无菌液体培养基等液体吸收剂，然后取此液体 1 mL，在营养琼脂培养基上培养，测定在 37 ℃培养 48 h 后的菌落数，再根据下列公式计算空气中微生物数：$C=1\,000\times V_s\times N/V_a$，其中 C 为空气细菌数，个 /m^3；V_s 为吸收液体量，mL；V_a 为空气过滤量，L；N 为菌落数，个 /mL。

该法采样器种类繁多，包括：全玻璃冲击采样器，美国 SKC 微生物气溶胶采样器，Burkard 多级采样器，改进型个人采样器，多孔冲击式采样器，多级液体冲击采样器。大多数液体冲击采样器由玻璃制成，比金属采样器价格低。液体冲击采样器对接下来的计数和检测方法要求低，液体基质不易对微生物造成损害。

除了这 3 种方法外，过滤法（通过吸附剂）、自然沉降法、静电沉降法和气旋法有时也用于收集生物气溶胶。各方法在特定的环境条件下也有各自的优势，具体方法优缺点比较见表 6–1。

表 6–1 生物气溶胶采样方法的比较

生物气溶胶采样技术	优点	缺点
固体撞击法	成本低、应用广泛；直接将微生物收集在培养基中，无须后取样过程；采样器无须消毒处理，即可用于收集下一个样本；可对生物气溶胶的可吸入组分进行分级采样	通过固体撞击采样器收集的微生物，只能用培养法进行计数；对高污染空气进行采样时，菌落重叠使计数困难；风速会影响采样效率

续表

生物气溶胶采样技术	优点	缺点
液体冲击法	技术应用广泛，易获得大量数据；液体基质提高了微生物负载量，并不易对微生物造成损伤；对接下来的计数和检测方法要求低	使用前采样器需要经过灭菌处理；液体蒸发可能会引起微生物损失；风速会影响采样效率；采样器不能对生物气溶胶进行分级采样
过滤法	操作简单，成本低；对接下来的计数和检测方法要求低；采样器可以对生物气溶胶进行分级采样	在高污染环境中进行采样时，微生物可能超过过滤器的承载量；过滤器过于干燥时，可能会使微生物的回收效率降低；风速会影响采样效率
自然沉降法	操作简单，成本低；可以同时同地在多个采样点进行采样，而不会扰乱气流；结果可靠；实验可重复	受周围气流影响大；对小粒径微生物富集效率低；与其他定量检测方法关联性差；采样时间长
静电沉降法	微生物不易受到外界干扰；回收效率高；可以用于收集低浓度的微生物	电荷可能会影响细菌的活力
微流控芯片技术	富集效率高；洗脱体积小；操作简单	成型复杂，需要特定的仪器；不能进行分级采样
气旋法	收集效率高；消毒过程简单	液体蒸发可能会引起微生物损失

（4）空气微生物的测点数。空气微生物的测点数越多，结果越准确，但相应的工作量将增加。考虑到工作适量和结果相对准确，以20~30个测点数为宜，最少测点数为5个。

在测定浮游菌时，为避免出现零颗粒的概率，确保结果的可靠性，需要考虑最小采样量（见表6–2）。同时，在测定菌落数时，需要考虑最小沉降面积。

表6–2　空气中浮游菌最小采样量

浮游菌上限浓度/（个/m^3）	计算最小采样量/m^3
10	0.3
5	0.6
1	3
0.5	6
0.1	30
0.05	60

（5）营养琼脂配制和培养方法

1）成分。蛋白胨 20 g，牛肉浸膏 3 g，氯化钠 5 g，琼脂 15~20 g，蒸馏水 1 000 mL。

2）制法。将上述各成分混合，加热溶解，校正 pH 值至 7.4，过滤分装，121 ℃，20 min 高压灭菌。营养琼脂平板的制备参照采样器使用说明。

一般情况下，培养空气中细菌的温度为 37 ℃，时间为 24 h 或 48 h。当测定空气中真菌时，可采用 25 ℃和 96 h 的条件培养。

2. 空气微生物的检测方法

室内空气质量对公共卫生安全来说是一个日益重要的问题。从环境和职业安全角度出发，微生物空气质量也是室内工作场所设计时必须考虑的重要标准。对室内生物气溶胶进行富集和检测是保证室内微生物空气质量的前提。近年来，生物气溶胶的富集和检测等相关技术和方法，越来越受到国内外学者们的重视。微生物的采样是生物气溶胶检测中的第一步骤，微生物的检测为第二步骤。微生物检测方法可以分为两大类，即培养检测法和非培养检测法。

（1）培养检测法。培养法是一种传统的微生物检测方法，操作简单，成本低廉。在适当的培养条件下，收集到的微生物可以在培养基上形成菌落（CFU）。假设单一菌落由单一微生物形成，所以 CFU 可以表示样本中的微生物数量。迄今为止，世界各地已经开展了多项研究，用来评估工作、居住和教育场所等室内环境中的微生物负载量。培养法的主要缺点是，环境中可以培养和鉴定的微生物比例很小（约为 10%），因此，培养法不能提供空气中的微生物总数信息。

具体的培养法分析技术包括显微镜法、最大可能数法、激光诱导荧光法、基质辅助激光解吸电离飞行时间质谱法和激光诱导击穿光谱技术法等。

（2）非培养检测法。目前，微生物快速检测的方法主要是通过综合应用微生物学、化学、生物化学、生物物理学、免疫学以及血清学试验技术对微生物进行分离、检测、鉴定和计数，相比常规的检测方法，快速检测方法更加快捷、方便和灵敏。

基因组学和测序技术的发展，以及非培养分子技术，例如，遗传指纹图谱、基因组学和下一代测序技术的进步，不仅有助于识别和量化微生物负载量，还有助于帮助了解微生物种群可能发生的变化。此外，色谱法、免疫测定法和聚合酶链式反应等方法的进步，帮助扩大了微生物的鉴定范围。表 6–3 列出几种常见的生物气溶胶非培养检测法。

表 6-3　生物气溶胶非培养检测法

生物气溶胶非培养检测法	优点	缺点
荧光显微镜法	既可鉴定培养后可繁殖的微生物，又可鉴定培养后不可繁殖的微生物；操作成本低，可以用于高通量分析	荧光染料与非生物颗粒结合会造成假阳性结果；图像分析系统不适合计算发生聚集的细胞
聚合酶链式反应技术（PCR）	灵敏度高；检测快速、适用范围广	样本制备操作不当，可能导致 PCR 定量不准
流式细胞仪技术	与荧光显微镜法相同	与荧光显微镜法相同
宏基因组学和下一代测序技术	灵敏度高、测序时间短；适用于任何含有核酸的生物气溶胶样本	仪器运行成本高、运行时间长
变性梯度凝胶电泳	可以同时分析多个样本；可以监测微生物群落随时间的变化；对 DNA 序列变异敏感	耗时；半定量技术；只适用于短片段的分析
微流控技术	效率高、特异性高；高通量、简单快速；反应试剂用量少	成型复杂，需要特定仪器；价格偏高
生物标记物和微生物成分分析法	可以确定微生物的种类；实际应用范围广	无生物标记物测量的标准方法；分析结果易受到灰尘等其他物质的影响

不同的生物气溶胶采样技术和鉴定技术对于评估职业环境中的生物气溶胶水平至关重要。在决定使用适当的方法之前，应该知道所有方法的优点和缺点。不同的检测方法有不同的缺陷，因此可以将多种技术结合起来，以克服每种技术的局限性，不但需要提高收集和检测效率，也需要缩短检测时间，发展实时生物气溶胶监测系统，更好地服务于职业健康及安全。

第三节　职业病危害生物因素的实验室检测

目前，我国制定的工作场所空气中生物因素的检测标准仅有一种，即《工作场所空气有毒物质测定　第 160 部分：洗衣粉酶》（GBZ/T 300.160—2017），该标准规定了工作场所空气中洗衣粉酶的溶剂洗脱–抗体结合–比色法。洗衣粉酶是工作场所空气中工业酶混合尘的一种，本节以空气中洗衣粉酶的溶剂洗脱–抗体结合–比色法检测标准为例进行阐述。

一、原理

空气中气溶胶态含酶洗衣粉用超细玻璃纤维滤纸采集，洗脱后，与包被在酶标板上的特异性抗体（antibody1，Ab1）结合，然后加入特异性抗体（antibody2，Ab2），最后与连有标记物的抗体（antibody3，Ab3）结合，再与显色剂反应生成有色化合物，用酶标仪测量吸光度，测定酶的浓度。

二、仪器

超细玻璃纤维滤纸；大采样夹，滤料直径为 37 mm 或 40 mm；小采样夹，滤料直径为 25 mm；空气采样器，流量 0~2 L/min 和 0~10 L/min；烧杯，50 mL；酶标板和酶标板盖，多孔道微量加样器，恒温箱和酶标仪等。

三、试剂

1. 实验用水

去离子水；试剂：分析纯，于 4 ℃冰箱保存。

2. 抗体包被缓冲液

pH9.6 ± 0.2，0.151 g 碳酸钠和 0.293 g 碳酸氢钠溶于 100 mL 水中，可保存 2 个月。

3. 洗板液

29.22 g 氯化钠、0.186 g Tris 和 0.1 g 牛血清白蛋白（BSA）溶于 100 mL 水中，用 6 mol/L 盐酸溶液调 pH 至 8.0，加入 0.05 mL 吐温 20，混匀，可保存 7 天。

4. 枸橼酸-磷酸缓冲液

pH5.0 ± 0.2，0.730 g 枸橼酸和 2.387 g 磷酸氢二钠（$Na_2HPO_4 \cdot 12H_2O$）溶于 100 mL 水中，可保存 1 个月。

5. BSA 封闭液

2.0 g BSA 溶于 100 mL 洗板液中。

6. 洗脱液

2.922 g 氯化钠、0.093 g Tris、0.496 g 硫代硫酸钠（$Na_2S_2O_3 \cdot 5H_2O$）和 0.014 7 g 氯化钙（$CaCl_2 \cdot 2H_2O$）溶于约 80 mL 水中，加入 0.1 g BSA，溶解后，用 6 mol/L 盐酸溶液调 pH 至 8.0，转移到 100 mL 容量瓶中，定容后加入 0.10 mL 吐温 20，混匀，可保存 7 天。

7. 邻苯二胺（OPD）溶液

pH5.0，8.0 mg OPD 置于 50 mL 棕色瓶中，加入 15 mL 枸橼酸–磷酸缓冲液，溶解后，加入 5 μL 过氧化氢（30%），混匀。临用前配制。若溶液变黄，应重新配制。

8. 兔抗体包被溶液

用 10 mL 抗体包被缓冲液稀释 10 μL 兔抗血清，混匀。

9. 豚鼠抗体

用 10 mL 洗板液稀释 10 μL 豚鼠抗体，混匀。

10. 标有过氧化物酶的兔抗豚鼠抗体

用 10 mL 洗板液稀释 10 μL 标有过氧化物酶的兔抗豚鼠抗体，混匀。

11. 硫酸溶液

1 mol/L。

12. 标准酶

用国家认可的洗衣粉酶。

四、样品的采集、运输和保存

现场采样按照 GBZ 159 执行。

1. 短时间采样

在采样点，用装好超细玻璃纤维滤纸的大采样夹，以 5.0 L/min 流量采集 15 min 空气样品。

2. 长时间采样

在采样点，用装好超细玻璃纤维滤纸的小采样夹，以 1.0 L/min 流量采集 2~8 h 空气样品。

3. 采样后，打开采样夹，取出滤纸，接尘面朝里对折两次，放入清洁的塑料袋或纸袋中，置于清洁容器内运输和保存。样品宜尽快测定。

4. 样品空白

在采样点，打开装好超细玻璃纤维滤纸的采样夹，立即取出滤纸，放入清洁的塑料袋或纸袋中，然后同样品一起运输、保存和测定。每批次样品不少于 2 个样品空白。

五、分析步骤

1. 样品处理

将超细玻璃纤维滤纸放入烧杯内，加 25.0 mL 洗脱液，洗脱 20 min，不时振摇。样品溶液用滤纸过滤或离心后供测定。

2. 标准曲线的制备

在 8 只容量瓶中，用标准酶配制成 0~6.0 ng/mL 标准系列。于酶标板的每个孔中加 100 μL 兔抗体包被溶液，置于 4 ℃冰箱内放置过夜。加样时，加样头不可接触酶标板底部，不允许冰冻。第二天，从冰箱内取出酶标板，翻转，弃去兔抗体包被溶液，在数层纸上拍打，甩尽孔中的兔抗体包被溶液。每个孔用洗板液洗涤 3 次，每次约 250 μL。然后加 200 μL BSA 封闭液，加样头不能接触酶标板。盖上酶标板盖，放置 1 h 以上。甩尽孔中液体。若不立即使用，可用酶标板膜封好，可储存 2 个月。

向每个孔中加入 50 μL 标准酶溶液，全部加平行样；加入 50 μL 豚鼠抗体。将酶标板放入 37 ℃恒温箱内，反应 90 min。取出，每个孔用洗板液洗涤 3 次，每次约 250 μL。各加入 100 μL 标有过氧化物酶的兔抗豚鼠抗体，再置于 37 ℃恒温箱内，反应 90 min。取出，每个孔用洗板液洗涤 3 次，每次约 250 μL。用枸橼酸-磷酸缓冲液冲洗 3 次。以保持同一时间间隔，向每个孔加入 100 μL OPD 溶液；放入 37 ℃恒温箱内，反应至有合适的黄色生成；保持同一时间间隔，向每个孔加入 150 μL 硫酸溶液，以终止显色反应。擦净酶标板底部，用酶标仪测定每个孔的吸光度（双波长法的波长为 492 nm 和 620 nm）。以测得的吸光度值对相应的酶浓度（ng/mL）绘制标准曲线或计算回归方程。

3. 样品测定

用测定标准系列的操作条件测定样品溶液和样品空白溶液，测得的吸光度值由标准曲线或回归方程得样品溶液中酶浓度（ng/mL）。若样品溶液中酶的浓度超过测定范围，用洗脱液稀释后测定，计算时乘以稀释倍数。

六、计算

1. 按 GBZ 159 的方法和要求将采样体积换算成标准采样体积。

2. 按式（6–1）计算空气中酶的浓度：

$$C=\frac{25C_0}{V_0} \tag{6-1}$$

式中　C——空气中酶的质量浓度，μg/m^3；

25——样品溶液的体积，mL；

C_0——测得的样品溶液中酶的质量浓度（减去样品空白），ng/mL；

V_0——标准采样体积，L。

3. 空气中的时间加权平均接触浓度（C_{TWA}）按 GBZ 159 规定计算。

七、说明

1. 本法按照 GBZ/T 210.4 的方法和要求进行研制。本法的定量下限为 0.05 ng/mL，定量测定范围为 0.05~6 ng/mL；以采集 75 L 空气样品计，最低定量浓度为 0.017 μg/m^3；相对标准偏差为 2% ~8%，采样效率为 95%以上，洗脱回收率为 90%以上。

2. 空气中共存物不干扰测定。

本章小结

本章主要介绍了工作场所常见的生物因素及其采样检测方法。

复习思考题

1. 生物性有害因素包括哪些？职业人群会导致哪些职业病？
2. 我国法定的生物因素职业病包括哪些？
3. 室内空气微生物的采样方法有哪几种，原理是什么？
4. 生物气溶胶中微生物的检测方法有哪些？各自的优缺点有哪些？
5. 简述洗衣粉酶的检测原理。
6. 工作场所空气中气溶胶态洗衣粉酶如何采集？

第七章　检测实验室的要求和管理

学习目标

1. 掌握实验室管理的内容和要求。
2. 了解实验室管理体系。

第一节　实验室要求和管理

实验室是指从事检测、校准或与后续检测或校准相关的抽样的一种或多种活动的机构。实验室提供给客户的“产品”是检测报告的检测数据和结果，以及据此作出的判断和改进意见，确保出具正确可靠的检测数据和判断，是实验室为客户提供良好服务的最基本要求。职业卫生检测实验室是指职业卫生技术服务机构对工作场所职业病危害因素按规定的程序实施技术操作，以确定其浓度或强度的实验室。为提高和规范实验室管理水平和工作质量，职业卫生技术服务机构需加强实验室管理，维持相应的检测能力。

实验室应有明确的法律地位，能够独立承担民事责任。实验室应有固定的、临时的或可移动的设施和场所并满足《检测和校准实验室能力的通用要求》的要求，并以相应的方式组织起来开展工作。组织结构是实验室一切管理的基础，规划完整的组织结构，定义职责、权限和相关关系，对实验室安全、质量和能力都是基础保障。

一、实验室布局

实验室应有固定的工作场所，工作场所的面积能满足检验检测和资质申请的要求，空间布局要合理，功能区分明确，有健全的管理制度。实验室的设施、工作区域、能源、照明、采暖、通风等要便于检测工作的正常运行；检测活动所处的环境不能影响结果的有效性或对所要求的测量准确度产生不利的影响；相邻区域的活动相互之间有不利影响时，应采取有效的隔离措施；进入影响工作质量的区域应有明确的限制和控制措施。

职业卫生实验室的要求与其他实验室具有共性，也有职业要求特性。根据职业卫生检测工作的需要，实验室一般需至少设置天平室、色谱室、光谱室、高温室、理化室、样品前处理室等专用实验用房，以及样品交接室、试剂室、洗涤室、气瓶间、现场仪器室等辅助用房。

二、实验仪器设备、试剂、耗材管理

实验室应保证仪器设备数量和性能以及实验室条件持续满足机构资质认可技术评审准则基本要求。仪器设备档案应健全，包括设备出入库记录、仪器使用记录、设备维修记录等资料。

实验室仪器设备应当定期进行计量检定、校准或自校准，及时更新状态标识。其间核查记录、检定 / 校准记录等留档保存。

计量器具检定 / 校准后需要进行确认，确认包括对检定或校准证书、结论的确认，还需确认被校准设备的示值误差和精度是否满足检测标准的要求。

当仪器设备测量结果虽与检测结果的运算无关，但对应的检测方法对其准确度却有明确要求时，需要其检定或校准结果符合相关计量规程要求、仪器设备测量结果参与检测结果的运算、直接读取检测结果时以及仪器设备的准确度等级等于或略高于检测方法所要求的准确度等级时还需应用相应的修正值或修正因子；当仪器设备测量结果与检测结果的运算无关，且对应的检测方法对其准确度也没有明确要求时，只要其检定或校准结果符合相关计量规程要求，就不必再应用修正值或修正因子。

实验室应对试剂、耗材的购置、验收、储存、使用和处置等过程规范管理并详细记录。样品收集介质（管、膜、吸收液等）原则上本底值应低于所选用方法的定量下限。本底值高于定量下限时，一般不推荐使用该介质进行样品的采集，确需采集的，在样品收集介质验收评估时对本底值进行评估，在后续的样品采集和检测中对相应结果进行处理；样品收集介质平均解吸（或洗脱 / 消解）效率原则上不低于 90%。

标准物质及化学试剂、试验用水等应当满足检测方法要求，并保证其质量。标准物质应尽可能溯源到国际单位制（SI）单位或有证标准物质。没有国家有证标准物质的，应能溯源至质谱纯、色谱纯或光谱纯试剂，并规范管理。

标准溶液的配制和使用，要确保量值溯源。标准溶液优先采用国家认可的标准物质进行配制，标准储备液按标准方法或试剂配制规范确定保存条件及有效期。一级或纯度标准物质在有效期内可重复使用，低浓度的标准溶液宜当日配制和使用。

按照相关要求处置废弃物（液），并有相关处置记录。

采用便携式检测设备在现场临时实验室进行测定时，需要有移动设备性能确认和实验室环境条件确认。

三、实验室人员管理

实验室应根据自身工作的类型、工作范围和工作量的需要，合理设置岗位，按需设岗，确定各类人员的实际工作职责和工作范围。实验室人员按工作内容可分为与检测 / 校准有关的管理人员、技术人员和支持人员，其中管理人员是指所有对质量体系、技术运作负有管理职责的人员，技术人员是指具体从事技术检验、技术评价和监督工作的人员，支持人员是指从事技术检验支持活动，并且其从事的工作对检测 / 校准质量产生影响的人员。

实验室人员应具备相应专业的教育背景，熟悉相关项目检验规程，经培训考核合格后方可开展工作；实验过程要严格遵守操作规程，了解设备性能及操作中可能发生的事故及预防和处理方法，熟悉检测工作中存在的危险因素及防护措施；实验人员还应熟悉安全用电、防火防爆、灭火、预防中毒等基本安全常识。

职业卫生技术服务实验室还要保证专业技术人员数量和能力满足机构资质认可技术评审准则的基本要求。不得安排未达到技术评审考核评估要求的人员参与职业卫生技术服务的调研、采样 / 测量、检测、评价和报告编制等工作；不得使用非本机构专业技术人员从事职业卫生技术服务活动；不得在未参与相应职业卫生技术服务事项时在技术报告或者有关原始记录上签字或替他人签字。

为确保实验室人员技能水平持续满足工作需要，实验室最高管理者应组织制订长远培训规划和年度培训计划。培训计划要充分考虑有关人员的技术背景和岗位需求，确定有针对性的培训计划及应达到的技能目标。实验室对培训活动要组织相应的考核，评价这些培训活动的有效性。员工教育、培训计划的实施情况要纳入管理体系审核和评审工作。

实验室应该使用长期雇用人员或签约人员，在使用签约人员和额外技术人员及关键的支持人员时，实验室应确保这些人员能胜任工作并受到监督，能够按照实验室管理体系要求开展工作。

实验室应保存与检测有关的管理、技术和关键支持人员的相关授权、能力教育和专业资格培训、技能经验、包括授权和（或）能力确认的日期并建立技术档案，以便必要时便于查阅。实验室对从事特定工作的人员，例如进行特殊类型的抽样、检测、签发检测报告、提出意见和解释以及操作特定类型设备的人员也应进行书面授权，并在考核合格的基础上进行资格确认。

四、检测技术服务能力

国家对职业卫生技术服务机构实行资质认可制度。检测机构为用人单位开展职业卫生技术服务，需通过职业卫生技术服务机构检测资质认可，并具备相应的检测能力。《中华人民共和国职业病防治法》中规定：“职业病危害因素检测、评价由依法设立的取得国务院卫生行政部门或者设区的市级以上地方人民政府卫生行政部门按照职责分工给予资质认可的职业卫生技术服务机构进行。”《职业卫生技术服务机构管理办法》（国家卫生健康委员会令第 4 号）中明确“职业卫生技术服务机构应当依照本办法取得职业卫生技术服务机构资质；未取得职业卫生技术服务机构资质的，不得从事职业卫生检测、评价技术服务”。

2019 年以前，检测机构申请职业卫生技术服务机构检测资质，需首先通过检验检测机构资质认定（CMA），再通过卫生行政部门的资质认可。但 2019 年《市场监管总局关于进一步推进检验检测机构资质认定改革工作的意见》（国市监检测〔2019〕206 号）中声明“对于仅从事科研、医学及保健、职业卫生技术评价服务等领域的机构，不再颁发资质认定证书”。因此目前检测机构欲取得职业卫生技术服务机构检测资质，无须取得检验检测机构资质认定（CMA），直接通过卫生行政部门的资质认可即可。资质认可管理职责也下放至省、市两级卫生行政部门，不再进行职业卫生技术服务机构等级分级，技术服务范围也取消行政区域限制。

实验室应按照程序依据已颁布的标准检测方法规范开展检测方法验证、确认或论证，对国内没有标准检测方法的项目，鼓励参照国外权威机构已颁布的标准方法或自行开发的非标方法进行确认。

实验室应该制订内部年度质量控制计划，可通过盲样考核、仪器比对、人员比对、见证试验等形式开展质控工作，覆盖检测能力范围内的各种类型的不同参数。

实验室每年至少参加一次省级以上职业卫生行政管理部门组织的职业卫生检测能力实验室比对；在一个资质评审周期内资质认证的每项业务范围应当完成至少 2 份检测评价报告（或模拟检测报告），确保检测能力的持续有效。

五、按照程序开展工作

实验室在开展检测和技术服务过程中，要按照质控要求和技术服务机构管理相关服务程序进行。

实验室应与被服务单位签订技术服务合同（或协议），约束双方行为并承担相应责任。合同（或协议）内容应包括：检测或评价类别、检测或评价范围、服务价格、完成时间、双方的权利和义务等。签订技术服务合同前，职业卫生技术服务机构应组织开展合同评审，合同评审被服务单位的要求是否符合国家有关法律、政策及标准、本实验室是否具有承担此项技术服务的能力、报价是否符合有关收费规定或标准等。

实验室应严格按照《职业卫生技术服务机构管理办法》（国家卫生健康委令第 4 号）的要求在资质的业务范围和检测能力内规范开展技术服务，开展现场检测 / 测量时，检测的危害因素范围应至少包括《职业病危害因素分类目录》中所列的，且我国已颁布职业接触限值和标准检测方法的有害因素。针对我国尚未制定职业接触限值或没有标准检测方法的危害因素，鼓励参照国外权威机构已颁布的职业接触限值或标准方法进行检测和评价。用国外权威机构颁布的职业接触限值进行判定评价的，需征得客户的书面同意。

实验室如因检测能力范围限制或样品保存时限有特殊要求等原因可委托其他机构进行检测，需委托检测时，应征得客户的书面同意，并且应在检测报告中注明。委托检测结果数据转换的过程记录以及委托检测报告应与其他资料一起归档保存。

实验报告应按照有关法律、法规和标准及作业指导书的要求编制。报告内容应全面完整、用语规范、表述简洁，报告格式应统一规范，报告有关资料性附件应翔实、准确，按照程序规定组织有关人员对报告实施审核。

实验室出具的报告应有唯一性标识，经编制人、审核人、签发人签名，并按要求打印和签发；报告及原始资料应完整归档，并按要求保存。

六、实验室安全 / 环境管理

实验室环境应满足职业卫生检测工作的需要，并符合国家有关安全、卫生的要求。

检测实验室存在较多潜在危害，如毒性、爆炸性、火灾等，必须设置严格的安全管理制度及防范措施。实验室应配备灭火用具和消防设施，并定期确认其有效性。实验人员应熟知这些器材的位置及使用方法。实验室水、电、气路要布局合理，且有有效的控制措施。为确保防止触电事故及仪器设备的正常运行，实验室用电都必须接地线、漏电保护开关、过载保护开关等。样品处理、分析实验室应有通风排毒装置（如通风橱、局部排风等）并能正常运行，保证有毒、有害气体的顺利排出。实验室应保证分析测定所要求的温度、湿度条件，进行有效、准确的测量并记录。

实验室人员必须配备必要的个体防护用品，如防毒面具、防护眼镜、橡胶手套等并定期更换，保证防护用品的有效性。

实验过程中不能随意将有毒有害废液倒进水槽和下水管道。应设置收集容器，分类收集、分开存储、定点存放，并指定专人负责管理，委托具有相应资质的单位处置，并有相关处置记录。

应按照有关安全使用规定正确使用气瓶，确保气体泄漏报警、应急通风装置运行正常；气体泄漏报警装置应定期进行检定 / 校准。

实验室废物产生单位要按照《实验室废弃化学品收集技术规范》（GB/T 31190—2014）、《危险废物贮存污染控制标准》（GB 8597—2001）有关要求做好分类收集工作，建设规范且满足防渗防漏需求的储存设施，并按普通有机类、普通无机类、含重金属类、含汞等高危物质（除剧毒品外）类、剧毒废试剂类、易燃易爆类、实验室产生的医疗废物等进行分类存放，要按照相关法律法规要求执行危险废物申报登记、管理计划备案、转移联单等管理制度，做到分类收集储存、依法委托处置。

实验室应制定应急预案，明确组织机构及职责、预防与管理、应急程序、后期处置等相关内容。

经常使用强酸、强碱及其他有化学品烧伤危险的实验室应设置洗眼器或应急喷淋器，并保证应急冲洗设施能够有效使用。

配备应急药品箱，药品箱内应配备止血带、绷带、创可贴、医用酒精、脱脂棉签、剪刀、镊子等应急用品。

实验室应设置紧急疏散通道及标识，在室内及走廊上安装应急灯，安全出口设置不宜少于两个，出口要保持畅通。

实验室应保证设置的洗眼器和应急喷淋器有效运行。配备的应急药品箱，药品箱内应配备的相关物品应该确保在有效期内。

第二节 实验室管理体系

一、实验室认可

实验室是指从事检测和/或校准工作的机构。所谓检测是指对给定的产品、材料、设备、生物体、物理现象、工艺过程或服务，按照规定的程序确定一种或多种特性或性能的技术操作。实验室可以是一个固定的场所，也可以是离开固定设施的场所，或者是在临时或移动的设施中开展检测和/或校准活动。实验室分为第一方、第二方和第三方实验室三种类型。如果实验室是某机构中从事检测或校准的一个部门，且只为本机构提供内部服务，则该实验室就是一个典型的第一方实验室，即它是产品制造方、供方或卖方的实验室。第二方实验室是产品接受方、需方或买方的实验室。第三方实验室则是独立于第一方和第二方的实验室。

认可（accreditation）的释义为：甄别合格、鉴定合格、公认合格（例如承认学校、医院、社会工作机构等达到标准）的行动，或被甄别、鉴定、公认合格的状态。由权威机构对检测和/或校准实验室及其人员有能力进行特定类型的检测和/或校准做出正式承认的程序。所谓的权威机构，是指具有法律或行政授权的职责和权力的政府或民间机构。这种承认，意味着承认检测和/或校准实验室有管理能力和技术能力从事特定领域的工作。由此可知，实验室认可的实质是对实验室开展的特定的检测和/或校准项目的认可，并非实验室的所有业务活动。在各种各样的实验室中，迄今只开展了对检测和校准实验室的认可，尚未包含对从事科研活动实验室的互认。如果实验室是某机构或组织的一部分，而该机构或组织除了从事检测和/或校准工作以外，还进行其他的活动，则“实验室”是指该机构或组织内进行检测和 / 或校准工作的那部分。也就是说，作为认可对象的实验室仅包括校准和 / 或检测实验室或从事检测或校准活动的组织。

世界上许多国家有一个或多个机构负责实验室认可，大部分认可机构现已采用 ISO/IEC 17025 作为认可检测和 / 或校准实验室的基础，这有助于各国使用统一的方法确定实验室的能力。可能时，认可机构还鼓励实验室采用国际公认的检测和 / 或校准方法，这种统一的方法，为各国在相互评价和接受彼此认可体系的基础上达成协议提供了前提。职业卫生领域常见的实验室认可主要包括：中国计量认证（China Metrology Accreditation，CMA），中国合格评定国家认可委员会（China National Accreditation Service for Conformity Assessment，CNAS）认可，美国工业卫生协会（American Industrial Hygiene Association，AIHA）认可。

CMA 认证，是根据《中华人民共和国计量法》的规定，由省级以上人民政府计量行政部门对检测机构的检测能力及可靠性进行的一种全面的认证及评价。这种认证对象是所有对社会出具公正数据的产品质量监督检验机构及其他各类实验室，如各种产品质量监督检验站、环境检测站、疾病预防控制中心等。取得计量认证合格证书的检测机构，允许其在检验报告上使用 CMA 计量认证标记。有 CMA 计量认证标记的检验报告可用于产品质量评价、成果及司法鉴定，具有法律效力，是仲裁和司法机构采信的依据。CMA 认证是法制计量管理的重要工作内容之一，是具有中国特色的实验室认证。对检测机构来说，就是检测机构进入检测服务市场的强制性核准制度，即具备 CMA 计量认证资质、取得 CMA 计量认证法定地位的机构，才能为社会提供检测服务。最新的 CMA 认证评审准则为《检验检测机构资质认定能力评价检验检测机构通用要求》（RB/T 214—2017），CMA 认证的评审周期为 6 年。

CNAS 认可，中国合格评定国家认可委员会（CNAS）是根据《中华人民共和国认证认可条例》的规定，由 CNCA 批准成立并确定的认可机构，统一实施对认证机构、实验室和检验机构等相关机构的认可工作。CNAS 的宗旨是推进合格评定机构按照相关的标准和规范等要求加强建设，促进合格评定机构以公正的行为、科学的手段、准确的结果有效地为社会提供服务。CNAS 秘书处设在中国合格评定国家认可中心，其隶属于国家市场监督管理总局，只从事与认可相关的业务，不提供任何可能影响认可公正性的服务。中国合格评定国家认可制度在国际认可活动中有着重要的地位，其认可活动已经融入国际认可互认体系，并发挥着重要的作用。CNAS 实验室认可制度与国外实验室认可制度一致，是自愿申请的能力认可活动。通过实验室国家认可的检测技术机构，证明其符合国际上通行的校准和 / 或检测实验室能力的要求。最新的 CNAS 认可的评审准则为《CNAS-CL01：2018 检测和校准实验室能力认可准则》，CNAS 认可评审周期为 6 年。

AIHA 认可，AIHA 是为职业和环境卫生专业人员服务最大的国际性协会之一。AIHA 成立于 1939 年，是一个非盈利性组织，有 75 个地方分支机构。它的宗旨是促进、保护和推动职业、社区和环境的卫生和安康条件。时至今日，AIHA 已实施了 6 个实验室认证程序，分别是工业卫生实验室认证（IHLAP）、环境铅的实验室认证（ELLAP）、办公室环境细菌、霉菌实验室认证（EMLAP）、食品的实验室认证（FOODLAP）、特殊领域实验室认证、铍的现场 / 移动实验室认证（Be FIELD/MOBILE）。经过 AIHA 认证的实验室对有毒有害物质的分析测试数据具有权威性和全球认可，数据可用于风险管理的报告。虽然法律并没有规定其数据具有法律效力，但由于 AIHA 是国际性的中介组织和权威协会，它所认证的实验室所提供的数据被各方采用，包括法官。AIHA 实验室认证程序是自愿的。总的来说，这个项目需要实验室具有符合 ISO/IEC 17025 标准管理体系，实验室的每一位参与者都应遵守程序，还要满足 AIHA 附加的政策（AIHA Policies）要求。参与这个认证程序的实验室都具有进行工业卫生分析的能力。然而，每个采样机构需要执行自己实验室评估的标准，确定实验室能够满足的特定要求，AIHA 评审周期为 2 年。

二、管理体系

厨师将面粉经过不同的加工方法生产油条、面包、面条、馒头、饺子等，过程条件的控制不同得出的产品会千差万别。实验室检测也是一样，实验室的生产过程是通过利用资源和管理，将样品进行检测，进而将检测数据加工成检测报告。这个生产过程涉及的人、设备、材料、方法、环境、测量等需要进行系统的管理，管理体系是指建立方针和目标并实现这些目标有效运行的体系。

建立管理体系是实验室迅速提高内部管理水平的有效办法，在市场经济中，检测实验室是为政府机构、社团组织和贸易双方提供检测服务的技术组织。一方面，随着新产品的不断涌现、检测对象的多样性复杂性，对检测技术提出了更高的要求，如何保证检测结果的可靠性成为检测实验室最重要的工作内容；另一方面，关于产品质量的诉讼逐步增多，检测机构出具的数据成为划分责任的重要依据，因而检测数据的可靠性和实验室的公正性越来越成为社会大众关注的焦点。检测实验室为了保证向用户提供的检测服务具备科学性、公正性和准确性，就必须建立完善的组织结构并施行高效的管理体系。

建立管理体系是检测实验室申请接受外部评审的前提条件，实验室外部评审是“权威机构对检验和校准实验室有能力完成检验和校准任务做出正式承认的程序”。实验室外部评审是由经过授权机构对实验室的管理能力和技术能力按照约定的标准进行评价，并将评价结果向社会公告以正式承认其能力的活动。

建立管理体系是实验室扩大知名度、增强竞争力的最佳途径，实验室外部评审是目前国际上通行的对检测和校准实验室的能力进行评价和正式承认的制度。检测实验室获得承认后，可在获承认的业务范围内使用相关“标志”，该标志表明实验室具备了按有关国内和国际认可准则开展检测服务的技术能力；同时获得了与其他国家和地区实验室认可机构的承认，有机会参与实验室间合作，从而得到更广泛的认可。检测实验室获得认可后，可有效提高实验室知名度。

管理体系在很大程度上是通过文件化的形式表现出来，称为建立文件化的管理体系。文件化是质量体系存在的基础和证据，是规范实验室检验工作和全体人员，达到质量目标的依据。因此，制定质量体系文件是为实验室的“立法”。质量体系文件一旦批准实施，就必须认真执行，文件如需修改，需按规定的程序执行，文件也是评价质量体系实际运作的依据。一个实验室只能有唯一的质量体系文件系统，一般一项活动只能规定唯一的程序，一项规定只能有唯一的理解，因此，不能使用无效的版本。

为社会提供公正数据的机构，其数据必须有法律变化依据。同时，质量体系的建立、运行和效果依赖于有效的监督机制，因此，各项质量活动应具有可溯源性，以便通过各项记录及时发现未受控环节以及质量体系的缺陷和漏洞，对质量体系进行自我监督、自我完善、自我提高。

实验室应根据各自的性质、任务和特点制定适合自身质量方针以及检测工作特点和需要的、具有可操作性的质量体系文件。

三、实验室管理体系的建立

职业病危害因素检测实验室管理体系的运作包括体系的建立、体系的实施、体系的保持和体系持续改进。广义的管理体系包括质量管理体系、技术管理体系和行政管理体系。质量管理是指为了实现质量目标而进行的所有管理性质的活动，在质量方面指挥和控制组织的协调的活动。技术管理是指检验检测机构从识别客户需求开始，将客户的需求转化过程输入，利用技术人员、设施、设备等资源开展检验检测活动，通过检验检测活动得出数据和结果，形成检验检测机构报告或证书的全流程管理。对检验检测的技术支持活动，如仪器设备、试剂和消费性耗材的采购，仪器设备的检定和校准服务等也属于技术管理的一部分。行政管理是指检验检测机构的法律地位的维持、机构的设置、人员任命、财务的支持和内外部保障等。技术管理是检验检测机构工作的主线，质量管理是技术管理的保障，行政管理是技术管理资源的支撑。

实验室管理体系应能够对所有影响实验室质量的活动进行有效和连续的控制，能够注重并且采取预防措施，减少或避免问题的发生，一旦发现问题，能够及时作出反应并加以纠正。管理体系执行要求说、写、做一致。做事三准则：如果有规定，就坚决依照规定执行；如果规定不合理，先执行规定然后提出修改建议；如果没有规定，按照正确方法执行，然后提出制定规定。实验室应将其管理体系、组织结构、程序、过程、资源等过程要素文件化，文件一般分为四级：质量手册、程序文件、作业指导书、质量和技术记录表格，如图 7–1 所示。检验检测机构管理体系形成文件后，应当以适当的方式传达给有关人员，使其能够获取、理解、执行管理体系。质量体系各要素之间具有相互依赖、相互配合、相互促进和相互制约的关系，形成具有一定活动规律的有机整体。在编写质量体系文件时必须树立系统的观念，应从检测机构整体出发设计、编排。对影响检测质量的全部因素进行有效的控制，接口要严密、相互协调，构成一个有机的整体。实验室评审准则没有明确要求各级文件的具体内容，但是准则中的要求应在体系文件中有所体现，比如评审准则要求“实验室应公正地实施实验室活动，并从组织结构和管理上保证公正性”，实验室可在质量手册中对如何保证公正性进行说明，也可在程序文件中建立“保证公正性程序”，亦可在作业指导书中详述“保证实验室公正性的实施细则”。

质量手册为实验室指明方向和目标，告诉实验室人员为什么要做，程序文件是实现质量手册中规定事项的工作程序，明确做什么，谁做，何时何地做；作业指导书针对程序文件的工作过程细化，规定怎么做；质量、技术记录表格，规范或图表为检测报告的质量控制和溯源提供证明材料。程序文件是质量手册的支持性文件，质量手册中已明确的程序，没必要编制程序文件。相关评审准则中要求的程序文件可以在质量手册、程序文件、作业指导书中描述，而非单指程序文件，有时一个程序需要多个程序文件或作业指导书完成。

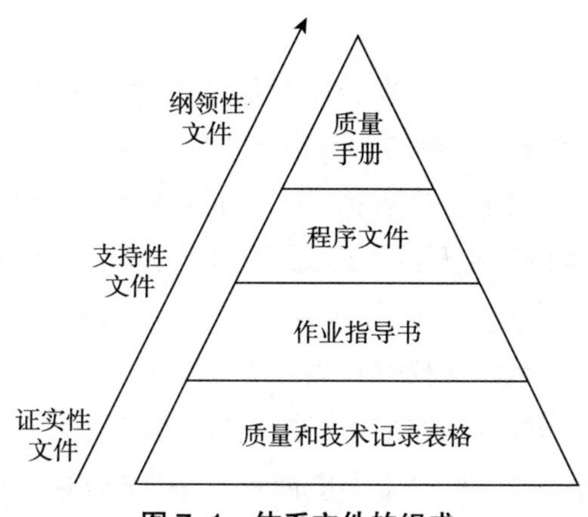

图 7–1　体系文件的组成

质量手册是对实验室质量管理体系系统、纲领性的阐述，体现实验室的质量战略，质量手册中的质量方针、目标，为实验室提供了方向。质量手册的内容涉及全部质量管理和检测活动，质量手册为全体工作人员提供了一套完整的工作规范和工作制度，是一个指导检测工作的法规性文件，是实验室评审中的重要依据之一。

常见的质量手册包括以下内容：实验室成立文件；发布令；公正性声明；保密性承诺；实验室介绍；质量方针和质量目标；质量手册管理：手册的编制、发放、修订、宣贯、管理；通用要求：公正性和保密性；结构要求：实验室的法律地位，组织结构，管理层，人员分配与职责，实验室资源；资源要求：人员要求，设施和环境条件要求，设备要求，计量溯源性，外部提供的服务与产品；过程要求：合同评审，实验方法的选择与确认，抽样，标准物质，记录，不确定度，质量控制，实验报告，投诉与不符合工作，数据控制与信息管理；管理体系要求：管理体系文件控制，记录控制，应对风险和机遇的措施，改进与纠正措施，内部审核，管理评审；附录：组织机构图，量值溯源图，实验室平面图，人员签字，职责分配表等。

常见的部分程序文件：《保密工作程序》《合同评审程序》《内部审核程序》《管理评审程序》《文件控制程序》《质量控制程序》《设施环境条件控制程序》《检测设备量值溯源程序》《期间核查程序》《标准物质管理程序》《服务和供应品采购程序》《不符合工作控制程序》《检测设备管理程序》《记录控制程序》《纠正措施程序》《风险和机遇控制程序》《实验室废弃物处理程序》等程序，不同的实验室根据实验室特点及需求建立适合本实验室的程序文件。

常见的作业指导书主要针对仪器设备的操作，实验方法的细化，作业指导书应由使用人员编制，技术管理者批准。受控的作业指导书应放置在使用人员方便获取的位置。

常见的部分质量和技术记录表格包括：《人员资格确认记录表》《检测人员技术能力评价》《上岗证》《培训计划表》《人员培训记录及培训效果评价》《年度监督计划》《监督记录》《环境温湿度监控记录》《冰箱 / 冰柜温度记录》《检测设备一览表》《仪器设备使用记录》《仪器设备维护保养计划》《仪器设备维护保养记录》《期间核查记录》《检测设备周期检定 / 校准计划》《检测设备核查记录》《检测设备周期检定 / 校准 / 核查执行情况表》《检测设备检定 / 校准结果确认记录》《供应商评定表》《合格供应商登记表》《采购计划表》《出入库登记表》《合同登记表》《合同评审记录表》《检测方法一览表》《开展新项目计划表》《方法验证评审表》《开展新项目评审表》《样品管理台账》《样品标识卡》《记录查（借）阅登记表》《记录处置登记表》《质控方法有效性评价表》《质控实施情况汇总表》《安全检查记录》《内审实施计划》《内审检查表》《内部审核报告》《管理评审实施计划表》《管理评审报告》《会议签到表》《投诉登记与处理表》《客户满意度调查表》《检测报告发放登记表》《检测报告修改记录申请表》《检测报告》《检测原始记录》《标准物质名录》《标准物质期间核查记录表》，记录表格根据质量手册和程序文件需要编制。

要做好实验室质量管理，除了领导层重视，负责质量管理人员对规范要求的掌握程度也是关键。质量管理是一个复杂的整体性管理活动，涉及实验室各方面，只有明确各级岗位责任、合理分解任务、全员共同参与、认真执行各项管理措施，才能保证体系有效合规运行。

本章小结

本章主要介绍了实验室管理的内容和要求及实验室管理体系。

复习思考题

1. 实验室管理包含哪些方面？
2. 你理解的实验室管理体系是什么？

参考文献

［1］李涛，朱秋鸿．职业卫生标准实施指南——工作场所化学有害因素职业接触限值（2007—2018）［M］．北京：科学出版社，2019.

［2］国家安全生产监督管理总局职业安全健康监督管理司．职业卫生评价与检测（建设项目职业病危害评价）［M］．北京：煤炭工业出版社，2016.

［3］David S.Hage，James D.Carr. 分析化学和定量分析［M］．北京：机械工业出版社，2012.

［4］贾会美，李月红，朱富强，等. ICP-AES 技术在职业卫生检测工作中的应用［J］．中国卫生工程学，2016，15（04）：418-419.DOI：10.19937/j.issn.1671-4199.2016.04.039.

［5］Gary D.Christian，Purnendu K.Dasgupta，Kevin A.Schug. 分析化学［M］.7 版．上海：华东理工大学出版社，2017.

［6］刘丹华，唐红芳，钱亚玲，等．高效液相色谱法在工作场所空气有毒物质测定中的应用［J］．环境与职业医学，2017，34（04）：362-366+372.

［7］范鹏飞，张鑫，吴亮．显微摄像法快速测定工作场所空气中的粉尘分散度［J］．湖南有色金属，2017，33（5）：62-64.

［8］陈祝军，杨叶中，钱志荣．粉尘中游离二氧化硅检测的研究进展［J］．职业与健康，2018，34（17）：2424-2426.

［9］张惠，栗海潮．煤矿粉尘中游离二氧化硅 4 种测定方法的比较［J］．中国卫生检验杂志，2019，29（08）：924-927.

［10］赵淑岚．二氧化硅粉尘测定与评价中的问题探讨［J］．中国工业医学杂志，2016，29（5）：391-392.

［11］刘移民，吴邦华，陈青松，等．职业卫生检测检验学［M］．广州：中山大学出版社，2017.

［12］张文昌，贾光．职业卫生与职业医学［M］.2 版．北京：科学出版社，2017.

［13］李雨成．矿井粉尘防治理论及技术［M］．北京：煤炭工业出版社，2015.

［14］程卫民，吴立荣，聂文．矿井粉尘防治理论与技术［M］．北京：煤炭工业出版社，2016.

［15］张大伟．空气中悬浮石棉纤维现场检测技术研究［D］．大连：大连理工大学，2010.

［16］中国安全生产科学研究院．作业场所职业危害检测检验技术［M］．北京：中国劳动社会保障出版社，2012.

［17］陶雪．工作场所职业危害因素监测技术［M］．北京：中国劳动社会保障出版社，2010.

［18］周福富，赵艳敏．职业危害因素检测评价技术［M］．北京：化学工业出版社，2016.

［19］孙贵范，邬堂春，牛侨，等．职业卫生与职业医学（供预防医学类专业用）［M］.8 版．北京：人民卫生出版社，2018.

［20］金泰廙，王生，邬堂春．现代职业卫生与职业医学［M］．北京：人民卫生出版社，2011.

［21］孙璐，迟双会．浅谈医院空气微生物检测的方法［J］．科技视界，2020（03）：256–258.

［22］黄翔，黎海红．工作场所空气中微生物采样与检测方法的研究进展［J］．中国工业医学杂志，2017，30（03）：187–190.

［23］乐毅全，王士芬．环境微生物学［M］.3 版．北京：化学工业出版社，2018.

［24］胡晓梅，饶贤才．医学微生物学实验指南［M］．北京：科学出版社，2017.

［25］李晓旭，翁祖峰，曹爱丽，等．室内空气中致病微生物的种类及检测技术概述［J］．科学通报，2018，63（21）：2116–2127.

［26］赵欣，胡孔新．环境生物气溶胶的采集、分析和控制方法的研究进展［J］．中国国境卫生检疫杂志，2019，42（04）：301–305.

[27] 张慧娟，魏建春，张恩民，等.炭疽高发地区土壤样本中常见芽胞杆菌的分离及鉴定[J].疾病监测，2012，27(04)：288-290.

[28] 李明远，徐志凯.医学微生物学[M].3版.北京：科学出版社，2016.

[29] 黄文林.分子病毒学[M].北京：人民卫生出版社，2016.